세계수중투어 해저 2만 리

SF 과학 소설

Vingt mille lieues sous les mers

발 행 일 2025년 2월 28일 초판 1쇄 발행

지 은 이 쥘 베른 Jules Verne
발 행 인 이헌숙
번 역 김건아
북디자인 김학용
발 행 처 주)휴먼컬처아리랑
경기 양평군 옥천면 용천로 37
전 화 070-8866-2220
전자우편 thethinkbook@naver.com
등록번호 132-81-87282

www.휴먼컬처아리랑.kr

ISBN 979-11-6537-388-7 (03860)

SF 과학 소설

Vingt mille lieues sous les mers

세계수중투어 해저 2만 리

쥘 베른 지음

쥘 베른
Jules Verne

쥘 베른(1828-1905)은 현대 공상과학 소설의 기초를 세운 프랑스 작가이다. 그는 프랑스 낭트에서 태어나 해양과 탐험에 대한 깊은 열정을 가지고 성장했다. 어린 시절, 항구 도시에서 경험한 모험 이야기는 그의 상상력을 자극했으며, 이는 그의 많은 작품에서 중요한 배경으로 작용했다. 비록 법학을 공부했지만, 문학에 대한 열정이 그를 파리로 이끌었고, 결국 그는 작가로서의 길을 걷게 되었다.

베른은 그의 작품에서 당시의 과학적 발견과 미래에 대한 상상력을 결합했다. 그의 대표작 중 하나인 “20,000마일 해저 여행”은 바다와 잠수함을 중심으로 펼쳐지는 모험 이야기로, 베른의 해양 생물학적 지식과 해양 탐험에 대한 열정을 담고 있다. 이 작품에서 등장하는 네모 선장과 잠수함 노틸러스호는 매우 상징적인 인물과 설정으로, 인간의 복잡한 감정과 복수심, 자유에 대한 열망을 드러낸다.

초기에는 네모 선장이 폴란드 혁명가로 설정되었으나, 정치적 상황 때문에 그 배경은 변경되었다. 이러한 변화는 베른이 당시의 정치적, 사회적 압력 속에서도 자신의 이야기를 완성하기 위해 끊임없이 수정하고 발전시켰음을 보여준다.

베른의 작품은 공상과학 소설을 넘어, 미래에 대한 상상과 인류의 탐험 정신을 강조한다. 그의 상상력은 우주 탐사와 심해 탐사 같은 주제를 다루며, 이는 후대의 과학자들에게 큰 영향을 미쳤다. 해양 탐험가 자크 쿠스토와 타이타닉호 발견자인 로버트 밸라드는 베른의 소설이 그들의 탐험에 중요한 영감을 주었다고 말한 바 있다.

쥘 베른의 문학적 유산은 여전히 인류의 모험 정신과 미래에 대한 희망을 상징하며, 그의 작품들은 공상과학 소설의 걸작으로 남아 있다.

JULES VERNE

목차

제2부_

서문

"바다의 가장 깊은 곳은 우리에게 전혀 알려져 있지 않다."

"바다의 가장 깊은 곳은 우리에게 전혀 알려져 있지 않다."고 아로낙스 교수는 이야기 초반에서 말한다. "저 심연에서 무슨 일이 벌어지고 있을까? 어떤 생명체가 바다 밑 12마일(19.31km) 또는 15마일(24.14km)에 서식할 수 있을까? 이것은 거의 상상 속의 영역이다." 이 말은 쥘 베른이 1869년에 발표한 프랑스어 소설 20,000마일 해저 여행의 초반부에 나온다. 그리고 126년 후 타임지의 표지 기사에서, "우리는 바다보다 화성에 대해 더 많이 알고 있다."고 인정할 정도로, 바다는 여전히 미지의 영역으로 남아 있다.

이 소설이 주는 신비로움과 매력은 바로 이러한 미지의 영역에서 나온다. 쥘 베른은 프랑스 낭트에서 태어나 평생 바다에 대한 열정을 가졌다. 그는 파리에서 주식 중개인으로 일하다가 나중에 저명한 작가가 되어 영국, 미국, 지중해 등으로 자주 항해를 다녔다. 특히 1865년, 그의 동료 작가인 마담 조르주 상드의 팬레터에서 “곧 바다의 깊은 곳으로 데려가, 잠수 장비를 갖춘 인물들을 통해 그곳을 탐험하길 바란다.”고 요청한 것이 이 소설을 쓰게 된 계기가 되었다.

처음에 20,000마일 해저 여행은 1863년 폴란드 봉기에서 영감을 얻었다. 주인공 네모 선장은 원래 폴란드 귀족으로, 러시아 군대에 의해 가족을 모두 잃은 인물로 설정되었다. 그는 복수를 위해 미래형 잠수함 노틸러스를 만들고, 제국주의에 맞선 해저 작전을 펼친다. 그러나 당시 프랑스는 러시아와 외교적 관계를 고려해야 했기에 출판사 피에르 헤첼은 베른에게 소설을 정치적이지 않게 바꾸라고 요청했다. 그래서 네모 선장의 배경은 어두운 비밀로 남게 되었고, 이는 신비한 섬에서만 다루어진다.

이 소설은 다채로운 에피소드와 함께 흥미진진한 모험을 담고 있다. 상어의 공격, 대왕오징어, 식인종과의 대면, 고래 사냥, 그리고 태풍을 맞는 장면들이 펼쳐지며, 베른은 과학적 사실과 상상력을 결합해 해양 세계를 묘사한다. 특히 베른의 해양 공학적 상상력은 그의 시대를 뛰어넘어 오늘날의 과학 기술에도 영향을 미쳤다.

네모 선장은 이 소설에서 가장 중요한 인물로, 발명가이자 혁명가, 그리고 인간과 동물의 생명을 구하려 하면서도 스스로는 파괴를 일삼는 모순적인 인물이다.

셰익스피어의 리어왕처럼, 네모 선장은 자신만의 고독한 길을 걸으며 폭력과 파괴 속에서 점점 더 깊은 우울에 빠진다. 그는 점점 더 자기 파괴적인 경향을 보이며, 결국 바다의 소용돌이 속으로 사라지게 된다.

이 소설은 단순한 모험 이야기가 아니라, 인간의 욕망과 한계, 그리고 복수와 자유에 대한 깊은 통찰을 담고 있다. 많은 과학자와 탐험가들이 이 소설에서 영감을 받았으며, 쿠스토와 같은 해양 탐험가들에게도 큰 영향을 미쳤다.

F. P. 월터

휴스턴 대학교

측정 단위

- 케이블 길이: 베른의 맥락에서 600피트
- 섭씨 0도: 물이 얼어붙는 온도
- 섭씨 37도: 인체 온도
- 섭씨 100도: 물이 끓는 온도
- Fathom: 6피트
- 그램: 약 1/28온스
- 밀리그램: 약 1/28,000온스
- 킬로그램(Kilo): 약 2.2파운드
- 헥타르: 약 2.5에이커
- 매듭(Knot): 시간당 1.15마일
- 리그(League): 베른의 맥락에서 2.16마일
- 리터(Liter): 약 1쿼트
- 미터(Meter): 약 1야드 3인치
- 밀리미터(Millimeter): 약 1/25인치
- 센티미터(Centimeter): 약 2/5인치
- 데시미터(Decimeter): 약 4인치
- 킬로미터(Kilometer): 약 6/10마일
- 미리아미터(Myriameter): 약 6.2마일
- 톤(미터법): 약 2,200파운드

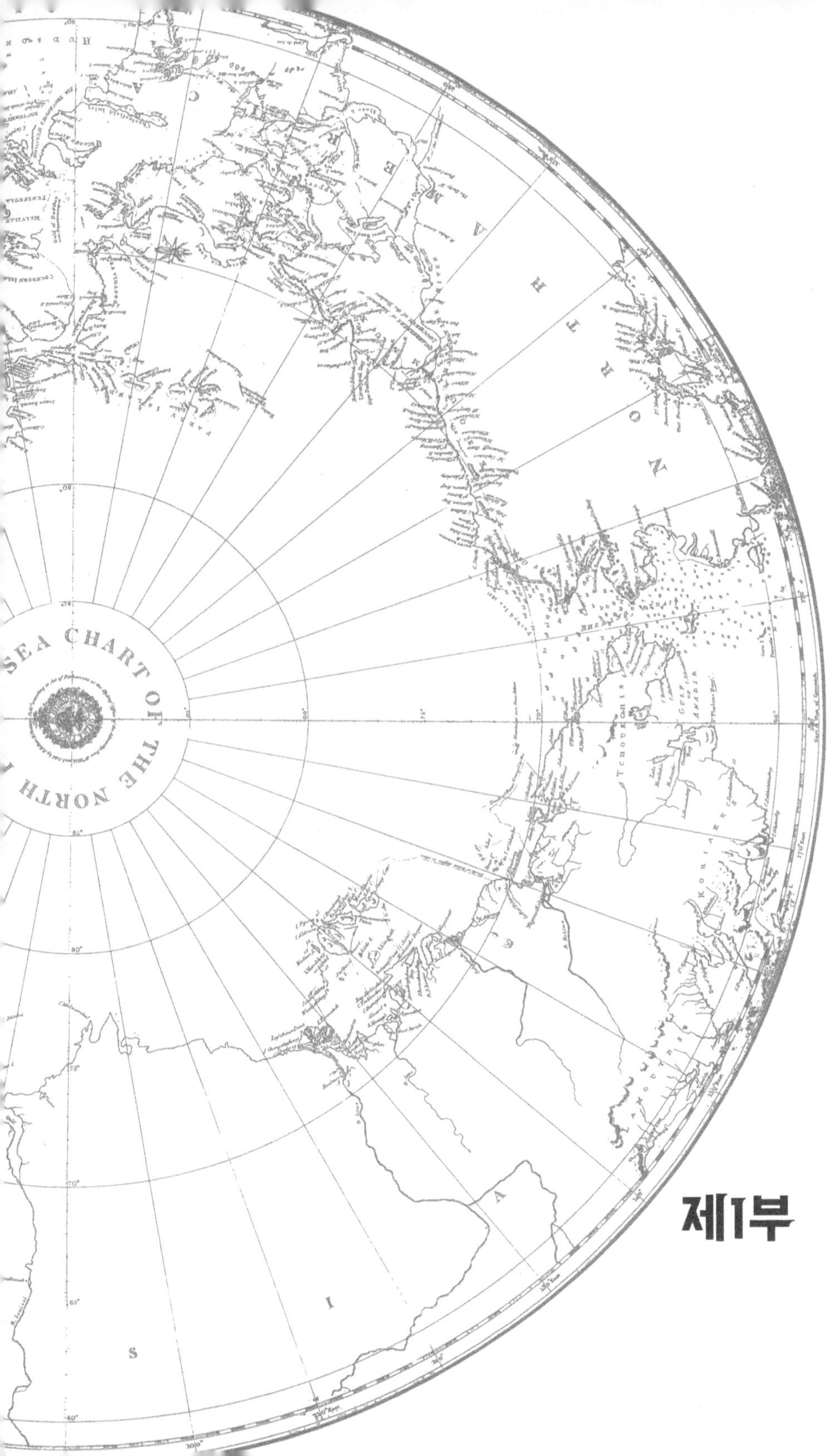

제1부

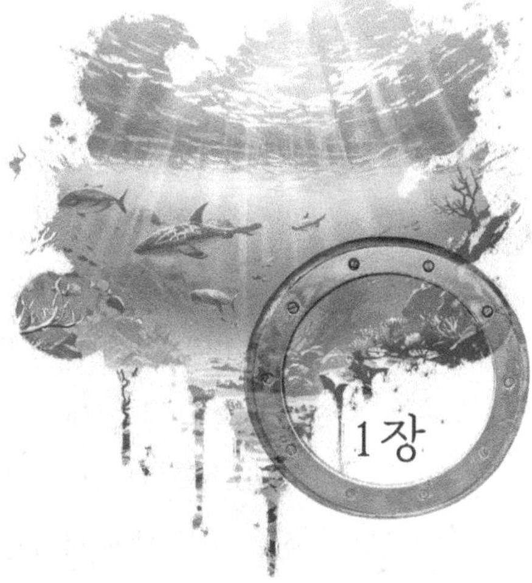

폭주하는 산호초

1866년은 설명할 수 없고 도저히 이해할 수 없는 기이한 사건들이 연이어 일어난 해로 기억된다. 이 사건들은 너무도 충격적이어서 누구도 쉽게 잊지 못했을 것이다.

항구의 사람들을 흥분시키고 내륙 깊숙한 곳의 사람들마저 혼란에 빠뜨린 것은 말할 것도 없고, 특히 직업 선원들의 경계심은 아주 컸다. 유럽과 아메리카의 상인들, 선주들, 선박의 선장들, 그리고 모든 나라의 해군 장교들까지도 이 사건으로 인해 큰 혼란에 빠졌으며, 두 대륙의 여러 국가 정부들 또한 이 사건들로 인해 극도로 혼란스러웠다.

이 사건의 본질은 여러 척의 배가 일정 기간 동안 바다에서 거대한 물체를 목격한 데 있다. 그 물체는 때로는 고래보다 훨씬 크고 빠르며, 인광을 발하는 긴 방추형 형태로 나타났다. 여러 항해일지에 기록된 바에 따르면, 그 물체의 구조, 놀라운 속도, 강력한 힘, 그리고 독특한 생명력에 대한 설명이 일치하고 있었다. 만약 그것이 고래류였다면, 기존의 과학적 분류에서 설명할 수 없는 전례 없는 크기였을 것이다.

퀴비에, 라세페드, 뒤메릴, 드 콰트레파주 같은 저명한 박물학자들도 그 존재를 쉽게 받아들이지 못했을 것이다.[1] 관측 기록을 종합해보면, 그 물체의 크기가 200피트(약 60.96미터)라는 추정은 너무 작게 평가된 것이며, 과장된 3마일 길이의 관측을 제외하더라도 그 물체는 기존에 알려진 어떤 생명체의 크기도 다 뛰어넘었다고 주장할 수 있다.

그것은 실제로 존재하는 것이었으며, 이를 부인할 수 없는 사실이었다. 사람들의 마음이 경이로운 현상에 집중되는 만큼, 이

1) 조르주 퀴비에(Georges Cuvier, 1769–1832)프랑스의 저명한 박물학자이자 해부학자이며, 현대 비교 해부학과 고생물학의 창시자 중 한 명이다. 그는 멸종 개념을 처음으로 제시한 과학자로, 생물체의 구조와 기능을 비교 분석하여 종의 분류와 진화에 중요한 기여를 했다. 퀴비에는 고래와 같은 해양 생물 연구에도 영향을 미쳤으며, 그의 업적은 생물학과 지질학에서 매우 중요한 위치를 차지한다. 베르나르제르맹 드 라세페드(Bernard-Germain de Lacépède, 1756–1825)프랑스의 동물학자이며, 어류학과 파충류학분야에서 중요한 연구를 수행했다. 그는 어류와 해양 생물에 대한 방대한 분류 작업을 통해 해양 생물학의 기초를 다진 인물이다. 그의 주요 연구는 물고기, 파충류, 그리고 양서류에 대한 체계적 분류로, 당대 해양 생물 연구에 큰 영향을 주었다. 앙드레 마리 콘스탕 뒤메릴(André Marie Constant Duméril, 1774–1860)프랑스의 파충류학자이자 어류학자로, 특히 파충류와 양서류의 분류에 큰 기여를 한 학자이다. 그는 여러 생물학적 분류 작업을 통해 동물의 진화와 생리학에 대해 깊이 연구했으며, 해양 생물에 대한 연구도 다루었다. 그의 연구는 당대 동물학 발전에 큰 영향을 미쳤다. 장루이 아르망 드 콰트레파주(Jean Louis Armand de Quatrefages, 1810–1892) 프랑스의 인류학자이자 동물학자로, 특히 무척추 동물과 인간의 진화에 대한 연구로 유명하다. 그는 곤충, 환형동물, 그리고 여러 해양 무척추 동물에 대한 연구를 통해 동물학적 분류에 기여했으며, 인류학과 생물학의 연결을 시도한 초기 과학자 중 한 명이다.

기이한 존재로 인해 전 세계가 흥분하는 것도 이해할 만한 일이었다. 이 현상을 단순한 소설적 상상으로 치부하려는 시도는 더 이상 통하지 않았다.

1866년 7월 20일, 캘커타 & 버나치 증기 항행 회사의 증기선 거버너 히긴슨호는 오스트레일리아 동부 해안에서 5마일(약 8.05km) 떨어진 지점에서 이 거대한 물체와 마주쳤다. 당시 베이커 선장은 처음에는 자신이 미지의 암초에 도달했다고 생각했다. 선장이 그 물체의 정확한 위치를 파악하려고 시도할 때 설명할 수 없는 그 물체에서 두 개의 거대한 물기둥이 솟아올랐고, 그 높이는 약 150피트(약 45.72미터)에 달했다. 이는 마치 쉭쉭 소리를 내며 솟구치는 것처럼 보였으며, 만약 그 물체가 단순한 산호초였다면 이런 현상은 설명할 수 없었을 것이다. 이로 인해 베이커 선장은 자신이 공기와 증기가 섞여 나오는 분출구를 지닌, 이전에 알려지지 않은 거대한 수생 포유류와 마주쳤음을 확신하게 되었다.

이 사건은 단순한 추측이 아닌 실제 관찰을 기반으로 한 것이었으며, 베이커 선장의 보고는 그 당시에 대중과 과학자들에게 큰 충격을 주었다.

같은 해 7월 23일에는 태평양에서도 비슷한 사건이 목격되었는데, 서인도 태평양 증기 항행 회사(West India & Pacific Steam Navigation Co.)의 크리스토퍼 콜럼버스(Christopher Columbus)호가 그랬다. 그 결과로 고래류는 놀랄 만큼 빠르게 한 지역에서 다른 지역으로 이동할 수 있다는 것을 알 수 있었다. 그 이유는 단지 3일 간격으로 히긴슨 총독과 크리스토퍼 콜럼버스가 700해리 이상의 거리를 둔 위치에서 이 존재를 관찰했기 때문이다.

15일 후 2,000리(약 785.4km)쯤 더 떨어진 미국과 유럽 사이에 있는 대서양 지역에서 서로 마주보며 항해를 하던 내셔널 컴퍼니의(Compagnie Nationale)의 헬베티아(Helvetia)호와 로열메일(Royal Mail)라인의 셔넌(Shannon)호가 각각 그 괴물이 그리니치 자오선[2]에서 서쪽으로 북위 42도 15분, 경도 60도 35분에서 목격했다는 신호를 서로에게 보냈다. 그날 그들의 동시에 관찰한 사건으로 그 포유류의 길이가 최소 350피트 이상으로 추정할 수 있었다. 이것은 셔넌과 헬베티아의 전장이 100미터가량 되었음에도 그 포유류보다 더 작았기 때문이다. 각각의 배는 줄기에서 선미까지 100미터를 측정했다. 그런데 알류샨 열도[3]의 수로를 자주 찾는 가장 큰 고래들도 겨우 56미터 정도였을 뿐 그보다

2) 그리니치 자오선(Greenwich Meridian)은 영국 런던의 그리니치 천문대를 지나는 경도 0도를 가리키는 용어다. 이 자오선은 지구의 경도를 측정하는 기준점으로, 본초 자오선(Prime Meridian)이라고도 불린다. 그리니치 자오선은 시간대를 나누는 기준이 되며, 세계 표준시(Greenwich Mean Time, GMT)의 기준점 역할을 한다.

3) 알류샨 열도(Aleutian Islands)는 북태평양과 베링해 사이에 위치한 섬들로, 미국 알래스카주의 일부이다. 이 열도는 알래스카 반도 서쪽 끝에서부터 아시아의 러시아 카무차카 반도 근처까지 길게 뻗어 있으며, 약 1,200여 개의 섬으로 이루어져 있다. 총 길이는 약 1,900km에 달하며, 화산 활동이 활발한 지역 중 하나이다. 이는 중요한 해양 항로에 위치하고 있으며, 제2차 세계대전 중 전략적 요충지로 주목받았다. 이 열도는 매우 험준하고 기후가 가혹하며, 해양 생태계가 매우 풍부하여 다양한 동식물이 서식하는 지역이다.

큰 놈은 발견된 적이 없었다.

연이어 들려오는 괴물에 대한 소식들과 정기 대서양 횡단 여객선 페레어(Pereire)호의 새로운 관측 결과, 인만 라인의 에트나(Etna)호가 괴물과 충돌한 일, 프랑스 호위함 노르망디(Normandy)의 장교들이 작성한 공식 보고서, 로드 클리(Lord Clyde)호에 승선한 피츠-제임스(Fitz-James) 제독이 입수한 냉철한 계산 결과 등은 여론을 흥분시켰다. 다른 나라에서는 사람들이 이런 현상에 대해 농담을 했지만, 영국, 미국, 독일과 같은 진지하고 현실적인 나라들은 이 사건에 대해 깊이 우려했다.

모든 대도시에서 괴물 이야기는 가장 중심이 되는 이야깃거리였다. 사람들은 커피하우스에서 괴물에 대한 노래를 부르고, 신문은 풍자했으며, 극장에서는 연극이 올라 왔다. 타블로이드 신문들은 이 이야기를 속임수를 꾸며낼 좋은 기회로 삼았다. 영세한 신문사들은 북극의 무시무시한 흰 고래 "모비딕"부터 500톤 배를 촉수로 감아 바다 깊이 끌고 갈 수 있는 크라켄[4]까지 다양한 상상의 생물들을 다시 등장시켜 이야기를 만들어냈다. 심지어 아리스토텔레스와 플리니우스가 존재한다고 인정했던 고

4) 크라켄(Kraken)은 북유럽 신화와 전설에 등장하는 거대한 해양 괴물이다. 주로 노르웨이와 아이슬란드의 바다에서 출몰한다고 전해지며, 대개는 문어 또는 오징어와 비슷한 형상을 하고 있다. 크라켄은 배를 공격하고, 거대한 촉수로 배를 감싸 바다 깊숙이 끌어가는 무서운 존재로 묘사된다. 크라켄은 특히 선원들 사이에서 두려움의 대상이었으며, 당시의 많은 항해 전설과 이야기에 등장했다. 시간이 지나면서 크라켄은 문학과 대중문화에서도 자주 등장하는 상징적인 해양 괴물로 자리 잡았다.

대의 보고서들과 그리고 폰토피단 주교의 노르웨이의 전설들, 폴 에게데의 이야기, 1857년 카스티야호에서 괴물을 보았다고 주장한 해링턴 선장의 보고서까지 다시 전재되었다.

그 무렵 학계와 과학 저널에서는 괴물의 존재 여부를 두고 신자들과 회의론자들 사이에 끊임없는 논쟁이 벌어졌다. "괴물 문제"는 사람들의 관심을 불타오르게 했고, 과학 저널리스트들은 상상력을 불태우는 언론인들과 잉크를 쏟아가며 논쟁을 벌였다. 심지어 몇몇은 잉크뿐 아니라 몇 방울의 피까지 흘리기도 했다.

6개월 동안 양쪽의 치열한 전쟁이 이어졌다. 대중 언론은 지칠 줄 모르는 열정으로 브라질 지리학 연구소, 베를린 왕립 과학 아카데미, 영국 협회, 워싱턴 D.C.의 스미소니언 협회, 인도 군도에서의 토론, 모이뇨 신부가 발행한 코스모스, 페터만의 미텔룽겐, 프랑스의 주요 신문과 외국 신문의 과학 연대기에서 기사를 쏘아댔다. 이 괴물을 비방하는 사람들이 식물학자 린네[5]의 "자연은 도약하지 않는다."는 말을 인용하자, 인기 있는 정기 간행물의 재치 있는 작가들은 그 말을 패러디하여 "자연은 바보를 만들지 않는다."고 주장하고, 크라켄, 바다뱀, "모비딕"

5) 칼 폰 린네(Carl von Linné, 1707–1778)는 스웨덴 출신의 저명한 식물학자, 동물학자, 의사로, 현대 생물 분류학의 아버지로 불린다. 칼 루이네우스(Carl Linnaeus)라는 라틴식 이름으로도 잘 알려져 있다. 그는 생물의 이명법(binomial nomenclature)을 고안해 모든 생물의 학명을 두 가지 이름(속명과 종명)으로 표기하는 체계를 만들었다. 이 체계는 오늘날까지 생물 분류의 기본으로 사용되고 있다.

같은 술 취한 뱃사람들의 헛소리까지 받아들임으로써 자연의 소리에 귀를 기울이라고 요청했다.

마침내, 꽤나 영향력을 가지고 있는 어느 비평 잡지의 가장 인기 있는 칼럼니스트는 마치 여 전사 히폴리토스가 적을 격퇴시키는 모습처럼 우왕좌왕하는 여론을 괴물 쪽으로 이끌어 갔다. 상상력이 과학을 이긴 것이다.

1867년에 들어서자 처음 몇 달 동안 이 괴물에 관한 문제는 사람들의 관심에서 사라진 것처럼 보였다. 그러나 새로운 사실들이 대중의 주의를 끌기 시작했을 때, 이 문제는 더 이상 과학적으로 해결해야 할 문제가 아니라, 피해야 할 매우 실제적이고 심각한 위험이 되었다. 이 사건은 완전히 새로운 국면으로 접어들었다. 그 괴물은 다시 섬과 바위, 또는 암초가 되었지만, 고정되어 있지 않고 찾기 어려운 도망치는 암초가 되었다.

1867년 3월 5일, 몬트리올 오션 컴퍼니(Montreal Ocean Co.)의 모라비아호는 위도 27도 경도 72도 15분 지점에서 수로 지도에 표시되지 않은 바위에 부딪혔고, 그 충격으로 배의 오른쪽 측면(우현)이 타격을 입었다. 400마력의 모라비아호는 13노트의 속력으로 항해하고 있었다. 튼튼한 선체가 아니었다면 모라비아호는 분명히 이 충돌로 인해 갈라져 캐나다에서 돌아오던 237명의 승객과 함께 침몰했을 것이다.

사고는 새벽 5시쯤 날이 밝기 시작할 무렵에 일어났다. 당직을 서고 있던 장교들이 배의 선미로 달려갔다. 그들은 꼼꼼한 주의를 기울여 바다를 조사했다. 그들은 마치 수면에 강력한 충격이 가해진 듯이 격렬하게 퍼져나가는 소용동이 외에는 아무것도 못했다. 그 지점의 정확한 방위를 측정한 이후, 모라비아호는 별다른 손상을 입지 않은 것처럼 항로를 계속 달렸다. 물속의 암초에 부딪힌 것일까, 아니면 버려진 거대한 배의 잔해에 부딪힌 것일까? 그들은 알 수 없었다. 그러나 정박 후, 정비소에서 배의 밑면을 조사해 보았을 때 그들은 용골의 일부가 파손되어 있는 것을 발견하였다.

이것은 매우 심각한 사건이었지만, 만약 3일 후에 같은 상황에서 재연되지 않았다면, 다른 많은 사건처럼 자연스레 잊혀졌을지도 모른다. 그러나 이번에 또다시 벌어진 충돌의 선박과 그 선박의 국적과 소속된 회사의 명성 덕분에 이 사건은 엄청난 소란을 일으켰다.

그 유명한 영국의 선박 왕(Cunard 커나드)의 이름을 모르는 사람은 아무도 없을 것이다. 1840년에 이 뛰어난 사업가는 Liverpool(리버풀)과 Halifax(핼리팩스)사이에 1,162미터톤의 짐을 선적할 수 있는 400마력의 목조 선박 3척을 갖추고 우편 서비스를 시작했다. 8년 후, 회사의 자산은 1,820미터톤의 650마력 선박 4척으로 늘어났으며, 2년 후에는 더 큰 출력과 톤수를 가진 다른 선박 2척을 추가한 것이다.

1853년에 우편물 운송 계약이 갱신되면서, Cunard Co.(커나드 회사)는 Arabia(아라비아), Persia(페르시아), China(차이나), Scotia(스코티아), Java(자바), Russia(러시아) 등의 선박을 자산에 추가한 것이다. 이 선박들은 당시 최고 속도를 자랑하는 최신식 배였으며, Great Eastern(그레이트 이스턴)호 다음으로 이렇게 큰 배들이 바다를 항해하는 것은 처음이었다.

이렇게 1867년까지 이 회사는 12척의 배를 소유하고 있었으며, 그중 8척은 외륜식, 4척은 스크류 방식의 선박이었다.

이렇게 상세한 정보를 알리는 이유는 이 회사가 얼마나 탁월한 경영 능력으로 전 세계적으로 유명한 해상 운송 회사가 되었는지를 알리기 위함이다. 대양 횡단 항해는 이렇게 높은 능력을 발휘해 성공적으로 수행된 것이며 26년 동안 커나드(Cunard)호는 대서양을 2,000번 넘게 건너면서 단 한 번도 항해를 취소하거나 지연된 적이 없었고, 승객, 배, 편지 한 통도 잃어버린 적이 없었던 것이다. 따라서, 프랑스와의 치열한 경쟁에도 불구하고 여전히 승객들은 커나드(Cunard) 노선을 선호하는 것이다. 최근의 몇 년간의 공식 문서에서도 이러한 사실은 확인 할 수 있었다. 이처럼 뛰어난 명성을 가진 증기선의 사고로 인해 큰 소동이 일어난 것은 당연한 일이다.

1867년 4월 13일, 잔잔한 바다와 부드러운 바람을 탄 스코티아호는 경도 15도 12 분, 위도 45도 37 분을 지나가고 있었다. 그것은 1,000마력 엔진의 추력으로 13.43노트의 속도로 외륜은 완벽한 리듬으로 바다를 달리고 있었다.

오후 4시 17분, 메인 휴게실에 모인 승객들을 위한 티타임 중 별다른 이상이 느껴지지 않을 정도의 가벼운 충격이 배의 후미 부분에서 일어났다.

스코티아호는 무언가에 부딪혔던 것이 아니라, 충돌을 당한 것이었다. 파괴용 도구가 아니라 절단이나 구멍을 뚫는 도구에 의해 당한 것 같았다. 이 충돌은 아주 경미한 것이어서 '배가 침몰한다. 배가 침몰하고 있다.'라고 소리치는 선원이 없었다면 누구도 신경 쓰지 않았을 것이다. 승객들은 몹시 겁에 질렸지만, 앤더슨 선장은 서둘러 그들을 안심시켰다. 사실, 당장 위험에 처한 것은 아니었다. 스코티아호는 방수 격벽으로 7개의 구획으로 나뉘어져 있어서 바로 물이 새는 것을 차단, 대처 할 수 있었다. 앤더슨 선장은 즉시 화물칸으로 들어갔다. 그는 다섯 번째 구획을 통해 바닷물이 새어 들어오는 것을 발견했으며 그 속도가 상당히 빠르다는 것을 알았다. 다행히 이 구획에는 보일러가 없어서 용광로가 갑자기 꺼질 걱정은 없었다. 선장 앤더슨은 즉각적인 정지를 명령했다. 그의 선원 중 한 명이 선채의 피해를 확인하기 위해 잠수를 했다. 몇 분 내에 그들은 선채 바닥에 뚫린 2미터 너비의 구멍을 발견했다. 구멍은 수리할 수 없었기에 스코티아호는 외륜이 반쯤 잠긴 상태에서 항해를 계속할 수밖에 없었다. 그때 스코티아호는 케이프 클리어에서 300마일 떨어진 곳에 있었고, 사흘이나 지연되어 버린 스코티아호는 리버풀 사람들의 걱정 속에 무사히 부두에 도착할 수 있었다.

스코티아호를 점검하기 위해 도착한 수리 기술자들은 믿을 수 없는 광경을 목격했다. 흘수면 아래 2.5미터 깊이에 이등변 삼각형 모양으로 뚫린 자국이 있었다. 선체에 난 구멍은 너무 완벽하게 형성되어 있어서 어떤 펀치로도 더 깔끔하게 만들 수 없었다. 따라서 이것은 일반적인 강도의 천공 도구에 의해 만들어진 것이 아님이 틀림없었다. 게다가 이 도구는 엄청난 힘으로 발사된 후 4센티미터 두께의 철판을 뚫고 나서, 설명할 수 없는 방법으로 뒤로 물러나 빠져나가야만 했다.

여론은 다시 한번 끓어올랐다. 사실, 이 시점부터 모든 원인이 밝혀지지 않은 해양 사고는 전부 이 괴물의 책임으로 여겨졌다. 이 말도 안 되는 동물은 책임을 져야 했고, 불행히도 그 수는 상당했다. 매년 해양 보험국에 기록된 3,000척의 선박 중, 모든 승무원이 실종된 증기선이나 범선의 수는 최소 200척에 이른다. 결국 정당하든 부당하든, "괴물"이 이들의 실종에 대한 모든 비난을 받게 되었다. 그리고 덕분에 대륙 간 여행이 점점 더 위험해지자, 대중은 모든 수단을 다해 이 두려운 존재를 바다에서 제거해야 한다고 요구했다.

2장 탐사의 장단점

이 사건들이 발생하던 시기, 나는 미국의 네브래스카 황무지를 탐사하기 위한 과학적 원정에 참가하고 돌아온 참이었다. 나는 파리 자연사 박물관의 조교수로서 프랑스 정부의 요청에 따라 이 탐사에 합류했었다. 네브래스카에서 6개월을 보낸 후, 3월 말경 나는 귀중한 수집품들을 가득 싣고 뉴욕에 도착했다. 프랑스로의 출발은 5월 초로 예정되어 있었다. 그 사이 나는 내 수집품들을 광물학, 식물학, 동물학으로 분류하는 일에 몰두하고 있었고, 그때 스코티아호와 관련된 사건이 발생한 것이다.

당시 이 문제는 매우 주요 화제로 내가 모를 수 없었다. 나는 미국과 유럽의 모든 신문을 몇 번이고 읽었으나 결론에 이르지 못했다. 이 미스터리는 나를 혼란스럽게 했다. 어떠한 의견도 형성할 수 없었고, 나는 극단적인 의견들 사이에서 헤매고 있었다. 분명히 무언가가 존재했으며, 의심하는 사람들은 누구든 스코티아호의 파손에 손을 대보라고 초대받은 셈이었다.

내가 뉴욕에 도착했을 때, 그 문제는 절정에 달해있었다. 정신이 온전하지 않은 사람들이 제안한 '떠다니는 작은 섬이나 미끄러지는 암초라'는 가설은 완전히 배제되었다. 그 암초가 만약 배의 엔진과 같은 동력을 가지고 있지 않다면, 그렇게 엄청난 속도로 움직일 수 없었기 때문이다. 또 거대한 파편이나 떠다니는 선체라는 생각도 이 이동 속도 때문에 불신을 받았다. 그래서 이 문제에 대한 두 가지 가능한 해결책만 남았고 이는 두 개의 뚜렷한 지지자 그룹을 형성했다. 한쪽은 거대한 힘을 가진 괴물이라는 가설을 지지했고, 다른 쪽은 엄청난 동력을 가진 '잠수함'이라는 가설을 지지했다.

후자의 가설은 누구나 납득할 만한 이야기였지만, 당시의 신기술이나 과거의 기술에서 이루어진 조사 결과에는 부합하지 못했다. 어떤 개인이 그런 기계를 가지고 있다는 것은 거의 불가능해 보였다. 누가? 어디서, 언제 그것을 만들었고, 그것도 비밀리에 만들 수 있었겠는가?

이런 파괴적인 기계는 오직 정부만이 소유할 수 있었고, 점점 더 강력한 공격 무기를 개발하기 위해 사람들의 창의력이 극대화되고 있는 혼란스러운 시기에 세계가 알지 못하는 어떤 나라가 그런 두려운 기계를 시험하고 있을 가능성도 있었다. 샤스포

식 총은 어뢰를 낳았고, 어뢰는 이 잠수함을 그리고 이제는 이 정체불명의 들이박기 무기를 만들었다.

세계는 결국 이를 멈추도록 할 것이다. 적어도 나는 그렇게 희망하고 있었다. 그러나 이러한 병기 가설은 여러 정부의 공식적인 부인에 의해 무너졌다. 많은 국가의 이익이 걸려 있었고 대서양 횡단 여행이 큰 피해를 입고 있는 상황에서 각국 정부의 진정성을 의심할 수는 없었다.

게다가, 이러한 잠수함의 건조가 어떻게 대중의 눈을 피해 이루어졌을 수 있을까? 이런 상황에서 비밀을 유지하는 것은 개인에게도 어려운 일이지만, 특히 경쟁국의 감시를 받고 있는 국가에게는 불가능한 일이었다. 그래서 영국, 프랑스, 러시아, 프로이센, 스페인, 이탈리아, 미국, 그리고 터키에서까지 조사를 실시한 결과, 강력한 무기를 장착한 잠수함이라는 가설은 결국 기각되었다. 이렇게 되자, 언론의 끊임없는 조롱에도 불구하고 바다 괴물설이 다시 부상했다. 그리고 곧 사람들의 상상력은 너무나 터무니없는 바다 속 존재의 환상에 사로잡히게 되었다.

내가 뉴욕에 도착했을 때 여러 사람이 나에게 이 현상에 대해 조언을 구했다. 나는 프랑스에서 '대양 심연의 미스터리'라는 제목의 2권짜리 책을 출간했었다. 이 책은 학계에서 좋은 평가를 받았으며 나를 꽤나 미스테리한 자연사 분야의 전문가로 자리매김하게 했다.

사람들은 이런 나에게 의견을 구하고 있었던 것이다. 나는 이 사건의 실체를 부정할 수 있을 때까지는 단호하게 '언급할 것이 없다'라고 답변을 하지 않았다. 그러나 곧 나는 궁지에 몰려 명확한 내 의견을 밝혀야 했다. '파리 박물관의 피에르 아로낙스 교수'는 뉴욕 헤럴드 지에 소환되어 어떤 식으로든 자신의 견해를 표명하기를 바란다는 압박을 받았던 것이다.

나는 이에 응했다. 더 이상 입을 다물 수 없었기에 내 의견을 밝히기로 한 것이다. 나는 이 문제를 정치적, 과학적 모든 측면에서 논의했다. 그리고 여기 내가 4월 30일자 신문에 신중하게 기고한 장문의 기사 내용 중 하나를 발췌한 내용이다.

> "따라서, 이러한 다양한 가설들을 하나하나 검토한 결과 다른 모든 추측이 반박된 상황에서 우리는 결국 매우 강력한 미지의 해양 동물의 존재를 인정할 수밖에 없게 됐다.
>
> 우리에게 깊은 바다는 완전한 미지의 세계이다. 어느 누구도 그 깊이에 도달할 수 없었다. 그 머나먼 심연 속에서 무슨 일이 일어나고 있을까? 그곳에는 어떤 생물들이 살고 있으며, 혹은 살 수 있을까? 이 동물들의 신체 구조는 어떠한가? 모든 것은 우리의 상상력을 넘어서고 있다. 그렇지만 나는 제시된 이 문제의 해결책은 두 가지 선택지로 압축해 볼 수 있다.
>
> 하나는 우리가 지구상의 모든 생물을 알고 있다는 것이고,

다른 하나는 그렇지 않다는 것이다. 만약 우리가 모든 생물을 알고 있지 않다면, 자연이 여전히 우리에게 어류에 관한 비밀을 감추고 있는 것이라면, 우리는 새로운 종이나 심지어 새로운 종류에 속하는 물고기나 고래류가 존재한다는 가설을 받아들일 수밖에 없다. 이들 동물이 본질적으로 '철갑'과 같은 신체 구조를 가지고 있으며, 우리 탐사의 범위를 넘어서는 깊이에 서식하다가 어떤 계기로 혹은 이상으로, 해양의 상층부로 올라올 수도 있다는 것이다.

반면에, 우리가 모든 생물을 알고 있다면 이미 목록에 있는 해양 생물들 중에서 이 동물을 찾아야 한다. 이 경우 나는 거대한 일각고래가 존재할 가능성을 받아들이고 싶다. 일각고래, 즉 이 바다의 유니콘은 길이가 60피트(18.3m)에 이르는 경우가 많다. 그 크기를 5배 또는 10배로 증가시키고, 이 고래류가 크기에 비례하는 힘을 가지고 있으며 공격 무기를 더욱 크게 진화시켰다고 가정하면, 우리가 찾고 있는 동물을 설명할 수 있을 것이다. 이는 셔넌호의 장교들이 계산한 비율과 일치하며 스코티아호를 뚫을 수 있는 도구와 증기선의 선체를 관통할 힘을 지닌 동물일 것이다.

본질적으로 일각고래는 자연학자들이 '상아 검' 또는 창이라고 부르는 강철처럼 단단한 거대한 이빨을 가지고 있다. 이빨 중 일부는 대형 고래의 몸에 박혀 있는 채로 발견되었으며, 일각고래가 공격을 성공했다는 증거이다. 몇몇 이빨들은 일각고래가 뚫고 지나간 배의 하부에서 간신히 뽑아 낸 것들도 있었다. 파리 의과대학 박물관에는 길이 2.25미터, 밑동 폭 48센티미터의 이러한 이빨이 소장되어 있다.

자! 이제 이 무기를 10배 더 강하게 만들고, 동물의 힘도 10배 더 강력하게 상상해 보자. 그리고 이 동물을 시속 2만 마일로 가속시켜 충돌시키면, 우리가 기대하는 그 재앙을 충분히 일으킬 수 있다. 따라서 더 많은 정보가 나오기 전까지 나는 거대한 크기의 바다의 유니콘 일각고래일 것이라는 주장을 할 수밖에 없다. 이 유니콘은 단순한 창으로 무장한 것이 아니라, 철갑 프리깃함이나 '램'이라 불리는 전함처럼 실제 박차를 지니고 있으며, 그 질량에 맞는 동력 또한 동시에 갖추고 있을 것이다. 이 설명으로 이 미스터리한 현상은 풀렸다고 할 수 있다. 물론 지금까지 목격되고, 연구되고, 탐험된 모든 것에도 불구하고, 그것이 전혀 다른 무언가일 가능성도 여전히 남아 있다."

이 마지막 문장은 나 스스로도 비겁하다고 느껴졌다. 하지만 나의 교수로서의 품위를 지키고 싶었고, 특히 미국인들에게 웃음거리가 되지 않기 위해 여지를 남겨 두었다. 사실, 나 역시 '괴물'의 존재를 받아들이고 있었다.

내 기사는 큰 논란으로 엄청난 소동을 불러일으켰다. 많은 지지자를 불러 모았고, 더 나아가 이 가설은 상상력을 마음껏 펼칠 수 있는 여지를 제공했다. 인간의 마음은 비현실적인 생명체들에 대한 강렬한 상상을 즐긴다. 그리고 바다는 그런 거대한 생명체들이 번식하고 자라기에 가장 적합한 장소이다. 바다에서라면 코끼리나 코뿔소 같은 육지 동물은 그저 난쟁이에 불과하다. 바다는 우리가 알고 있는 가장 큰 포유류를 품고 있을 뿐만 아니라, 어마어마한 크기의 연체동물이나 상상하기도 두려운 갑각류들을 숨기고 있을지도 모른다. 100미터 크기의 바닷가재나 200미터의 무게를 가지고 있는 게가 있다고 해도 놀랍지 않을 것이다! 왜 안 되겠는가? 한때, 선사 시대의 육지 동물들은 (네발짐승, 유인원, 파충류, 새들) 거대한 덩치를 지니고 있었다. 창조주는 그러한 거대한 틀을 사용해 그들을 만들었고, 시간의 흐름과 함께 그 크기는 점점 줄어들었다. 끊임없이 변화하는 육지와 달리 시간이 거의 변하지 않는 바다는 이러한 거대한 생명체의 마지막 종들을 여전히 간직하고 있지 않을까? 이들은 수십 년이 수 세기, 수 세기가 수천 년에 달하는 시간을 살아가고 있는 것은 아닐까?

이제 그만 이런 상상의 나래를 펼치는 것을 멈추어야겠다. 이것은 내 일이 아니다. 혹독한 현실로 나에게 다가온 이 동화 같은 생각은 그만두기로 하자.

다시 한번 말하지만 대중의 의견은 이 현상을 바탕으로 만들어졌고, 사람들은 이 신비로운 생명체가 전설 속의 바다뱀과는 전혀 다른 존재임을 당연하게 받아들였다. 그러나 이 사건을 과학적으로 풀어야할 시선으로 바라보고 있던 사람들과는 달리 일부 실용적인 사람들, 특히 미국과 영국에서는 대서양의 안전하고 원활한 교류를 위해 하루라도 빨리 이 괴물을 제거해야한다는 의견이었다. 많은 기업과 상업신문들은 이 문제를 주로 이런 관점에서 다루었다. '해운 및 상업신문', '로이드 리스트', 프랑스의 '패킷보트나 해상·식민지 리뷰'등 선박 보험 회사들과 관련된 신문들은 만장일치로 이러한 의견을 지지했다. 보험 회사들은 대서양을 횡단하는 선박들의 보험료 인상을 위협하고 있었다.

여론이 강하게 형성되자, 미국이 먼저 나섰다. 뉴욕에서는 이 일각고래를 추적하기 위한 원정이 준비되고 있었다. 고속 프리깃함인 '에이브러햄 링컨호'가 가능한 한 빨리 바다로 출항하기 위해 준비되었다. 해군 무기고는 '패러거트' 사령관을 위해 개방되었고, 그는 전투 함정을 준비하는 데 박차를 가했다. 그러나 언제나 그렇듯이 괴물을 추적하기로 결정한 바로 그 순간, 괴물은 더 이상 모습을 드러내지 않았다. 두 달 동안 괴물에 대한 소식은 전혀 들리지 않았다.

단 한 척의 배도 그 생명체를 마주치지 못했다. 마치 유니콘이 자신을 둘러싼 음모를 눈치 채고 사라진 듯 보였다. 사람들은 대서양 케이블을 통해서 이 생명체에 대해 끊임없이 떠들어댔다. 이에 따라 농담꾼들은 이 교활한 괴물이 지나가던 메시지를 가로채어 최대한 활용하고 있다고 비웃었다. 그래서 프리깃함은 장거리 항해를 위해 준비되었고, 무서운 어로 장비로 무장했으나 어디로 향해야 할지 누구도 알지 못했다. 그렇게 조급함이 커져가던 중, 6월 2일, 샌프란시스코에서 상하이로 향하는 캘리포니아 항로의 증기선 탐피코호가 3주 전 북태평양의 북쪽 해역에서 그 동물을 다시 목격했다는 소식이 전해졌다.

이 소식은 큰 흥분을 일으켰다. 패러거트 사령관에게는 24시간의 휴식도 허락되지 않았다. 모든 보급품이 선적되었고, 석탄 창고는 넘쳐흘렀다. 어떤 승무원도 자신의 자리를 비우지 않았다. 출항을 위해서는 단지 화약을 쏘고 난로에 불을 지피기만 하면 되는 상황이었다. 반나절의 지연도 용납되지 않았다! 패러거트 이미 사령관은 출항할 준비가 끝난 상태였다.

에이브러햄 링컨호가 브루클린 부두를 떠나기 세 시간 전, 나는 다음과 같은 편지를 받았다.

파리 박물관 교수 피에르 아로낙스님

뉴욕, 피프스 애비뉴 호텔

교수님께

만약 에이브러햄 링컨호의 탐사에 동참하시길 원하신다면,

미합중국 정부는 이번 임무에서 교수님을 프랑스 대표로 환영할 것입니다. 패러거트 사령관은 교수님을 위해 선실을 준비해 두었습니다.

진심을 담아, J. B. 홉슨 미 해군 장관

3장 주인님 뜻대로

J. B. 홉슨 장관의 편지가 도착하기 3초 전까지만 해도 나는 유니콘을 쫓는 일이 아닌 북대서양 항로를 항해하는 일을 생각하고 있었다. 그러나 해군 장관의 편지를 읽자마자, 이 괴물을 사냥하여 세상을 구하는 것이 나의 진정한 소명이며 인생의 유일한 목적이라는 것을 깨달았다. 나는 방금 막 힘겨운 여행에서 돌아와 지친 상태였고 휴식이 절실히 필요했다. 나는 그저 다시 고국을, 친구들을, 식물원 근처의 소박한 집과 사랑하는 나의 수집품들을 보고 싶을 뿐이었다! 그러나 이제는 어떤 것도 나를 막을 수 없었다. 나는 모든 것을 잊어버렸다. 피로도, 친구들도, 수집품들도 생각하지 않고 즉시 미국 정부의 제안을 받아들였다.

이렇게 나는 생각했다. "모든 길은 유럽으로 통하는 법이고, 우리 유니콘이 친절하게도 나를 프랑스 해안까지 데려다줄지도 모르지! 그 훌륭한 동물이 나를 위해 유럽 해역에서 잡혀준다면, 최소한 50센티미터 정도의 상아 창이라도 박물관에 가져갈 수 있을 거야!"

하지만 그 전에 나는 북태평양에서 이 일각고래를 찾아야 했고, 이는 프랑스로 가기 위해 정 반대의 길로 돌아가는 것을 의미했다.

"콩세이유!" 나는 조급한 목소리로 하인을 불렀다.

모든 여행에 나와 함께했던 헌신적인 청년이다. 이 청년은 내가 진심으로 아끼는 플랑드르 출신의 용감한 사람이다. 그는 나를 좋아했고, 타고난 침착함을 지니고 있었으며, 규칙적이고 원칙에 철저하며 성실했다. 그는 어떤 갑작스러운 일에도 놀라지 않으며 손재주가 뛰어나고 모든 임무를 효율적으로 처리했다. 그의 이름은 "콩세(Conseil, 충고)"지만 결코, 조언 따위는 하지 않았다.

파리의 작은 식물원에서 나와함께 과학자들과 어울리던 콩세이유는 생물 분류에 대해 꽤나 박식해졌다. 그는 생물학적 분류에 있어 단련된 전문가로 계통 분류의 가지, 그룹, 강, 아강, 목, 과, 속, 아속, 종, 변종을 곡예사처럼 민첩하게 넘나들 수 있는 열정적인 사람이었다. 하지만 그의 학문은 거기까지였다. 분류하는 일 외의 다른 것은 알지 못했다. 이론적으로는 분류에 능통했지만, 실제 응용에는 서툴렀다. 나는 그가 향유고래와 수염고래를 구분할 수 있을지조차 의심스러웠다! 그럼에도 불구하고, 그는 훌륭하고 용감한 청년이었다.

지난 10년 동안 콩세이유는 나의 학술적 연구가 필요한 곳마다 항상 함께했다. 여행의 길이와 고난에 대해 한 번도 불평하지 않았고, 중국이든 콩고든 얼마나 먼 곳이든 상관없이 여행 가방을 꾸리고 떠나는 일에 반대하지 않았다. 그는 항상 준비되어 있었고 건강한 몸과 체력을 지녔으며, 정신적으로도 침착함을 유지했다.

그는 서른 살이었고 나와의 나이 차이는 마치 10세와 20세의 차이 같았다. 이런 식으로 내가 마흔이 되었음을 고백하는 것을 용서해 주길 바란다. 그러나 한 가지 단점이 있었는데 그는 형식에 지나치게 집착했고, 언제나 나를 3인칭으로 불렀는데, 그 점이 가끔은 짜증이 날 정도였다.

"콩세이유!" 나는 다시 한번 그를 부르며 떠날 준비를 시작했다. 나는 이 헌신적인 청년을 신뢰하고 있었다. 보통 나는 그에게 여행을 함께 갈 것인지 물어보지 않았다. 그러나 이번에는 끝이 보이지 않을 수도 있는 탐사였다. 프리깃함을 호두 껍질처럼 가볍게 침몰 시켜버릴 수 있는 미지의 동물을 추적, 사냥하는 위험한 임무였으니, 아무리 감정이 없는 사람이라도 잠시 멈춰 생각해 볼 필요가 있었다.

"콩세이유!" 나는 세 번째로 불렀다. 콩세이유가 나타났다.

"주인님 저를 부르셨습니까?" 그가 들어오며 말했다.

"그래, 어서 내 짐을 챙기고, 자네 짐도 준비하게, 두 시간 후엔 출발해야 하네."

"말씀대로 준비 하겠습니다." 콩세이유는 차분하게 대답했다.

"시간이 없으니 가능한 모든 여행 장비를 챙기게. 옷, 셔츠, 양말, 갯수는 신경 쓰지 말고 그냥 다 챙겨 넣게나, 서둘러!"

"그럼 주인의 수집품들은 어떻게 할까요?" 콩세이유가 조심스럽게 물었다.

"그건 나중에 처리하지."

"네? 아르카이오테리움, 히라코테리움, 오레오돈트, 케이로포타무스, 그리고 주인님의 다른 화석들까지요?"

"호텔에서 우리를 위해 보관해 줄 걸세."

"그럼 주인의 살아 있는 바비루사(몰루카제도산 멧돼지)는요?

"우리가 없는 동안 다른 이가 돌보아 줄 걸세, 나중에 우리 동물들을 모두 프랑스로 배송해 달라는 요청을 남겨두겠네."

"그럼, 우리는 파리로 돌아가지 않는 건가요?" 콩세이유가 물었다.

"아니, 돌아가……, 물론 돌아 갈 걸세……." 나는 얼버무리며 대답했다.

"하지만 곧바로 가는 게 아닐 뿐이라네."

"주인님이 원하시는 대로 하시지요."

"별일 아닐세! 그냥 약간 돌아가는 경로일 뿐이야. 우리는 에이브러햄 링컨호를 타기로 했다네."

"주인님의 생각대로 하시지요." 콩세이유는 침착하게 대답했다.

"사실, 자네도 알겠지만 이건 그 괴물, 악명 높은 일각고래와 관련이 있는 일이라네, 우리는 그 녀석을 사냥하러 떠나는 거라네. 대양 심연의 미스터리라는 제목의 두 권짜리 책을 쓴 사람으로서 패러거트 사령관과 함께 출항하지 않을 이유가 없다네. 이건 영광스러운 임무지만 위험하기도 해! 어디로 우리를 데려갈지 모르는 일이야! "이 짐승들은 완전히 예측할 수 없거든!" 하지만 우리는 떠나야 하네! 우리에겐 무슨 일이든 할 준비가 된 사령관이 있으니까!"

"주인님이 하시는 일이라면 저도 하겠습니다." 콩세이유가 대답했다.

"하지만 잘 생각해 보길 바라네, 나는 자네에게 아무것도 숨기고 싶지 않다네. 이번 항해는 위험하고 영원히 돌아올 수 없을지도 모른다네."

"주인님 원하시는 대로 하십시오."

15분 후, 우리의 짐은 준비되었다. 콩세이유는 재빠르게 짐을 꾸렸고, 나는 그가 셔츠와 옷을 새와 포유류를 분류하듯이 정확하게 챙겼음을 확신했다.

호텔 엘리베이터가 우리를 로비 층의 중앙 현관에 내려주었다. 나는 지상층으로 내려가는 짧은 계단을 내려갔다. 나는 항상 인파로 북적이던 큰 카운터에서 계산을 마치고, 박제 동물과 말린 식물들을 프랑스 파리로 배송하라는 지시를 남겼다. 바비루사의 비용을 충당할 충분한 신용을 설정하고, 콩세이유를 뒤따르게 하며 마차에 올라탔다.

20프랑의 요금으로 마차는 브로드웨이를 따라 유니언 스퀘어까지 내려갔고, 4번가를 따라 보워리 가와 교차하는 곳으로 향했다가 카트린 가로 들어섰다. 그곳에서 페리보트는 사람들과 말, 그리고 마차를 이스트 강의 왼쪽 강둑에 위치한 브루클린으로 옮겨주었다. 몇 분 만에 우리는 에이브러 햄 링컨호가 두 개의 굴뚝에서 검은 연기를 뿜어내고 있는 부두에 도착했다. 우리 짐은 즉시 프리깃함의 갑판으로 옮겨졌다. 나는 급히 배에 올라탔다. 패러거트 사령관을 찾았고, 한 선원이 나를 후미 갑판으로 안내했다. 거기서 나는 깔끔하게 차려입은 한 장교와 마주쳤고, 그가 나에게 손을 내밀었다.

"파리 박물관의 피에르 아로낙스 교수님이신가요?" 그가 내게 물었다.

"그렇습니다," 나는 대답했다.

"패러거트 사령관님이십니까?"

"제가 패러거트입니다. 제 배에 오신 것을 환영합니다, 교수님의 선실이 준비되어 있습니다."

나는 사령관과 인사를 나눈 뒤, 선실로 안내되었다.

에이브러햄 링컨호는 새로운 임무에 완벽하게 선택되고 준비된 프리깃함이었다. 이 프리깃함은 고속 프리깃함으로, 증기의 압력을 7기압까지 끌어올릴 수 있는 과열 장치가 장착되어 있었다. 이 압력에서 에이브러햄 링컨호는 시속 18.3마일의 평균 속도를 낼 수 있었으나, 우리의 거대한 고래류와 맞서기에는 여전히 충분하지 않았다.

프리깃함의 내부 시설도 항해 성능에 걸맞게 잘 갖추어져 있었다. 나의 선실은 선미 쪽에 위치해 있었고, 장교들의 식당과 연결되어 있어 나는 매우 만족스러웠다.

“여기서 편안하게 지낼 수 있을 걸세,” 나는 콩세이유에게 말했다.

“주인님 말씀대로라면, 마치 달팽이 속의 소라게처럼 편안할 것입니다.”

나는 콩세이유에게 짐 정리를 맡기고, 출항 준비를 보기 위해 갑판으로 올라갔다.

그때 마침 패러거트 사령관이 에이브러햄 링컨호를 브루클린 부두에 묶고 있던 마지막 계류줄을 풀라는 명령을 내리고 있었다. 만약 내가 15분이나 그보다 조금이라도 더 늦었더라면, 프리깃함은 나를 두고 출발했을 것이고, 나는 이 기이하고 특별하며 믿기 어려운 탐험을 놓쳤을 것이다. 패러거트 사령관은 얼마

전 그 괴물을 목격했던 바다로 향하는 데 단 하루, 아니 단 한 시간도 낭비하고 싶어 하지 않았다. 그는 엔지니어를 불렀다.

"압력은 충분한가?" 그가 물었다.

"그렇습니다, 사령관님." 엔지니어가 대답했다.

"그럼 출발하라!" 패러거트 사령관이 명령했다.

이 명령은 압축 공기 장치를 통해 엔진실로 전달되었고, 기계공들은 가동 휠을 돌렸다. 증기가 휘파람 소리를 내며 밸브를 통해 쏟아져 들어갔다. 길게 늘어선 수평 피스톤이 신음하며 구동축의 연결 막대를 밀어냈다. 프로펠러의 날개는 점점 더 빠르게 물살을 가르며, 에이브러햄 링컨호는 100척의 페리와 보급선들이 에스코트하는 가운데 장엄하게 움직이기 시작했다.

브루클린 부두와 이스트 강을 끼고 있는 뉴욕의 모든 지역은 구경꾼들로 가득 찼다. 50만 인파의 목소리에서 우렁찬 환호가 세 번 터져 나왔다. 수천 장의 손수건이 인파 위에서 흔들리며, 에이브러햄 링컨호가 허드슨 강으로 진입할 때까지 그를 환영했다.

프리깃함은 뉴저지 해안을 따라갔고, 이 강의 오른쪽 둑에는 멋진 시골집들이 자리 잡고 있었다. 우리 배가 요새를 지나면 그들은 대포를 쏘아 올렸다. 에이브러햄 링컨호는 세 번에 걸쳐 미국 국기를 내렸다가 다시 올리며 경례를 응답했다. 서른아홉 개의 별이 반짝이는 깃발이 바람에 펄럭였다. 그런 다음 우리는 샌디훅의 모래 언덕이 형성한 만을 향하여 부표를 따라 갔다.

수천 명의 관중들이 다시 한 번 우리를 환호하는 가운데 그 모래로 덮인 땅을 바짝 붙어 항해했다. 호위하던 배들과 보급선들은 계속해서 프리깃함을 따라왔고, 우리가 두 개의 신호등이 있는 뉴욕만의 상부로 들어가는 좁은 해협 입구를 표시하는 등대선에 다다랐을 때에야 그들은 떠나갔다. 이때가 오후 3시였다. 도선사는 작은 보트로 내려가 바람을 피해 그를 기다리고 있던 소형 배에 합류했다. 난로는 불을 지폈고, 프로펠러는 더 빠르게 물살을 헤치기 시작했다. 프리깃함은 롱아일랜드의 평탄하고 누런 해안을 따라 항해했다. 그리고 저녁 8시, 파이어 아일랜드의 불빛이 북서쪽으로 사라진 후 우리는 전속력으로 어두운 대서양 위를 질주했다.

4장 네드 랜드

패러거트 사령관은 훌륭한 선장이었다. 자신이 지휘하는 프리깃함과 한 몸 같았다. 그는 그 배의 영혼이었다. 괴물 문제에 대해 그의 마음에는 의심이 없었으며 배에서 그 동물의 존재를 부정하는 것을 허락하지 않았다. 그는 어떤 신앙심 깊은 여인들이 욥기의 리바이어던[6]을 믿듯 그 괴물의 존재를 확신했다. 그 괴물은 존재했고 그는 그것을 바다에서 제거할 것을 맹세했다. 패러거트 사령관은 마치 고대의 기사, 용을 물리치러 가는 로즈 기사단의 기사 디외도네[7]처럼 보였다. 패러

6) 욥기의 리바이어던은 구약 성경 욥기 41장에서 언급되는 거대한 바다 괴물. 리바이어던은 강력하고 무시무시한 생명체로 묘사되며, 인간이 다룰 수 없는 힘을 상징한다. 성경에서 리바이어던은 하나님의 창조물 중 하나로, 그 힘과 위엄이 인간의 통제 밖에 있는 존재로 그려진다.

7) 로즈 기사단의 기사 디외도네는 중세의 성 요한 기사단과 같은 맥락에서 상징적인 인물이다. 디외도네라는 이름은 '신이 주신'이라는 뜻으로, 신의 선택을 받은 기사로

거트 사령관이 일각고래를 죽이거나, 일각고래가 사령관을 죽이거나 둘 중 하나였다. 이 둘 사이에 중간은 없었다.

배의 장교들도 그들의 리더의 의견에 동조했다. 그들은 서로 대화하고 토론하고, 계산하며 광활한 바다를 주의 깊게 관찰했다. 평소 같았으면 저주했을 노동이었겠지만 장교들은 자발적으로 돛대에 올라가서 파도를 지켜보았다. 태양이 하늘을 가로지를 때마다, 갑판 아래에서 발을 가만히 두지 못하는 선원들이 돛대에 오르곤 했다. 그리고 에이브러햄 링컨호는 아직 의심스러운 태평양의 바다에 들어가지도 않았다.

선원들은 오로지 그 괴물을 만나고, 작살로 잡아 배로 끌어올리기만을 원했다. 그들은 바다를 철저하게 살폈다. 게다가 패러거트 사령관은 그 동물을 처음 발견하는 자, 선원이든 장교든, 심지어는 선실 소년일지라도 2,000달러의 상금을 받을 것이라고 발표했다. 독자들은 선원들이 배 위에서 얼마나 바쁘게 눈을 움직였을지 짐작할 수 있을 것이다.

나 또한 다른 사람들보다 뒤처지지 않기 위해 열심히 관찰에 참여했다. 우리 프리깃함은 100개의 눈을 가진 그리스 신화 속의 괴물 아르고스[8]라는 이름을 붙일 만한 이유가 충분했다. 다

여겨졌음을 나타낸다. 패러거트 사령관을 이러한 기사에 비유하여, 일각고래라는 괴물과 싸우는 그의 결의를 강조한 표현이다.

8) 아르고스(Argus)는 그리스 신화에 나오는 인물로, 100개의 눈을 가진 거대한 괴물이다. 그는 언제나 잠을 자더라도 일부 눈은 항상 깨어 있어서 모든 것을 감시할 수 있는 능력이 있었다. 아르고스는 헤라 여신의 명령으로 임무를 수행했으며, 매우 경계심이

만 우리 중 유일한 반역자는 콩세이유였는데, 그는 이 문제에 전혀 관심이 없었고, 배 안의 열광적인 분위기와도 동떨어져 있었다.

말했듯이, 패러거트 사령관은 거대한 고래류를 낚는 데 필요한 모든 장비로 그의 배를 철저히 무장시켰다. 어떤 고래잡이배도 이보다 더 훌륭하게 무장할 수는 없었을 것이다. 우리는 손으로 던지는 작살부터, 날카로운 화살을 쏘는 뇌총, 폭발탄을 쏘는 산탄총에 이르기까지 모든 무기를 갖추고 있었다. 앞 갑판에는 최신식 대포가 장착되어 있었는데, 이 대포는 매우 두꺼운 총신과 좁은 구경을 자랑하며, 1867년 만국 박람회에 출품될 무기였다. 미국에서 제조된 이 귀중한 장비는 4킬로그램의 원뿔형 탄환을 아무 문제없이 평균 16킬로미터 떨어진 곳까지 발사할 수 있었다.

에이브러햄 링컨호는 모든 파괴 수단을 갖추고 있었다. 그러나 그보다 더 중요한 것이 있었다. 바로 작살 왕 네드 랜드였다. 네드 랜드는 탁월한 솜씨를 가진 캐나다인이었으며, 위험한 그의 직업에서 그와 맞설 자는 없었다. 그는 뛰어난 솜씨와 침착함, 용기와 영리함을 모두 갖추고 있었고, 그의 작살을 피하려면 매우 교활한 수염고래나 지혜로운 향유고래가 필요했다.

네드 랜드는 대략 40세 정도였고, 키가 6피트가 넘는 장신의

강한 존재로 알려져 있다.

남자였다. 그는 강력한 체격에 진지한 태도를 지녔으며, 고집이 세고, 일이 뜻대로 되지 않으면 쉽게 짜증을 내는 성격이었다. 그의 외모 중에서도 특히 눈빛이 주목을 끌었으며 그 강렬한 눈빛은 그의 얼굴을 특별하게 만들었다.

패러거트 사령관이 이 사람을 고용한 것은 매우 현명한 결정이라고 생각했다. 그의 탐색과 작살 던지는 능력은 혼자서도 전 승무원만큼의 가치를 지녔다. 나는 그를 항상 발사 준비가 되어 있는 강력한 망원경이 달려있는 대포와 비유하는 것 외에 더 나은 설명을 할 수 없다.

캐나다인을 말한다는 것은 프랑스인을 의미하며, 네드 랜드가 사교적이지는 않았지만, 나와는 확실히 친근함을 느끼고 있었다. 아마도 나의 국적이 그를 호감을 불러 일으켰을 것이다. 그에게는 자신이 사용하는 오래된 라블레식 방언을 말할 기회가 있었고, 나는 그것을 들을 기회가 있었다. 그의 가족은 퀘벡 출신으로, 그가 태어나기 전부터 이미 대담한 어부들이었다.

네드 랜드는 점점 나와의 대화에 흥미를 갖게 되었다. 나는 그가 북극해에서 겪은 모험담을 듣는 것을 즐겼다. 그는 자신의 낚시 여행과 싸움을 자연스럽고 서사시적인 언어로 설명했으며, 그의 이야기는 마치 북극 지역을 배경으로 한 캐나다의 호메로스[9]

9) 호메로스(Homer)는 고대 그리스의 가장 위대한 서사시인으로, 그의 작품 일리아드(Iliad)와 오디세이(Odyssey)는 서양 문학의 기초를 이룬다. 일리아드는 트로이 전쟁을, 오디세이는 트로이 전쟁 이후 오디세우스의 귀환 여정을 다루고 있다.

가 그의 일리아드[10]를 읊는 것 같았다.

나는 지금 이 용감한 동료와의 첫 만남을 이야기하고 있다. 우리는 이제 오래된 친구가 되었고, 끔찍한 위기 속에서 더욱 단단한 동료애로 묶였다. 아, 내 용감한 네드! 나는 그를 더 오래 기억하기 위해 100년 더 살 수 있기를 바랄 뿐이다!

그렇다면, 네드 랜드는 바다 괴물에 대해 어떤 생각을 가지고 있었을까? 우선 그가 괴물의 존재를 전혀 믿지 않았다는 것을 먼저 밝혀야겠다. 그는 배 안에서 유일하게 괴물의 존재를 의심하는 사람이었고, 일반적인 믿음에 동조하지 않았다. 그는 그 주제에 대해 이야기하는 것조차 피했고, 나는 어느 날 그에게 그것에 대해 따져 묻지 않을 수 없었다.

6월 25일의 아름다운 저녁, 즉 출항 후 3주가 지나 우리는 파타고니아 해안에서 바람을 등지고 30마일 떨어진 카보 블랑코 앞바다에 있었다. 우리는 남회귀선을 건넜고, 마젤란 해협은 남쪽으로 700마일도 남지 않았다. 일주일이 지나기 전에 에이브

호메로스의 작품은 영웅적 모험과 신화적 이야기를 서사시적 형식으로 전하며, 당시 그리스 문화를 반영하고 있다.

10) 일리아드(Iliad)는 고대 그리스 시인 호메로스가 쓴 서사시로 트로이 전쟁의 마지막 몇 주를 중심으로 한 이야기다. 총 24권으로 구성된 이 작품은 인간과 신들의 갈등, 영웅들의 전투, 그리고 그들의 운명을 다룬 특히, 아킬레우스와 헥토르같은 영웅들의 이야기가 주요 줄거리로 등장하며, 트로이 전쟁에서 벌어지는 전투와 인간의 감정, 명예, 복수에 대한 이야기가 그려진다.

러햄 링컨호는 태평양의 물결을 가를 것이었다.

나는 후미 갑판에 앉아 네드 랜드와 이런저런 대화를 나누며 인간의 눈이 닿지 않는 신비한 바다를 바라보고 있었다. 자연스럽게 나는 대화를 거대한 괴물로 이끌었고, 이번 탐사의 성공이나 실패 가능성에 대해 이야기했다. 네드 랜드는 아무 말 없이 내가 하는 이야기를 듣고만 있었다. 나는 그에게 집요하게 물었다.

"네드" 내가 물었다.

"우리가 쫓고 있는 이 고래류의 존재를 어떻게 그렇게 의심할 수 있나? 그에 대해 특별한 이유가 있는건가?"

이 작살 잡이는 한동안 나를 바라보다가 그의 전형적인 제스처인 넓은 이마를 탁, 치고 눈을 감고 생각을 가다듬은 뒤 마침내 말했다.

"아마도 그럴 겁니다. 아로낙스 교수님."

"그러나 네드, 자네는 전문 고래잡이일세, 대형 해양 포유류에 익숙한 사람으로서 이렇게 거대한 고래류가 존재한다는 가설을 받아들이는 것이 더 쉬워야 하지 않은가? 이런 상황에서 끝까지 의심을 하는 사람이 자네여서는 안 되지 않은가?"

"교수님, 그게 바로 당신의 오류입니다." 네드 랜드가 대답했다.

"평범한 사람들은 여전히 우주를 가로지르는 신비로운 혜성이나 지구 중심에 사는 선사 시대 괴물들을 믿을 수 있을지 몰라도, 천문학자나 지질학자들은 그런 이야기를 받아들이지 않지요. 고래잡이들도 마찬가지입니다. 나는 수많은 고래를 쫓았고, 작살로 그들을 잡았습니다. 그래서 그들이 아무리 강력하고 무장했더라도, 그들의 꼬리나 상아로 증기선의 철판을 뚫을 수 없다는 사실을 잘 알고 있습니다."

"하지만 일각고래의 상아가 배를 관통했다는 이야기가 종종 들리지 않는가?"

"목선이라면 가능 하겠지요." 네드 랜드가 대답했다.

"하지만 저는 그런 배를 한 번도 본 적이 없습니다. 그러니 반대 증거가 나오기 전까지는 수염고래든 향유고래든, 유니콘이든 그런 일을 할 수 없다고 부정할 겁니다."

"네드, 내 말을 들어보게"

"아니, 아니요, 교수님. 그건 받아들일 수 없습니다. 어쩌면 거대한 악마 오징어일지도 모르지요."

"그건 더더욱 가능성이 없는 말이라네. 네드, 악마 오징어는 단순히 연체동물일 뿐이고, 그 이름도 말 그대로 '부드러운 것'을 의미하는 라틴어에서 유래한 걸세. 악마 오징어는 척추동물에 속하지 않으며, 설령 500피트 길이라고 해도 스코티아호나 에이브러햄 링컨호 같은 배에는 해를 끼칠 수 없네. 따라서 크라켄 같은 괴물의 이야기는 소설에서나 나오는 이야기일 뿐이라네."

"그러니, 자연 과학자님." 네드 랜드는 약간 조롱하는 어조로 말을 이어갔다.

"교수님은 여전히 거대한 고래류의 존재를 믿으시겠다는 건가요?"

"그렇다네, 네드. 다시 한번 말하지만, 논리적으로 봤을 때 나는 강력한 신체 구조를 가진 포유류, 수염고래나 향유고래, 돌고래처럼 척추동물에 속하고, 엄청난 관통력을 가진 뿔로 무장한 동물의 존재를 믿고 있소."

"흥!" 네드 랜드는 고개를 저으며 설득당하지 않은 표정으로 말했다.

"잘 들어보게, 내 멋진 캐나다 친구" 나는 말을 이었다.

"만약 깊은 바다에 그런 동물이 존재해서 수면과 깊은 바다 속을 활발히 왔다 갔다 하며 활동한다면 그 동물의 신체는 그 압력을 견딜 수 있을 만큼 엄청나게 강력해야 할 거요."

"왜 그리 강력해야 한다는 거지요?" 네드 랜드가 물었다.

"그 깊은 물속에서 살기 위해서는 어마어마한 힘이 필요하기 때문이오. 그 압력을 견뎌야 하니까."

"그렇습니까?" 네드 랜드는 한쪽 눈을 깜빡이며 내게 물었다.

"정말이오, 그리고 간단한 수치로 증명할 수 있소."

"하하, 교수님! 숫자로 증명해 낸 다구요?"

"이보게 네드, 들어보게나. 대기압 하나의 압력은 약 32피트 높이의 물기둥으로 표현될 수 있다네. 실제로는 소금물이 담수보다 밀도가 높아서 물기둥이 그렇게 높지는 않을 것이라네. 하지만 네드, 자네가 물속으로 들어가면, 32피트(9.75m)마다 몸 위에 대기압 하나의 압력이 더해지는 셈이 된다네. 즉, 물 속 깊이 320피트에선 10기압, 3,200피트에선 100기압[11], 그리고 32,000피트 깊이에서는 1,000기압이 되는 것이지. 이는 약 2.5 해리의 깊이에 해당하네. 만약 자네가 그 깊이에 도달할 수 있다면, 몸의 각 평방 센티미터에 1,000킬로그램의 압력을 받는다는 뜻이지. 자, 내 용감한 네드, 자네의 신체 표면적은 얼마인지 알고 있나?"

"전혀 모릅니다. 아로낙스 교수님."

"약 17,000평방 센티미터라네."

"그렇게나 많이?"

"그렇다네. 그리고 대기의 실제 압력은 평방 센티미터당 약간 더 많이 나가기 때문에 내 몸의17,000평방 센티미터는 현재 약 17,568킬로그램의 압력을 받고 있는 것이지."

"저는 그걸 느끼지 못하고 있는 건가요?"

"그렇다네, 느끼지 못하지. 자네가 그 압력에 눌리지 않는 이유는 공기가 자네 몸 안으로 같은 압력으로 들어가서 균형을 이루고 있기 때문이지. 내부와 외부의 압력이 완벽하게 균형을 이

11) 물속에서 약 32피트(약 9.75미터)마다 1기압이 추가로 가해진다. 대기압이 평방 센티미터당 약 1킬로그램의 압력을 의미하므로, 깊어질수록 몸에 가해지는 압력은 점점 더 커지므로, 평방 센티미터당 약 1.033킬로그램의 압력을 의미한다.

루면 서로 상쇄되어 당신이 그 압력을 불편함 없이 견딜 수 있는 것이라네. 하지만 물속에서는 그게 다르지."

"그렇군요." 네드 랜드는 점점 더 흥미를 느끼며 말했다.

"왜냐면 물은 나를 둘러싸지만 내 몸속으로 들어오지 않으니까."

"맞네, 네드. 그래서 바다 표면에서부터 32피트(약 9.75미터) 아래에서는 17,568킬로그램의 압력을 받게 되고, 320피트 아래에서는 그 압력이 10배인 175,680킬로그램, 3,200피트 아래에서는 100배인 1,756,800킬로그램, 그리고 32,000피트 아래에서는 1,000배인 17,568,000킬로그램에 달하게 되는 것이오. 그래서, 그 깊이에서 사람은 마치 유압 프레스에 눌린 것처럼 납작하게 찌부러질 거라네!"

"맙소사!" 네드 랜드가 말했다.

"그렇다네, 친애하는 작살 잡이 친구, 그 깊이에 사는 척추동물들이 수백 미터에 이르는 몸집을 가지고 있다면, 그들이 받는 압력은 수십억 킬로그램에 이를 것이고, 그 뼈와 체구가 그 압력을 견디기 위해서는 엄청난 강도가 필요하겠지!"

"그렇다면 그들은 마치 철갑 프리깃함처럼 두께 8인치의 철판으로 만들어져야겠군요." 네드 랜드가 대답했다.

"맞다네, 네드. 그리고 그 덩어리가 급행열차의 속도로 배의 선체를 들이받는다고 상상해보게."

"음……, 그렇긴 하군요." 네드 랜드는 그 수치에 놀라며 말했지만, 여전히 완전히 설득되지는 않은 듯했다.

“자, 내가 설득시켰나?”

“한 가지는 설득 당했습니다. 자연 과학자님. 깊은 바다에 그런 동물이 산다면, 그들은 정말 당신 말대로 강해야 한다는 거지요. 만약 그들이 존재한다면 말입니다.”

“하지만 그들이 존재하지 않는다면?”

“이런 고집 센 작살 잡이 친구 같으니라고, 그렇다면 자네는 스코티아호에서 일어난 사고를 어떻게 설명할 수 있겠나?”

“그건……, 아마도…….” 네드 랜드는 머뭇거리며 말했다.

“계속해보게!”

“그건, 그럴 리가 없지!” 네드 랜드는 무의식적으로 과학자 아라고의 유명한 말 한 구절을 따라하며 대답했다. 그러나 이 대답은 네드 랜드의 고집스러움만 증명했을 뿐이었다.

나는 그날 더 이상 그를 몰아붙이지 않았다. 스코티아호의 사고는 부인할 수 없는 사실이었다. 그 구멍은 실제로 존재해서 막아야 했고 이를 부정할 수 있는 증거는 없었다. 이 구멍은 저절로 생긴 것이 아니었으며, 수중 암석이나 인공 물체로 인한 것도 아니었으니 어떤 동물의 관통 도구에 의해 생겼음이 분명했다.

지금까지 제시된 모든 이유를 바탕으로 나는 이 동물이 척추동물문, 포유류강, 어류형태군, 그리고 고래목에 속한다고 믿었다. 이 동물이 어느 과에 속할지(수염고래, 향유고래, 또는 돌고래) 어느 속에 속하고, 어느 종에 해당할지는 이후에 결정해야 할 문제였다. 그것을 알기 위해서는 이 미지의 괴물을 해부해야 한다. 해부하려면 그것을 잡아야 하며 잡으려면 작살로 찔러야 했고, 이는 네드 랜드의 일이었다. 작살로 찌르려면 그것을 발견해야 했고, 발견하는 것은 승무원들의 일이었으며, 그 동물과 마주치는 것은 운에 맡겨야 할 일이었다.

5장 우연히!

한동안 에이브러햄 링컨호의 항해에는 특별한 사건이 없었다. 그러나 네드 랜드의 놀라운 기술을 보여주는 사건이 발생하여 그에 대한 신뢰가 얼마나 높아졌는지를 깨닫게 해주었다.

6월 30일, 프리깃함이 포클랜드 제도 근처에서 미국 고래잡이 선단과 접촉했을 때, 그들은 일각고래를 보지 못했다고 했다. 그러나 그들 중 한 명인 모로호의 선장은 네드 랜드가 에이브러햄 링컨호에 승선해 있는 것을 알고 눈앞에 보이는 수염고래 사냥을 도와달라고 요청했다.

네드 랜드가 작업하는 모습을 보고 싶어 했던 패러거트 사령관은 그가 모로호로 이동하는 것을 허락했다. 그리고 운이 좋은 이 캐나다인은 한 번의 양손 사격으로 한 마리가 아닌 두 마리고래를 작살로 잡았다. 첫 번째 고래는 심장을 관통했고 두 번째 고래는 몇 분간의 추격 끝에 잡혔다. 확실히, 괴물이 네드 랜드의 작살과 맞닥뜨리게 된다면 나는 괴물에 돈을 걸지 않을 것이다. 이후 프리깃함은 남아메리카 대륙의 동해안을 따라 엄청난 속도로 항해했다.

7월 3일, 우리는 마젤란 해협의 입구에 도착했다. 하지만 패러거트 사령관은 이곳의 복잡한 해협을 통과하는 것을 꺼려 대신 혼 곶을 우회하기로 했다.

선원들은 모두 사령관의 결정에 동의했다. 좁은 해협에서 일각고래와 마주칠 가능성은 적었다. 우리 선원 중 많은 이들은 괴물이 이 해협을 통과할 수 없을 것이라며, "너무 커서 지나갈 수 없다"고 맹세했다.

7월 6일 오후 3시경, 남쪽 해안에서 15마일 떨어진 곳에서 에이브러햄 링컨호는 남아메리카 대륙 끝의 외딴 암초인 혼곶을 돌아섰다. 이 바위는 네덜란드 선원들이 자신들의 고향 호른(Hoorn)의 이름을 따서 혼곶이라 불렀다. 우리는 북서쪽으로 항로를 설정했고, 다음 날 우리 프리깃함의 프로펠러가 마침내 태평양의 물살을 가르기 시작했다.

"눈을 크게 뜨고 똑바로 봐!"

에이브러햄 링컨호의 선원들이 계속해서 외쳐댔다. 그리고 그들은 실제로도 쉬지 않고 바다를 감시하고 있었다. $2,000의 상금에 눈이 먼 선원들의 망원경과 시선은 쉴 틈이 없었다. 선원들은 쉬지 않고 수면 위를 관찰했다. 특히 야간 시력이 좋은 이들은 어둠 속에서도 볼 수 있는 능력 덕분에 상금을 받을 확률이 두 배나 더 높았다.

나는 돈의 유혹에 끌리지는 않았지만, 배 위에서 누구보다도 주의를 기울이고 있었다. 식사를 위해 몇 분, 잠을 자는 데 몇 시간을 제외하고는 비가 오나 맑은 날이나 갑판을 떠나지 않았다. 때때로 나는 선두 갑판 난간에 기대거나 후미 난간에 기대어 눈으로 볼 수 있는 바다의 끝까지 하얗게 부서지는 물결을 샅샅이 살폈다. 그리고 이따금씩 어떤 예상치 못한 고래가 물 위로 검은 등을 드러낼 때마다 다른 선원들과 함께 얼마나 큰 흥분을 느꼈는지 모른다. 갑판은 순식간에 사람들로 가득 찼다. 선원과 장교들이 동시다발적으로 갑판 위로 쏟아져 나왔다. 숨을 헐떡이며 긴장된 눈으로 우리는 고래의 움직임을 주시했다. 나는 거의 눈이 멀 정도로 고래를 응시했고, 언제나 냉정한 콩세이유는 차분한 목소리로 나에게 말했다.

"주인님, 눈을 좀 작게 뜨시는 게 더 멀리보기에 훨씬 좋을 겁니다."

그러나 이 모든 에너지는 헛수고였다! 에이브러햄 링컨호는 고래를 발견하는 즉시 방향을 바꾸고 그 뒤를 쫓았지만, 곧 그저 흔한 수염고래나 향유고래일 뿐이라는 것을 깨달았고 고래들은 선원들의 욕설 속에서 다시 사라지곤 했다.

날씨는 좋았다. 항해는 매우 유리한 조건 아래 진행되고 있었다. 7월이면 이 남쪽 지역에서는 날씨가 좋지 않은 계절인데 이는 이곳의 7월이 유럽의 1월과 같기 때문이다. 하지만 바다는 잔잔했고 넓은 범위에서 쉽게 관찰할 수 있었다.

네드 랜드는 여전히 끈질기게 회의적이었다. 감시 임무를 하는 시간 외에는 마치 파도를 보지도 않는 듯 행동했다. 적어도 고래가 보이지 않을 때는 말이다. 그의 뛰어난 시력은 큰 도움이 될 수 있었다. 이 고집 센 네드 랜드는 12시간 중 8시간을 선실에서 독서나 잠으로 보냈다. 나는 그의 무관심에 대해 백 번도 넘게 그를 꾸짖었다.

"칫!" 그가 대답했다.

"거기는 아무것도 없습니다. 아로낙스 교수님. 그리고 만약 무슨 동물이 있다고 해도 우리가 그걸 발견할 확률이 얼마나 되겠습니까? 우린 그저 아무 방향 없이 떠돌고 있는 겁니다. 사람들이 저 미끈거리는 동물이 태평양의 공해에서 또 목격되었다고 말하더군요. 그 말은 믿겠습니다. 하지만 벌써 두 달이 지났고 그 유니콘 같은 놈의 성격을 보니 한곳에 오래 머물러 곰팡이처럼 썩는 건 싫어하는 것 같군요! 그 녀석은 엄청난 이동 능력을 지닌 게 분명합니다. 교수님도 아시다시피 자연은 인간이 거스를 수 있는 게 아닙니다. 그러니 느긋하게 움직이는 놈에게 빨리 움직이는 능력을 주지는 않았을 겁니다. 그럴 필요가 있는 놈에게 주었겠지요. 그러니, 그 동물이 존재한다면, 이미 오래 전에 사라졌을 겁니다!"

나는 대답할 말이 없었다. 분명히 우리는 어둠 속에서 손을 더듬듯이 항해하고 있었다. 하지만 다른 방법이 없었다. 우리의 성공 가능성은 애초에 희박했지만 승무원들은 여전히 성공을 확신하고 있었다. 배 위에 있던 누구도 일각고래가 나타나지 않을 것이라고 내기를 하는 사람은 없었고 우리는 그것이 곧 나타날 거라 생각했다.

7월 20일, 우리는 경도 105도에서 남회귀선을 지나고 있었으며, 같은 달 27일에 경도 110도에서 적도를 넘었다. 방향이 정해지자, 프리깃함은 좀 더 확실하게 서쪽방향으로 나아가 중앙 태평양을 탐험하기 시작했다. 패러거트 사령관은 수심이 깊은 곳을 주로 다니며 대륙이나 섬과는 거리를 두는 것이 좋다고 판단했다. 이는 그 괴물이 늘 이 지역을 피하는 듯 보였기 때문이다.

"물론이지" 갑판장은 말했다.

"거긴 물이 충분치 않으니까 말이야!"

그래서 프리깃함은 투아모투, 마르키즈, 하와이 제도를 지나칠 때에도 섬이나 육지와 멀리 떨어져 항해했고, 경도 132도에서 북회귀선을 지나 중국해를 향했다.

우리는 마침내 괴물이 최근에 나타난 지역에 도착했다! 그리고 솔직히 말해 배 위의 상황은 목숨을 위협할 정도였다. 모든 사람의 심장은 격하게 고동쳤고, 불안감으로 가득 찬 승무원들은 식사도 하지 않고 잠도 자지 않았다. 하루에 스무 번씩 어떤 선원이 갑판 꼭대기에서 고래를 봤다고 착각하거나, 환영을 본 탓에 견딜 수 없는 고통을 겪었다. 이 감정은 하루에도 스무 번 반복되며 점점 격해져 마침내 부작용이 일어나기 시작했다.

하루가 일 년처럼 느껴지는 석 달 동안, 에이브러햄 링컨호는 태평양 북부 해역을 샅샅이 뒤졌다. 고래가 목격되면 즉시 방향을 틀어 갑자기 경로를 바꾸고, 급정거와 속도를 내는 것을 반복하며 장비에 무리를 줄 정도로 이동했다.

일본 해안에서부터 아메리카 해안까지 탐색하지 않은 곳이 없었으나 아무것도 발견되지 않았다! 거대한 일각고래, 수중 암초, 난파선, 떠돌이 암초, 그 어떤 비범한 존재조차도 보이지 않았다. 지쳐가는 선원들 사이로 반응이 나타나기 시작했다. 먼저, 사람들은 실망감에 빠져 의심을 품게 되었다. 새로운 기운이 배 위에 퍼져가는 데, 이는 30%의 수치심과 70%의 분노가 혼합된 것이었다. 승무원들은 자신들이 동화 같은 이야기에 속은 "완전한 바보"라고 비난하면서 점점 더 화를 냈다. 1년 동안 쌓아온 논리들이 한순간에 무너져 내렸다. 이제 모두가 그동안 어리석게 희생했던 식사와 잠을 만회하기만을 바랐다.

사람들은 특유의 변덕스러움으로 한 극단에서 다른 극단으로 바뀌었다. 당연히, 이 임무의 가장 열렬한 지지자들이 이제 가장 강력한 반대자가 되었다. 이 반발은 배 아래의 기관실에서부터 시작되어 장교들의 식당에까지 퍼져 나갔다. 만약 패러거트 사령관의 고집스러움이 아니었다면, 프리깃함은 이미 남쪽의 곶으로 돌아갔을 것이다. 하지만 이 헛된 수색을 더 이어갈 수는 없었다.

에이브러햄 링컨호는 성공을 위해 할 수 있는 모든 것을 했으며 스스로를 탓할 이유가 없었다. 선원들은 어느 미국 해군 함정의 승무원들보다 더 많은 인내와 열정을 보였고, 이 실패에 그들의 책임이 없었다. 하지만 이제 돌아가는 것 말고는 할 수 있는 일이 없었다.

사령관에게 이런 취지의 요청을 전달했으나 그는 굳건히 버텼다. 선원들은 불만을 숨기지 않았고 그들의 업무에도 그 영향이 미쳤다. 반란이 일어났다고는 할 수 없겠지만 어느 정도의 완고함을 견딘 후 패러거트 사령관은 콜럼버스처럼 단 3일만 더 기다려 달라고 선원들에게 요청했다. 앞으로 3일 동안 괴물이 나타나지 않으면 키잡이는 조타기를 세 번 돌려 에이브러햄 링컨호는 유럽 해역을 향해 항로를 변경할 것이었다. 이 약속은 11월 2일에 이루어졌고, 선원들의 사기는 즉각적으로 돌아왔다. 그들은 다시 주의 깊게 바다를 탐색했으며, 각자 마지막으로 자신의 경험이 요약되어있는 시선을 바다로 던졌다. 망원경은 쉴 새 없이 작동되었다.

일각고래에게 마지막 도전이 선언되었고 이제 그 동물은 이 소환에 응답하지 않을 수 없었다.

이틀이 흘렀다. 에이브러햄 링컨호는 천천히 항해했다. 우리는 이 괴물을 발견할 가능성에 대비해 온갖 방법으로 관심을 끌려 했다, 배의 후미에 거대한 고기 덩어리를 매달아 끌며 상어들이 만족할만한 모습을 보여주었다. 에이브러햄 링컨호가 잠시 멈춰있는 동안 구명보트들은 사방으로 퍼져 바다의 모든 지점을 탐색했다. 그러나 11월 4일 저녁이 되었음에도 불가사의한 괴물의 모습은 보이지 않았다.

다음 날, 11월 5일 정오가 되면서 약속된 유예 기간이 만료되었다. 위치를 확인한 후 패러거트 사령관은 약속대로 동남쪽을 향해 항로를 설정하고 북태평양을 확실히 떠날 준비를 해야 했다.

그 시점에서 프리깃함은 북위 31도 15분, 동경 136도 42분에 위치해 있었다. 일본 해안은 바람을 등지고 200마일도 채 떨어져 있지 않았다. 밤이 찾아오고 8시가 막 지났다. 거대한 구름이 초승달을 가리며 프리깃함의 뱃머리 아래 바다는 잔잔하게 흔들리고 있었다.

그 순간, 나는 선수에서 우현 난간에 기대어 있었다. 옆에 선 콩세이유도 멀리 앞을 바라보고 있었다. 선원들은 상부 돛 줄에 올라가 지평선을 주시하고 있었다. 장교들은 야간 망원경으로 점점 어두워지는 바다를 살폈다. 가끔 구름 틈으로 비치는 달빛이 어두운 바다를 반짝이게 했고, 이내 모든 빛이 어둠 속으로 사라졌다.

콩세이유를 관찰하니 그도 살짝 그 분위기에 휩쓸렸음을 발견했다. 적어도 나는 그렇게 생각했다. 아마도 그의 신경 역시 처음으로 호기심에 꿈틀대고 있는 듯했다.

"자, 콩세이유!" 나는 그에게 말했다.

"이게 자네가 그 2,000달러를 손에 넣을 마지막 기회라네!"

"주인님께서 허락하신다면," 콩세이유가 대답했다.

"저는 그 상금을 받을 거라 기대한 적이 없습니다. 연방 정부가 10만 달러를 걸었어도 손해는 없었을 겁니다."

"맞아, 콩세이유. 결국, 이건 어리석은 일이었네. 우리는 너무 성급하게 뛰어들었지. 시간을 낭비한 것이나 다름없어. 벌써 프랑스로 돌아갔어도 됐을 텐데."

"주인님의 작은 아파트! 주인님의 박물관!" 콩세이유가 말했다.

"그리고 저는 주인님의 화석을 이미 분류했을 겁니다. 주인님의 바비루사도 식물원의 동물원 우리에 들어갔을 테고, 호기심 많은 사람을 끌어 모았겠지요!"

"자네 말이 맞네, 콩세이유 더불어 사람들이 곧 우리를 비웃는 장면도 그려 볼 수 있겠지!"

"확실히 그럴 겁니다." 콩세이유가 차분하게 말했다.

"아마 주인님을 조롱하는 걸 즐길 테지요. 그런데 더 말해도 될까요?"

"말하게, 콩세이유"

"주인님은 당연히 받아야 하는 것을 받으실 겁니다. 주인님 같은 전문가가 그런 조롱을 받게 두어서는 안 되는……!"

콩세이유가 나에 대한 찬미의 말을 끝내기도 전에 갑작스러운 외침이 들려왔다. 네드 랜드의 목소리였다.

"저기! 문제의 그놈이, 바람이 불어오는 쪽이다! 우리 바로 옆에 있다!"

6장 전속력으로

이 외침에 배 전체가 작살 잡이에게 몰려들었다. 사령관, 장교들, 선원들, 선실 소년들, 심지어는 엔지니어들까지도 기계를 버리고 보일러를 돌보던 사람들까지도 달려왔다. 멈추라는 명령이 내려졌고, 프리깃함은 속력을 줄여 정지했다.

시간은 이미 칠흑같이 어두워져 있었기에 네드 랜드의 시력이 아무리 좋다 해도 어떻게 그가 무엇을 보았는지, 무엇을 볼 수 있었을지 의구심이 들었다. 내 심장은 터질 듯이 뛰고 있었다.

하지만 네드 랜드는 틀리지 않았다. 우리는 모두 그가 가리킨 물체를 발견했다.

에이브러햄 링컨호의 우현 쪽 약 두 케이블만큼 떨어진 거리에서 바다가 아래에서부터 밝게 빛나는 듯했다. 이것은 단순한 인광 현상이 아니었다. 수면 몇 길 아래 잠긴 그 괴물은 매우 강렬하지만 설명할 수 없는 빛을 내뿜고 있었다. 그 빛은 매우 넓고 긴 타원형으로 바다를 덮었고, 중심부에는 강렬한 빛의 핵이 있었다. 그 빛은 외곽으로 갈수록 서서히 희미해졌다.

"그건 단순한 인광 입자 덩어리일 뿐입니다!" 한 장교가 외쳤다.

"아닙니다." 내가 확신에 차 대답했다.

"저 정도의 강한 빛을 내뿜는 조개나 플랑크톤은 없습니다. 저 빛은 기본적으로 전기적입니다. 게다가…… 보십시오! 움직이고 있습니다! 우리 쪽으로 다가오고 있어요!"

프리깃함에서 일제히 함성이 터져 나왔다.

"조용히!" 패러거트 사령관이 말했다.

"키를 바람이 불어오는 쪽으로 돌려라! 엔진 후진!"

선원들은 키로 달려가고, 엔지니어들은 기계로 달려갔다. 곧바로 후진을 걸어, 에이브러햄 링컨호는 포트를 향해 반원을 그리며 물살을 갈랐다.

"키를 돌려라! 엔진, 앞으로!" 패러거트 사령관이 외쳤다.

이 명령들이 실행되었고 프리깃함은 그 빛의 핵에서 빠르게 벗어났다.

내 생각은 잘못된 것이었다. 우리는 괴물에게서 벗어나려 했지만 이 정체불명의 동물은 우리보다 두 배의 속도로 다가왔다.

숨이 막혔다. 두려움보다는 놀라움으로 말없이 움직이지 않은 채로 서 있었다. 그 동물은 우리를 따라잡고는 가지고 놀았다. 그것은 에이브러햄 링컨호 주위를 빙글빙글 돌며 빛나는 먼지와도 같은 전기장으로 우리를 둘러쌌다. 그런 다음 두세 마일 정도 물러났다가 다시 증기 기관차의 기둥 같은 인광을 남기며 어둠 속으로 사라졌다. 그리고는 갑자기, 멀리 어둠 속에서 다시 나타나 에이브러햄 링컨호를 향해 엄청난 속도로 돌진하더니 20피트 거리에서 급히 멈추었다. 빛은 점차적으로 사라진 것이 아니라, 마치 그 빛의 원천이 갑자기 말라버린 것처럼 한 순간에 꺼졌다. 그런 다음 괴물은 배의 반대편에 나타났다. 언제든 치명적인 충돌이 발생할 수 있었다.

한편 나는 프리깃함의 움직임에 놀라움을 느꼈다. 쫓는 배가 쫓기고 있었다. 사령관에게 이 점을 언급했더니 평소 무표정했던 그의 얼굴에 설명할 수 없는 놀라움이 가득했다.

"아로낙스 교수님," 그가 대답했다.

"우리가 어떤 생물을 상대하고 있는 것인지 전혀 모르겠습니다. 어둠 속에서 프리깃함이 무모한 위험을 감수하도록 하고 싶지 않군요. 게다가 우리는 이 미지의 생물을 어떻게 공격하고 방어해야 할까요? 일단 아침을 기다려 봅시다. 그러면 상황이 달라질 겁니다."

"이제 이 동물의 정체에 대해 궁금한 점이 없으시군요. 사령관님."

"없습니다. 분명 이건 거대한 일각고래가 틀림없습니다. 그리고 전기 성질도 지니고 있는 것 같군요."

"아마도 그런 것 같습니다." 내가 덧붙였다.

"전기뱀장어나 전기가오리처럼 접근이 어려울지도 모르겠군요!"

"맞습니다." 사령관이 대답했다.

"그리고 그것이 스스로 감전시키는 능력을 가지고 있다면, 이것은 틀림없이 창조된 생물 중 가장 무시무시한 동물일 겁니다. 그래서 저는 경계를 늦추지 않을 겁니다."

배 전체가 밤새 깨어 있었다. 아무도 잠을 생각할 수 없었다. 괴물의 속도를 따라갈 수 없었던 에이브러햄 링컨호는 속도를 줄여 항해했다. 한편, 일각고래는 우리를 따라오듯 물결 위를 유유히 떠다니며, 결코 싸움을 포기하지 않겠다는 듯이 보였다.

그러나 자정 무렵, 그것은 사라졌다. 아니, 꺼져버렸다는 표현이 더 적절한 표현일 것이다. 마치 거대한 등불처럼 꺼져버렸다. 달아나 버린 것일까? 우리는 그것을 두려워하기보다는 오히려 기대해야 했다. 그러나 새벽 12시 53분, 귀청이 터질 듯한 쉭 소리가 들려왔다. 엄청난 압력으로 물기둥이 솟아오를 때 나는 소리와 비슷한 소리였다.

나는 패러거트 사령관과 네드 랜드와 함께 후미 갑판에서 깊은 어둠 속을 긴장감 있게 응시하고 있었다.

"네드 랜드." 사령관이 물었다.

"당신은 고래들이 우는 소리를 자주 들어봤겠지요?"

"자주 들었습니다. 사령관님, 하지만 이번 고래는 특별합니다. 제가 2,000달러 상금을 받게 해준 고래니까요."

"맞아, 상금은 자네 것이지. 그런데 저 소리는 고래들이 숨구멍에서 물을 내뿜을 때 나는 소리와 비슷하지 않은가?"

"바로 그 소리입니다, 사령관님. 하지만 이 소리는 훨씬 더 큽니다. 틀림없습니다. 이 바다 어딘가에 고래가 숨어 있습니다. 사령관님이 허락하신다면 내일 새벽에 그 고래와 한판 붙어보겠습니다."

"저 녀석이 자네의 말을 들어줄 기분이 아닐 수도 있지 않겠나?" 내가 회의적인 어조로 말했다.

"제가 작살을 던질 거리만큼 가까이 다가가게 해주시면," 네드 랜드는 단호하게 대답했다.

"녀석은 반드시 내 말을 들어야 할 겁니다!"

"그 고래 근처에 가려면 내가 자네에게 고래잡이 보트를 내주어야겠군?" 사령관이 말했다.

"그렇습니다, 사령관님."

"그럼 내 사람들의 목숨을 걸어야 한다는 말인데."

"제 목숨도 포함해서 말입니다." 네드 랜드는 간단히 대답했다.

새벽 2시가 가까워졌을 때 빛의 핵이 다시 나타났으며 그 강도는 전혀 줄어들지 않았다. 이번에는 에이브러햄 링컨호로부터 바람을 타고 5마일 떨어진 곳에 있었다. 거리와 바람, 파도 소음에도 불구하고, 우리는 그 괴물이 꼬리로 바다를 강하게 때리는 소리와 숨을 헐떡이는 소리를 분명히 들을 수 있었다. 거대한 일각고래가 수면 위로 올라와 숨을 들이마실 때마다, 마치 2,000마력 엔진 실린더에 증기가 빨려 들어가는 것처럼 공기가 그 폐속으로 빨려 들어갔을 것이다.

"흠!" 나는 혼잣말로 중얼거렸다.

"기병 연대만큼 강력한 고래라니 이건 정말 대단한 고래야!"

우리는 새벽까지 경계를 늦추지 않고 전투 준비를 했다. 갑판 난간에는 고래잡이 장비가 설치되었다. 우리 선임 장교는 작살을 1마일까지 발사할 수 있는 기계와 가장 강력한 동물도 치명상을 입힐 수 있는 폭발탄을 장착한 긴 총을 준비했다. 네드 랜드는 그의 무시무시한 무기를 날카롭게 갈며 집중하고 있었다.

아침 6시가 되자 날이 밝아오기 시작했다. 그와 함께 일각고래의 강렬한 빛도 사라졌다. 7시가 되자 날이 완전히 밝았지만, 짙은 아침 안개가 수평선을 가리면서 우리 최고 성능의 망원경도 그 안을 뚫을 수 없었다. 결과는 실망과 분노였다.

나는 돛대에 몸을 기대어 올라갔다. 몇몇 장교들도 이미 돛대 위에 올라가 있었다. 8시가 되자 안개가 물결 위로 천천히 걷히기 시작했다. 수평선은 점차 넓어지고 더 명확해졌다. 그 순간, 전날 저녁과 마찬가지로 네드 랜드의 목소리가 들려왔다.

"저기 있다! 좌현 뒤쪽이다!" 그가 외쳤다.

모든 시선이 그가 가리키는 방향으로 향했다.

프리깃함에서 약 1.5마일 떨어진 곳에서 검은 물체가 물 위로 1미터가량 솟아오르고 있었다. 그 꼬리는 강렬하게 물을 휘저으며 엄청난 소용돌이를 일으키고 있었다. 고래의 꼬리가 이렇게나 강하게 바다를 때리는 모습을 본 적이 없었다. 그 동물의 자취를 따라 길게 휘어져 나가는 하얀 빛이 빛나고 있었다.

우리 프리깃함은 그 고래와 점점 가까워졌다. 나는 편견 없이 그 생명체를 관찰했다. 셔넌호와 헬베티아호의 보고서는 그 크기를 다소 과장했지만, 나는 그 길이를 250피트 정도로 추정했다. 그 둘레는 정확히 측정하기 어려웠으나, 전체적으로 그 동물은 모든 면에서 모두 훌륭한 비율을 갖춘 듯 보였다.

내가 이 놀라운 생물을 관찰하는 동안 두 줄기의 증기와 물이 그 숨구멍에서 뿜어져 나와 40미터 높이로 치솟았다. 이로 인해 그 생물의 호흡 방식을 확인할 수 있었다. 나는 이 동물이 척추동물, 포유류, 단일자궁류, 어류 형태군, 고래목에 속한다고 결론지었다. 하지만 그것이 어느 과에 속하는지는 확실하지 않았다. 고래목에는 세 가지 과가 있는데 대왕고래, 향유고래, 돌고래이며, 일각고래는 돌고래과에 속한다. 각각의 과는 여러 속으로 나뉘고, 각 속은 종으로, 각 종은 변종으로 나뉜다. 그러니 나는 아직 변종, 종, 속, 과를 명확히 정하지는 못했지만, 하늘의 도움과 패러거트 사령관의 조언을 받으면 분류를 완성할 수 있을 거라 확신했다.

선원들은 선장의 명령을 애타게 기다리고 있었다. 사령관은 그 동물을 신중하게 관찰한 후 엔지니어를 불렀다. 엔지니어는 급히 달려왔다.

"기압은 충분한가?" 사령관이 물었다.

"충분합니다. 사령관님."

"좋다. 보일러에 불을 지펴라! 전속력으로 나아간다!"

세 번의 환호가 이 명령을 환영했다. 전투의 시간이 도래한 것이다. 몇 분 후 프리깃함의 두 굴뚝에서는 검은 연기가 뿜어져 나왔고, 보일러의 떨림으로 갑판이 진동했다.

강력한 프로펠러에 의해 앞으로 밀려가면서 에이브러햄 링컨호는 그 동물을 향해 곧장 나아갔다. 그러나 그 동물은 태연히 우리를 반 케이블 길이까지 접근하게 두었고, 잠수할 생각도 하지 않은 채 조금 속도를 높여 도망치며 거리를 유지했다.

이 추격전은 약 45분 동안 이어졌다. 프리깃함은 그 동물에게 두 길이조차도 가까이 다가가지 못했다. 이 속도로는 결코 따라잡을 수 없다는 것이 명백했다.

분노한 패러거트 사령관은 덥수룩한 턱수염 다발을 비틀었다.

"네드 랜드!" 그가 외쳤다. 네드 랜드는 즉시 응답했다.

"네드 랜드 씨," 사령관이 물었다.

"여전히 고래잡이 보트를 내보내는 게 좋겠나?"

"아니요. 사령관님" 네드 랜드가 대답했다.

"저 짐승은 자신이 원하지 않는 이상 잡히지 않을 겁니다."

"그럼 어떻게 해야 하지?"

"더 속도를 올려야 합니다. 사령관님. 허락 해주신다면 앞쪽 뱃머리에 자리를 잡고 작살을 던질 거리를 확보해 보겠습니다."

"좋아, 네드 해보게." 패러거트 사령관이 말했다.

"엔지니어!" 그가 불렀다.

"압력을 계속 올려라!"

네드 랜드는 자신의 자리로 이동했다. 보일러의 불길은 더 타올랐고, 프로펠러는 분당 43회 회전했다. 밸브에서 증기가 쏟아져 나왔다. 측정 결과 에이브러햄 링컨호는 시속 18.5마일의 속도로 달리고 있었다. 그러나 그 괴물도 똑같이 시속 18.5마일로 움직이고 있었다.

다음 한 시간 동안 프리깃함은 이 속도를 유지했지만 한 길이도 다가가지 못했다! 이는 미국 해군에서 가장 빠른 배 중 하나로서 굴욕적인 일이었다. 선원들은 맹목적인 분노에 휩싸였고, 선원들은 차례로 그 괴물에게 욕설을 퍼부었으나 괴물은 아랑곳하지 않았다. 패러거트 사령관은 더 이상 턱수염을 비트는 것으로 만족하지 못하고 수염을 뜯고 있었다.

엔지니어가 다시 호출되었다.

"최대 압력인가?" 사령관이 물었다.

"그렇습니다. 사령관님," 엔지니어가 대답했다.

"밸브는 얼마까지 충전했나?"

"6.5기압입니다."

"밸브를 10기압으로 충전하라." 전형적인 미국식 명령이었다.

미시시피 강에서 경쟁선을 앞지르려는 증기선 경주 중에나 들릴 법한 명령이었다.

"콩세이유" 내가 옆에 있는 용감한 하인에게 말했다.

"아마 우리는 폭발할지도 모르네, 알겠나?"

"주인님 뜻대로요!" 콩세이유가 대답했다.

그렇다. 인정하겠다. 나는 이 위험을 피하고 싶지 않았다!

밸브는 충전되었고 보일러는 더 많은 석탄을 삼켜댔다. 환풍기는 숯불 위로 엄청난 양의 공기를 뿜어냈고, 에이브러햄 링컨 호의 속도는 증가했다. 돛대는 하단까지 흔들렸고 좁은 굴뚝을 통해 연기 소용돌이가 겨우겨우 빠져나왔다. 우리는 다시 속도를 측정했다.

"어때, 조타수?" 패러거트 사령관이 물었다.

"시속 19.3마일입니다. 사령관님."

"보일러에 계속 불을 지펴라." 엔지니어는 명령을 따랐다.

압력 게이지는 10기압을 가리켰다. 그러자 그 괴물도 "속도를 올렸다." 그 역시, 아무 문제없이 시속 19.3마일로 달리고 있었기 때문이다. 엄청난 추격전이었다! 아니, 나는 당시 내 온몸을 흔든 흥분을 표현할 길이 없다. 네드 랜드는 작살을 손에 들고 그의 자리에서 꼿꼿이 서 있었다. 그 동물은 몇 번이나 우리가 가까이 다가오는 것을 허락했다.

"우리가 따라잡았어!" 네드 랜드가 외쳤다.

하지만 네드 랜드가 작살을 던지려 할 때마다, 그 괴물은 시

속 30마일에 가까운 속도로 빠르게 도망쳤다. 우리가 최대 속도로 달리고 있을 때도, 그 동물은 우리 주위를 한 바퀴 돌며 조롱하는 듯했다! 분노에 찬 함성이 선원들 모두의 입에서 터져 나왔다.

정오가 되었지만 우리는 아침 8시의 상황에서 나아진 것이 하나도 없었다. 이 때 패러거트 사령관은 더 직접적인 방법을 사용하기로 결정했다.

"젠장! 저놈이 아브라함 링컨보다 빠르단 말이지? 좋아, 어디 우리 포탄도 피할 수 있는지 보자! 조타수, 선수의 포를 장전해라!"

갑판의 대포가 즉시 장전되어 괴물을 조준했다. 포수가 발사했지만 포탄은 그 동물의 몇 피트 위를 지나갔다. 그 동물은 여전히 반 마일 떨어진 곳에 있었다.

"다시 장전하라" 사령관이 외쳤다.

"그리고 저 괴물을 명중하는 사람에게 500달러를 줄 것이다!"

침착한 표정으로, 회색 수염을 기른 늙은 포병이 대포로 다가갔다. 그는 포를 조준하고 오랫동안 신중하게 겨누었다. 강력한 폭발음이 울렸고, 선원들은 환호했다.

포탄은 목표에 도달했지만, 명중하지는 못했다. 포탄은 괴물의 둥근 표면에 부딪혀 튕겨 2마일 밖의 바다로 사라졌다.

"이런 제기랄!" 화가 난 늙은 포병이 말했다.

"저 녀석은 6인치 장갑으로 덮여 있는 게 틀림없군!"

"저주받을 괴물 같으니!" 패러거트 사령관이 외쳤다.

사냥은 다시 시작되었고, 사령관은 나에게 몸을 기울이며 말했다.

"프리깃함이 폭발할 때까지 저 괴물을 쫓을 겁니다!"

나는 대답했다. "그럴 가치가 있는 놈입니다."

우리는 그 괴물이 지쳐서 속도를 늦출 것이라는 희망을 가졌다. 하지만 아무런 운도 따르지 않았다. 시간이 지나도 그 동물은 피로의 기색조차 보이지 않았다.

에이브러햄 링컨호는 끊임없는 인내심으로 사투를 벌였다고 말해도 과언이 아니다. 나는 우리가 11월 6일이라는 불행한 하루 동안 최소 500킬로미터를 이동했으리라 추정한다. 하지만 밤이 찾아오면서 바다는 어둠에 휩싸였다. 그때 나는 우리의 원정이 끝났다고 생각했다. 이 환상적인 동물을 다시 볼 수 없으리라 여겼다. 하지만 내 생각은 틀렸다.

밤 10시 50분, 전날 밤처럼 그 전기빛이 다시 나타났다. 프리깃함으로부터 바람을 타고 3마일 떨어진 곳에 전날과 같은 밝고 강렬한 빛이 반짝였다.

일각고래의 움직임은 없었다. 혹시 피로해져서 파도에 몸을 맡기고 잠이든 것일까? 이건 우리에게 찾아온 기회였다. 패러거트 사령관은 이 기회를 놓치지 않기로 했다.

그는 명령을 내렸다. 에이브러햄 링컨호는 속도를 줄이고 조심스럽게 접근했다. 대양 한가운데에서 잠든 고래를 공격하는 일은 드문 일이 아니었고, 네드 랜드는 잠든 고래에게 여러 번 작살을 던진 경험이 있었다. 네드 랜드는 뱃머리 아래 위치로 다시 자리를 잡았다.

프리깃함은 소리 없이 괴물에게서 두 케이블 길이 정도 떨어진 곳에 다가가 멈췄다. 갑판 위에는 완전한 침묵이 흘렀다. 우리는 그 빛나는 중심에서 100피트도 떨어지지 않은 곳에 있었고, 그 빛은 점점 강렬해지며 눈부시게했다. 그때, 나는 선수 난간에 몸을 기울여 아래에 있는 네드 랜드를 보았다. 한 손으로 밧줄을 잡고 다른 손에는 무시무시한 작살을 든 채였다. 그와 움직임 없는 동물 사이의 거리는 불과 20피트에 불과했다. 순간 그의 팔이 앞으로 뻗어 작살이 발사되었다. 나는 그 무기가 단단한 물체에 부딪히는 소리를 들었다.

갑자기 전기 빛이 꺼졌고, 두 개의 거대한 물기둥이 프리깃함의 갑판 위로 쏟아져 내려왔다. 물기둥은 선수에서 선미까지 강한 급류처럼 휘몰아치며 선원들을 넘어뜨리고 예비 돛대와 밧줄들을 부러뜨려 놓았다.

강력한 충돌이 일어났고, 나는 갑판 난간에 매달릴 틈도 없이 바다로 내던져졌다.

7장 정체불명의 고래

나는 이 예상치 못한 추락에 깜짝 놀랐지만, 그 순간의 느낌은 명확히 기억하고 있다.

처음 나는 약 20피트 깊이로 끌려 내려갔다. 나는 바이런이나 에드거 앨런 포 같은 유명한 수영 선수들만큼은 아니지만 수영에는 자신이 있었다. 나는 당황하지 않고, 두 번 힘차게 발을 차서 다시 수면 위로 올라왔다.

첫 번째로 한 일은 프리깃함을 찾는 것이었다. 승무원들이 내가 바다에 빠진 것을 보았을까? 에이브러햄 링컨호가 방향을 돌리고 있을까? 패러거트 사령관이 구명보트를 내보낼까? 구조될 가능성이 있을까?

어둠은 깊었다. 멀리 동쪽으로 사라져가는 검은 덩어리가 보였고, 그곳에서 항해등이 희미하게 사라져 가고 있었다. 그것이 프리깃함이었다. 나는 이제 끝났다는 느낌이 들었다.

"도와줘! 도와줘!" 나는 필사적으로 아브라함 링컨호를 향해 수영하며 외쳤다.

옷이 나를 무겁게 짓눌렀다. 물이 옷에 들러붙어 움직임을 방해하고, 나는 가라앉기 시작했다. 숨이 막혀왔다.

"도와줘!" 이것이 내가 외친 마지막 소리였다.

입에 물이 들어오고 있었다. 나는 수면 아래로 끌려가지 않으려고 필사적으로 저항했다. 갑자기 누군가 힘차게 내 옷을 잡아당기며, 나는 다시 수면으로 끌어올려졌다. 그리고 내 귀에 들려온 목소리, "주인님께서 제 어깨에 기대신다면, 수영이 훨씬 수월하실 겁니다."

나는 충직한 콩세이유의 팔을 단단히 붙잡았다.

"자네군!" 내가 말했다.

"자네야!"

"예, 접니다." 콩세이유가 대답했다.

"주인님께서 부르셨지요."

"그 충돌로 자네도 나와 함께 바다에 빠졌나?"

"전혀 아닙니다. 하지만 주인님께 고용된 몸으로서 주인님을 뒤따른 것입니다."

그 멋진 청년은 이것을 아주 당연한 일이라 여겼다!

"프리깃함은 어떻게 되었나?" 내가 물었다.

"프리깃함 말입니까?" 콩세이유는 등을 대고 누우며 대답했다.

"주인님께서 너무 기대하지 않으시는 편이 좋을 것 같습니다!"

"무슨 말인가?"

"제가 뛰어들기 직전에, 조타수들이 '우리의 프로펠러와 키가 부서졌습니다!'라고 외치는 소리를 들었거든요."

"부서졌다고?"

"예, 괴물의 이빨에 의해 부서졌습니다! 제가 생각하기에 에이브러햄 링컨호가 입은 유일한 손상입니다. 그러나 우리에게는 매우 불행하게도, 배는 이제 통제가 불가능할 겁니다."

"그럼 우린 끝장이군!"

"그럴지도 모릅니다," 콩세이유는 침착하게 대답했다.

"하지만 아직 몇 시간은 남아 있으니 많은 일을 할 수 있을 겁니다."

콩세이유의 흔들리지 않는 태도는 나를 격려해 주었다. 나는 더 힘차게 수영했지만, 마치 납으로 만든 망토를 두른 것처럼 옷이 나를 무겁게 짓누르고 있어 움직이는 게 몹시 힘들었다. 콩세이유는 이를 눈치챘다.

"주인님께서 허락하신다면, 옷을 잘라드리지요," 그가 말했다.

그러고는 칼을 내 옷 아래로 넣어 단칼에 위에서 아래까지 잘라버렸다. 그러고 나서 그는 재빨리 내 옷을 벗기며 둘을 위해 수영을 했다.

나도 콩세이유에게 같은 도움을 주며 우리는 나란히 수영을 이어갔다. 그러나 우리의 상황은 여전히 끔찍했다. 아마도 그들은 우리가 물에 빠진 것을 보지 못했을 것이다. 설령 봤다 하더라도 키가 고장난 프리깃함은 우리 쪽으로 방향을 돌릴 수 없을 것이었다. 그러므로 우리는 배에서 보낼 구명보트를 기대해야 했다.

콩세이유는 냉정하게 가설을 세웠고, 그에 따라 계획을 세웠다. 대양 한가운데에서 이 냉철한 청년은 마치 자신의 집에 있는 듯한 모습을 보였다! 따라서 우리가 구조될 유일한 기회는 에이브러햄 링컨호의 구명보트에 있음을 결론 내린 우리는 가능한 한 오래 구조를 기다리기 위해 힘을 비축하기로 했다. 그래서 우리는 역할을 나누어 한 사람은 등을 대고 팔짱을 끼고 다리를 뻗은 채 움직이지 않고 떠 있고, 다른 사람은 수영하며 상대를 앞으로 밀어주는 방식이었다. 이러한 견인 역할은 10분 이상 지속하지 않기로 했다. 이렇게 교대함으로써 우리는 수 시간 동안, 아마도 날이 밝을 때까지도 떠 있을 수 있을 것이다.

희미한 가능성이었지만 인간의 가슴속에서는 언제나 희망이 솟아나는 법이다! 게다가 우리는 둘이었다. 마지막으로, 아무리 힘들어 내 모든 환상을 없애려 해도, 절망에 굴복하고 싶었다 해도 그렇게 할 수는 없었다.

괴물은 밤 11시경 프리깃함을 들이받았다. 나는 이 상황에서 해 뜰 때까지 8시간을 헤엄쳐야 한다고 계산했다. 힘든 일이었지만 번갈아 가며 한다면 가능해 보였다. 다행이 바다는 잔잔해서 크게 힘이 들지는 않았다. 가끔 어둠 속을 응시하려고 했지만, 그 어둠을 깨우는 건 우리의 움직임에서 나오는 발광성의 반짝임뿐이었다. 나는 손 위로 부서지는 빛나는 물결을 바라보았고, 푸르스름한 회색으로 반짝이는 잔물결들이 은빛의 연못에 뛰어든 듯한 느낌을 주었다.

새벽 1시쯤, 나는 극도의 피로에 휩싸였다. 사지가 격렬한 경련에 휘말려 굳어졌다. 콩세이유가 나를 계속 지탱해 주어야 했다. 우리의 생존을 유지하는 것은 전적으로 그의 책임이 되었다. 얼마 후 이 불쌍한 청년의 가쁜 숨소리가 들렸다. 그의 호흡은 얕고 빨라졌다. 나는 그가 더 이상 버틸 수 없을 것이라고 생각했다. "나를 두고 계속 가게나! 계속 가!" 나는 그에게 말했다.

"주인님을 두고 가라구요?" 그가 대답했다.

"절대 안 됩니다! 주인님보다 제가 먼저 물에 빠져 죽겠습니다!"

바로 그때, 바람에 떠밀려 동쪽으로 이동하던 거대한 구름 가장자리에서 달이 나타났다. 바다 표면이 그 빛에 반짝거렸다. 그 온화한 빛이 우리의 힘을 되살려 주었다. 나는 고개를 들고 눈으로 수평선 곳곳을 탐색했다. 프리깃함이 보였다. 그것은 우리로부터 5마일 떨어져 있었고, 희미하게 검은 덩어리로 보일 뿐이었다. 그러나 구명보트는 보이지 않았다!

나는 소리 내어 외쳐보려 했지만 그 거리에서 무슨 소용이 있겠는가! 부푼 입술은 소리 한 자락도 내뱉지 못했다. 콩세이유는 간간이 "도와줘! 도와줘!"라고 외칠 수 있었다.

우리는 잠시 모든 움직임을 멈추고 귀를 기울였다. 아마도 내 귀에 울리는 소리였겠지만, 콩세이유의 외침이 대답을 들은 듯했다.

"들었나?" 내가 중얼거렸다.

"예, 예!" 콩세이유가 대답했다.

그리고 콩세이유는 절망적으로 외마디 외침을 던졌다.

이번에는 틀림없었다! 사람의 목소리가 대답을 했다! 그 소리는 바다 한가운데에 남겨진 다른 불행한 자의 목소리인가, 아니면 어둠 속에서 우리를 부르는 프리깃함의 구명보트에서 나는 목소리인가? 콩세이유는 마지막으로 힘을 쥐어짰고, 내 어깨에 손을 짚고 나를 강하게 밀어 올리며 물 위로 몸을 반쯤 올렸다가 지쳐서 다시 내려왔다.

"무엇을 보았나?"

"봤습니다……." 그가 중얼거렸다.

"봤어요. 하지만 말하지 말고 힘을 아껴야 합니다."

그는 무엇을 본 것일까? 주여, 왜인지 모르겠지만 괴물의 생각이 처음으로 떠올랐다! 그러나 그 목소리라면……? 요나[12]가

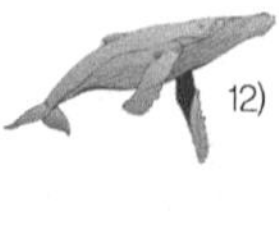

12) 요나는 하나님으로부터 니네베로 가서 회개를 촉구하라는 명령을 받지만, 그 임무를

고래 배 속에 숨었던 시절은 이미 지나갔을 텐데!

그럼에도 콩세이유는 계속 나를 밀고 갔다. 가끔 고개를 들어 정면을 응시하며 방향을 물었고, 점점 더 가까워지는 목소리로부터 응답을 받았다. 나는 거의 아무것도 들을 수 없는 거의 기진맥진한 상태였다. 손가락은 힘을 잃고 경련으로 벌어진 내 입안은 소금물로 채워졌다. 그 냉기가 온몸으로 스며들었고, 나는 마지막으로 고개를 들었다가 물속으로 가라앉기 시작했다.

바로 그때, 무언가 딱딱한 것에 부딪혔다. 나는 그것을 붙잡았다. 그리고 나서 물 위로 끌어올려지는 느낌이 들면서 정신을 잃었다. 정신을 되찾았을 때는 누군가 나를 세차게 주무르고 있어 피부에 자국이 남을 정도였다. 나는 반쯤 눈을 뜨고 중얼거렸다.

"콩세이유!"

"주인님이 부르셨습니까?" 콩세이유가 대답했다.

바로 그때 수평선 위로 지는 마지막 달빛 속에서 콩세이유가 아닌 다른 얼굴이 보였고, 나는 그 얼굴을 단번에 알아보았다.

"네드!" 내가 외쳤다.

"그렇습니다. 교수님, 아직도 그 상금을 쫓고 있는 캐나다 사람입니다!" 네드 랜드가 대답했다.

피하려고 바다로 나가 배를 타고 도망쳤다. 그러나 폭풍을 만나게 되고, 결국 바다에 던져진다. 그 후 큰 물고기(고래라고도 해석됨)에게 삼켜져서 3일 동안 그 안에 있다가 하나님의 뜻에 따라 다시 육지에 나와 니네베로 가게 되는 이야기가 전해진다.

"프리깃함이 충돌할 때 자네도 물에 빠진건가?"

"그렇습니다. 교수님. 그러나 저는 교수님보다 운이 좋았고, 곧바로 이 떠다니는 작은 섬에 발을 디딜 수 있었지요."

"작은 섬?"

"그러니까, 거대한 일각고래 위에 말입니다."

"그게 무슨 말인가? 자세히 말해주게, 네드."

"제 말은, 왜 제가 던진 작살이 그 괴물의 껍질을 뚫지 못했는지, 왜 작살의 날이 무뎌졌는지를 바로 알게 되었단 말이지요."

"왜인가, 네드 왜?"

"왜냐하면, 교수님, 이 짐승은 강철판으로 만들어졌기 때문입니다."

이 말을 들은 내 머리는 갑자기 요동쳤다. 나는 곧바로 이 반쯤 잠긴 생물체, 혹은 우리가 피신한 물체 위에 바로 서 발로 바닥을 굴러보았다. 이것은 분명히 거대한 해양 포유동물의 몸을 이루는 부드러운 물질이 아닌, 단단하고 침투 불가능한 물질이었다. 그러나 이 단단한 물질이 선사시대 동물의 몸을 덮고 있던 뼈로 된 갑옷일 수도 있었다. 나는 그것을 여러 양서류, 파충류인 거북이나 악어로 분류할 수도 있었으나, 그럴 수 없었다. 내 발밑의 검은 표면은 매끄럽고 윤이 나며 겹겹이 쌓인 비늘이 없었다. 그리고 그 표면을 치자 금속적인 소리가 울렸다. 믿기 힘들겠지만, 그건 분명히 볼트로 고정된 판으로 이루어진 듯 보였다.

의심의 여지가 없었다. 이 동물, 이 괴물, 전 세계 과학자들의 이목을 집중시킨 이 자연 현상은 더 놀랍게도 인간의 손에 의해 만들어진 놀라운 것이었다.

만약 정말로 신화 속에나 나올 법한 생물이 존재한다는 것을 알게 된다고 해도 나는 아마 이만큼의 정신적 충격을 받지 않았을 것이다. 우리 창조주로부터 온 경이로운 존재라면 받아들이는 어렵지 않다. 그러나 그 불가능한 일이 인간에 의해 비밀리에 이루어졌다는 사실을 발견한 것은 너무나도 충격적인 일이었다! 이제 확실해졌다. 우리는 일종의 물속 보트 위에 서 있었다. 그것은 거대한 강철 물고기의 형태를 지닌 잠수정인 듯했다. 네드 랜드는 확고한 견해를 가지고 있었고, 콩세이유와 나는 그의 의견을 따를 수밖에 없었다.

"하지만," 내가 말했다.

"그렇다면 이 기계는 어떤 이동 추진 기구와 그것을 조종하는 승무원을 태우고 있다는 말인가?"

"그런 것 같습니다." 네드 랜드가 대답했다.

"하지만 제가 이 떠다니는 섬에서 지낸 3시간 동안 어떤 생명의 신호도 보이지 않았습니다."

"이 배가 전혀 움직이지 않았나?"

"예, 아로낙스 교수님. 그냥 파도에 따라 흔들릴 뿐, 전혀 움직이지 않고 있습니다."

"하지만 우리는 이 배가 분명 빠른 속도를 항해하는 것을 보지 않았는가? 그렇다면 그 속도를 내기 위해서는 엔진이 필요하고, 그 엔진을 다루는 전문 기사가 필요할 텐데."

나는 우리를 구할 사람이 있다는 생각에 안도감이 몰려왔다.

"우리는 살 수 있을 거네."

"흠!" 네드 랜드가 불만을 표시하며 말했다.

바로 그때, 마치 내 편을 들어주기라도 하듯이 이 기묘한 잠수정의 뒤쪽에서 거품이 올라오며 이 배가 움직이기 시작했다. 우리는 간신히 물 위로 약 80센티미터 떠 있는 그 표면에 매달릴 수 있었다. 다행히도 그 속도는 빠르지 않았다.

"수평으로 항해하는 한 별 불만은 없지만 잠수를 시도한다면 그냥 앉아만 있지는 않겠다." 네드 랜드가 중얼거렸다.

캐나다 친구는 무슨 짓이라도 할 것처럼 보였다. 우리는 이 기계 내부의 사람들과의 접촉이 시급했다. 새벽 4시경, 괴물 잠수정은 속력을 높이기 시작했다. 우리는 잠수정의 현기증 나는 속도를 가까스로 견디며 세차게 우리를 때리는 파도를 견뎌야 했다. 다행히도 네드 랜드가 철판 위쪽에 고정된 커다란 계류 고리를 발견해 우리는 필사적으로 그것을 붙잡았다.

마침내 긴 밤이 끝났다. 불완전한 기억 탓에 그 밤의 모든 것을 기억할 수 없지만, 한 가지는 선명하게 떠올릴 수 있다. 가끔 바람과 바다가 잔잔할 때마다 멀리서 나는 희미한 소리, 마치 먼 곳에서 울려 퍼지는 음악 선율 같은 모호한 화음을 들은 것 같았다. 이 수중 항해의 비밀이 무엇인지 궁금했다. 전 세계가 찾지 못한 해답을 품고 있는 이 기이한 배 안에 숨어있는 존재들이 누구인지 알고 싶었다. 또한 이 잠수정을 놀라운 속도로 움직이는 힘은 무엇인지 밝혀내고 싶었다.

날이 밝았다. 아침 안개가 우리를 둘러쌌지만, 곧 사라졌다. 나는 평평하게 철판으로 둘러싸인 선체를 신중히 조사하려던 중, 그것이 조금씩 가라앉는 것을 느꼈다.

"이런, 망할 놈들!" 네드 랜드가 철판이 울려 퍼지도록 발을 구르며 외쳤다.

"이 빌어먹을 놈들아, 문을 열어라!"

그러나 프로펠러의 귀청을 찢는 소음 속에서 그의 목소리가 전달되기란 불가능한 일이었다. 다행히도 괴물은 잠수를 멈췄다.

그 순간, 내부로부터 금속 잠금장치가 거칠게 밀리는 소리가 들렸다. 철판 하나가 열려지더니 한 남자가 나타나 기이한 소리를 내뱉고는 즉시 사라졌다. 몇 초 후, 복면을 쓴 여덟 명의 건장한 남자들이 말없이 나타났다. 우리는 그 무시무시한 기계 안으로 끌려 들어갔다.

8장

모빌리스 인 모빌리[13]

이 잔인한 납치 행위는 번개처럼 이루어졌다. 동료들과 나는 정신을 차릴 시간이 없었다. 이 수중 감옥에 갇혀 있다는 것에 대해 그들이 어떻게 느꼈는지는 모르겠지만, 나는 온몸이 떨리고 있었다. 우리는 누구를 상대하고 있는 것일까? 분명 자신들의 방식으로 바다를 휘젓고 다니는 새로운 종류의 해적들일 것이다. 좁은 출입구가 닫히자마자 우리는 깊은 어둠에 둘러싸였다. 바깥 빛에 흠뻑 젖어있던 내 눈은 아무것도 알아볼 수 없었다. 나는 내 맨발로 철제 사다리의 계단에 서 있는 것을 느꼈다. 뒤에는 네드 랜드와 콩세이유가 그들에게 붙잡힌 채 서 있는 것이 느껴졌다. 사다리 밑에서 문이 열렸다가 큰

13) Mobilis in Mobili는 라틴어로 "움직이는 것 안에 있는 움직이는 것" 또는 "움직임 속에서 움직임"을 의미한다. 이 문구는 쥘 베른의 소설 해저 2만 리에서 등장하는 네모 선장의 잠수함 노틸러스호의 모토다.

소리와 함께 즉시 닫혔다. 우리들만 남아있었다. 여기는 어디일까? 나는 말할 수 없었고, 상상도 할 수 없었다. 모든 것이 어둠이었지만 너무나 암흑 같은 어둠 때문에 몇 분이 지나도 내 눈은 흐릿한 섬광 하나도 포착할 수 없었다. 한편, 이러한 상황에 화가 난 네드 랜드는 화를 참지 못하고 분노했다.

"저주받을 것들!" 그가 소리쳤다.

"이 사람들은 뉴칼레도니아의 야만인들만큼이나 손님 접대를 잘하는군요. 식인종이 아니길 바랄 뿐입니다. 만약 그렇다 해도 전 놀라지 않을 겁니다. 어디 해볼 테면 해보라지요."

"너무 흥분하지 마세요. 우린 아직 오븐에 들어가지 않았습니다." 콩세이유가 차분하게 말했다.

"오븐이라니, 아니" 네드 랜드가 쏘아붙였다.

"하지만 오븐 안에 있는 게 틀림없을 만큼 이곳은 어둡습니다. 다행히도 저는 칼을 가지고 있고, 이걸 사용할 수 있을 만큼은 보이는군요. 이 도적놈들 중 누구라도 내 몸에 손을 댄다면……."

"진정하게, 네드" 나는 그에게 말했다.

"그리고 무의미한 폭력으로 일을 망치지 말게나. 그들이 우리의 말을 듣고 있을지 누가 알겠는가? 그보다는 우리가 어디에 와있는지 알아보는 게 좋겠네!"

나는 손을 뻗어 벽을 더듬기 시작했다. 다섯 걸음을 걷다 보니 볼트가 박힌 철벽을 만났다. 그러다가 뒤를 돌아보니, 여러 개의 의자가 놓여 있는 나무 탁자에 부딪혔다. 이 감옥의 바닥은 직물로 짠 두툼한 깔개가 깔려있어서 발자국 소리조차 들리지 않았다. 벽에는 문이나 창문의 흔적이 전혀 보이지 않았다. 반대 방향으로 돌아서다가 콩세이유를 마주쳤고, 우리는 길이가 20피트, 너비가 10피트인 이 선실의 중앙으로 돌아왔다. 그 높이에 관해서는 큰 키를 가진 네드 랜드조차도 닿을 수 없었다. 아무것도 바뀌지 않은 상황에서 30여분이 지났을 때, 우리의 눈은 갑자기 완전한 어둠에서 눈부신 빛으로 가득 찼다. 우리가 있는 공간에 불빛이 밝혀진 것이었다. 다시 말해, 그것은 너무나 강렬한 불빛으로 가득 차 있어서 처음에는 그 빛을 감당할 수 없었다. 나는 이 눈부시게 하얀 빛이 이 수중 잠수함 주변에서 발광현상처럼 나타났던 그 전기 빛이었음을 알아차렸다. 나는 무의식적으로 눈을 감았다 떴다. 그러자 이 빛이 선실의 천장에 매달려 있는 반원형의 구체에서 나오는 것임을 알 수 있었다.

"드디어! 확실히 보이는군!"

네드 랜드는 손에 칼을 들고 방어 태세를 유지하며 소리쳤다.

"그렇군." 하지만 아직 상황이 바뀐 것은 전혀 없었다.

"주인님은 참고 기다리시지요." 언제나 침착한 콩세이유가 말했다.

이 갑작스런 조명으로 인해 나는 선실의 아주 세세한 부분까지 살펴볼 수 있었다. 그곳에는 탁자 하나와 의자 다섯 개가 있을 뿐이었다. 보이지 않는 문은 굳게 닫혀 있었음에 틀림없다. 아무 소리도 우리 귀에 들리지 않았다. 이 배 안에서는 모든 것이 죽은 것 같았다. 이 잠수정이 움직이고 있는지, 바다 표면에 정지해 있는지 아니면 심해로 가라앉고 있는지 전혀 알 수가 없었다. 그러나 이 전구가 아무런 이유 없이 켜진 것은 아닐 것이었다. 나는 한시라도 빨리 선원들이 나타나기를 바랐다. 우리에게 관심이 없다면 불은 켜지지 않았을 것이다. 내 예상은 맞았다. 곧 문이 열리는 소리가 들리더니 두 명의 건장한 남자가 나타났다.

한 사람은 키가 작고 땅딸막하고 힘센 근육질로 보였고, 넓은 어깨를 가졌다. 그는 튼튼한 팔다리와 검고 풍성한 머리를 가졌으며, 무성한 콧수염과 밝고 꿰뚫어 보는 눈빛을 지니고 있었다. 그의 전체적인 인상은 프랑스 남부 사람들에게 보이는 활기가 보였다.

철학자 디드로(Diderot)의 인간의 태도는 그의 성격을 보여준다는 주장은 매우 적절했다. 이 땅딸막한 남자는 확실히 이 주장의 살아 있는 증거였다. 그의 일상 대화는 의인화, 상징, 잘못 배치된 수식어 등으로 가득 차 있을 것 같은 느낌이 들었다. 나는 그것을 바로 확인할 수 있었는데 그는 도무지 이해할 수 없는 말투로 말을 했던 것이다.

두 번째 낯선 사내는 더 자세한 설명이 필요했다. 나는 망설임 없이 그의 성격을 파악 할 수 있었다. 자신감이 넘치는 그의 머리는 마치 귀족의 것처럼 어깨위에 꼿꼿하게 솟아 있었고, 얼음 같이 차가운 그의 검은 눈은 확신에 찬 시선으로 우리를 바라보고 있었다. 창백한 그의 피부는 혈색이 좋아 보이지는 않았지만 평온해 보였다. 그리고 눈가의 꿈틀대는 핏줄은 그의 넘치는 기운을 보여주고 있었다. 게다가 그는 대단한 자부심을 가진 사람이었다. 그의 침착하고 확고한 시선은 높은 차원에서의 생각을 반영하는 것 같았으며, 그의 얼굴표정과 신체 움직임의 조화는 의심할 여지가 없는 활력과 진정성을 보여주었다.

나는 그의 존재에 '무의식적으로 안심'되는 느낌을 받았다. 이것은 앞으로 일어날 우리의 대화에 좋은 징조였다. 이 사람이 35세였는지 50세였는지, 나는 정확히 말할 수 없었다. 그는 키가 컸고 이마는 넓었다. 코는 바르고 오뚝했으며 입매는 선명했다. 손은 세련되고 가늘었고 관상가들의 단어를 빌리자면, 매우 고귀하고 열정적인 영혼을 섬길 사람으로 보였다. 이 남자는 분명 내가 만난 가장 훌륭한 육체적 표본이었다. 한 가지 특이한 점은 그의 눈 사이가 약간 떨어져 있어서 한 번에 수평선의 거의 4분의 1을 볼 수 있었다는 점이다. 나중에 확인한 것인데 그는 네드 랜드보다 훨씬 더 넓은 시야 범위를 가지고 있었다. 이 낯선 사람이 어떤 물체에 시선을 집중하자 눈썹 주름이 모여 찡그린 얼굴이 되었다. 무거운 눈꺼풀이 동공을 감아 거대한 시야를 수축시키는 것을 보았다! 마치 멀리 떨어지는 물체를 확대할 수 있는 것 같았다. 마치 상대의 영혼을 꿰뚫어 볼 수 있는 것처럼, 마치 우리 눈에는 불투명하기만 한 깊은 바다 속까지 바라보고 있는 것 같았다. 해달 가죽으로 만든 모자를 쓰고 바다표범 가죽 장화를 신은 이 두 낯선 사람은 독특한 천으로 만든 몸에 꼭 맞는 옷을 입고 있었다.

두 사람 중 키가 더 큰 사람은 분명히 배의 리더처럼 매우 조심스럽게 우리를 살폈지만 한 마디도 말하지 않은 상태였다. 그러고는 동반자를 돌아보며 내가 알아듣지 못하는 언어로 대화를 나누었다. 울림이 있는 그 언어는 조화롭고 유연했으며, 모음은 다양한 강조를 지니고 있는 것 같았다.

다른 한 사람은 고개를 가로 젓더니 도저히 알아들을 수 없는 두세 마디를 덧붙였다. 그러더니 눈빛으로 나에게 직접 질문하는 것 같았다. 나는 그의 말을 전혀 알아들을 수 없다고 명확한 프랑스어로 대답했지만, 그는 나를 이해하지 못하는 듯했다. 상황은 점점 더 난처해졌다.

"그래도, 주인님께서 우리 이야기를 계속 해주셔야 합니다." 콩세이유가 내게 말했다.

"아마 이 신사분들께서 몇 마디 말이라도 이해할 수 있을 겁니다."

나는 한마디씩 정확한 발음으로 우리의 모험 이야기를 들려주었다. 단 하나도 빠뜨리지 않고 자세하게 이야기를 했다. 그리고 우리 이름과 직함을 말하며 나는 아로낙스 교수와 그의 하인 콩세이유이며 작살 잡이 네드 랜드를 소개했다. 차분하고 온화한 눈을 가진 그 남자는 매우 공손하게 내 말을 경청했고 놀라울 정도의 주의를 기울였으나 그의 표정에는 내 이야기를 이해하고 있다는 어떠한 표시도 없었다. 내가 말을 마쳤을 때 그는 단 한 마디도 하지 않았다. 아직 남아 있는 한 가지 방법은 영어로 말하는 것이었다. 아마도 그들은 거의 세계 공통어라 할 수 있는 영어를 이해 할 수도 있었다. 그러나 나는 독일어와 마찬가지로 유창하게 읽을 수만 있을 뿐, 영어를 정확하게 말할 수 있을 정도는 아니었다. 하지만 우리의 가장 중요한 목적은 그들에게 영어로 우리를 이해시키는 것이었다.

"자, 이제 자네 차례네" 나는 네드 랜드에게 말했다.

"네드 랜드 씨, 당신의 앵글로 색슨식 영어로 우리의 이야기를 다시 해주게."

네드 랜드는 설득할 필요도 없이 우리의 이야기를 처음부터 다시 시작했다. 나는 대부분 따라갈 수 있었다. 내용은 같았지만 표현 방식이 달랐다. 캐나다인 네드 랜드는 자신의 격정적 기질을 살려 더 활기차게 설명했다. 그는 자신의 시민권을 무시당한 것에 대해 격렬하게 불평하고 어떤 법에 따라 우리를 구금시켰는지에 대해 물었다. 인권보장을 언급하고 자신을 불법 구금하고 있는 자를 기소하겠다고 위협하며 고함을 치고 격렬한 몸짓을 보였다. 마지막에는 우리가 굶주리고 있다는 사실을 강력하게 전달했다.

놀랍게도, 작살 잡이의 생동감 넘치는 설명조차도 그들을 이

해시키지 못한 것 같았다. 우리를 둘러싼 사람들은 미동도 하지 않았다.

우리의 언어적 자원을 모두 소진한 후 당황한 나는 어떤 전략을 써야 할지 몰랐다. 그때 콩세이유가 내게 조용히 말했다.

"주인님께서 허락해 주신다면 독일어로 설명해 보겠습니다."

"뭐야! 자네 독일어를 할 줄 안다는 건가?" 나는 놀라 큰소리로 말했다.

"플랑드르 사람들은 대부분 알고 있습니다. 주인님께서 불쾌하지 않으시다면요." 콩세이유가 대답했다.

"오히려 내가 자네를 존경해야겠네. 어서 해보게" 내가 말했다.

그러자 콩세이유는 차분한 목소리로 우리가 겪은 다양한 우여곡절을 세 번째로 설명했다. 그러나 해설자의 섬세한 억양과 세련된 말투에도 불구하고, 독일어는 성공을 거두지 못하였다.

결국, 최후의 수단으로, 나는 어린 학창 시절의 기억을 모두 꺼내어 우리의 모험을 라틴어로 이야기하려고 노력했다. 만약 키케로가 들었다면 귀를 막고 나를 부엌으로 내쫓았을 테지만, 나는 어찌어찌 설명을 해낼 수 있었다 그러나 결과는 마찬가지였다.

이 마지막 시도 역시 실패로 돌아갔다. 두 낯선 남자는 알아들을 수 없는 언어로 몇 마디를 서로 주고받은 후 세계 모든 나라에서 사용되는 격려의 제스처 하나도 우리에게 보이지 않고 나가버렸다. 문이 다시 닫혔다.

"이건 말도 안 돼!" 네드 랜드가 스무 번째 폭발을 일으키며 소리쳤다.

"빌어먹을! 우리는 이 악당들에게 프랑스어, 영어, 독일어, 라틴어까지 이야기를 했지만 저들은 대답 한마디 할 예의조차 없습니다!"

"진정하게, 네드" 나는 분노하는 작살 잡이에게 말했다.

"분노는 어떤 것도 해결 하지 못한다네."

"하지만 교수님, 우리는 이 철장 속에서 굶어 죽을 수도 있습니다."

"에휴!" 콩세이유가 철학적으로 말했다.

"당신이 진정한다면 우리는 좀 더 버틸 수 있을 겁니다."

"여러분" 내가 말했다.

"절망하지 맙시다. 우리는 더 어려운 상황에 빠질 수도 있습니다. 그러니 우선 이 배의 선장과 선원들에 대해 생각할 시간을 좀 주시게나."

"제 의견은 이미 정해졌습니다." 네드 랜드가 되받아쳤다.

"그들은 악당입니다."

"오, 그런가? 그렇다면 어느 나라 출신일까?"

"악당국 출신이지요."

"용감한 네드, 이 나라는 아직 세계 지도에 표시되어 있지도 않고, 이 두 낯선 사람의 국적을 알아내도 힘들다는 것을 인정하겠네. 영국인도 프랑스인도 독일인도 아니야 우리가 알 수 있는 건 이것뿐이네, 하지만 선장과 그의 부관은 저 위도 출신인 것 같아. 그들에게는 남방의 피가 흐르는 게 틀림없네. 하지만 스페인 사람인지, 터키 사람인지, 아랍 사람인지, 동인도 사람인지에 대한 단서는 충분치 않아 그리고 그들의 언어는 완전히 이해할 수 없군."

"그게 모든 언어를 알지 못하는 불편함이죠." 콩세이유가 답했다.

"혹은 단일한 보편 언어가 없는 단점일지도 모르고요!"

"모두 쓸모없는 소리입니다." 네드 랜드가 답했다.

"이 사람들이 자신들만의 언어를 쓰는 것을 보지 않으셨습니까? 단지 배고픈 사람들을 절망에 빠뜨리기 위해 존재하는 것 같더군요. 세상 어느 나라든 입을 열고, 턱을 움직이며 입맛을 다시는 건 먹을 것을 달라는 가장 이해하기 쉬운 메시지 아닙니까? 퀘벡에서 투아모투 제도까지, 파리에서 어떤 머난먼 나라에서도 이건 분명히 '배고프니 먹을 걸 좀 주시오!'란 뜻입니다."

"아" 콩세이유가 말했다.

"천성적으로 그렇게 이해력이 딸리는 사람들이 있나 봅니다."

그가 이 말을 하고 있을 때 문이 열렸다. 한 승무원이 들어왔다. 그는 우리에게 옷을 가져다주었고, 그 옷은 내가 알 수 없는 섬유로 만들어진 재킷과 선원 바지였다. 나는 서둘러 갈아입었고, 네드 랜드와 콩세이유 역시 옷을 갈아입었다. 그동안 말이 없던 승무원은 (아마도 청각장애인일지도 모른다.) 테이블에 세 사람의 식탁을 차려주었다.

"무언가 심상치 않은 일이 벌어지고 있는 것 같군요." 콩세이유가 말했다.

"좋은 징조일지도 모르겠습니다."

"흥" 독설을 품은 작살 잡이가 말했다.

"뭘 먹게 될 줄 아십니까? 거북이 간이나 상어 스테이크 같은 걸 겁니다."

"곧 알게 되겠죠." 콩세이유가 말했다.

은제 덮개가 얹힌 여러 접시가 테이블보 위에 깔끔하게 놓여 있었고, 우리는 자리에 앉아 식사를 했다. 분명 우리는 문명화된 사람들과 함께하고 있었다. 이 전기 불빛이 없었다면, 내가 리버풀의 아델피 호텔이나 파리의 그랜드 호텔 식당에 있다고 생각했을 것이다. 그러나 빵과 포도주가 전혀 없었다는 점을 언급하지 않을 수 없다. 물은 맑고 신선했지만, 여전히 물일뿐이었다. 이는 네드 랜드가 기대한 것이 아니었다. 제공된 음식 중 몇 가지는 공들여 조리된 생선임을 알 수 있었지만, 다른 요리는 어떤 맛있는 요리일지라도 그 재료가 식물인지 동물인지조차 알 수 없었다. 식기류 또한 우아하고 완벽한 취향을 갖추고 있었다. 각 숟가락과 포크, 나이프, 접시의 뒷면에는 라틴어로 글자가 새겨져 있었으며, 그 내용은 다음과 같았다.

MOBILIS IN MOBILI(움직임 속의 움직임)

N

움직임 속의 움직임, 그것은 바로 이 수중 기계의 본질을 설명하는 것 같았다.

그 문구 "Mobilis in Mobili"는 이 기계가 물속에서도 자유롭게 움직일 수 있는 능력을 상징하는 듯했다. 우리는 그제야 이 기계가 단순한 잠수정이 아니라, 어떤 특별한 목적을 지닌 기계라는 것을 깨닫게 되었다. N이라는 알파벳은 분명 이 잠수함을 지휘하는 선장의 이니셜일 것이다. 네드 랜드와 콩세이유는 아무 생각없이 먹고 있었다. 나 역시 그들과 함께 먹기 시작했다. 게다가 나는 우리가 안전해졌다고 생각했다. 이 배의 주인은 우리를 굶겨 죽이지는 않을 것이었다. 어디인지 모르는 이곳에서 시간은 흘러갔다. 참을 수 없었던 허기짐이 사라지자 이제는 잠이 몰려왔다. 죽음과 맞서 싸웠던 끝없는 밤이 지나간 뒤 밀려오는 아주 당연한 현상이었다.

"정말 잠이 잘 올 것 같습니다. 주인님" 콩세이유가 말했다.

"전 이만 자겠습니다." 네드 랜드도 말했다.

둘은 선실 바닥에 눕더니 바로 깊은 잠에 빠졌다.

나는 몰려오는 잠을 참았다. 내 머릿속에는 너무나 많은 생각이 가득 차 있었고 대답할 수 없는 질문들이 계속 떠올랐으며 너무나 많은 장면들이 내 눈을 뜨고 있게 했다.

우리는 지금 어디에 있는 것일까? 어떤 알 수 없는 힘에 의해 이곳까지 오게 된 것일까? 나는 이 배가 바다 속 가장 깊은 곳으로 향하고 있다는 생각이 들었다. 아니 그렇다고 믿었다. 무서운 악몽이 나를 사로잡았다. 이 신비한 은신처에서 나는 미지의 동물들의 세계를 보았으며 이 잠수함은 그들과 같이 신비롭고 살아있는 것 같았다. 그러자 머리가 맑아졌고 나는 깊은 잠속으로 빠져들었다.

9장

분노하는 네드 랜드

내가 얼마나 오랫동안 잠들어 있었는지 전혀 알 수 없었다. 하지만 꽤 오랜 시간 잠들어 있었던 것이 틀림없었다. 완전히 지쳤던 몸이 어느 정도 회복된 듯했다. 내가 제일 먼저 깨어났다. 네드 랜드와 콩세이유는 아직 아무런 미동 없이 누워있었다.

딱딱한 바닥에 힘들게 누워 있다가 일어나자 머리가 맑아지고 정신이 들기 시작했다. 나는 우리가 갇혀있는 방을 다시 한 번 꼼꼼히 조사하기 시작했다.

방의 내부는 전혀 변하지 않았다. 여전히 감옥이었고, 우리들은 여전히 죄수였다. 하지만 우리가 잠든 사이, 승무원이 식탁을 치운 것 같았다. 따라서 우리의 상황이 나아질 어떤 조짐도 보이지 않았고, 이대로 평생을 이 감옥 같은 방에서 보내야 할지 모른다는 생각에 진지한 불안감이 몰려왔다. 그런 희망 없는 생각은 점점 더 고통스럽게 다가왔다. 왜냐하면, 어젯밤의 강박에서 벗어난 머릿속이 한결 가벼워졌음에도 가슴 속에 이상한 답답함이 느껴졌기 때문이다. 분명 숨쉬기가 점점 어려워지고 있었다. 공기가 점점 탁해지면서 내 폐가 완전히 움직이는 데 필요한 충분한 산소를 얻기 어렵게 되고 있었다. 비록 우리 방은 넓었지만, 우리가 이 안에 있는 대부분의 산소를 소모한 상태임이 분명했다. 일반적으로, 한 사람이 한 시간 동안 100리터의 공기에서 모든 산소를 소비하게 되면, 그 공기는 거의 동일한 양의 이산화탄소로 채워지며 인간이 호흡하기에 부적합하게 된다. 따라서 이제 우리의 감옥, 그리고 이 수중 함선 전체의 공기를 즉시 환기시킬 필요가 있었다.

이때 문득 한 가지 의문이 떠올랐다. 이 해저 은신처의 선장은 어떻게 공기를 공급하는 것일까? 혹시 화학적인 방법을 사용해 염소산칼륨을 가열하여 산소를 방출하고 이산화탄소를 수산화칼륨으로 흡수하는가? 그렇다면 그런 작업을 위해 필요한 재료들을 육지에서 들여와야 할 것이다. 아니면 고압 탱크에 공기를 저장해 두고 필요할 때마다 방출하는 방식일 수도 있다.

혹은 더 간편하고 경제적이며 아마도 더 확실한 방식으로, 고래처럼 수면으로 올라가 24시간마다 산소를 보충하는 방법일 수도 있다. 어찌 되었든 간에 그가 사용하는 방식이 무엇이든, 지금 당장 이 방법을 실행하는 것이 현명할 것이라 생각했다.

실제로, 나는 이 방에서 남아 있는 산소를 최대한 끌어내기 위해 숨을 더욱 가쁘게 쉬지 않으면 안됐다. 그때 갑자기 신선하고 짭짤한 바다 향기가 나는 공기가 들어와 나를 상쾌하게 만들었다. 그야말로 생명력이 넘치며 요오드 성분이 가득한 바닷바람이 틀림없었다. 나는 입을 크게 벌리고 신선한 공기를 가득 들이마셨다. 동시에 약간의 흔들림, 분명히 느껴지는 가벼운 기울어짐이 느껴졌다. 이 철제 괴물은 고래처럼 숨을 들이마시기 위해 분명 수면 위로 떠올랐던 것이다. 이제 이 배의 통풍 방식이 드러났다.

폐에 신선한 공기를 가득 채운 후 나는 이 유익한 공기를 공급해주는 통풍구를 찾기 시작했고 곧 찾을 수 있었다. 문 위쪽에 위치한 작은 통풍구가 산소가 가득한 신선한 공기를 방안으로 들여보내고 있었다. 내가 통풍구 관찰을 마치려는 찰나, 네드 랜드와 콩세이유가 동시에 깨어나 공기의 정화 효과에 반응했다. 그들은 눈을 비비고 팔을 쭉 뻗으며 일어섰다.

"주인님, 안녕히 주무셨습니까?" 콩세이유가 언제나처럼 공손하게 물었다.

"아주 잘 잤네, 충실한 친구여" 내가 대답했다.

"네드 랜드 씨는 어땠나?"

"기절한 것처럼 잠 들었습니다. 교수님, 그런데 제 착각인지는 모르겠는데, 바다 내음이 나는 것 같군요."

바다 사람인 네드 랜드는 정확했다. 나는 그가 자는 동안 일어난 일을 설명해 주었다.

"그렇군요" 그가 말했다.

"그러다면 우리가 에이브러햄 링컨호에서 들었던 그 괴상한 소리도 설명되는군요. 이놈이 숨을 들이마시고 있었던 겁니다."

"맞다네, 네드 랜드 씨. 이 녀석이 숨을 쉬는 중이었던 거네"

"하지만 지금 몇 시인지 모르겠군요. 아로낙스 교수님. 혹시 저녁 식사 시간일까요?"

"저녁 식사 시간이라, 아마도 점심시간쯤 됐을 겁니다. 우리는 분명 하룻밤은 잠 들었고 새 날이 밝았을 걸세"

"그렇다면, 우리는 꼬박 하루를 잠들었던 셈이네요." 콩세이유가 답했다.

"나도 그렇게 생각하네" 내가 대답했다.

"그렇군요. 어쨌거나 저녁이든 아침이든 간에 승무원이 뭔가 먹을 것이나 가져오면 좋겠군요."

네드 랜드가 말했다.

"둘 다라면 더 좋지 않겠어요?" 콩세이유가 말했다.

"좋은 말이야" 네드 랜드가 답했다.

"우리는 두 끼 정도는 먹을 자격이 있어. 나 같은 경우는 두 끼 정도야 충분히 먹어줄 수 있지."

"좋아, 네드. 기다려 보세" 내가 말했다.

"이 신비한 사람들이 우리를 굶겨 죽일 생각은 없는 것이 분명하네, 그렇지 않았다면 어제 저녁 식사는 말이 되지 않으니까."

"우리를 살 찌우려는 건 아니겠지요?" 네드 랜드가 반박했다.

"그럴 리는 없을 걸세" 내가 대답했다.

"우리는 절대 식인종의 손에 떨어진 게 아니라네."

"하지만 장담할 수는 없는 일입니다." 네드 랜드는 진지하게 말했다.

"어쩌면 신선한 고기를 오랫동안 먹지 못했을 수도 있지요. 이럴 때 교수님, 콩세이유 씨, 그리고 나 같이 건장한 세 사람이라면 딱 좋은 먹잇감일지도 모르지요."

"그런 생각은 버리게, 랜드 씨" 내가 작살 잡이에게 대답했다.

"그리고 무엇보다도, 그런 생각에 휘둘려 우리의 상황을 더 악화시키지 않도록 하게"

"그건 그렇고" 작살 잡이가 말했다.

"배고파 죽겠네, 저녁이든 아침이든 간에, 식사는 전혀 나올 생각이 없나봅니다."

"랜드 씨, 우리도 이 배의 일정에 맞춰야 해. 내 생각에는 우리 위장이 요리사의 저녁 종소리보다 앞서가고 있는 것 같아."

"그럼 우리의 위장을 요리사의 일정에 맞추도록 하지요!" 콩세이유가 침착하게 말했다.

"역시 콩세이유 자네답군" 참을성 없는 네드 랜드가 쏘아붙였다.

"자네는 절대 화를 내거나 신경질을 부리지 않지. 언제나 침착해! 자네는 아침 식사를 받지 못하더라도 감사 기도를 올릴 사람이야. 굶어 죽더라도 불평하지 않겠지!"

"불평한다고 뭐가 달라지겠어요?" 콩세이유가 물었다.

"불평한다고 달라지진 않아도 기분은 풀리잖아! 그리고 만약, 이 해적들을 교수님의 감정을 배려해 식인종이라 부르지 않겠지만, 이 해적들이 내가 욕 한마디 없이 이 철창에 갇혀 있을 거라고 생각한다면, 그들은 크게 착각하고 있는 겁니다. 아로낙스 교수님, 솔직히 말해보세요. 도대체 언제까지 우리를 이 철창에 가둬놓을 셈이라고 생각하나시요?"

"솔직히 말하자면, 네드 랜드 씨, 나도 당신만큼이나 아는 게 없는 상황이라네."

"그렇다면 교수님은 대체 무슨 일이 벌어지고 있다고 생각하십니까?"

"내 생각에는 우리가 순전히 우연으로 중요한 비밀을 알게 된 것 같네. 이 배의 승무원들이 그 비밀을 목숨처럼 중요하게 생각하고 있다면 우리 셋의 목숨은 위태로워질 거네. 그러나 그렇지 않다면 이 신비로운 사람들은 우리를 다시 지상으로 돌려보내 주겠지."

"혹시 그들이 우리를 승무원 이곳에 남겨둘지도 모르죠." 콩세이유가 말했다.

"그러다 결국, 어떤 프리깃함이 이 해적들의 소굴을 덮쳐 우릴 모두 돛대 끝에 매달아 교수형에 처할 때까지 말이지!" 네드 랜드가 말했다.

"그럴듯한 생각이네, 랜드 씨." 내가 대답했다.

"하지만 네드, 아직 우리는 아무런 제안도 받지 않았다네, 그러니 어떤 행동을 취해야 할지 논의하는 것은 무의미하네. 다시 말하지만, 앞으로 상황이 어떻게 전개되는지 기다려 보세나. 지금 당장은 우리가 할 수 있는 일이 없으니까."

"아닙니다. 교수님. 우리가 할 수 있는 일이 있습니다."

"오, 그게 무엇이란 말인가, 랜드 씨?"

"여기서 탈출하는 겁니다!"

"육지에 있는 감옥에서 탈출하는 것도 어려운 일인데, 물속에 있는 감옥에서는 불가능하다고 생각 한다네."

"자, 네드 씨, 주인님의 말에 어떻게 생각하십니까? 나는 당신이 쉽게 포기하지 않을 것이라고 믿습니다."

네드 랜드는 잠시 당황한 듯 침묵했다. 우리가 처한 상황에서 탈출하는 것은 확실히 불가능했다. 그러나 프랑스인의 재치를 절반 가지고 있는 이 캐나다인은 잠시 생각한 후 말했다.

"그렇다면, 아로낙스 교수님, 감옥에서 탈출할 수 없을 때 사람들이 무엇을 하는지 생각해 보셨습니까?"

"모르겠군."

"간단하죠. 그냥 그곳에 머물 방법을 찾는 거죠."

"당연히! 우리가 바다 속에 있는 이상, 이 배 안에 있는 것이 배 밖이나 그 아래에 있는 것보다 훨씬 나은 선택입니다. 콩세이유가 말했다.

"그렇지만, 우리가 이 감옥의 간수들을 굴복시키고 스스로 자유를 찾아야 한다는 말이지" 네드 랜드가 덧붙였다.

"네드, 정말로 이 배를 장악하려고 생각하는 건가?" 내가 물었다.

"진심입니다." 네드 랜드가 대답했다.

"불가능하네."

"왜 그렇습니까, 교수님? 어떤 기회가 찾아올 수 있고, 그 기회를 놓치지 말아야죠. 이 배에 약 스무 명 정도가 승선해 있는 것 같지만, 그들이 두 명의 프랑스인과 한 명의 캐나다인을 막아낼 수 있을 거라 생각하지 않습니다."

나는 작살 잡이의 제안에 논쟁을 하기 보다는 받아들이는 것이 현명하다고 생각했다. 따라서 나는 이렇게 대답했다.

"그런 상황이 오면 그때 가서 생각해 보겠네, 랜드 씨. 하지만 그전까지는 인내심을 가지게. 우리는 신중하게 행동해야 하고, 자네의 분노는 어떤 좋은 기회도 만들어내지 못할 거야. 그러니 나에게 약속하게. 우리의 상황을 받아들이고 감정을 폭발시키지 않겠다고 말이야."

"알겠습니다. 교수님." 네드 랜드는 내키지 않는 목소리로 대답했다.

"제 입에서 험한 말은 나오지 않을 겁니다. 배고파도 짜증내지 않도록 하지요."

"좋네, 네드" 내가 대답했다.

그러고 나서 우리의 대화는 끊겼고, 우리는 각자의 생각에 잠겼다. 나는 네드 랜드의 약속에 기대를 걸지 않았다. 또한 네드 랜드가 말한 적절한 기회에 대해 믿음을 갖지 않았다. 이 배는 매우 효율적으로 움직이고 있는 듯했고, 그것은 상당히 많은 승무원이 승선해 있다는 말이었다. 따라서 몸싸움이 벌어진다면 우리는 압도적인 상대와 맞서게 될 것이 분명했다. 게다가 무엇보다 먼저 움직임이 자유로워져야 했는데 우리는 그럴 수 없었다. 이 철제 방에서 탈출할 방법은 전혀 보이지 않았다. 게다가 이 배의 지휘관이 비밀을 지키고자 한다면 그는 절대 우리에게 자유를 주지 않을 것이다. 그렇다면 그가 폭력을 사용하여 우리를 제거하려 할 것인가, 아니면 어느 날 우리를 외딴 해안에 내려줄 것인가? 그것은 미지수였다.

시간이 지날수록 네드 랜드는 점점 더 화를 내고 있었다. 그의 깊은 곳에서 올라오는 욕설이 점점 더 격해지는 것을 느꼈고, 그의 움직임은 다시 위협적으로 변해갔다. 그는 일어서서 마치 우리에 갇힌 야수처럼 돌아다니며 발과 주먹으로 벽을 쳤다. 시간이 흘러도 우리의 배고픔은 사라지지 않았고, 이번에는 누구도 나타나지 않았다. 비록 그들의 의도가 선의에서 비롯된 것이라 해도 이는 우리를 너무 오래 방치하는 것이었다.

네드 랜드는 허기와 분노에 시달렸고, 그의 인내심은 한계에 다다랐다.

우리가 얼마나 더 방치될지 추측하는 것조차 두려웠다.

선장의 첫 번째 만남 후 품었던 희망이 서서히 사라지고 있었다. 그의 온화한 시선, 얼굴에 담긴 관대함, 그리고 품위 있는 태도는 모두 내 기억 속에서 사라졌다. 나는 그 신비로운 인물을 다시 보게 되었고, 그가 본래 어떤 사람일지 생각했다. 그는 잔인하고 무자비한 존재로 인간성을 벗어난 인물로 보였다. 그에게는 동정심이 전혀 없는 것 같았으며, 동료 인간에 대해 거침없이 증오를 맹세한 불굴의 적처럼 보였다.

하지만 그렇다 해도, 그가 우리를 이 좁은 감옥에 가둬둔 채 극도의 배고픔에 시달리게 내버려 둘 것인가? 굶주림이 사람들을 얼마나 끔찍한 유혹에 빠뜨릴 수 있는지 알기에 그 가능성은 내 상상 속에서 점점 더 두려운 현실로 다가왔다. 그 상상에 불을 붙인 무서운 공포감이 나를 엄습했다. 그러나 콩세이유는 차분했고, 네드 랜드는 큰 소리로 분노를 터트리고 있었다.

그때 갑자기 바깥에서 소리가 들렸다. 금속 바닥을 밟는 발소리가 울렸다. 자물쇠가 풀리고 문이 열렸다. 한 승무원이 나타났다.

내가 말리기도 전에 네드 랜드는 그 불쌍한 사람에게 달려들어 그를 바닥에 던지고 목을 움켜쥐었다. 그 승무원은 네드 랜드의 강력한 손아귀에서 질식해가고 있었다.

콩세이유는 이미 작살 잡이의 손을 선원에게서 떼어놓으려 했고, 나도 그를 도우려던 찰나, 들려오는 목소리에 나는 움직일 수가 없었다.

그것은 정확히 프랑스어로 발음된 말이었다.

"진정하세요, 랜드 씨! 그리고 교수님, 제 말을 들으십시오!"

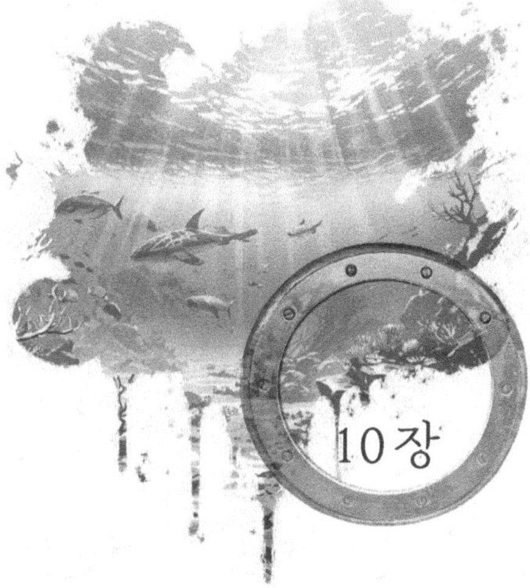

10장 바다 사람

목소리의 주인은 바로 선장이었다. 이 말을 들은 네드 랜드는 즉시 일어섰다. 거의 목이 졸릴 뻔한 선원은 상관의 신호에 따라 비틀거리며 나갔으나, 선장의 권위는 너무도 강력해서 네드 랜드에 대한 어떤 적개심도 보이지 않은 채 조용히 밖으로 나갔다.

우리는 이 상황의 결과를 조용히 기다렸다. 콩세이유는 본의 아니게 흥미로움에 빠져버린 듯했고, 나는 그저 망연자실했다.

선장은 팔짱을 낀 채 테이블 한 구석에 기대어 우리를 매우 주의 깊게 살폈다. 그는 말을 아끼려는 걸까? 아니면 방금 프랑스어로 한 말을 후회하고 있는 것인가? 그렇게 보였다.

아무도 침묵을 깨뜨리려 하지 않은 순간, 그는 조용하고 깊이 있는 목소리로 말을 꺼냈다.

"신사 여러분" 그는 말했다.

"저는 프랑스어, 영어, 독일어, 그리고 라틴어를 모두 유창하게 구사 할 수 있습니다. 그래서 처음 여러분을 만났을 때도 충분히 대답할 수 있었지만, 우선 여러분에 대해 알고 싶었고 그 후에 상황을 신중히 생각해보고자 했습니다. 여러분이 들려준 이야기의 네 가지 버전은 대체로 일관성이 있었고, 이를 통해 여러분의 신원을 확신하게 되었습니다. 저는 이제 파리 박물관의 자연사 전문가로서 해외로 과학 임무를 떠난 피에르 아로낙스 교수와 그의 하인 콩세이유, 그리고 미국 해군의 프리깃함 에이브러햄 링컨호의 캐나다 출신 작살잡이 네드 랜드가 제 앞에 있다는 사실을 알게 되었습니다."

나는 그 말에 동의하며 고개를 끄덕였다. 선장은 나에게 질문을 던진 것이 아니었으므로 대답이 필요하지 않았다. 그는 완벽하고 편안하게 자신을 표현했다. 악센트 하나 없이 깔끔하게 말을 했다. 그의 문장은 명확하고 단어 선택은 훌륭했으며, 표현 능력이 뛰어났다. 그러나 나는 그가 나의 동포처럼 느껴지지는 않았다. 그는 계속해서 이렇게 말했다.

"분명 교수님께서는 제가 두 번째로 여러분을 방문하는 데 너무 오래 걸렸다고 느끼셨을 겁니다. 여러분의 신원을 확인한 후 저는 여러분에게 어떻게 대처해야 할지 신중히 고민할 필요가 있었습니다. 저는 정말 큰 고민을 했습니다. 매우 불편한 상황이 세상과 인연을 끊은 제 앞에 여러분을 데려왔고, 여러분의 존재는 저의 삶을 완전히 흔들었습니다."

"저희가 의도 했던 일은 아니었습니다." 내가 대답했다.

들려오는 목소리에 나는 멈춰서버리고 말았다.

"의도한 일이 아니었다고요?" 신비로운 선장의 목소리가 약간 높아졌다.

"에이브러햄 링컨호가 나를 사냥하기 위해 세상의 모든 바다를 찾아다닌 것이 우연인가요? 당신이 그 군함에 승선한 것도 우연입니까? 당신들의 포탄이 내 배의 선체를 포격해 튕겨 나간 것도, 네드 랜드 씨가 나를 작살로 공격한 것도 우연이었습니까?"

그의 말 속에 분노가 느껴졌지만, 나는 이러한 비난에 대해 정당한 대답을 가지고 있었고 그 대답을 내놓았다.

"선생님," 내가 말했다.

"아마도 당신은 유럽과 미국에서 당신을 주제로 벌어진 논의들에 대해 모르고 계실 것입니다. 당신의 수중 기계와의 충돌로 인한 여러 사고가 양 대륙의 대중을 자극했음을 알지 못하고 계신 것이겠지요. 우리가 이 설명할 수 없는 현상을 설명하려고 무수한 가설을 세우며 시도한 것들에 대해서는 생략하겠습니다. 하지만 에이브러햄 링컨호가 태평양 공해에서 당신을 쫓은 것은 거대한 해양 괴물을 사냥하고자 하는 의도에서였습니다. 그 괴물은 반드시 바다에서 제거해야 할 존재로 여겨졌으니까요."

선장의 입가에 희미한 미소가 번졌다. 그러고는 더 침착한 어조로 말했다.

"아로낙스 교수님" 그가 말했다.

"당신의 군함이 수중 괴물이 아닌 제 잠수함을 발견했다면 추격하지 않고, 포격하지 않았을 거라고 장담하십니까?"

그 질문에 나는 당황했다. 분명히 패러거트 사령관이라면 망설임 없이 이 기계를 파괴하는 것을 그의 임무로 여겼을 것이었다. 그는 거대한 일각고래만큼이나 즉각적으로 이 미지의 선박을 파괴해야 할 대상으로 보았을 것이다.

"그러니 이해하시겠죠. 교수님"

신비로운 선장은 계속 말했다.

"제가 당신들을 적으로 간주할 권리가 있다는 것을!"

나는 잠자코 있었다. 이런 주장을 반박하는 것이 무슨 의미가 있을까? 우월한 힘은 최고의 논리조차 무력하게 만들 수 있는 법이다.

"결정을 내리는 데 오랜 시간이 걸렸습니다," 그 사령관은 계속 말했다.

"당신들에게 호의를 베풀 의무는 없으니까요. 만약 당신들과 헤어져도 다시 볼일 역시 없지요. 나는 당신들을 이 배의 갑판에 다시 올려놓고, 바다 밑으로 잠수해 당신들이 존재했다는 사실을 잊어버릴 수도 있습니다. 그것이 내 권리가 아닌가요?"

"아마도 야만인의 권리일 수는 있겠지요." 내가 답했다.

"문명인의 권리는 아닙니다."

"교수님" 사령관이 재빠르게 답했다.

"나는 당신이 말하는 그런 문명인이 아닙니다! 나는 나만의 이유로 사회와 모든 인연을 끊었습니다. 따라서 사회의 규율을 따르지 않으며, 당신 역시 제 앞에서 그 규율을 거론하지 않기를 바랍니다."

그의 말은 단호했다. 그의 눈에서 번쩍이는 분노와 경멸이 보였고, 나는 이 사람의 인생에서 두려운 과거를 엿보았다. 그는 인간의 법을 초월한 존재일 뿐만 아니라, 완전한 자유를 누리는 존재였다. 누구도 그의 행적을 묻지 못하며, 누가 감히 해저에 있는 그를 추격할 용기가 있단 말인가? 그의 행위에 대해 책임질 존재는 오직 신(神)이나 그의 양심뿐이었다.

이런 생각들이 내 머릿속을 스쳐 지나갔고, 그는 자기 안에 완전히 몰두한 사람처럼 조용히 침묵했다. 나는 두려움과 매혹이 뒤섞인 시선으로 그를 바라보았고, 마치 오이디푸스가 스핑크스를 바라보는 듯한 감정을 느꼈다. 꽤 긴 침묵 후에 그는 다시 우리의 대화를 이어갔다.

"그래서 저는 결정하기 어려웠습니다." 그가 말했다.

"하지만 인간으로서의 기본적인 연민과 내 개인적인 이익을 조화시킬 수 있다고 결론을 내렸습니다. 당신들이 이곳에 오게 된 것은 운명입니다. 그러니 당신들은 내 배에 머무르게 될 것입니다. 여기서는 자유롭게 지낼 수 있을 것입니다. 다만, 그 자유와 관련된 하나의 조건을 제시하겠습니다. 그 조건에 동의한다면 저는 충분합니다."

"말씀해 보십시오. 선생님." 내가 말했다.

"정직한 사람이라면 받아들일 수 있는 조건일 거라 생각합니다."

"맞습니다. 단 하나의 조건입니다. 예기치 못한 사건으로 인해 당신들은 몇 시간, 또는 몇 날 동안 객실에 격리되어야 할 수도 있습니다. 나는 폭력을 사용하는 것을 좋아하지 않기에 이런 경우에 절대적으로 따라 주시기를 바랍니다. 저는 당신들을 보호하고 당신들이 보지 않아야 할 것들을 볼 수 없게 해야 하는 책임이 있습니다. 이 조건을 받아들이겠습니까?"

이 말은 배에서 무언가 기이한 일들이 일어나고 있다는 말이었다. 사회의 규율에서 벗어나지 않은 사람들은 볼 수 없는 일들이! 앞으로 일어날 놀라운 일들 중에서 이것은 결코 가벼운 것이 아니었다.

"우리는 동의하겠습니다." 나는 대답했다.

"다만, 선장님, 한 가지 질문을 드려도 되겠습니까?"

"물론입니다. 교수님."

"선장님께서는 우리가 이 배에서 자유로울 것이라고 말씀하셨습니다."

"그렇습니다. 완전히 자유롭게 행동하실 수 있습니다."

"그렇다면 그 자유란 무엇을 의미하는지 묻고 싶습니다."

"이 배에서 일어나는 모든 것을 보고, 듣고, 심지어 면밀히 관찰할 자유를 말합니다. 다만 몇 가지 드문 경우를 제외하고, 저와 제 동료들이 누리는 자유와 같은 자유입니다."

우리는 서로 이해하지 못하고 있는 것이 분명했다.

"죄송합니다만, 그것은 감옥에서 죄수가 누리는 자유에 불과한 것 같습니다. 그 정도의 자유는 우리에게 충분하지 않습니다." 내가 계속해서 말했다.

"그러나 그 정도로 만족해야 할 것입니다!"

"뭐라고요! 우리가 다시는 고향이나 친구, 가족을 보지 못하게 된다는 것입니까?"

"그렇습니다. 그러나 지상의 속박에서 벗어나는 것이 생각만큼 고통스럽지 않을 수도 있습니다."

"맙소사!" 네드 랜드가 소리쳤다.

"나는 절대 여기서 탈출하려는 시도를 포기하지 않을 겁니다!"

"그런 약속을 요구한 적은 없습니다. 랜드 씨" 선장이 차갑게 대답했다.

순간 나도 모르게 흥분하여 선장에게 대꾸했다.

"선장님, 우리를 너무 가혹하게 대하시는군요! 이것은 잔인함입니다!"

"아닙니다. 이것은 자비로운 행위입니다! 당신들은 나의 전쟁 포로입니다! 내가 단 한 마디만 하면 당신들을 다시 바다 속으로 던질 수 있었습니다. 당신들은 나를 공격했고, 나의 비밀을 탐색하려 했습니다. 그렇다면, 나는 당신들을 이 배에 머무르게 하는 것이 나를 보호하고 당신들을 보호 할 수 있는 유일한 방법입니다." 그의 결정은 논쟁을 거부하는 듯했다.

"그렇다면 우리는 단순히 생존과 죽음 사이에서 선택을 해야 하는 겁니까?"

"그렇습니다. 교수님."

"그렇다면 저희는 이 질문에 대해 드릴 수 있는 대답이 없습니다. 우리와 선장님과의 사이에는 그 어떤 약속도 없을 것입니다."

"맞습니다."

그가 부드럽게 대답하고 계속해서 말을 이어나갔다.

"이제 남은 이야기를 마치겠습니다. 아로낙스 교수님, 당신에 대해 들어본 적이 있습니다. 당신의 동료들은 모르겠지만, 아마도 당신은 나와의 만남을 후회하지 않을 것입니다. 저는 당신이 출판한 미스터리 심해에 관한 저서를 읽었습니다. 하지만 당신은 모든 것을 보지 못했기 때문에 아직 모르는 것도 많습니다. 저는 감히 당신에게 말합니다. 교수님, 당신은 이 배에서의 시간을 후회하지 않을 것입니다. 당신은 새로운 차원의 세계를 여행할 것이며, 그 경이로움에 매번 놀라게 될 것입니다. 아무도 보지 못했던 것을 볼 것이고 지구가 알려주는 숨겨진 비밀들을 알게 될 것입니다."

그의 말은 나에게 큰 영향을 미쳤다. 과학자로서의 호기심이 자극되었고, 잠시나마 그 어떤 것도 자유를 상실하는 것을 대신할 수 없다는 것을 생각하지 못했다. 게다가 나는 다가올 미래가 이 중요한 질문을 해결해 줄 것이라고 믿으며 대답했다.

"선장님, 당신은 사회와 단절했다지만, 여전히 인간적인 감정을 가지고 계신 것을 알 수 있습니다. 우리는 난파를 당했지만 당신의 자비로 이 배에 타게 되었으며, 우리는 결코 그 은혜를 잊지 않을 것입니다. 개인적으로는 과학자로서의 욕심이 때로는 자유보다 우선할 수 있다는 것을 인정합니다."

나는 그가 손을 내밀어 우리의 약속을 확인할 줄 알았지만, 그는 그러지 않았다. 조금 아쉬웠다.

"마지막으로 질문 하나만 더 하겠습니다." 내가 말했다.

"물론입니다. 교수님."

"제가 어떻게 선장님을 불러야 할까요?"

"나를 그냥 네모 선장이라고 부르십시오. 그리고 당신과 당신의 동료들은 이제부터 노틸러스호의 승객입니다."

그는 선원을 불렀고, 그 선원이 네드 랜드와 콩세이유에게 음식을 제공하러 갔다.

"아로낙스 교수님, 우리의 아침 식사도 준비되어 있습니다. 저를 따라오십시오."

"명령에 따르겠습니다, 선장님."

나는 그를 따라 나섰고, 전기 불빛으로 환하게 비추어진 통로를 지나 식당으로 들어갔다. 그곳은 검소하면서도 세련된 인테

리어로 장식되어 있었다. 식탁에는 값비싸 보이는 도자기와 유리 제품들이 빛을 내고 있었다. 방 한가운데에는 화려하게 차려진 식탁이 있었다. 네모 선장은 내가 앉을 자리를 가리키며 말했다.

"앉아서 마음껏 드시지요."

식사는 바다에서 구할 수 있는 재료로 구성되어 있었으며, 그중 일부는 전혀 그 출처를 알 수 없는 생소한 것들이었다. 음식들의 맛은 좋았지만, 특유의 맛이 느껴졌다. 나는 곧 익숙해질 거라고 생각했다. 이 다양한 음식들은 인이 풍부한 것 같았고, 분명 바다에서 채취한 것들이었다. 네모 선장은 내 표정을 읽었는지, 아무런 질문도 하지 않았음에도 내 속마음을 들여다본 것처럼 말했다.

"이 음식들 대부분은 교수님께 새로운 것들일 겁니다. 그러나 두려워하지 마십시오. 이들은 건강에 좋고 영양가가 풍부합니다. 나는 오래전에 육지의 음식을 끊었지만 건강에는 아무런 문제가 없습니다. 나의 선원들도 내가 먹는 것을 함께 먹으며 건강하고 강합니다."

"그렇다면" 내가 물었다.

"이 모든 음식이 바다의 산물입니까?"

"네, 교수님, 바다는 내 모든 필요를 충족시켜줍니다. 때때로 나는 배 뒤쪽에 그물을 던져 물고기를 건져 올리고, 때로는 이 바다 속에서 사냥을 하며 나의 바다 숲에서 사냥감을 잡습니다.

옛날 프로테우스[14]의 양 떼처럼, 나의 양 떼도 이 거대한 바다 초원에서 두려움 없이 풀을 뜯고 있습니다. 그곳은 내가 소유한 광대한 소유지로 내가 수확하며, 창조주의 손길에 의해 영원히 씨가 뿌려집니다."

나는 확실히 놀라운 눈빛으로 네모 선장을 바라보며 말했다.

"선장님, 그물로 좋은 물고기를 잡는 다는 말은 이해하지만, 바다 숲에서 고기를 사냥한다는 것은 이해가 잘 안 됩니다. 게다가 붉은 살코기가 나오는 것은 더욱 이해가 되지 않습니다."

"교수님" 네모 선장은 말했다.

"저는 육지의 동물 고기는 절대 먹지 않습니다."

"그렇지만, 이것은……." 나는 남아 있는 고기 조각이 놓인 접시를 가리키며 말했다.

"교수님이 붉은 고기로 생각하는 것은 바다거북의 고기입니다. 그리고 여기 있는 것은 돼지고기처럼 보이지만 돌고래 간입니다. 제 요리사는 바다에서 얻은 재료를 보존하고 절임하는 데 능숙합니다. 이곳에 있는 음식들을 자유롭게 드셔보십시오. 여기에 있는 해삼 절임은 세계 최고의 맛을 자랑하고, 여기 있는 크림은 고래의 젖에서 얻은 것이며, 설탕은 북해의 큰 해조류에

14) 프로테우스는 그리스 신화에서 바다의 노인이라 불리는 신이며, 다양한 모습으로 변신하는 능력을 가진 예언자다. 그는 바다의 생명체를 돌보는 목자로 묘사되며, 바다의 변덕스러운 성질을 상징한다. 그의 이름은 종종 변화무쌍한 성질을 뜻하는 비유적 표현으로 쓰인다.

서 추출한 것입니다. 마지막으로, 이 바다 말미잘 잼은 과일 잼과 견줄 만한 맛을 자랑합니다."

나는 호기심을 안고 음식을 맛보았다. 네모 선장은 나에게 이 모든 놀라운 이야기들을 들려주었다.

"그러나 이 바다는, 아로낙스 교수님" 그가 말했다.

"내게 단지 음식만을 제공하는 것이 아닙니다. 이 바다는 나를 입히기도 합니다. 교수님이 입고 계신 천은 바다 조개의 실로 짠 것이고, 이 보라색 색상은 고대의 방법처럼 자주색 달팽이로 물들였습니다. 또한, 교수님의 세면대에 있는 향수는 해양식물에서 얻은 것입니다. 이곳의 모든 것이 바다에서 옵니다. 언젠가 모든 것이 다시 바다로 돌아갈 것입니다."

"선장님은 바다를 사랑하시는군요."

"그렇습니다. 저는 바다를 사랑합니다. 바다는 모든 것입니다. 바다는 지구의 7할을 덮고 있으며, 깨끗하고 건강한 숨결을 가지고 있습니다. 바다는 인간이 고독하지 않은 광대한 야생의 공간입니다. 이곳에서 자유를 느끼고, 세상의 속박으로부터 벗어날 수 있습니다."

네모 선장은 갑자기 침묵했다. 그의 열정적인 감정이 복받쳐 오르는 듯 보였다. 그는 흥분된 상태로 서성거리더니 이내 마음이 진정 되었는지 나서 나를 보며 말했다.

"자, 교수님" 그가 말했다.

"노틸러스호를 둘러보실 준비가 되셨다면 안내하겠습니다."

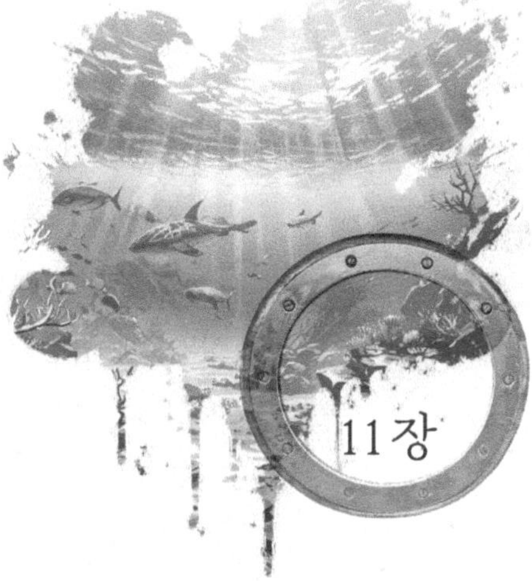

11장

노틸러스호

네모 선장이 자리에서 일어섰고, 나는 그를 따라갔다. 식당 뒤편의 이중문이 열리며 나는 이전 방과 같은 크기의 방으로 들어섰다.

그곳은 도서관이었다. 검은 장미나무 책장이 구리 장식과 함께 높이 세워져 있고, 넓은 선반에는 균일하게 제본된 책들이 가득 꽂혀 있었다. 가구들은 방의 윤곽을 따라 배치되어 있으며, 하단에는 적갈색 가죽으로 된 커다란 소파가 있어 최대한의 편안함을 제공하고 있었다. 가볍게 이동할 수 있는 독서대는 원하는 대로 밀거나 당겨서 책을 올려놓기 좋았다. 방 중앙에는 각종 소책자로 덮인 커다란 테이블이 자리 잡고 있었고, 오래된 신문도 일부 보였다. 전기 조명이 방 전체를 밝히며 천장 장식에 달린 네 개의 반투명한 반구 조명에서 부드럽게 빛이 퍼져나갔다. 나는 너무나 세련된 이 방의 모습에 놀라움을 금치 못했다.

"네모 선장님" 나는 소파에 깊숙하게 앉은 선장에게 말했다.

"이 도서관은 대륙의 왕궁에 비견할 수 있을 만큼 훌륭합니다. 이런 훌륭한 도서관을 깊은 바다에서도 누릴 수 있다는 생각에 정말로 놀랍습니다."

"이보다 더 고요하고 고독한 곳이 어디에 있을까요. 교수님?" 네모 선장이 대답했다.

"박물관의 연구실에서 이런 안식처를 찾을 수 있었나요?"

"아니요, 선장님. 그리고 감히 말하건대 이곳에 비하면 파리의 연구실은 정말 소박한 곳입니다. 이곳에는 6,000권 혹은 7,000권의 책이 있나요?"

"12,000권입니다. 아로낙스 교수님. 이것들은 나와 육지 사이에 남은 유일한 연결고리입니다. 하지만 저는 제 노틸러스호가 처음 물속으로 잠긴 날, 육지와의 인연을 끊었습니다. 그날이 내 마지막 책, 마지막 팸플릿, 마지막 신문을 구입한 날이었고, 그 후로는 인류가 더 이상 생각하거나 글을 쓰지 않는다고 믿기로 했습니다. 어쨌든 교수님, 이 책들은 당신의 마음껏 사용하실 수 있습니다."

나는 네모 선장에게 감사 인사를 전하며 책장 쪽으로 다가갔다. 모든 언어로 된 책들이 과학, 윤리, 문학에 이르기까지 풍부하게 소장되어 있었다. 하지만 경제학 책은 단 한 권도 보이지 않았다. 이는 이 배에서 엄격히 금지된 것으로 보였다. 하나 특이한 점은 모든 책이 언어에 상관없이 뒤섞여 있었다는 점으로 보아 이는 네모 선장이 어떤 책이든 쉽게 읽을 수 있는 능력이 있음을 증명했다.

이 책들 사이에는 현대와 고대를 아우르는 인류의 위대한 작품들이 있었다. 즉, 역사의 호메로스에서 빅토르 위고, 크세노폰에서 미슐레, 라블레에서 조르주 상드까지, 역사, 시, 소설, 과학의 모든 위대한 작품들이 담겨 있었다. 그중에서 특히 과학 분야가 이 도서관의 주요 부분을 차지하고 있었다. 역학, 탄도학, 수로학, 기상학, 지리학, 지질학에 관한 책들은 자연사와 더불어 중요한 위치를 차지하고 있었으며, 이것들이 선장이 가장 많이 읽는 책임을 알 수 있었다. 나는 험볼트 전집, 아라고 전집, 푸코, 생클레르 드빌, 샬르, 밀네-에드워즈, 콰트레파주, 존 틴들, 패러데이, 베르틀로, 피에트로 세키 신부, 페터만, 모리 선장, 루이 아가시즈 등의 작품을 보았다. 또한 프랑스 과학 아카데미의 논문집과 여러 지리학회에서 나온 학회지를 포함해 내가 네모 선장으로부터 이런 관대한 환영을 받을 수 있게 해주었을지도 모르는 내 책 심연의 미스터리도 두 권 있었다. 책 중에는 조제프 베르트랑의 책 《천문학의 창시자들》도 이곳에 있었는데, 1865년에 출판되었다는 점을 알게 되자 노틸러스의 준비가 그 이후에 이루어졌음을 알고 있던 나는 노틸러스호가 그 이후에 진수되었음을 추측 할 수 있었다.

따라서 네모 선장의 해저 생활은 3년 전에 시작됐을 것이다. 더 최근의 책들이 있었다면 날짜를 더 정확히 파악할 수 있었겠지만, 앞으로 탐색할 시간은 충분하므로 나는 노틸러스호의 탐험을 미루지 않기로 했다.

"선장님" 나는 그에게 말했다.

"이 도서관을 허락해 주셔서 감사합니다. 여기에는 과학의 보물들이 가득하군요. 잘 활용하도록 하겠습니다."

"이 방은 단순히 도서관만이 아닙니다." 네모 선장이 말했다.

"흡연실이기도 하지요."

"흡연실이라고요?" 나는 놀라며 말했다.

"그럼 이 배에서 흡연이 가능하다는 말씀이십니까?"

"물론이지요."

"그렇다면, 선장님. 당신이 하바나(쿠바의 수도)와 관계를 유지하고 있다고 믿을 수밖에 없군요."

"전혀 아닙니다." 네모 선장이 대답했다.

"이 시가를 한 번 피워 보세요. 아로낙스 교수님. 비록 하바나산은 아니지만, 미식가라면 만족하실 겁니다."

그가 건네준 시가는 쿠바산과 유사한 형태였으나 금박으로 만들어진 것 같았다. 나는 우아한 청동 받침에 있는 작은 화로에 불을 붙이고 며칠 만에 처음으로 연기를 깊이 들이마시며 즐겼다.

"훌륭합니다." 내가 말했다.

"하지만 이것은 담배잎이 아니군요."

"맞습니다." 선장이 대답했다.

"이 담배는 하바나산도 동양산도 아닙니다. 바다에서 얻을 수 있는 니코틴이 풍부한 해초로 만든 것이지요. 아직도 쿠바산 담배가 그리우십니까? 교수님"

"선장님, 오늘부터 그들을 잊기로 했습니다."

"그럼 그 출처에 대해 고민할 필요 없이 언제든지 이 시가를 피우세요. 정부의 승인 도장은 없지만, 그 점이 오히려 더 좋을지도 모르겠군요."

"그렇습니다."

바로 그때 네모 선장은 도서관에서 나와 마주 보고 있던 문을 열었고, 나는 거대한 조명이 비추는 휴게실로 들어섰다.

이곳은 한 변이 10미터, 너비가 6미터, 높이가 5미터인 사각형 방이었다. 섬세한 아라베스크 문양으로 장식된 천장에서 은은하고 맑은 빛이 비추며 이 박물관에 모인 모든 경이로움을 부드럽게 감쌌다. 약 서른 점의 그림들이 균일하게 액자에 담겨있고, 절제된 디자인의 태피스트리가 걸린 벽을 장식하고 있었다. 그곳에는 내가 유럽 컬렉션과 미술 전시회에서 경탄하며 보았던 것과 같은 최고 가치를 지닌 걸작들이 전시되어 있었다. 라파엘로의 마돈나, 레오나르도 다 빈치의 성모 마리아, 코레조의 님프, 티치아노의 여성상, 베로네세의 동방박사의 경배, 무리요의 성모 승천, 홀바인의 초상화, 벨라스케스의 수도사, 리베라의 순교자, 루벤스의 마을 축제, 테니에르의 두 점의 플랑드르 풍경, 제라르 다우, 메추, 폴 포터의 세 개의 소형 장르 회화, 제리코와 프뤼동의 두 작품, 백크호위즌과 베르네의 바다 풍경으로 대표되었다.

현대 미술 작품으로는 들라크루아, 앵그르, 드캉, 트로용, 메소니에, 도비니 등의 서명이 된 그림들이 있었으며, 고대의 최고의 작품을 모델로 한 작은 대리석 및 청동 조각상들이 이 장엄한 박물관의 구석구석에 위치한 받침대 위에 서 있었다. 노틸러스호의 선장이 예고했던 것처럼, 나는 이미 정신을 차릴 수 없는 지경에 다다랐다.

“교수님” 이 이상한 남자가 계속해서 말했다.

“비공식적인 환대와 이 혼란스러운 휴게실을 용서하시길 바랍니다.”

“선장님이 어떤 분이신지는 모르겠지만, 제가 그냥 예술가라고 추측해도 될까요?”

“저는 그저 수집가일 뿐입니다. 교수님, 저는 과거에 사람의 손으로 창조된 아름다운 작품들을 수집하는 것을 좋아했습니다. 나는 그것들을 열망하며 끊임없이 찾아 다녔고, 귀중한 물건들을 모을 수 있었습니다. 하지만 이제 그것들은 죽은 해안의 추억들일 뿐입니다. 내 눈에는 현대 예술가들조차 고대 예술가들만큼 오래되었습니다. 그들은 2,000년 혹은 3,000년 전부터 존재해 왔으며, 내 마음 속에서 그들은 시대와 상관없이 모두 뒤섞여 있을 뿐입니다. 거장들은 시간을 초월합니다.”

“이 음악가들은 어떻습니까?” 내가 물었다.

휴게실의 한쪽 벽면을 차지한 대형 피아노 위에 흩어져 있는 베버, 로시니, 모차르트, 베토벤, 하이든, 마이어베어, 에롤드, 바그너, 오베르, 구노, 빅터 마세 등의 악보를 가리키며 말했다.

"이 작곡가들은" 네모 선장이 대답했다.

"오르페우스와 동시대 사람들입니다. 죽은 자들에게 연대는 의미가 없습니다. 모든 시간적 차이가 사라지기 때문입니다. 그리고 나는 죽었습니다. 마치 땅속 깊이 묻혀있는 당신의 친구들처럼 말입니다."

네모 선장은 침묵했고, 생각에 잠긴 듯했다. 나는 강한 흥분으로 그를 바라보며 그의 기묘한 표정을 조용히 분석했다. 귀중한 모자이크 테이블 모서리에 팔꿈치를 기대고 서있는 그는 더 이상 나를 보지 않고 내 존재조차 잊어버린 듯했다.

나는 그의 명상을 방해하지 않고 호기심 가득한 눈으로 방안의 수집품들을 계속 둘러보았다.

예술 작품들 뒤로, 자연의 희귀한 수집품들이 있었다. 그들은 주로 식물, 조개 등으로 네모 선장이 바다에서 직접 발견한 전시물들이 분명했다. 휴게실 한가운데서 전기 불빛으로 밝힌 물줄기가 하나의 거대한 조개로 된 분수대로 떨어지고 있었다. 연체동물 계열에서 가장 큰 종이 만들어낸 하나의 조개껍질 받침은 그 둘레가 무려 6미터나 됐다. 따라서 그것은 베네치아 공화국이 프랑스와 1세에게 선물했던 거대한 조개보다 더 크며, 파리의 생 쉴피스 교회의 거대한 성수대로 만든 조개들보다도 더 컸다.

이 분수대 주변에는 구리 틀로 고정시킨 우아한 유리 상자 안에 자연주의자의 눈을 사로잡을 만한 가장 귀중한 해양 전시품들이 분류되어 라벨이 붙어 있었다. 자연사 교수로서 내 기쁨이 얼마나 컸을지 쉽게 상상될 수 있을 것이다.

강장동물의 분류에는 폴립과 극피동물이라는 두 개의 그룹이 있다. 첫 번째 그룹에는 오르간 파이프 산호, 부채 모양으로 배열된 고르고니아 산호, 시리아의 부드러운 해면, 몰루카 제도의 이시스 산호, 바다 깃펜 산호, 노르웨이에서 온 비르굴라리아 속의 놀라운 산호, 옴벨룰라리아 속의 다양한 산호, 알키오나리안 산호, 그리고 플라벨리나 속의 놀라운 종을 비롯해, 모래에서 섬들을 형성하는 마드레포라 종들이 나열되어 있었다.

조개학자라면 아마도 다른 유리 상자들 앞에서 기절했을 것이다. 그 상자들에는 연체동물류 표본들이 분류되어 있었다. 거기서 나는 시간적으로도 도저히 묘사할 수 없고, 헤아릴 수 없는 가치를 지닌 수집품을 보았다. 진심으로 탐내지 않을 수 없는 것들로 수집가들이 보았다면 무슨 수를 써서라도 손에 넣고 싶은 것들이었다. 기록을 위해 언급하자면, 인도양의 우아한 왕, 해머쉘로 붉은 갈색 바탕에 고르게 흩어진 흰색 점이 뚜렷하게 돋보이는 조개이다. 유럽의 박물관에서는 매우 보기 드문 밝은색의 가시가 돋친 황제 가시 굴로, 나는 그 가치를 약 2만 프랑으로 추정했다. 흔하지 않은 일반 해머쉘은 퀸즐랜드 근처 바다에서 온 것인데 매우 얻기 어렵다. 세네갈의 이국적인 굴로, 비누 거품처럼 쉽게 부서지는 연약한 흰색 이매패류의 조개와 자바에서 온 여러 종류의 물 주전자 모양의 조개는 잎 모양의 주름이 달린 석회석 튜브로 되어 있으며 수집가들 사이에서 매우 인기가 높다. 미국 해역에서 잡힌 녹황색 바탕의 탑 모양의 조개와 퀸즐랜드 해역을 주로 다니는 적갈색 조개 등 모든 종류가 있었다. 또 멕시코만에서 온 조개로 껍질이 겹쳐 있는 것이 특징이며, 남쪽의 최남단 해역에서 발견된 햇빛을 닮은 조개들이 포함되어 있다. 뉴질랜드에서 온 보기 드문 뾰족한 별 조개도 있었다. 훌륭한 후추 조개, 몇 가지 가치 있는 시테라 조개와 비너스 조개, 인도 동해안의 트랑퀘바르에서 온 격자문 오수 엉겅퀴, 자개가 빛나는 대리석 터번 조개, 중국 해역에서 온 녹색 앵무조개 등이 있다. 인도와 아프리카에서 화폐로 사용되는 모든 종류의 카우리, 동인도에서 '바다의 영광'이라 불리는 가장 귀중한 조개도 포함되어 있다. 결국 민물고둥, 델피눌라 고둥, 나선형 고둥, 보라색 고둥, 유럽산 카우리, 볼류트 조개, 올리브 조개, 미터 쉘, 투구 조개, 뮤렉스 고둥, 웰크 고둥, 하프 쉘, 뾰족한 고둥, 트리톤 고둥, 뿔 조개, 방추형 조개, 큰 소라, 거미 조개, 삿갓 조개, 유리 고둥, 바다 나비 등 자연 과학자들이 가장 아름다운 이름으로 명명한 모든 종류의 섬세하고 연약한 바다조개들이 있었다.

옆쪽과 특별 구역에는 최상급 진주들이 줄지어 펼쳐져 있으며, 전기 조명이 반사되어 불꽃같이 작은 불빛들이 반짝이고 있다. 홍해의 염수 팬 쉘에서 가져온 분홍색 진주; 무지개 전복에서 나오는 녹색 진주, 노란색, 파란색, 검은색 진주 등 여러 가지 희귀한 조개에서 나온 것으로 모든 조개가 소중한 표본들이다. 이들 중 몇몇 진주는 비둘기 알보다 크며, 탐험가 타베르니에가 페르시아 샤에게 300만 프랑에 팔았던 진주와 견줄 수 있었고, 무스카트의 이맘이 소유한 세계 최고라 여겨지던 진주를 능가했다. 결국 나는 이 수집품의 가치를 계산하는 것은 불가능하다는 것을 느꼈고, 네모 선장은 이 다양한 표본을 수집하는데 수백만 프랑을 지불했을 것이며, 그의 수집 취향을 충족시키기 위해 어떤 재원을 동원했는지 궁금해 하고 있었다. 이런 내 생각을 읽기라도 했는지 네모 선장이 다가와 말을 걸었다.

"교수님, 제 조개들을 살펴보고 계셨나요? 사실 그들은 자연학자들에게 매혹적인 것이 맞습니다. 하지만 저에게는 더 큰 의미가 있는 것들이지요. 모두 제가 직접 채취한 것들이니까요. 저는 두 손으로 모든 조개를 수집했으며, 전 세계 어느 바다도 제가 가보지 않은 곳은 없습니다."

"선장님, 이 엄청난 부 속에서 산책하며 느끼는 기쁨을 이해합니다. 선장님은 직접 보물을 모으는 분이시군요. 유럽의 어떤 박물관도 이런 수집품을 소장하지 못했을 것입니다. 그러나 이 모든 것에 제 놀라움을 다 쏟아버리면, 이 보물을 실어 나르는 배를 위한 감탄이 남지 않을 것입니다! 선장님의 비밀을 파헤칠 생각은 전혀 없지만, 이 노틸러스호와 그 안에 담긴 동력, 그것

을 움직이게 하는 초 강력한 힘에 대한 호기심을 더 이상 참을 수 없군요. 거실 벽에 걸려 있는 기구들 중 제가 그 용도를 모르는 것들이 몇 가지 보입니다. 알려주실 수 있겠습니까?"

"아로낙스 교수님" 네모 선장이 대답했다.

"저는 교수님께 이 배에서는 자유로울 거라고 말씀드렸습니다. 그러니 노틸러스호의 어느 곳이라도 출입 하실 수 있습니다. 마음껏 구석구석 둘러보셔도 되며 제가 안내할 수 있어 기쁩니다."

"정말 감사드립니다. 선장님. 하지만 선장님의 호의를 남용하지 않겠습니다. 다만, 저 물리 측정 기구들이 어떤 용도로 사용되는지 여쭙고 싶습니다."

"교수님, 이 기구들은 제 선실에도 있으며, 그 기능은 기꺼이 설명해 드릴 수 있습니다. 하지만 먼저 교수님께 마련된 방을 보여드리겠습니다. 노틸러스호에서 어떻게 지내실지 확인을 하셔야지 않을까요?"

네모 선장은 거실 구석에 설치된 문을 통해 복도를 지나 나를 이끌고 선미 쪽으로 이동했다. 그곳에서 나는 단순한 객실이 아닌, 침대와 세면대 및 다양한 가구가 갖춰진 우아한 선실을 발견했다. 나는 호스트에게 감사를 표할 수밖에 없었다.

"교수님의 선실은 제 방과 인접해 있으며, 제 방은 우리가 막 떠나온 휴게실로 이어져 있습니다."

그는 문을 열며 말했다. 나는 그를 따라 선장실로 들어갔다.

그 방은 엄격했으며 수도원의 방처럼 소박한 모습을 하고 있었다. 철제 침대, 작업대, 세면대 기구들, 은은한 조명, 사치스러운 물건은 전혀 없이 필요한 것들만 있었다. 네모 선장은 나를 의자로 안내했다.

"앉으시지요," 그가 말했다.

내가 자리에 앉자 그는 말을 이어갔다.

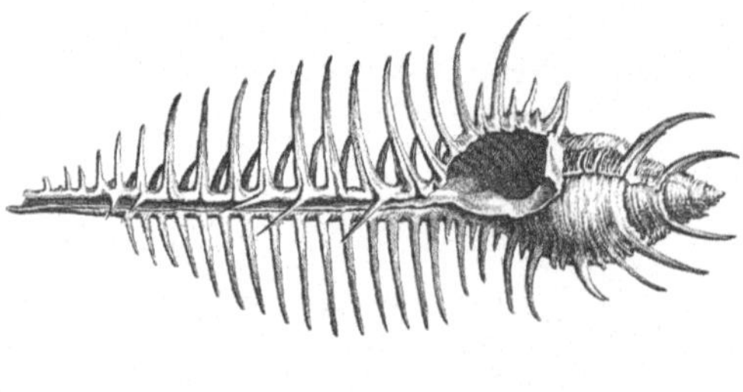

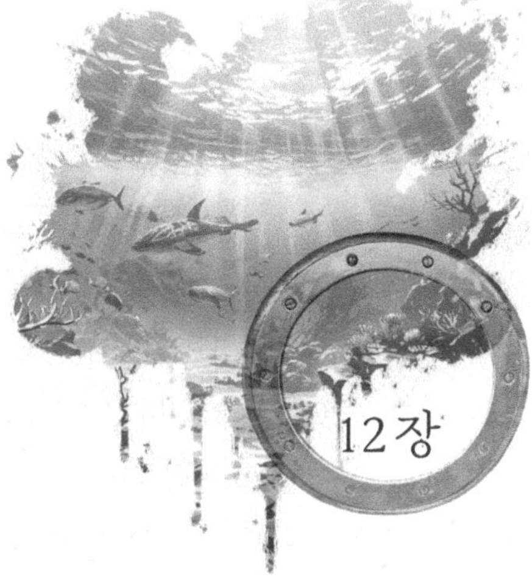

12장

모든 것이 전기의 힘

"교수님" 네모 선장은 그의 선실 벽에 걸린 기구들을 가리키며 말했다.

"이것들은 노틸러스호를 항해하는데 필요한 기기들입니다. 이곳에서, 그리고 거실에서도 언제든지 볼 수 있도록 항상 제 눈앞에 두고 있습니다. 이 기기들은 바다 한가운데서 제 위치와 정확한 방향을 알려줍니다. 교수님께서 익숙한 기기들도 있지요. 이것은, 노틸러스호의 내부 온도를 알려주는 온도계, 외부 공기의 무게를 측정해 날씨 변화를 예측하는 기압계, 대기의 건조 정도를 나타내는 습도계, 폭풍의 도래를 예견하기 위해 혼합물이 분해되는 폭풍 유리, 나침반, 태양의 고도를 측정해 위도를 알려주는 육분의, 경도를 계산할 수 있게 해주는 크로노미터, 그리고 노틸러스호가 수면 위로 떠오르면 지평선의 모든 지점을 관찰할 수 있게 하는 주야 망원경들이 있습니다."

"이것들은 일반적인 항해 기구들이군요." 내가 대답했다.

"그 용도는 잘 알고 있습니다. 하지만 분명 이 밖에 노틸러스호를 위한 고유한 기구들도 있겠지요. 저기 바늘이 움직이는 저 다이얼은 압력계 아닌가요?"

"맞습니다. 압력계입니다. 물과 접촉해 외부의 압력을 측정해 우리 선체에 가해지는 압력을 알려줍니다. 이는 제 잠수함이 위치한 깊이를 의미합니다."

"그리고 저것들은 새로운 종류의 측심선인가요?"

"그렇습니다. 이것들은 각 수층의 온도를 알려주는 열 측정 측심선입니다."

"그럼 제가 알지 못하는 저 다른 기구들은 어떤 용도로 쓰이는 건가요?"

"이것들을 설명하려면 노틸러스호의 배경지식을 좀 말씀드려야겠군요." 네모 선장이 말했다.

"잠시 귀 기울여 주세요." 그는 잠시 말을 멈췄다가 다시 입을 열었다.

"이 배 안에서는 빠르고 쉽게 사용할 수 있는 강력하고 순종적이며 민첩한 힘이 있습니다. 모든 것을 수행하는 힘이지요. 저를 비추고 따뜻하게 하며, 이 배의 기계 장치에 생명을 불어넣는 이 힘은 바로 전기입니다."

"전기요!" 내가 놀라움에 탄성을 내질렀다.

"그렇습니다."

“하지만 선장님, 전기는 한정된 동력만을 낼 수 있는 것으로 알고 있습니다. 지금까지의 전기는 그리 큰 힘을 내지 못하는데요!”

“교수님” 네모 선장은 대답했다.

“저의 전기는 흔히 알려진 전기가 아닙니다. 이 정도로 말씀드리고 넘어가겠습니다.”

“강요하지 않겠습니다. 선장님. 그저 결과에 놀라워할 뿐입니다. 하지만 질문을 하나 드리고 싶습니다. 무례하다고 생각하시면 대답하지 않으셔도 됩니다. 이 놀라운 힘을 발생시키는 전지들은 아마 금방 소모될 것입니다. 예를 들어, 아연 성분 같은 경우는 어떻게 보충하시는지요? 육지를 떠난 상태에서 이를 어떻게 교체하시는지 궁금합니다.”

“그 질문은 대답할 가치가 있군요.” 네모 선장이 대답했다.

“먼저 말씀드리자면, 바다 밑에는 아연, 철, 은, 금이 매장된 광맥이 있어 이를 채굴하는 것도 가능합니다. 하지만 저는 육지에 의존하지 않고, 오직 바다 자체로부터 전기의 원천을 구하고자 했습니다.”

“바다 자체라니요?”

“네, 교수님. 바다에는 전기를 얻을 수 있는 충분한 자원이 존재합니다. 두 개의 전선을 서로 다른 깊이에 잠기도록 회로를 구성하면, 그 깊이의 온도 차를 통해 전기를 얻을 수 있습니다. 그러나 저는 좀 더 실용적인 방법을 택했습니다.”

"그 방법은 무엇인가요?"

"교수님께서 바닷물의 성분을 아실 겁니다. 1,000그램 중 96.5%는 물이고, 약 2.66%는 염화나트륨입니다. 그 외에도 염화마그네슘, 염화칼륨, 황산마그네슘, 황산칼슘, 탄산칼슘 등이 소량 포함되어 있습니다. 여기서 나트륨이 상당한 비율로 포함되어 있다는 것을 알 수 있습니다. 저는 이 바닷물에서 나트륨을 추출해 전지를 구성합니다."

"나트륨을요?"

"네, 그렇습니다. 수은과 혼합하여 아말감[15]을 만들면, 분젠 전지[16]에서 아연을 대체할 수 있습니다. 수은은 소모되지 않고, 오직 나트륨만이 소모됩니다. 그리고 나트륨은 바다에서 제가 얻을 수 있지요. 나아가, 나트륨 전지는 더 높은 전기적 에너지를 발생시키며, 전기모터의 힘도 아연 전지의 두 배에 이릅니다."

"선장님, 당신의 상황에서는 나트륨이 탁월한 선택이라는 점

15) "아말감"은 두 가지 이상의 금속을 혼합하여 만든 합금을 뜻. 특히 수은과 다른 금속을 섞어 만든 것이 일반적이며, 수은이 다른 금속에 결합하여 유동성 있는 물질로 변하게 된다. 이 아말감은 다양한 분야에서 사용되며, 치과에서는 이를로 흔히 사용되고, 네모 선장처럼 전기 생성 장치에서도 쓰일 수 있다.

16) 분젠 전지는 독일의 화학자 로버트 분젠(Robert Bunsen)이 개발한 전기화학 전지다. 이 전지는 아연과 탄소를 전극으로 사용하며, 전해질로 묽은 황산과 질산을 사용해 전기를 생산. 분젠 전지는 아연이 산화되고 질산이 환원되는 과정을 통해 전기를 생성한다. 19세기 중반에는 실험실이나 전기 기기를 작동을 위해 널리 사용되었으며, 다른 전지에 비해 높은 전압을 안정적으로 유지하는 장점이 있다.

을 잘 이해합니다. 바다에 나트륨이 풍부하니까요. 그러나 나트륨을 생산해야 하지 않습니까? 이를 추출하는 과정에서 오히려 소비량이 더 클 텐데, 그것은 어떻게 해결하십니까?"

"교수님, 저는 전지로 나트륨을 추출하지 않습니다. 아주 간단히, 지구에서 나온 석탄의 열을 이용합니다."

"지구에서 나온 석탄이요?" 내가 놀라서 물었다.

"바다 밑에서 채굴한 석탄이라고 해도 좋습니다." 네모 선장이 답했다.

"해저에서 그 석탄을 채굴하실 수 있습니까?"

"아로낙스 교수님, 잠시 인내해 주시길 바랍니다. 충분한 시간을 두고 직접 그 광경을 보실 수 있을 것입니다. 제가 드릴 말씀은 이것뿐입니다. 모든 것을 바다에 의존하고 있습니다. 바다가 전기를 생성하고, 그 전기가 노틸러스호에 열과 빛, 움직임, 그리고 생명까지도 불어넣습니다."

"하지만, 숨 쉬는 공기만큼은 다르겠지요?"

"배에서 필요한 공기를 만들 수도 있습니다만, 언제든 바다 표면으로 올라갈 수 있기 때문에 굳이 그렇게 하지 않습니다. 그러나 전기가 비록 호흡할 공기를 제공하지 않더라도, 강력한 펌프를 작동시켜 압축된 공기를 특별한 탱크에 저장할 수 있습니다. 이는 필요할 때 제가 바다 깊은 곳에서 오래 머물 수 있게 해줍니다."

"선장님" 내가 말했다.

"저는 그저 경이로울 따름입니다. 인류가 언젠가 찾게 될 진정한 전기의 동력원을 선장님은 이미 발견하신 듯합니다."

"인류가 찾을지는 확신할 수 없습니다." 네모 선장이 차갑게 대답했다.

"어찌 됐든, 교수님께서는 제가 이 귀중한 에너지를 어떻게 사용하는지 첫 번째 용도를 이미 보셨습니다. 그것은 우리를 비추며, 태양 빛마저도 가질 수 없는 균일성과 지속성을 제공합니다. 저 시계를 보십시오. 그것도 전기로 작동하며, 최고의 크로노미터[17)]에 견줄 만큼 정확합니다. 저는 그것을 이탈리아 시계처럼 24시간으로 나누어 놓았습니다. 제게는 낮도 밤도, 태양도 달도 없고, 바다 속 깊은 곳에서 수입한 인공적인 빛만 있을 뿐이니까요. 지금은 오전 10시입니다."

"완벽하군요."

"전기의 또 다른 용도는 더 있습니다. 우리 눈앞에 걸린 저 계기판이 노틸러스호의 속도를 알려줍니다. 전선이 특허 속도계와 연결되어 이 바늘이 잠수함의 실제 속도를 보여줍니다. 지금 속도는 시속 15마일의 중간 속도로 항해 중입니다."

"놀랍습니다." 내가 대답했다.

"선장님이 바람, 물, 증기 대신 이 힘을 사용하는 것이 당연해

17) 크로노미터는 항해 중 정확한 경도 측정을 위해 고안된 정밀 시계이다. 배의 위치를 계산하는 데 사용되며, 특히 천문 관측과 결합해 위치를 파악하는 데 필수적이다. 온도와 습도의 변화에도 높은 정확성을 유지하도록 설계된 항해용 시계이다.

보입니다."

"그러나 그것만이 전부는 아닙니다. 아로낙스 교수님." 네모 선장이 자리에서 일어나며 말했다.

"괜찮으시다면 저와 함께 노틸러스호의 후미를 살펴보시죠."

사실 나는 이미 이 수중 보트의 전방부에 대해 어느 정도 알고 있었다. 이곳 각 구획의 정확한 치수를 설명을 하자면, 중앙에서 앞쪽으로 나아가며 식당은 5m 길이로 도서관과 방수 격벽으로 분리되어 있어 바닷물이 침투할 수 없다. 도서관은 5m 길이, 메인 휴게실은 10m 길이로 선장의 개인실과 두 번째 방수 격벽으로 분리되어 있다. 선장실은 5m 길이, 내 방은 2.5m 길이, 공기 탱크는 7.5m 길이로 선미까지 이어진다. 전체 길이는 35m이다. 방수 격벽에는 고무 밀폐 장치가 있는 문이 달려 있어 노틸러스호의 어느 구획에 누수가 생겨도 완벽한 안전을 보장해준다. 나는 네모 선장을 따라 이동이 편리한 통로를 내려가 중앙부에 도착했다. 거기서 나는 위쪽으로 향하는 샤프트와 벽에 고정된 철제 사다리를 발견했다. 나는 이 사다리가 무엇을 위한 것인지 물었다. "이 사다리는 보트로 올라가는 길입니다." 선장이 대답했다.

"뭐라고요? 보트가 있습니까?" 나는 놀라서 되물었다.

"물론입니다. 가볍고 물에 가라앉지 않는 훌륭한 작은 배입니다. 탐험이나 낚시 여행에 사용합니다."

"하지만 출발할 때는 해수면 위로 올라가야 하지 않나요?"

"아니죠. 이 보트는 노틸러스호 선체의 상단에 부착되어 있으며, 특별히 설계된 공간에 자리 잡고 있습니다. 완전히 덮여 있고, 물이 들어올 틈이 없는 밀폐형이며, 볼트로 단단히 고정되어 있습니다. 이 사다리는 노틸러스호의 선체에 있는 작은 구멍과 보트 측면의 구멍을 연결해 줍니다. 나는 이 두 개의 구멍을 통해 보트에 들어갑니다. 선원들이 노틸러스호의 출구를 닫고, 나는 보트의 출구를 나사로 고정해 닫습니다. 보트를 노틸러스호에서 분리하면 빠르게 해수면으로 상승합니다. 그다음 저는 갑판 패널을 열고, 돛을 올리거나 노를 저으며 탐험을 떠납니다."

"그럼 어떻게 배로 돌아오나요?"

"내가 돌아오는 게 아닙니다. 아로낙스 교수님. 노틸러스호가 저에게 돌아옵니다."

"선장의 명령으로요?"

"예, 제 명령으로요. 전기선이 저와 배를 연결해 줍니다. 전보를 발송하면 끝입니다."

"정말, 놀라운 일입니다!" 나는 놀라움과 경이로움에 도취되어 말했다.

플랫폼으로 연결된 계단과 통로를 지났을 때 2미터 길이의 객실이 나타났다. 그곳에서 콩세이유와 네드 랜드가 식사에 만족하며 마지막 조각까지 열심히 먹고 있었다. 그 옆에는 거대한 저장고 사이에 위치한 3미터 길이의 주방이 있었다.

이곳에서는 가스보다도 강력하고 순종적인 전기가 대부분의 요리를 담당했다. 플래티넘 그릴[18]로 전기가 전달되어 완벽한 일관성을 유지하면서 열이 분배되었다. 증발을 통해 훌륭한 음용수를 공급하는 증류장치도 가열되고 있었다. 주방 옆에는 뜨거운 물과 차가운 물이 언제든 공급되는 욕실이 있었다. 주방 다음은 5미터 길이의 선원실이었다. 그러나 문이 닫혀 있어 몇 명의 인원이 노틸러스호를 운영하는지 알 수는 없었다. 끝 쪽에는 선원실과 기관실을 구분하는 네 번째 방수 격벽이 있었고, 나는 선장 네모가 기계 장비를 설치한 구역에 들어섰다.

밝게 빛나는 이 기관실은 적어도 20m 길이였다. 첫 번째 구역은 전기를 생성하는 전지실이었고, 두 번째 구역은 프로펠러로 움직임을 전달하는 장치가 있었다.

이곳은 입구에서부터 특이한 냄새가 감돌고 있었다. 네모 선장은 냄새에 반응하는 나를 알아채고 말했다.

"이건 나트륨 사용으로 인한 가스 방출입니다만, 약간의 불편함일 뿐입니다. 우리는 매일 아침 배 전체를 환기 시키고 있습니다."

나는 이 놀라운 노틸러스호의 엔진을 신중히 관찰하며 매료되었다.

18) 플래티넘 그릴"은 노틸러스호의 조리 과정에서 사용되는 장치로, 전기적 열을 플래티넘 표면에 전달하여 일정하고 균일한 열을 유지하는 조리 용도로 사용된다.

"보십시오." 네모 선장이 말했다.

"저는 룸코르프 전지[19]가 아닌 분젠 전지를 사용하고 있습니다. 분젠 전지는 크고 강력하며, 경험을 통해 그 우수성이 증명되었습니다. 여기서 생성된 전기는 선미로 이동하여 거대한 전자석들이 특수 레버와 기어 시스템을 통해 프로펠러 축에 움직임을 전달합니다. 이 프로펠러는 지름이 6미터이고 피치가 7.5미터이며, 분당 최대 120회 까지 회전할 수 있습니다."

"속도는?" 내가 물었다.

"시속 50마일(80.47km)정도입니다."

그 속도는 수수께끼였다. 하지만 나는 깊이 묻지 않았다. 어떻게 전기가 그렇게 강력한 힘을 낼 수 있는지 궁금했다. 이러한 무한에 가까운 에너지는 어디서 오는 것일까? 새로운 종류의 유도 코일에서 나온 놀라운 전압 때문인지, 아니면 알려지지 않은 레버 시스템으로 전력 전달이 크게 증가된 것인지 알 수 없었다.

"네모 선장님" 내가 말했다.

"저는 노틸러스호를 통해 그 결과에 대해 확인 했습니다. 하지만 자세한 설명을 요청하지는 않겠습니다. 저는 에이브러햄

19) 룸코르프 전지는 하인리히 룸코르프가 개발한 장치로, 낮은 전압의 직류를 높은 전압의 교류로 변환하기 위해 사용된 전지이다. 전기 유도 코일과 함께 작동하여 초기 전구와 방전관 같은 장치를 구동할 수 있었다. 19세기 중반에 발명되어 실험실과 과학 연구에서 중요한 역할을 했다.

링컨호에서 노틸러스호가 달리는 것을 보았고 그 속도 역시 충분히 알고 있습니다. 그러나 단지 빠르게 움직이는 것만으로는 부족합니다. 우리는 방향을 회전해야하고 떠오르거나 수면 아래로 잠수를 하는 방법도 필요합니다. 노틸러스호는 어떻게 큰 압력의 심해를 자유롭게 내려가고 떠오를 수 있는 겁니까? 또한 이 배를 선장님이 원하는 만큼 깊은 곳에서 유지 시킬 수 있는 방법은 무엇입니까? 제 질문이 선장님께 실례가 아니기를 바랍니다."

"전혀 실례가 아닙니다. 교수님." 선장은 약간의 망설임 후에 대답했다.

"왜냐하면 당신은 이 잠수함을 결코 떠날 수 없기 때문입니다. 휴게실로 가시지요. 사실, 이곳은 우리의 작업실이며, 그곳에서 당신은 노틸러스호의 모든 것을 배울 수 있을 것입니다."

잠시 후, 우리는 휴게실의 소파에 앉아 시가를 입에 물고 있었다. 선장은 노틸러스호의 평면도, 단면도, 측면도를 포함한 작업 도면을 내 눈앞에 놓고 설명을 시작했다.

"교수님, 이것이 바로 지금 당신이 타고 있는 배의 도면입니다. 이 배는 길이 70m, 최대 너비 8m의 원통형 구조로, 이미 여러 번 런던에서 배를 만들기 위해 채택되었던 것과 같은 형태입니다. 도면을 보면 간단한 계산을 통해 표면적은 1,011.45㎡(305.96평), 부피는 1,507.2 m3(456.03평방미터)라는 것을 알 수 있으며, 따라서 물속에서 완전히 잠기면 1,500톤의 물을 밀어내게 됩니다. 노틸러스호는 이중 선체 구조로 이루어져 있으며, 이 두 선체 사이에는 T형 철재가 결합되어 최대한의 견고함을 지니고 있습니다. 두 선체는 강철로 제작되었으며, 그 밀도는 물의 7.8배에 달합니다. 첫 번째 선체는 두께가 5센티미터이며, 394.96톤의 무게를 지니고, 두 번째 외부 선체와 그 구성 요소들은 961.52톤으로 합이 1,356.48톤이 됩니다. 이것은 제가 노틸러스호의 수중 항해를 위한 안정성에 꼭 필요한 무게입니다. 노틸러스호는 균형을 위해 물 위에 떠있을 때는 몸채의 10분의 1이 물 위에 떠오르도록 설계되었습니다. 따라서 이 배는 탱크는 하부에 접근하기 쉬운 위치에 설치되어 있으며, 내가 탱크의 스톱콕[20]을 열면 배가 물에 완전히 잠기고 물과 정확히 일치하게 되는 것 입니다."

"좋습니다. 선장님. 하지만 더 깊은 곳으로 잠수할 때 물이 배에 가해지는 압력과 부력은 어떡하시나요? 물의 깊이에 따라 매 30피트(9.144미터)마다 대기압이 증가하여, 1제곱센티미터당 약 1킬로그램의 압력을 받지 않습니까?"

"정확히 그렇습니다."

"교수님" 네모 선장이 대답했다.

"멈추어 있는 물체와 움직임이 있는 물체를 혼동해서는 안

20) 스톱콕(Stopcock)은 관이나 파이프를 통해 흐르는 유체나 기체를 차단하거나 흐름을 조절하는 밸브의 일종이다. 보통 수압, 가스, 또 화학 용액 등의 흐름을 조절하는 데 사용되며, 개폐를 통해 흐름을 완전히 차단하거나 흐름 속도를 조절할 수 있다.

됩니다. 그렇지 않으면 심각한 오류에 빠지게 될 것입니다. 해저의 깊은 곳으로 내려가는 데는 비교적 큰 노력이 필요하지 않습니다. 왜냐하면, 모든 물체는 '침강'하는 경향이 있기 때문이오. 제 설명을 들어보십시오."

"듣고 있습니다."

"노틸러스호가 잠수하기 위해 얼마나 무게를 늘려야 하는지를 결정하기 위해 저는 수심이 깊은 층으로 내려갈수록 소금물의 부피가 비례적으로 감소한다는 것을 알아차리기만 하면 되었습니다."

"물론이지요." 내가 대답했다.

"물은 절대적으로 비압축성이 아닙니다. 물은 아주 적지만 압축성을 지니고 있습니다. 가장 최근의 계산에 따르면, 이 감소는 대기압 하나당, 또는 깊이 30피트마다 단지 0.0000436 정도에 불과하더군요. 이는 1,000미터 아래로 내려가기 위해서는 1,000m의 물기둥에 해당하는 압력에서 발생하는 부피 감소를 고려해야 한다는 말입니다. 이 경우, 감소율은 0.00436이고 그래서 저는 잠수함의 무게를 1,507.2미터톤에서 1,513.77로 늘려야 했으며, 추가된 무게는 단6.57미터톤에 불과했습니다."

"그게 전부인가요?"

"그렇습니다. 아로낙스 교수님. 그리고 이 계산은 쉽게 확인할 수 있습니다. 노틸러스호는 100톤의 물을 보관할 수 있는 보조 탱크가 있어 깊은 곳으로 충분히 내려갈 수 있습니다. 다시 수면으로 올라가고 싶을 때는 그 물을 빼내기만 하면 되는 것이지요."

이 논리와 계산에 나는 이의를 제기할 수 없었다.

"당신의 계산을 받아들이겠습니다. 선장님." 내가 대답했다. "하지만 한 가지 어려움이 남아있는 것 같습니다."

"무엇입니까?"

"1,000미터 깊이에서 노틸러스호의 외판은 100기압의 압력을 받습니다. 이때 보조 탱크의 물을 빼내어 배를 가볍게 하고 수면으로 올라가려면 100기압의 압력을 이겨내야 한다는 말인데, 이는 엄청난 힘을 필요로 하지 않습니까?"

"전기가 그것을 해결해 줄 수 있습니다." 네모 선장이 즉각적으로 대답했다.

"노틸러스호의 펌프는 엄청난 힘을 가지고 있으며, 저는 보조 탱크를 사용하여 평균 1,500~2,000미터 깊이까지만 내려가고 그 이상 깊은 곳에서는 더 많은 시간이 걸리더라도 다른 방법을 사용합니다."

"어떤 방법인가요. 선장님?" 내가 물었다.

"이제 노틸러스호가 어떻게 조종되는지 설명할 때가 되었군요. 수평 방향으로 좌우 회전하려면 선미에 고정된 넓은 방향타를 사용합니다. 하지만 저는 노틸러스호를 수직 방향으로 움직이기 위해 중심에 부착된 유연한 두 개의 지느러미와 같은 날개를 이용합니다. 지느러미가 배와 평행하면 수평으로 이동하고,

기울어지면 기울기 각도에 따라 가라앉거나 떠오를 수 있지요. 또한 스크류를 이용하여 더 빠르게 상승과 잠수를 할 수 있습니다."

"훌륭합니다. 선장님! 하지만 물속에서 조타수는 어떻게 주어진 경로를 따라 항해 할 수 있나요?"

"조타수는 노틸러스호의 선체 윗부분에는 유리로 만들어진 선실이 있습니다. 그곳에는 각종 렌즈가 장착되어 있지요."

"유리가 그런 압력을 견딜 수 있습니까?"

"물론 가능합니다. 크리스털은 충격에는 취약하지만, 압력에는 상당한 저항력을 지니고 있습니다. 1864년에 북해 한가운데에서 전기 빛을 사용한 어획 실험을 통해 우리는 두께가 7mm에 불과한 유리창이 16기압의 압력을 견디고, 강력한 열을 발생시키는 광선을 통과시키는 것을 관찰 하였습니다. 물론, 그 열이 고르게 퍼지지는 것은 아니었습니다. 제가 사용하는 유리는 중앙 두께가 최소 21cm이니, 이 말인즉 그 두께가 30배에 달한다는 뜻이지요."

"알겠습니다. 선장님. 하지만 우리가 보려면 어둠을 몰아낼 빛이 필요할 텐데, 이런 탁한 물속에서 조타수가 어떻게……"

"조타실의 뒤편에는 강력한 조명등이 설치되어 있습니다. 그 조명등의 빛은 바다를 반 마일 거리까지 밝혀 줄 수 있습니다."

"아, 훌륭하군요! 덕분에 이 일각고래라고 불렸던 그 형광의 정체가 무엇인지 알게 되었소! 이에 대해 한 가지 더 묻고 싶은

데, 스코티아 호와의 충돌은 정말 우연이었나요?”

“완전히 우연이었습니다. 교수님. 그때 나는 수면 아래 2m에서 항해 중이었는데 충돌이 발생했고 저는 스코티아호에 심각한 피해가 없는 것을 확인했습니다.”

“그렇군요. 하지만 에이브러햄 링컨호와의 만남은……?”

“교수님, 에이브러햄 링턴호는 저 역시 걱정이 되었습니다. 그 배는 미국 해군에서도 훌륭한 배 중 하나이기 때문입니다. 유감스럽게도 그들은 먼저 나를 공격했고 나는 스스로를 방어할 수밖에 없었습니다. 게다가 저는 강경대응이 아닌 그 프리깃함이 나에게 해를 끼치지 못하게 하는 정도로만 대응했습니다. 링컨호는 가장 가까운 항구에서 수리하는 데 큰 문제가 없을 것입니다.”

“아, 선장님“ 나는 확신에 차서 외쳤다.

“선장님의 노틸러스호는 정말 놀라운 배이군요!”

“네, 그렇습니다.” 네모 선장은 감격스러운 목소리로 대답했다.

“저는 노틸러스호를 마치 제 몸처럼 사랑합니다! 바다의 배 위에서 당신들은 온갖 위험에 노출 되어있습니다. 네덜란드인 얀센이 말했듯이 바다 위에서는 끝없이 아찔한 심연이 느껴지지만 노틸러스호에서는 마음이 든든하지요. 이 배는 이중 선체로 이루어져 있어 강철과 같은 강도를 자랑하며, 로프가 닳아 없어질 걱정도, 바람에 휘말려 날아갈 돛도, 폭발할 보일러도 없고, 나무가 아닌 철판으로 되어 있어 불에 탈 위험도 없습니다. 또, 기계 동력은 전기로 구동되기에 석탄 걱정도 필요 없으며, 깊은 바다 속을 자율적으로 항해하기에 충돌할 위험도 없습니다. 파도 아래의 절대적인 고요 속에 평온을 찾지요. 여기 있습니다, 이상적인 배란 바로 이런 것입니다! 그리고 선박에 대한 신뢰를 지닌 사람이라면 누구나 이 노틸러스호를 믿게 될 것입니다. 왜냐하면, 제가 바로 이 배의 선장이자, 제작자이며, 엔지니어니까요!"

네모 선장은 열정적인 말투로 말했다. 그의 눈에는 불꽃이 타올랐고, 제스처에는 강렬한 감정이 담겨 있었다. 그는 정말로 이 배를 자기 자식처럼 사랑하고 있었다. 하지만 자연스럽게 떠오른 질문을 멈출 수 없었다.

"선장님, 그러면 엔지니어셨군요?"

"그렇습니다. 교수님," 네모 선장이 답했다.

"육지에 살 때 런던, 파리, 뉴욕에서 공부했습니다."

"하지만 이렇게 훌륭한 노틸러스호를 어떻게 비밀리에 건조하셨나요?"

"노틸러스호의 각 부품은 세계 곳곳에서 다른 이름으로 주문하여 받아 모았습니다. 그것은 프랑스 크루조에서 키를 제작하고, 런던의 펜 & 코에서 프로펠러 축을 만들고, 리버풀의 레어드에서 선체 철판을 공급받지요. 각 부품이 완성되었을 때 나는 바다 한복판의 무인도에 작업장을 세워 동료들과 함께 이 배를 완성했습니다. 작업이 끝나자 모든 흔적을 태워 없애버렸지요."

"이 모든 것을 생각해보면, 이 배는 엄청난 비용이 들었겠군요?"

"아로낙스 교수님, 철제 선박은 톤당 1,125프랑이 듭니다. 노틸러스호의 중량이 1,500톤이니 건조비용이 1,687,000프랑, 설비를 포함해 2,000,000프랑, 그리고 예술품과 컬렉션을 포함해 4,000,000에서 5,000,000프랑 정도가 들었습니다."

"마지막 질문입니다. 네모 선장님."

"물어보십시오. 교수님."

"당신은 부유하신가요?"

"어마어마한 부자입니다. 교수님. 저는 프랑스의 100억 프랑 국채도 간단히 갚을 수 있을 정도의 재산을 가지고 있습니다!"

나는 이 신비로운 인물의 말을 듣고 놀라움에 입을 다물지 못했다. 과연 이 사람이 나의 신뢰를 시험하고 있는 것일까? 시간만이 답을 줄 것이다.

13장

검은 해류

지구에서 바다가 차지하는 면적은 38,325,580㎢, 즉 38억 헥타르가 넘는다. 이 방대한 액체 덩어리는 2,250,000,000㎥ 입방마일을 차지하며, 지름이 60리그(1리그=4km)에 이르는 구를 형성할 수 있을 정도로 거대하며 무게는 3경 미터톤에 이른다. 이 숫자의 크기를 이해하려면, 1경은 10억이 1과 같은 비율로 차이나는 수치라는 점을 인지해야 한다. 즉, 경은 10억의 10억 배에 해당하는 셈이다! 이 방대한 양은 지난 4만 년 동안 지구의 모든 강에서 흐른 물의 총량에 거의 맞먹는 양이다.

지질학적으로 불의 시대가 지나 물의 시대가 도래 했다. 처음에는 바다가 모든 곳을 덮고 있었다. 그러다 실루리아기에는 산꼭대기들이 서서히 물 위로 모습을 드러냈고, 섬들이 나타나고 일시적인 홍수 아래 사라지기도 했다가 다시 떠오르며 결국, 대륙으로 융합되어 마침내 오늘날의 지구 지형이 확립되었다.

고체 물질이 액체로부터 약 37,657,000㎢마일, 즉 12,916,000,000hr의 땅을 차지하게 된 것이다.나는 중앙 출입구를 지나 플랫폼을 향해갔다. 금속 계단을 올라가서 열린 해치를 지나 노틸러스호의 상부에 도착했다. 플랫폼은 물결 위로 80센티미터가량 수면 위로 드러나 있었다. 노틸러스호의 선수와 선미는 배가 긴 시가 담배와 비슷한 방추형 외형을 자랑했으며 이 외형 덕분에 노킬러스호는 종종 해양 동물로 오인됐던 것이다. 실제로 보니 그 이유를 이해할 수 있었다. 철판이 겹겹이 쌓여있는 모습은 마치 큰 육상 파충류의 비늘을 보고 있는 듯했다.

플랫폼의 중앙에는 절반쯤 그 모습이 숨겨져 있는 소형 보트가 살짝 보였다. 앞뒤로는 중간 높이의 두 개의 돔이 세워져 있었다. 이들의 측면은 기울어져 있고 군데군데 두꺼운 복면 유리로 둘러싸여 있었다. 한쪽은 노틸러스호를 조종하는 조타수에게 다른 한쪽은 그의 길을 밝히는 강력한 전기등에 사용되었다.

아무것도 보이지 않았다. 암초도 없고, 작은 섬도 없으며, 더 이상 에이브러햄 링컨호도 없었다. 사방은 광활하게 펼쳐진 텅 빈 바다였다. 네모 선장은 육분의를 들어 태양의 고도를 측정했고 이를 통해 자신의 위도를 파악하고자 했다. 그는 태양이 지평선에 닿을 때까지 잠시 기다렸다. 태양을 응시하는 네모 선장은 전혀 움직이지 않았다. 마치 대리석으로 만든 손처럼 도구를 단단히 고정하고 있었다.

"정오입니다." 선장이 말했다.

"교수님, 준비되셨다면 말씀하시지요."

나는 마지막으로 황색빛을 띠는 일본 근처의 바다를 한 번 더 바라본 후 다시 메인 휴게실로 내려갔다.

그곳에서 선장은 자신의 위치를 확인하고 크로노미터를 사용해 경도를 계산했으며, 시간각을 재 측정하여 자신의 이전 관측과 대조했다. 그러고 나서 나에게 말했다.

"아로낙스 교수님, 우리는 서경 137도 15분에 있습니다."

"어느 자오선을 기준으로 한 경도입니까?"

나는 네모 선장의 국적을 유추할 수 있는 답변을 기대하며 재빨리 물었다.

"교수님" 그가 답했다.

"저는 파리, 그리니치, 워싱턴 D.C. 자오선 기준의 크로노미터들을 가지고 있습니다. 하지만 당신을 위해 오늘은 파리 자오선을 기준으로 하겠습니다."

그 답변에서 나는 그에 관한 아무런 정보도 얻을 수 없었다.

나는 가볍게 고개를 숙여 인사를 했고, 선장은 이어 말했다.

"우리는 파리 자오선 기준 서경 137도 15분, 북위 30도 7분에 있으며, 일본 해안에서 약 300마일 떨어진 위치에 있습니다. 오늘 11월 8일 정오를 기해, 우리는 해저 탐험을 시작합니다."

"신의 가호가 있기를!" 나는 응답했다.

"그럼 교수님" 네모 선장이 덧붙였다.

"당신의 지적 탐구를 즐기시길 바랍니다. 우리는 북동쪽 방향으로 50미터 깊이에서 항해할 예정입니다. 휴게실에 대형 해도들을 준비해 두었으니 경로를 따라가실 수 있을 것입니다. 휴게실은 당신의 것입니다. 허락하신다면 저는 이만 물러가겠습니다."

네모 선장은 인사하고 떠났다.

나는 생각에 잠기며 혼자 남았다. 모든 생각이 노틸러스호의 지휘관인 네모 선장에게 집중되었다. 육지의 어느 곳에도 소속되어 있지 않다고 말하는 이 괴짜 남자의 국적을 과연 알게 될 수 있을까? 인류에 대한 그의 맹렬한 증오, 어쩌면 끔찍한 복수를 향한 증오는 무엇에 의해 촉발되었을까? 세상에 무시당한 학자 중 한 사람일까, 혹은 시대를 앞서간 갈릴레오 같은 천재일까, 아니면 정치적 혁명으로 인해 경력이 좌절된 미국의 모리 사령관과 같은 과학자 중 한 사람일까? 아직은 알 수 없었다. 어쨌든 운명에 의해 그의 배에 오른 나를 그는 냉정하지만 정중하게 맞이했다. 그러나 내가 내민 손을 그는 결코, 맞잡지 않았다. 그는 자신의 손을 내밀지도 않았다. 나는 한 시간 동안 이 미스터리한 남자를 탐구하며 깊이 생각에 잠겼다. 그리고 내 시선은 테이블 위에 놓여진 거대한 세계 지도에 닿았고, 방금 결정된 경도와 위도가 교차하는 지점을 손가락으로 짚었다. 대륙처럼 바다에도 '강'이 있다. 이들은 온도와 색깔로 식별할 수 있는 특별한 해류로, 가장 주목할 만한 것은 멕시코 만류(걸프 해류)[21]이다. 과학은 북대서양, 남대서양, 북태평양, 남태평양, 남인도양의 주요 다섯 해류 경로를 정의해 두었다. 또한 과거에 카스피해와 아랄해가 아시아의 몇몇 거대한 호수와 연결되어 북인도양에 여섯 번째 해류가 존재했을 가능성도 있다. 지금 지도의 위치에는 일본 사람들이 '검은 해류'라 부르는 쿠로시오 해류가 흐르고 있었다. 이 해류는 열대 태양의 수직광선을 받아 벵골만을 출발하여 말라카 해협을 지나 아시아 해안을 따라 북태평양까지 뻗어가며, 녹나무 줄기와 같은 지역의 물품을 실어 나르며, 그 순수한 남색의 따뜻한 물이 바다의 파도와 뚜렷하게 대비된다. 노틸러스호는 바로 이 해류를 건널 예정이었다. 나는 눈으로 해도를 따라 그 해류를 쫓아가며, 그것이 태평양의 광활한 바다 속으로 사라지는 것을 보았다.

그때 네드 랜드와 콩세이유가 휴게실 문에 나타났다. 나의 두 동료는 전시된 경이로운 장관에 놀라 몸이 굳어 있었다.

"여기가 어디죠?" 네드 랜드가 외쳤다.

"퀘벡 박물관인가요?"

21) 걸프 스트림(Gulf Stream)은 북대서양에서 발생하는 강력한 해류로, 멕시코만에서 시작하여 유럽 해안까지 흐르는 따뜻한 해류이다. 이 해류는 북아메리카와 유럽의 기온을 높이고 강수량을 증가시키는 중요한 역할을 한다. 걸프 스트림의 강력한 흐름은 바닷물의 온도와 염도를 이동시키며 유럽을 더 온화한 기후로 만드는 데 기여한다.

"실례가 되지 않길 바라며" 콩세이유가 대답했다.

"차라리 소메라르 유물 전시관에 더 가까운 것 같습니다!"

"내 친구들" 나는 그들에게 들어오라고 신호하며 말했다.

"여기는 캐나다도 아니고 프랑스도 아니라네, 우리는 해수면 50미터 아래의 노틸러스호 안에 있다네."

"주인님이 그렇게 말씀하신다면 믿겠습니다." 콩세이유가 대답했다.

"하지만 솔직히, 이 휴게실은 플랑드르 출신인 저에게도 충분히 놀라운 곳입니다."

"놀랄 수 있을 때 충분히 즐기시게, 친구여. 그대의 재능으로 이곳에서 분류 작업이 가능하니, 마음껏 살펴보시오."

콩세이류는 별다른 격려가 필요 없었다. 그는 유리 진열장에 몸을 기울이며, 그는 이미 자연과학 용어를 중얼거리기 시작했다.

"복족강, 복추형목, 개오지속, 마다가스카르조개류" 등등.

그 동안, 조개 연구에 별 관심이 없는 네드 랜드는 내게 네모 선장과의 대화에 대해 물었다. 그는 선장의 정체와 출신, 목적지, 우리를 얼마나 깊이 데려갈지 등 수많은 질문을 쏟아냈으나 나는 대답할 시간이 없었다. 나는 그에게 내가 아는 것과 들은 모든 이야기를 들려주었다. 그리고 나서 그에게 내가 모르는 들은 것이나 본 것이 있는지를 물었다.

"아무것도 본 것도 들은 것도 없습니다."

네드 랜드가 대답했다.

"이 배의 승무원조차 아직 한명도 보지 못했습니다. 혹시 이 배도 전기로 작동하는 거 아닐까요?"

"전기로 움직인다네."

"오, 신이시여! 정말 그 말을 믿어야 하는 건가요? 그렇다면 아로낙스 교수님, 여기 몇 명이 타고 있는지는 모르십니까? 스무 명? 쉰 명? 아니면 백 명?"

"미안하네, 네드 랜드 씨, 나도 그 답을 모른다네. 당분간은 이 노틸러스호에서 탈출한 생각은 버리게나. 이 배는 최첨단 현대 기술의 걸작이라네. 이런 기회를 놓치지 않는 게 좋을 것 같네. 많은 사람이 이 경이로운 곳을 걷는 것만으로도 만족할 거네. 차분히 지켜보고, 우리 주위에서 무슨 일이 일어나고 있는지 봅세."

"보다니!" 작살 잡이가 외쳤다.

"이 철제 감옥에서 무얼 본단 말입니까? 우리는 눈가리개를 한 채 보고 있는 거나 마찬가지입니다!"

네드 랜드가 마지막 말을 마치기도 전에 갑자기 어둠이 우리를 덮쳤다. 천장의 불빛이 너무 빨리 꺼져서 눈이 아플 지경이었다. 마치 깊은 어둠에서 밝은 빛으로 나아간 것과 반대되는 충격을 받은 것 같았다. 우리는 꼼짝없이 서 있었다. 어떤 놀라움이 기다리고 있는지 전혀 모르는 상태였다. 앞으로 벌어질 일이 즐거운 것일지, 불쾌한 것일지 짐작할 수 없었다. 그러나 철판이 노틸러스호의 벽면을 따라 움직이는 소리가 들려오기 시작했다.

"이제 끝이군!" 네드 랜드가 말했다.

"히드로해파리 목" 콩세이유가 중얼거렸다."

갑자기, 휴게실의 양쪽에 길쭉한 두 개의 개구부를 통해 빛이 들어왔다. 우리는 휴게실 벽의 두 장의 유리판이 바다와 우리 사이를 나누고 있음을 알았다. 선실 유리벽을 통해 밝게 비추어진 바다 속 광경이 펼쳐졌다. 처음에는 이러한 얇은 유리장벽이 깨질 것 같은 생각에 오싹했으나, 강력한 구리 띠가 이를 단단히 고정해 거의 무한한 저항력을 갖추고 있었다.

노틸러스호를 중심으로 약 1마일 반경까지 바다가 뚜렷하게 보였다. 정말이지, 이 광경을 어떻게 표현할 수 있을까? 어떤 글로도 이 빛이 투과되는 물의 투명함과 그 미묘하게 변하는 빛깔을 다 설명할 수 없을 것이다.

바닷물의 투명성은 오래전부터 알려져 있으며, 그 투명도는 심지어 샘물보다도 뛰어난 것으로 간주된다. 물속에 떠다니는 무기질과 유기물질이 오히려 투명도를 높여준다. 카리브해의 일부 지역에서는 약 145미터 깊이의 모래 바닥까지 선명하게 볼 수 있으며, 태양 광선의 투과력은 300미터 깊이까지 미친다고 한다. 그러나 노틸러스호가 지나가는 이 물 속에서는 전기의 빛이 물의 중심부까지 비추고 있었다. 이는 단순히 물이 빛을 받는 것이 아니라, 빛이 물이 되는 것 같았다.

미생물학자 에렌베르크의 가설을 따르면, 이러한 깊은 바다 속은 발광 생물에 의해 자연적으로 밝혀진다고 한다. 만약 그의 가설이 맞는다면, 바다의 주민들만이 이러한 경이로운 광경을 즐길 수 있을 것이다. 이제 나는 그 수많은 빛의 놀이를 관찰하면서 이 가설이 맞는지 직접 확인할 수 있었다. 휴게실의 양쪽으로는 이 탐험되지 않은 심해의 깊이를 엿볼 수 있는 창문이 있었다. 휴게실 내부가 어두워질수록 외부의 밝음이 더욱 돋보였고, 마치 대형 수족관 창문처럼 투명한 유리창을 통해 우리는 그 광경을 바라보았다.

노틸러스호는 멈춰 있는 듯했다. 이것은 기준점이 없기 때문이었다. 그러나 배의 앞부분을 지나가는 물줄기가 우리 눈앞을 가로질러 매우 빠르게 흘러가는 것을 가끔 볼 수 있었다.

경이로움에 빠져 우리는 이 창문 앞에서 팔을 얹고 한동안 말을 잇지 못했다. 그러다 콩세이유가 말했다.

"네드 씨, 당신이 보고 싶어 하던 것이 여기에 있소. 이제 보게 되었소!"

"정말 신기하군!" 네드 랜드가 말했다.

그의 탈출 계획과 불만을 잊고 저항할 수 없는 매력에 이끌려 경외심을 보였다.

"이런 광경을 보기 위해서라면 누구든지 더 멀리까지 갈 수 있겠군!"

“아!” 내가 외쳤다.

“이것이 바로 선장의 삶이군! 그는 자신을 위해 가장 놀랍고 경이로운 세상을 찾은 것이네!”

“하지만 물고기는 어디에 있지?” 네드 랜드가 말했다.

“물고기가 하나도 보이지 않는군!”

“왜 물고기가 필요한가요. 네드 씨?” 콩세이유가 대답했다.

“그들에 대해 잘 알지도 못하면서”

“뭐? 나는 어부라고!” 네드 랜드가 외쳤다.

두 사람사이에는 이 주제로 논쟁이 벌어졌다. 이 둘은 모두 물고기에 대해 잘 알고 있었지만 서로 완전히 다른 관점에서였다.

모두가 아는 바와 같이 물고기는 척추동물의 네 번째이자 마지막 분류를 차지한다. 물고기는 ‘아가미로 호흡하고, 차가운 피를 가지며, 이중 순환계를 지니고 물속에서 살도록 설계된 척추동물’로 정의될 수 있다. 물고기는 두 가지 다른 계통으로 나뉘는데, 뼈로 된 척추 뼈를 가진 경골어류와 연골로 된 척추 뼈를 가진 연골어류로 구분된다.

아마도 캐나다인 네드 랜드는 이 구분을 알고 있었을 것이다. 그러나 콩세이유는 훨씬 더 많은 것을 알고 있었고, 이제는 네드 랜드와 친해졌기 때문에 자신이 아는 것을 자랑하고 싶어 했다. 그래서 그는 작살 잡이에게 말했다.

“네드 씨, 당신은 물고기 사냥꾼이자 매우 숙련된 어부니까 수많은 이 흥미로운 물고기들을 잡았겠지요. 그러나 내가 장담

컨대, 당신은 그것들을 어떻게 분류하는지 모릅니다."

"물론, 알고 있지" 네드 랜드가 매우 진지하게 대답했다.

"물고기는 먹을 수 있는 물고기와 먹을 수 없는 물고기로 분류하지."

"역시 진정한 미식가다운 발언이군요." 콩세이유가 대답했다.

"하지만, 말해보세요. 당신은 경골어류와 연골어류의 차이점을 알고 있나요?"

"그럴지도 모르지, 콩세이유"

"그럼 이 두 큰 분류의 하위 구분은 어떤가요?"

"그런 건 전혀 모르겠군." 네드 랜드가 대답했다.

"자, 잘 들어보시죠, 네드 씨! 뼈로 된 어류는 여섯 개의 목으로 나뉩니다. 첫째, 가시지느러미류(acanthopterygians)인 이들의 윗턱은 완전히 발달하여 자유롭게 움직일 수 있으며 아가미는 빗 모양입니다. 이 목은 15개의 과로 구성되어 있으며, 알려진 어류의 4분의 3을 차지하고 있지요. 여기에는 흔한 농어가 있습니다."

"맛이 괜찮지." 네드 랜드가 대답했다.

"둘째" 콩세이유가 이어갔다.

"복강류(abdominals), 배지느러미가 복부 아래, 가슴지느러미 뒤쪽에 위치하지만, 어깨뼈에는 붙어 있지 않습니다. 이 목은 다섯 개의 과로 나뉘며 대부분의 민물고기를 포함하고, 그중에는 잉어나 강꼬치가 있습니다."

"으, 민물고기는 사양하겠어!" 네드 랜드가 경멸 어린 어조로 말했다.

"셋째" 콩세이유가 말했다.

"측지류(subbrachians), 배지느러미가 가슴지느러미 아래에 붙어 있으며 어깨뼈에 직접 연결되어있습니다. 이 목은 네 개의 과로 다시 나뉘며 그 중에는 솔치나 광어, 도다리, 브릴 등 같은 넙치류가 포함됩니다."

"훌륭해, 정말 훌륭해!" 하품을 던지는 네드 랜드는 오로지 먹을 수 있는 관점에서만 물고기에 관심을 보이며 감탄했다.

"넷째" 콩세이유가 당당하게 계속 말했다.

"무지류(apods), 긴 몸을 가졌으며 배지느러미가 없고 종종 끈적이는 두꺼운 피부로 덮여 있지요. 이 목에는 오직 하나의 과만 속합니다. 장어와 전기뱀장어가 그 속에 포함됩니다."

"그저 그렇군." 네드 랜드가 대답했다.

"다섯째," 콩세이유가 말했다.

"잔가지아가미류(lophobranchians), 완전한 자유가 있는 턱을 가졌지만 아가미는 아가미 아치에 따라 쌍으로 배열된 작은 촉수 형태로 이루어져 있습니다. 이 목에는 오직 하나의 과만 있습니다. 바로 해마와 용고기입니다."

"별로군, 아주 별로야!" 네드 랜드가 대답했다.

"여섯째, 그리고 마지막으로" 콩세이유가 말했다.

"틀로아가미류(plectognaths), 상악골이 턱을 형성하는 상악과의 측면에 단단히 붙어 있으며, 입천장 아치는 두개골에 봉합되어 있어 턱이 움직이지 않습니다. 진정한 배지느러미가 없으며 두 개의 과로 구성되어 있지요. 예를 들어 복어와 문어가 있습니다."

"프라이팬에 대한 모욕이군!" 네드 랜드가 외쳤다.

"네드 씨 이해하셨나요?" 학구적인 콩세이유가 물었다.

"하나도 못 알아듣겠군. 콩세이유" 네드 랜드가 대답했다.

"하지만 계속하게나, 점점 흥미진진해지니까."

"연골어류(cartilaginous fish)에 대해서는." 콩세이유가 한결 같이 말을 이어갔다.

"세 개의 목이 있습니다."

"좋은 소식이군." 네드 랜드가 말했다.

"첫째, 원구류(cyclostomes)는 턱이 유연한 링으로 융합되어 있으며 아가미 구멍이 여러 개의 작은 구멍으로 이루어진 하나의 과로 구성된 목입니다. 예를 들어 칠성장어가 있지요."

"독특한 맛이지" 네드 랜드가 대답했다.

"둘째, 연골어류(selacians)는 원구류와 비슷한 아가미를 가졌지만, 아래턱이 자유롭게 움직일 수 있습니다. 이 목은 이 등급에서 가장 중요한 목이며 두 과로 이루어져 있습니다. 예를 들어 가오리와 상어가 있지요."

"뭐라고!" 네드 랜드가 외쳤다.

"가오리랑 상어 같은 목에 넣다니? 내 생각엔 가오리를 위해 그 둘을 같은 수조에 넣지 않는 게 좋겠어!"

"셋째" 콩세이유가 덧붙였다.

"철갑상어류(sturionians)는 일반적인 하나의 아가미 덮개를 가진 아가미 틈을 가진 목으로 네 개의 속으로 이루어져 있습니다. 예를 들어 철갑상어가 있지요."

"아, 콩세이유 군, 자네는 최고의 것을 마지막으로 남겨두었군! 전부 다 설명한 건가?"

"그렇습니다. 용감한 네드 씨" 콩세이유가 대답했다.

"그러나 기억하십시오. 이것들을 전부 이해한다고 해도, 속, 아종, 종, 변종 등으로 더 세분화된다는 사실을!"

"좋아, 콩세이유" 네드 랜드가 유리창을 향해 몸을 기울이며 말했다.

"지금 막 변종 몇 마리가 지나가고 있군!"

"그렇군요. 물고기들이군요!" 콩세이유가 외쳤다.

"마치 대형 수족관 앞에 있는 것 같군요!"

"아니" 내가 대답했다.

"왜냐하면, 수족관은 단지 우리일 뿐이지만, 이 물고기들은 공중의 새들처럼 자유롭지."

"좋아, 콩세이유군, 분류를 시작하게! 이 녀석들의 이름을 불러보게!" 네드 랜드가 외쳤다.

"제가요?" 콩세이유가 대답했다.

"그건 내 주인님의 역할입니다."

사실, 콩세이유는 분류 광이었지만 자연학자는 아니어서, 참치와 가다랑어를 구별할 수 없었을 것이다. 요컨대, 분류에는 무지하지만 물고기의 이름은 순식간에 댈 수 있는 네드 랜드와 정반대였다.

"쥐치과 물고기네" 내가 말했다.

"중국산 쥐치과 물고기야" 네드 랜드가 대답했다.

"바리스테스속, 딱딱한 피부과, 틀로아가미목이지." 콩세이유가 중얼거렸다.

확실히 네드 랜드와 콩세이유의 조합은 뛰어난 자연 학자를 만들었다. 네드 랜드는 정확했다. 노틸러스호 주변을 돌아다니던 것은 납작한 몸체, 거친 피부, 등지느러미에 가시가 달리고 꼬리 양쪽에 가시가 솟아난 쥐치 무리였다. 이들을 덮고 있는 피부는 하얀 배와 회색 등 그리고 물결 속에서 반짝이는 금빛 점들로 더욱 경이로웠다. 그 주위로 가오리들이 바람에 휘날리는 천처럼 물결치며 유영하고 있었다. 그 중에는 눈 뒤에 세 개의 가시를 가진 희귀한 중국산 가오리가 있어 매우 기뻤다. 이 희귀종은 일본 그림의 포트폴리오에서만 보았던 종으로 그 존재가 의심되었던 종이었다.

2시간 동안 온갖 수중 군대가 노틸러스호를 호위하며 헤엄치고 날뛰고 있었다. 그들은 서로 아름다움과 빛과 속도를 겨루었다. 그사이 나는 녹색 숭어, 검은 줄무늬가 있는 수염달린 숭어, 일렉트리스(물고기로, 담수와 염수가 섞인 기수역에 주로 서식)속의 흰 망둥어, 푸른 몸체에 은빛 머리를 가진 일본 고등어, 반짝이는 푸른 금붕어, 몇 가지 종류의 도미와 길이 1미터에 이르는 피리처럼 생긴 주둥이를 가진 트럼펫 피쉬, 일본 도롱뇽, 날카로운 작은 눈과 이빨이 돋아난 거대한 입을 가진 6피트 길이의 뱀장어 등을 구별할 수 있었다.

우리의 경이로움은 최고조에 이르렀고, 감탄이 끊이지 않았다. 네드 랜드는 물고기를 확인하고, 콩세이유는 분류했으며, 나는 그들의 활기찬 움직임과 아름다운 형태에 황홀해했다. 이런 생물들이 자연 서식지에서 자유롭게 살아가는 모습을 이렇게 가까이서 본 것은 처음이었다.

일본과 중국 바다의 다양한 물고기들 속에서 우리 눈앞을 지나간 모든 종류를 다 언급할 수는 없었다. 하늘에 새들이 넘쳐나듯 이 물고기들은 우리에게 달려왔고 아마도 전기불의 밝은 빛에 이끌렸을 것이다.

갑자기 휴게실에 빛이 들어왔다. 동시에 철판 패널이 닫히면서 마법 같은 장면이 사라졌다. 한동안 나는 계속 꿈을 꾸듯 그 장면을 회상하다 벽에 걸린 계기판에 시선을 돌렸다. 나침반은 여전히 동북동 방향을 가리켰다. 압력계는 5기압(깊이 50미터에 해당)을, 전기 속도계는 시속 15마일을 나타냈다. 나는 네모 선장을 기다렸지만 그는 나타나지 않았다. 시계는 오후 5시를 가리키고 있었다.

네드 랜드와 콩세이유는 그들의 선실로 돌아가고, 나는 내 방으로 돌아갔다. 그곳에는 저녁 식사가 준비되어 있었다. 요리는 바다거북으로 만든 섬세한 맛의 수프, 정말 맛있게 간이 된 흰살 생선요리와 붉은 돔 요리 그리고 연어보다 더 맛있게 느껴진 앵글피쉬 고기 등으로 이루어져 있었다. 저녁을 보낸 후 독서를 하고 글을 쓰면서 생각에 잠겼다. 피곤함이 몰려와 나는 뱀장어풀로 만든 매트리스에 누워 깊은 잠에 빠졌다. 그동안 노틸러스호는 빠르게 흐르는 검은 해류를 가로질러 항해하고 있었다.

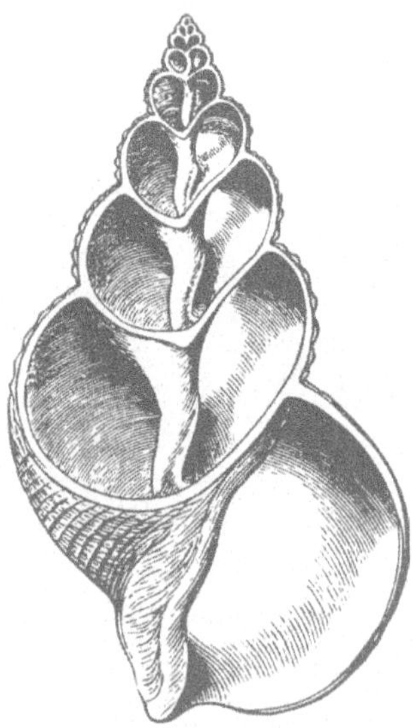

14장 초대장

다음 날, 11월 9일에 나는 열두 시간이나 되는 긴 수면을 취하고 나서야 일어났다. 언제나 습관대로 콩세이유는 나에게 와서 "주인님께서는 밤새 잘 주무셨는지"를 묻고 아침 수발을 들기 위해 왔다. 그는 네드 랜드가 마치 평생 잘 잠을 자는 것처럼 깊이 잠들어 있기에 그냥 두고 왔다고 말했다.

나는 콩세이유가 그의 이야기를 계속하도록 놔두고, 조용히 듣기만 했다. 사실 나는 전날 오후 우리와 함께하지 않은 네모 선장에 대해 생각하고 있었다. 그를 오늘 다시 만날 수 있기를 바라면서, 나는 바로 옷을 갈아입었다. 이 옷은 조개껍질 섬유로 짠 것이었다. 콩세이유는 그 섬유의 성분에 대해 계속 질문했고, 나는 그에게 지중해 해변에서 흔히 볼 수 있는 종류의 조개인 팬 조개가 바위에 붙기 위해 사용하는 매끄럽고 실크 같은 실로 만든 것이라고 설명했다. 예전에는 이 섬유로 부드럽고 따뜻한 직물, 스타킹, 장갑 등이 만들어졌으며, 노틸러스호의 선원들은 이것으로 육지의 면화 농장, 양, 누에에 의존하지 않고 저렴한 비용으로 입을 옷을 마련할 수 있는 것이다. 옷을 입고 나서 나는 중앙 휴게실로 향했지만, 그곳은 비어 있었다.

나는 유리 진열장 안에 모아둔 패류 보물들을 연구하며 시간을 보냈다. 또한 바다 식물의 드문 종들을 담은 큰 식물도감도 탐구했다. 이 식물들은 눌려 건조되었지만 여전히 멋진 색상을 유지하고 있었다. 그 귀중한 수초들 가운데 나는 여러 해초들을 발견했다.

클라도스테푸스(갈색 해조류) 베르티킬라투스("소용돌이형"을 뜻하는 '베르티킬라투스), 공작꼬리(갈조류의 한 종류로, 실제 공작의 꼬리를 닮은 모양), 무화과 잎을 가진 카울레르파(열대 및 아열대 해양 환경에서 흔히 발견되는 녹조류의 일종), 곡식 망고나무, 섬세한 로제탱글(붉은 해조류의 일조), 선풍기 모양으로 배열된 바다 체, 스쿼트 버섯 모양의 요정 컵 등이며, 수년간 해양 동물로 분류되었던 종들도 있었다. 한마디로 해조류의 완전한 시리즈였다.

하루 종일 네모 선장의 방문을 받지 못한 채 시간이 흘러갔다. 휴게실의 강철 패널은 열리지 않았는데, 아마도 선장은 우리가 이런 아름다운 광경에 무감각해지는 것을 원하지 때문일 것이다. 노틸러스호는 시속 12마일의 속도로 동북쪽 방향을 유지하며 50~60미터의 깊이를 유지하고 있었다.

다음 날, 11월 10일 같은 무관심과 같은 고독이 이어졌다. 선원 중 한 사람도 볼 수 없었다. 네드와 콩세이유는 대부분의 시간을 나와 함께 보내며, 선장의 무소식과 부재에 놀랐다. 이 괴짜가 병에 걸린 것인지, 아니면 우리와 관련된 계획을 바꿀 생각인 건지 궁금했다. 그러나 콩세이유의 말처럼 우리는 완전한 자유를 누리며, 섬세하고 풍부한 식사를 했다. 우리의 호스트는 계약 조건을 지켰고, 우리는 불만을 가질 수 없었다. 또한, 우리가 처한 상황은 너무도 많은 보상을 안겨 주고 있었으므로, 그를 비판할 이유가 없었다. 이날 나는 이 모험을 기록하는 일기를 쓰기 시작했으며, 이를 통해 최대한 정확하게 이야기를 전달할 수 있기를 바랐다. 한 가지 특이한 점은 이 일기를 해초로 만든 종이에 썼다는 것이다.

11월 11일 이른 아침, 노틸러스호 내부로 신선한 공기가 유입되어, 산소를 보충하기 위해 우리가 해수면으로 올라왔음을 알아차렸다. 나는 중앙 통로를 지나 플랫폼으로 올라갔다. 오전 6시였다. 날씨는 흐리고 바다는 회색빛이었지만 잔잔했다. 파도가 거의 없었다. 나는 그곳에서 네모 선장을 만나기를 바랐지만, 유리 창문이 있는 조타실에 갇혀 있는 키잡이만 보았다. 나는 중앙에 붙어있는 소형 보트 선체의 가장자리에 앉아, 바다의 짠내를 들이마시며 큰 기쁨을 느꼈다. 서서히 안개는 태양 빛에 의해 흩어졌다. 태양이 동쪽 지평선을 밝혀나갔다. 태양의 시선 아래 바다는 마치 화약을 터트린 것처럼 불타오르기 시작했다.

이때 플랫폼 위로 누군가 올라오는 소리가 들렸다. 나는 그것이 네모 선장일 거라 예상했으나 나타난 것은 네모 선장을 처음 만났을 때 보았던 그의 부하였다. 그는 내게 인사하지 않고 주변을 꼼꼼하게 살피고 탐색하더니 해치로 내려가기 전, 한마디 말을 남겼다.

"Nautron respoc lorni virch."

나는 이 말이 무엇을 의미하는지 알 수 없었지만 정확하게 기억하고 있었다. 왜냐하면 며칠 동안 똑같은 상황이 반복되었기 때문이다. 그 말을 마친 부관은 계단 아래 사라졌고 나 역시 방으로 돌아왔다.

이후 5일간 같은 상황이 계속되었고, 네모 선장은 나타나지 않았다. 그런데 11월 16일, 나는 네드와 콩세이와 함께 내 객실로 돌아와 테이블 위에 놓인 쪽지를 발견했다. 그 쪽지에는 다음과 같은 내용이 적혀 있었다.

"노틸러스호에 탑승 중이신 아로낙스 교수님께, 네모 선장은 내일 아침 크레포스(Crespo)[22] 섬의 숲에서 사냥을 제안합니다. 이 초대에 대해 교수님과 동료들이 기쁘게 참석해 주시길 바랍니다."

노틸러스호 선장, 네모.

"사냥?" 네드 랜드가 외쳤다.

"크레스포 섬 숲이라니?" 콩세이유가 덧붙였다.

"그가 정말로 섬에 내리는 건가?" 네드 랜드가 물었다.

"그런 의미로 보이는군" 내가 대답하며 쪽지를 다시 읽어보았다.

"땅에 발을 딛는다면 계획을 세울 기회가 생기겠지요. 게다가 신선한 진짜 고기를 먹을 수 있는 거 아닙니까?" 네드 랜드는 기쁜 표정으로 말했다.

나는 대륙과 섬을 혐오하는 네모 선장의 태도와 이번 사냥 초대의 모순을 굳이 따지려 하지 않고, 그저 크레스포 섬에 대해 알아보기로 했다. 세계 지도를 찾아보니 북위 32도 40분, 서경 167도 50분에 1801년 Crespo 선장이 발견한 '은 바위'라는 작

22) 크레스포 섬(Crespo Island)는 1801년에 스페인 항해사 호세 크레스포(José Crespo)가 발견한 태평양 북부의 작은 섬으로, 스페인어로 "은의 바위"라는 뜻을 가진 Rocca de la Plata로 불리기도 했다. 20,000 Leagues Under the Sea에서 크레스포 섬은 네모 선장이 탐험을 위해 가는 목적지로 등장한다. 책에서 네모 선장은 이 섬을 "육지에 있는 숲"이 아닌 "바다 아래 숲"이 있는 장소로 설명하며, 잠수복을 입고 해저 숲에서의 사냥을 안내하는 배경으로 묘사된다.

은 섬이 있었다. 우리는 출발 지점에서 약 1,800마일 떨어진 곳에 있었다.

"네모 선장은 가끔 섬에 오르더라도 사람이 없는 섬을 고르는군" 나는 동료들에게 말했다.

네드 랜드는 아무 말 없이 고개를 끄덕였고, 나중에 그는 콩세이유와 자신들의 선실로 돌아갔다. 나는 저녁 식사를 한 후 잠 들었지만, 다음 날의 계획에 약간의 걱정이 남아 있었다.

11월 17일 아침, 나는 노틸러스호가 완전히 정지한 것을 느꼈다. 서둘러 옷을 입고 메인 휴게실로 나가니 네모 선장이 나를 기다리고 있었다. 그는 일어서서 인사하며, 함께할 준비가 되었는지 물었다.

"잠깐만요, 선장님" 내가 덧붙였다.

"질문 하나 드려도 될까요?"

"질문하시죠. 아로낙스 교수님, 대답할 수 있는 거라면 해 드리겠습니다."

"그러면, 선장님, 육지와 모든 연을 끊으셨다면서 어떻게 크레스포 섬에 숲을 소유하고 계신 겁니까?"

"교수님" 선장이 대답했다.

"내 숲은 태양의 열기와 빛을 받지 않는 숲입니다. 사자나 호랑이, 표범 같은 네발짐승들이 돌아다니지 않습니다. 이 숲은 나만 아는 곳에 있으며, 나만을 위해 자라는 숲입니다. 이 숲은 육지가 아닌, 실제 해저에 존재하는 숲입니다."

"해저 숲이라니!" 나는 외쳤다.

"네, 교수님."

"지금 선장님께서는 저를 그곳으로 데려가시겠다는 겁니까?"

"정확히 그렇습니다."

"걸어서요? 발도 젖지 않고? 사냥을 하러 간다는 말씀이십니까?"

"손에 총을 들고요?"

"네. 총을 손에 들고 갑니다."

나는 노틸러스호의 선장을 보며 어이없는 표정을 지었다.

"분명히" 나는 속으로 생각했다.

"그는 정신병을 앓고 있는 게 틀림없다. 8일 동안 지속된 발작이 아직 끝나지 않은 게 분명해, 참 안타까운 일이다! 차라리 괴짜인 게 낫다고 생각했는데, 미쳤다니!"

이런 생각들이 내 얼굴에 드러난 듯했지만, 네모 선장은 그저 나에게 따라오라고 말했고, 나는 어쩔 수 없이 자포자기하는 마음으로 그를 따라갔다.

우리는 식당에 도착했는데, 아침 식사가 준비되어 있었다.

"아로낙스 교수님" 선장이 말했다.

"편안하게 나와 아침 식사를 즐겨주시길 바랍니다. 먹으면서 이야기를 나누시지요. 저는 당신께 내 숲에서 사냥을 제의했지만 그곳에서 당신을 위한 식당이 있을거라는 약속을 한건 아니니까요. 그러니 오늘 저녁은 아주 늦게나 먹을 수 있을 겁니다. 그러니 아침식사를 든든히 드시길 바랍니다."

나는 이 식사에 흠뻑 빠졌다. 여러 가지 물고기와 찬사를 받는 해양 동물인 해삼 조각들로 이루어진 요리였다. 모두 식욕을 돋우는 김과 같은 해초인 포르피라 라시니아타Porphyra(붉은 해조류의 일종) laciniata와 Laurencia primafetida(해양의 붉은 조류로, 해안에서 흔히 발견되며, 식물체에서 특정 향을 내는 화합물)로 장식되어 있었다. 우리의 음료는 맑은 물이었고, 나는 네모 선장을 따라 캄차카 방식으로 발효된 해초 로디메니아 팔마타Rhodymenia palmata(흔히 달레스Dulse로 불리는 이 해초는 영양가가 높아 사람과 동물의 식량으로 사용된다.)에서 추출한 몇 방울의 술을 더했다. 처음에는 말 한마디 없이 식사에 집중하던 네모 선장이 내게 말했다.

"교수님, 내가 크레스포 섬 숲에서 사냥을 가자고 제안했을 때 당신은 내가 모순된 말을 한다고 생각했을 것입니다. 그리고 해저 숲이라고 말씀드렸을 때는 내가 미쳤다고 생각했을 것입니다. 교수님, 사람을 평가할 때 성급하게 판단해서는 안 됩니다."

"하지만, 선장님……."

"제 말을 들어보세요. 그러면 제가 미친 것이나 모순된 게 아니라는 걸 아시게 될 겁니다."

"귀 기울여 듣겠습니다."

"교수님, 사람이 호흡 가능한 공기를 가지고 있다면 수중에서도 생활할 수 있다는 것은 당신도 저만큼 잘 아실 것입니다. 수중 작업을 위해 일하는 사람은 방수복을 입고 금속 헷맷을 머리에 쓰고 공기 펌프와 조절기를 통해 공기를 공급받습니다."

"그게 바로 잠수복의 표준 장비지요." 내가 말했다.

"맞습니다. 하지만 그런 조건에서 사람은 자유롭지 못합니다. 사람은 공기를 공급받기 위해 고무호스로 육지에 묶여 있습니다. 실제로 그것은 그를 육지에 묶는 사슬과 같고, 우리 역시 노틸러스호에 묶인다면 멀리 갈 수도 없을 것입니다."

"그렇다면 어떻게 자유롭게 움직일 수 있다는 말입니까?" 내가 물었다.

"우리는 교수님과 같은 프랑스인 두 명이 발명한 루케롤-드네로즈 장치를 사용합니다. 물론 이것은 제가 특별한 목적에 맞게 개량한 것입니다."

"완벽하군요. 네모 선장님, 하지만 휴대한 공기는 금방 소진될 텐데, 산소 농도가 15% 이하가 되면 호흡하기 힘듭니다."

"물론입니다. 하지만 아로낙스 교수님, 제가 말했듯이 노틸러스호의 펌프 덕분에 상당한 압력으로 공기를 저장할 수 있으며, 이 장비의 탱크로는 9시간에서 10시간 동안 호흡 가능한 공기를 공급할 수 있습니다."

"이제는 더 이상 이의가 없습니다." 내가 대답했다.

"다만 한 가지 더 묻고 싶군요. 선장님, 바다 속에서 어떻게 길을 밝힐 수 있나요?"

"룸코르프 장치를 이용하면 됩니다. 아로낙스 교수님, 호흡을 위한 장치는 등에 매고, 두 번째 빛을 밝히는 장치는 허리에 차는 방식이지요. 포타슘 이크로메이트 대신 소듐을 사용하는 분젠 전지가 포함되어 있습니다. 유도 코일이 생성된 전기를 모아 특별히 설계된 랜턴으로 보내며, 이 랜턴에는 소량의 이산화탄소 잔여물이 든 유리 나선이 들어 있습니다. 장치가 작동하면 이 가스가 빛을 내며 연속적인 희미한 흰빛을 발하고, 이것을 통해 우리는 호흡하고 볼 수 있습니다."

"선장님, 매번 제 궁금증을 압도적인 답변으로 되돌려주시니, 더 이상 의문을 품기 어려울 지경입니다. 루케롤과 룸코르프 장치에 동의할 수밖에 없지만, 내가 사용할 소총에 대해서는 약간의 의구심을 표하고 싶습니다."

"저는 화약을 사용하는 소총을 쓰지 않습니다." 선장이 대답했다.

"그럼 공기총인가요?"

"그렇습니다. 내 배에는 질산칼륨, 황, 목탄이 없어 화약을 만들 수 없습니다."

"그렇다 하더라도……." 내가 답했다.

"공기를 850배 더 밀도가 높은 바다 속에서 발사한다면 큰 저항을 이겨내야 할 것입니다."

"꼭 그렇지는 않습니다. 필립 콜스와 벌리라는 영국인, 퓌르시라는 프랑스인, 그리고 란디라는 이탈리아인이 개선한 풀턴 방식의 총도 있습니다. 이들은 특수한 방수 장치를 갖추고 있어 수중에서도 발사가 가능하지요. 다시 말씀드리자면, 저는 화약 대신 고압 공기를 사용하는데 이는 노틸러스호의 펌프로 충분히 공급받을 수 있습니다."

"하지만 이 공기도 금방 소진되겠군요."

"위급 상황에서는 루케롤 탱크에서 더 공급받을 수 있습니다. 비상용 소형보트에서 빼내기만 하면 되니까요. 교수님은 이 수중 사냥에서는 공기나 탄약을 많이 사용하지 않음을 직접 확인하게 되실 겁니다."

"하지만 이렇게 어둡고 공기보다 밀도가 높은 물속에서는 총알이 멀리 나가기도 어렵고 치명적이기도 어려울 것 같은데요!"

"아니요. 교수님, 이 소총은 발사될 때마다 치명적입니다. 어떤 동물이든 가볍게 맞아도 마치 벼락에 맞은 것처럼 쓰러질 것입니다."

"어째서 그런가요?"

"이 소총은 일반적인 총알이 아니라 오스트리아 화학자 레니브룩이 발명한 작은 유리 캡슐을 발사하기 때문입니다. 이 유리 캡슐은 강철 스트립으로 감싸고 납으로 무게준 이 유리 탄환은 마치 작은 레이덴 병[23]과 같습니다. 캡슐은 충격만 주면 터지며,

23) 유리병을 밀봉한 후 코르크 뚜껑 속으로 도선을 통과시킨 후 정전기를 발생시켜 다시 방전되는 실험에 사용한 장치

어떤 강한 동물도 즉사하게 됩니다. 캡슐의 크기는 4호 총알보다 작아서 일반 소총의 탄창에 10개 정도 담을 수 있습니다."

"더 이상 반론하지 않겠소." 내가 테이블에서 일어나며 대답했다.

"남은 건 내 소총을 챙기는 일만 남았군요. 선장님이 가는 곳이라면 어디든 함께 가겠소."

네모 선장은 나를 노틸러스호의 후미로 이끌었고, 지나가는 길에 네드 랜드와 콩세이유의 방에 들러 그들을 불렀다. 두 사람은 즉시 우리를 따라왔다. 그 후 우리는 기관실 가까이에 있는 방에 도착했다. 이곳에서 산책을 위한 옷을 입기로 했다.

15장

해저 평원을 거닐다

이 방은 노틸러스호의 무기고이자 탈의실이었다. 벽에 걸려 있는 여러벌의 잠수복이 산책을 원하는 이를 기다리고 있었다. 잠수복을 본 네드 랜드는 옷을 입을 생각에 명백히 거부감을 보였다.

"하지만, 네드" 내가 말했다.

"크레스포 섬의 숲은 해저 숲이라네!"

"아, 정말 좋군요!" 신선한 고기를 기대하던 꿈이 사라진 네드 랜드가 실망한 표정으로 말했다.

"그렇다면, 아로낙스 교수님, 교수님께서는 이 옷을 입으시겠다는 건가요?"

"그렇소, 네드 씨."

"교수님 뜻대로 하시지요." 네드 랜드는 어깨를 으쓱하며 대답했다.

"하지만, 나는 강제로 입히지 않는 한 난 절대 저 옷을 입지 않을 거요!"

"강제로 입힐 일은 없을 거요, 네드 씨" 네모 선장이 말했다.

"콩세이유는 어떻게 할거지?" 네드 랜드가 물었다.

"주인님이 가시는 곳이라면 저도 갑니다." 콩세이유가 대답했다.

선장의 호출에 따라 두 명의 승무원이 나타나, 방수성이 뛰어난 인도 고무로 만들어진 이 두꺼운 잠수복을 우리에게 입혔다. 이 옷은 조끼와 바지로 이루어져 있었으며, 바지 끝은 납이 무겁게 들어간 신발로 장식되어 있었다. 조끼는 구리망으로 보강되어 가슴을 보호하며, 수압을 막아내고 폐가 자유롭게 기능할 수 있게 해주었다. 소매 끝은 부드러운 장갑으로 마감되어 손의 움직임을 방해하지 않았다.

이 완벽한 잠수복은 18세기에 발명된 코르크 흉갑, 가죽 상의, 바다용 튜닉, 통 헬멧 등과 같은 기형적인 의상과는 비교할 수 없는 수준이었다. 곧 콩세이유와 나는 이 잠수복을 착용했으며, 네모 선장과 그의 동료, 엄청난 힘을 가진 것으로 보이는 거대한 체격의 선원 한명도 마찬가지로 잠수복을 입었다. 이제 남은 것은 머리를 금속 헬멧을 씌우는 일이었다. 하지만 이 작업을 진행하기 전에 나는 선장에게 우리에게 지급된 총기를 살펴볼 수 있도록 허락을 구했다.

노틸러스호의 한 선원이 나에게 압축 공기가 채워져 벨브가 장착된 총을 건네주었다. 탄창에 유리 탄환이 장착되어있는 총은 방아쇠를 작동시키면 금속 실린더에 공기를 방출시켜 총알을 발포 할 수 있게 되어있었다.

"선장님, 이 총은 이상적이고 사용하기 쉬운 무기군요. 시험해 보고 싶습니다만, 우리는 어떻게 바닷속으로 내려갈 수 있습니까?"

"지금 노틸러스호는 수심 10미터 지점의 얕은 곳에 있습니다. 출발할 준비가 되면 나가기만 하면 됩니다."

"그럼 어떻게 출발합니까?"

"보면 알게 될 겁니다."

네모 선장은 그의 머리에 금속 헬멧을 씌웠고, 나와 콩세이유도 마찬가지로 동그란 헬멧을 썼다. 그러자 네드 랜드가 냉소적으로 "즐거운 사냥이 되시길!"이라는 말을 던졌다.

우리가 입은 잠수복은 구리 고리에 금속 헬멧이 나사로 고정되는 구조였다. 세 개의 구멍은 두꺼운 유리로 보호되었으며, 머리를 돌려 시야를 확보할 수 있었다. 등에는 루케롤 장치[24]가 장착되어 있어 호흡이 수월했다. 나는 허리띠에 달린 룸코르프

24) 루케롤 장치는 금속 탱크와 밸브 메커니즘으로 이루어져 있으며, 다이버의 등 뒤에 배낭처럼 착용된다. 이 탱크는 공기를 고압으로 저장하여 다이버가 잠수복과 연결된 마스크를 통해 공기를 들이마실 수 있도록 해 준다. 특히, 공기 흐름이 조절되어 공기가 필요한 만큼만 방출되므로, 다이버가 원할 때 언제든지 공기를 공급받을 수 있다.

램프와 손에 소총을 들고 출발 준비를 마쳤다. 하지만 육중한 잠수복과 납으로 무거워진 신발 때문에 한 걸음도 뗄 수 없었다.

이것은 이미 예상된 불편이었다. 나는 옷 방 옆의 작은 방으로 떠밀려 이동했고, 다른 사람들도 마찬가지로 이곳으로 옮겨졌다. 잠시 후 격벽과 같던 수밀문이 닫히고, 깊은 어둠 속에 둘러싸였다. 몇 분이 지나자 날카로운 쉭 소리가 들렸고, 발에서부터 가슴으로 차가운 기운이 올라오는 것이 느껴졌다. 아마도 배 안의 펌프로 바깥 물을 끌어들인 것이었다. 곧 방이 물로 가득 찼다. 노틸러스호의 한쪽에 설계된 또 다른 문이 열리자 미약한 빛이 우리를 비추었고, 잠시 후 우리의 발은 바다 밑바닥을 딛고 있었다.

물속 산책을 통해 받은 인상을 어떻게 전달할 수 있을까. 말로는 도무지 이 경이로움을 설명할 수 없다! 액체라는 고유 요소가 주는 효과는 화가의 붓으로도 표현하기 부족한데, 작가의 펜이 이를 재현하기를 바라는 것은 불가능하다.

네모 선장이 앞장섰고, 그의 동료가 뒤에서 우리를 몇 걸음 간격으로 따라왔다. 콩세이유와 나는 옆에 나란히 섰다. 우리의 금속 갑옷을 통해 조심스럽게 대화를 나눌 수 있을 것이라는 기대 속에서 말이다! 나는 이제 내 옷과 신발, 공기통의 부피나 무게를 거의 느끼지 못했고, 나의 머리가 껍질 속 아몬드처럼 흔들리는 무거운 구체의 무게도 전혀 느끼지 못했다. 물속에 들어가자 이 모든 물건이 아르키메데스[25]가 발견한 물리 법칙 덕분에 그 무게의 일부를 잃었기에 비교적 자유롭게 움직일 수 있었다.

나는 바다 표면 아래 약 10미터의 해저를 비추는 태양의 힘에 놀라움을 금치 못했다. 태양광선은 이 물 덩어리를 쉽게 통과해 어두운 색조를 흩어 놓았다. 나는 100미터 멀리 떨어진 물체도 분명히 구분할 수 있었다. 더 멀리 나아가자 해저가 미세한 군청색으로 물 들었고, 먼 곳에서는 파란색으로 변하다가 희미한 어둠 속에서 사라졌다. 실로 이 주변의 물은 지상의 대기보다 더 밀도가 높지만 거의 투명한 공기와도 같았다. 위쪽에는 고요한 바다 표면이 보였다.

우리는 파도가 남긴 자국이 남아있는 해변 모래와 달리 매끄러운 모래 위를 걷고 있었다. 이 눈부신 카펫은 햇빛을 강렬하게 반사하는 거울과 같았다. 그 결과는 액체 분자의 모든 틈을 통과하는 반사하는 엄청난 장관의 빛이었다. 내가 이런 30피트 깊이에서 대낮처럼 볼 수 있었다고 주장해도 믿을 수 있을까? 15분 동안, 나는 느껴지지도 않을 정도로 미세한 조가비 조각이 흩어져 반짝이고 있는 모래를 밟고 걸었다. 길게 뻗은 암초처럼 보이는 노틸러스호의 선체는 점차 시야에서 사라졌지만,

25) 아르키메데스(Archimedes, 기원전 287년경-기원전 212년경)는 고대 그리스의 수학자이자 물리학자, 그리고 공학자로, 오늘날까지 그의 업적이 물리학과 기하학에서 중요한 기초로 남아 있다. 그의 주요 연구 분야는 유체 정역학과 기계학이었으며, 여러 수학적 원리를 증명하고 다양한 공학 기구를 고안한 것으로 유명하다.

밤이 되면 배의 등대가 완벽한 가시성을 제공해 우리를 무사히 선상으로 돌아갈 수 있게 해줄 것이었다. 이러한 효과는 지상에서 본 적 없는 것이다. 그곳에서는 공기 속 먼지 때문에 광선이 발광하는 안개로 보인다. 그러나 물 위와 물속에서 전해지는 전기 광선의 선명함은 공기 중의 빛과는 비할 수 없는 선명함을 보이고 있었다.

우리는 끝없이 펼쳐진 모래 평원을 계속 걸었다. 나의 손이 물의 장막을 가르고 지나가자, 그것은 곧 다시 닫혔고, 내 발자국은 수압으로 인해 빠르게 사라졌다.

곧 멀리 떨어진 곳에서 희미하게 보이던 형체들이 형상을 갖추어 보이기 시작했다. 나는 멋진 바위들의 계곡을 볼 수 있었다. 그곳에는 최상의 자포류가 카펫처럼 깔려 있었다.

오전 10시쯤이었다. 태양빛이 물결의 표면에 사선으로 닿아 프리즘을 통과하듯 굴절되었다. 이 빛이 꽃, 바위, 봉우리, 조개, 폴립과 맞닿을 때, 물체의 가장자리는 태양 스펙트럼의 일곱 색깔로 그늘졌다. 이 무지개 빛깔의 향연은 눈으로 즐기는 축제 같았다. 마치 화려한 색을 사랑하는 화가의 팔레트가 펼쳐진 듯했다! 콩세이유와 이 경이로운 느낌을 나눌 수 있었다면 얼마나 좋았을까! 네모 선장과 부하처럼 생각을 나누기 위해 사전에 약속된 신호를 정해 두었다면 얼마나 좋았을까! 나는 구리 헬멧 속에서 혼잣말을 하며 더 많은 공기를 소모하고 있었다.

콩세이유도 나와 마찬가지로 이 멋진 장면 앞에서 멈춰 서 있었다. 수많은 자포류와 연체동물 표본 앞에서 콩세이유는 분명 머릿속으로 열심히 분류 작업을 하고 있었을 것이다. 해저에는 다양한 산호와 해면동물이 넘쳐났다. 여기에는 아이시스 산호, 독립적으로 살아가는 각진 산호, '백색 산호'로 알려진 처녀의 눈썹 산호, 버섯 모양의 가시산호, 바위에 붙어 있는 바다말미잘이 있었다. 물결에 따라 흔들리는 그들은 해적의 정교한 장식을 보는 듯했다. 나는 움직이기 위해 해저를 가득 채우고 있던 반짝이는 연체동물들을 밟아야 하는 사실이 무척이나 안타까웠다.

우리는 계속 걸었다. 우리의 머리 위로 진한 남청색 촉수를 끌고 다니는 포르투갈 전함 해파리들이 스치며 지나갔다. 젤리 같은 우산에 푸른 장식술을 두른 아름다운 해파리들도 있었고, 어두운 곳에서 발광하는 펠레이지아(Pelagia) 패너퍼이라(panopyra)[26]종도 있었다.

이 모든 경이로움을 네모 선장의 손짓을 따라 걸음을 멈출 수 없었던 나는 500미터 정도의 거리에서 바라보았을 뿐이다. 곧 바닥의 토질이 바뀌었다. 부드러운 모래바닥은 점토질 진흙

26) Pelagia panopyra는 실제 존재하는 해양 생물 종명은 아니며, Pelagia noctiluca와 같은 잘 알려진 해파리의 상상의 변형일 가능성이 높다. Pelagia noctiluca는 "보름달 해파리"라고도 불리며, 특히 밤에 발광하는 특성으로 잘 알려져 있다. Pelagia속 해파리는 아래와 같은 특징을 가진다. 발광 특성: 이 해파리는 생물 발광을 통해 빛을 내며, 주로 자극을 받을 때 빛을 발산한다.독성 촉수: Pelagia속 해파리들은 독성을 가진 촉수를 가지고 있어, 해양에서 만났을 때 주의가 필요하다.

으로 이어졌고, 해조류로 가득한 초원을 건넜다. 하지만 발아래 펼쳐진 초록 식물들뿐 아니라 머리 위에도 해초로 이루어진 녹색 천장이 있었다. 바다 속은 2,000종 이상의 풍부한 해조류로 뒤덮여 있었다. 긴 띠 모양의 후쿠스(Fucus)가 흘러가고, 구형과 관형의 로렌시아(Laurencia), 잔잔한 잎을 가진 클라도스테푸스(Cladostephus), 선인장처럼 부채 모양을 한 로디메니아 팔마타(Rhodymenia palmata)도 보였다.[27] 나는 초록색 식물들은 주로 바다 표면 근처에 머물고 붉은 식물들은 중간 깊이, 검은색과 갈색 식물들이 해저의 꽃밭을 장식하고 있다는 사실을 관찰했다.

이 해초류들은 정말로 창조의 경이로움이었으며, 세계 식물계의 기적 중 하나이다. 이들은 세계에서 가장 크고 작은 식물을 모두 포함하고 있다. 이는 5제곱밀리미터의 공간에 거의 보이지 않는 미세한 40,000개의 싹이 피어날 수 있으며, 500미터를 넘는 후쿠스 식물도 발견된 적이 있다.

우리는 노틸러스호에서 떠나온 지 약 한 시간 반이 지났다.

27) 후쿠스(Fucus): 해조류 중 갈조류에 속하는 한 속으로, 대부분 해안가의 바위에 붙어 자라는 특징이 있다. 후쿠스는 영양가가 높아 비료나 식품, 약재로도 사용된다.로렌시아(Laurencia) 적조류에 속하는 해조류로, 가늘고 긴 형태를 가지며 해양 환경에서 흔히 발견된다. 로렌시아는 해양 생태계에서 중요한 역할을 하며, 일부 종은 식용으로도 사용된다.클라도스테푸스(Cladostephus) 이 해조류는 얇고 섬세한 잎사귀가 특징이며, 바다 속에서 식물처럼 얇게 자라는 모습이 있다. 수중 환경에서 종종 조류와 함께 군락을 이루어 자라며, 녹조류에 속한다. 로디메니아 팔마타(Rhodymenia palmata) 흔히 덜스(dulse)라고도 불리는 이 해조류는 부채 모양의 적조류로, 영양가가 높고 특히 식용으로 인기가 높다.

태양 빛이 수직으로 비추는 것으로 거의 정오가 되었음을 알 수 있었다. 에메랄드와 사파이어 빛이 사라지면서 이 태양색의 마법은 점차 사라졌다. 우리는 바닥에 신기할 정도로 같은 강도로 울리는 발소리를 내며 꾸준히 걸었다. 지상에서는 익숙하지 않은 속도로 아주 작은 소리들조차 빠르게 전달되었다. 실제로 물은 공기보다 소리를 더 잘 전달하며, 물속에서는 소리가 네 배 더 빠르게 퍼져나간다.

바로 그때, 바닥이 급격히 아래로 경사지기 시작했다. 빛은 일정한 색조를 띠기 시작했다. 우리는 100미터 깊이에 도달했고, 이때 우리는 10기압의 압력을 받고 있었다. 그러나 내 잠수복은 그러한 압력을 견딜 수 있도록 설계되어 있어서 전혀 불편함을 느끼지 않았다. 손가락 관절에 약간의 압박감이 느껴졌지만, 이 불편함은 곧 사라졌다. 낯선 복장으로 두 시간 동안 산책하며 피로감을 느끼게 될 것이라는 예상은 완전히 빗나갔다. 물의 도움을 받아 내 움직임은 놀라울 정도로 쉬웠다. 이렇게 100미터의 깊이에 도착하자, 나는 희미하게 태양광선을 감지할 수 있었다. 강렬한 빛은 붉은빛 황혼으로 바뀌었고 낮과 밤의 경계처럼 보였다. 그래도 길을 찾기에는 충분한 빛이라 아직은 루크롤프 장치를 켤 필요는 없었다. 바로 그때 네모 선장이 멈췄다.

그는 내가 자신에게 다가오기를 기다렸다가, 손가락으로 가까운 거리에 보이는 몇몇 어두운 덩어리들을 가리켰다.

'이것이 크레포 섬의 숲이다.'라고 생각했고, 내 추측은 정확했다.

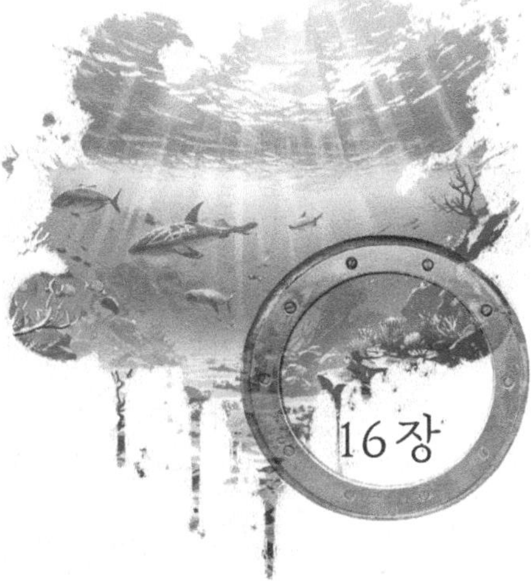

16장 해저 숲

우리는 마침내 이 숲의 가장자리에 도착했으며 확실히 네모 선장의 광대한 영토 중에서도 가장 훌륭한 곳 중 하나였다. 그는 이곳을 자기 것으로 여기고 최초의 인간이 육지의 숲을 자기 것이라 주장했던 것처럼 동일하게 여겼다. 게다가, 그 말고 누가 이 수중 재산의 소유권을 다툴 수 있겠는가? 또 누가 더 대담하게 도끼를 들고 이 어두운 덤불을 헤치며 개척할 수 있겠는가? 이 숲은 마치 육지의 나무 같은 큰 식물들로 이루어져 있었고, 우리가 그 거대한 아치 아래로 들어섰을 때 나는 그들의 가지가 독특하게 배열된 모습에 눈이 번쩍 띄었다. 이런 배열을 나는 전에 본 적이 없었다.

해저를 덮고 있는 어떤 해초도 덤불에서 삐져나온 어떤 가지도 기어가거나, 기울거나, 수평으로 뻗지 않았다. 그것들은 모두 바다 표면을 향해 곧게 솟아 있었다. 아무리 가늘어도 휘거나 굽어있는 것은 없었다. 모든 식물이 꼿꼿이 서 있었다. 덩굴 식물들은 그것들을 자라게 한 물의 밀도에 따라 단단한 수직선을 그리며 자라고 있었다. 내가 손으로 헤쳐 놓으면 잠시 흔들렸다가도 곧바로 수직으로 일어섰다. 이것이 바로 수직의 원칙이었다.

나는 곧 이 기이한 배열에 익숙해졌고 그와 마찬가지로 우리 주변의 어둠에도 비교적 익숙해졌다. 이 숲의 바닥은 날카로운 돌 조각들로 이루어져 있어 피하기 어려웠다. 이곳의 수중 식물군은 내게 매우 다양하게 보였고, 극지방이나 열대지방보다 더 풍부한 듯했다. 그러나 몇 분 동안 나는 두 왕국을 혼동하고 말았다. 동물을 식물로, 식물을 동물로 착각하는 일이 자주 있었다. 누가 이런 실수를 하지 않겠는가? 해저 세계에서는 식물과 동물이 매우 밀접하게 연결되어 있다!

나는 이 식물왕국에 속하는 모든 전시물이 임시방편적인 방식으로 살짝 붙어만 있다는 것을 관찰했다. 그것들은 뿌리가 없었다. 어떤 단단한 물체든 그것들을 고정해주기만 하면, 모래, 조개껍데기, 껍질, 자갈이든 상관하지 않았다. 그것들은 그 호스트에게 영양분을 요구하지 않고, 단지 고정할 지점만 요구했다. 이 식물들은 전적으로 자생하는 식물들이며 그들의 존재 원리는 그들을 지탱하고 영양을 공급하는 물에 있다. 대부분의 식물은 잎 대신 예측할 수 없는 모양의 잎사귀를 내고 있었다. 색은 분홍, 진홍, 초록, 올리브색, 황갈색, 갈색으로 한정된 색조를 띠고 있었다. 여기서 나는 다시금 노틸러스호의 표본처럼 눌러 말린 것은 아니지만, 부채처럼 펼쳐져 시원한 바람을 일으킬 것 같은 켈프류, 어린 식용 새싹을 길게 뻗고 있는 바다 덩굴, 높이 15미터까지 자라는 네레오시스속의 꼬여 있는 다시마 줄기들 등, 꽃이 없는 여러 해수 식물들을 보았다.

'이 기이한 환경에서 나타나는 이상한 기현상이다!'

어떤 재치 있는 자연주의자가 이렇게 말했다.

'동물 왕국은 꽃을 피우고, 식물 왕국은 꽃을 피우지 않는다!'

이 다양한 종류의 관목들은 온대 지방의 나무들만큼 컸다. 그들 사이의 습한 그늘에는 실제로 움직이는 꽃들의 덤불과 나선형 굴곡이 있는 돌산호, 투명한 촉수를 가진 노란 바다말미잘, 풀 모양의 촉수를 가진 또 다른 말미잘들이 무리를 이루고 있었다. 그리고 작디작은 물고기들이 마치 나뭇가지 사이를 날아다니는 육지의 벌새와 같이 떠올라 환상적이었다.

오후 한 시가 가까워지자, 네모 선장은 휴식 신호를 보냈다. 나로서는 기꺼이 만족할만한 명령이었다. 우리는 날개 모양의 다시마 아래에 몸을 뉘었다. 가느다란 줄기가 화살처럼 솟아있는 켈프 아래에서 짧은 휴식을 즐겼다. 이 짧은 휴식은 정말 즐거웠다. 오직 대화의 즐거움이 부족했을 뿐이다. 서로 대화하는 것은 불가능했다. 나는 커다란 구리 헬멧을 들이밀어 콩세이유의 투구와 맞대었다. 나는 그 용감한 청년의 눈에 행복한 빛이 반짝이는 것을 보았다. 그는 이 기쁨을 표현하기 위해 갑옷 안에서 세상에서 가장 어리석은 방식으로 몸을 흔들었다.

네 시간 동안 산책을 하고 나서도 나는 놀랍게도 배고픔을 느끼지 않았다. 무엇이 내 속을 이렇게 편안하게 만들었는지 알 수 없었다. 대신, 다이빙하는 사람이라면 누구나 저항 할 수 없는 급격한 졸음이 밀려왔다. 곧 무거운 헬멧의 유리 너머로 눈이 감겼고, 겨우 걷고 있던 나는 통제할 수 없는 졸음에 빠져들었다. 네모 선장과 그의 건장한 동료는 이미 이 맑은 크리스털 속에 누워 낮잠의 좋은 본보기를 보여주고 있었다. 얼마나 오래 이 혼미한 상태에 빠져 있었는지는 알 수 없었으나, 깨어났을 때는 태양이 지평선으로 기울고 있는 듯했다. 네모 선장은 이미 일어나 있었다. 내가 팔다리를 쭉 펴려는데 뜻밖의 형상이 나를 놀라게 했다. 몇 걸음 떨어진 곳에 거대한 키가 1미터는 되어 보이는 바다 거미가 구슬 같은 눈으로 나를 노려보고 있었다. 녀석은 나에게 뛰어들 준비를 하고 있었다. 내 잠수복이 이 동물의 이빨로부터 충분히 보호해 줄 만큼 두꺼웠지만, 나는 공포에 몸서리를 치지 않을 수 없었다. 그때 콩세이유가 눈을 뜨고 노틸러스호의 선원도 깨어났다. 네모 선장은 자신의 동료에게 이 흉측한 갑각류를 손가락으로 가리켰고, 그는 총의 개머리판을 휘둘러 단숨에 그것을 쓰러뜨렸다. 나는 이 괴물의 다리가 끔찍한 경련을 일으키며 꿈틀대는 것을 지켜보았다.

만남은 나에게 이 어두운 심연 속에 더 위협적인 동물들이 숨어 있을 것이며, 내 잠수복이 그들의 공격을 막기에 충분치 않을 수 있음을 일깨워주었다. 이전에는 이런 생각이 전혀 떠오르지 않았기에 이제는 경계를 늦추지 않기로 다짐했다. 한편, 나는 이 휴식 시간이 우리 산책의 전환점이 될 것이라고 예상했으나 착각이었다. 네모 선장은 노틸러스호로 돌아가지 않고 계속해서 대담한 탐험을 이어갔다.

해저는 계속 가라앉았고, 더욱 가파른 경사는 우리를 더 깊은 곳으로 데려갔다. 오후 세 시가 다되어 우리는 높고 수직으로 뻗은 벽 사이에 좁은 계곡에 도달했으며, 해저 150미터 깊이에 있었다. 완벽한 장비 덕분에 우리는 지금까지 인간이 해저에서 머무를 수 있었던 한계를 90미터나 넘은 깊이로 내려간 것이다.

150미터라고 말했지만, 나에게 이 거리를 측정할 도구는 없었다. 그러나 나는 아무리 맑은 바다라도 태양의 광선이 그 이상의 깊은 곳까지 닿을 수 없다는 사실을 알고 있었고, 바로 이 지점에서 어둠이 짙어졌다. 10걸음 너머로는 아무것도 보이지 않는 어둠이었다. 더듬거리고 있던 내 앞에 갑자기 강렬한 빛이 번쩍였다. 네모 선장이 전기 장치를 켰던 것이다.

그의 동료도 마찬가지였고, 나와 콩세이유도 따라 불을 켰다. 스위치를 돌려 유도 코일과 유리 나선을 연결하자, 네 개의 랜턴이 바다를 밝혀 25미터 반경이 환히 드러났다.

네모 선장은 이 어두운 숲 깊은 곳으로 계속 나아갔다. 숲의 관목들이 점점 사라지기 시작했다. 나는 식물이 동물보다 더 빨리 사라지고 있다는 것을 관찰했다. 해양 식물들은 점점 척박해지는 해저를 떠났지만, 수많은 동물이 여전히 그곳을 지키고 있었다. 수족류, 절지류, 연체동물, 그리고 많은 종류의 물고기들이 그곳에 있었다.

나는 계속 걸으며 우리 룸코르프 장치의 빛이 어두운 심해의 일부 주민들을 자연스럽게 끌어들일 것이라고 생각했다. 그렇지만 그들은 만족할 만큼의 거리까지는 다가오지 않았다.

몇 차례 네모 선장이 멈춰서 총을 겨누는 것을 보았다. 그러나 그는 몇 초 동안 조준한 후 다시 자세를 풀고 걷기를 계속했다.

마침내 오후 네 시가 다되자, 이 놀라운 탐험이 끝을 맞았다. 우리 앞에 거대한 돌덩이들이 쌓여 이루어진 웅장한 바위벽이 서 있었다. 곳곳에 어두운 동굴들이 패여 있는 벽이었지만, 우리가 올라갈 수 있는 방법은 없어보였다. 이것이 바로 크레포[28] 섬의 절벽이었다. 이것이 바로 육지였다. 선장은 갑자기 멈췄다. 그의 몸짓에 따라 우리는 멈춰야 했으며, 이 벽을 넘고 싶었으나 멈춰야 했다. 여기서 네모 선장의 영토가 끝났다. 그는 그 너머로는 더 이상 발을 디딜 생각이 없었다. 그 너머에는 선장

28) 크레포 섬(Crespo Island)은 허구의 섬으로, 쥘 베른의 소설 해저 2만 리에 등장한다. 소설 속에서 이 섬은 태평양 한가운데 위치하며, 해저 숲이 펼쳐진 장소로 묘사된다. 주인공 아로낙스 교수는 이곳에서 해저 탐험을 통해 물속 나무와 식물들이 자라는 신비로운 수중 숲을 경험하게 되며, 네모 선장은 이 숲을 자신의 영역으로 간주하고 탐험을 이끈다.

이 더 이상 발로 밟지 않을 지구의 일부가 있었다.

우리의 귀환 여정이 시작되었다. 네모 선장은 다시 우리 작은 무리의 선두에 서서 주저함 없이 앞으로 나아갔다. 나는 우리가 노틸러스호로 돌아가는 길이 우리가 왔던 길이 아닌 다른 길임을 알았다. 새로운 경로는 매우 가파르고 힘들었지만, 우리를 빠르게 해수면 가까이로 데려갔다. 하지만 갑작스러운 기압의 차를 일으킬 정도는 아니었다. 그것은 심각한 신체장애를 초래하고 다이버에게 치명적인 내상을 입히게 될 수 있기 때문이다.

빠르게 빛이 다시 나타났고 점점 더 강해졌다. 그리고 이미 수평선에 낮게 걸려 있는 태양의 굴절로 인해 다양한 물체의 가장자리가 스펙트럼으로 다시 둘러싸였다.

수심 10미터에서 우리는 온갖 종의 작은 물고기 떼 속을 걸었다. 그들은 공중에 나는 새보다 더 많고, 더 민첩했다. 그러나 아직 총으로 쏠 만한 수중 사냥감은 눈에 보이지 않았다.

바로 그때 선장이 신속히 어깨에 무기를 걸고 관목 사이에서 움직이는 대상을 조준하는 것을 보았다. 총성이 울리고 희미한 쉭 소리가 들리더니 동물 하나가 마치 벼락에 맞은 듯 쓰러졌다. 그것은 에닌드라(Enhydra)속에 속하는 해달로, 유일하게 바다에서만 사는 네발 동물이었다. 길이가 1.5미터에 달하는 이 해달은 상당히 고가의 가치가 있을 것이었다. 윗부분은 밤색이고 아랫부분은 은빛으로 덮인 이 털가죽은 러시아와 중국 시장에서 매우 인기가 높은 멋진 모피 제품이 되었을 것이다. 털의 섬세함과 광택이 보장되어 최소 2,000프랑의 가치가 있을 것이다. 둥근 머리와 짧은 귀, 둥근 눈, 고양이 같은 흰 수염, 물갈퀴와 발톱이 달려있는 발, 그리고 풍성한 꼬리까지 이 드문 포유동물을 보고 나는 감탄을 금치 못했다. 어부들에 의해 사냥되고 덫에 걸리면서, 이 귀중한 육식동물은 점점 드물어졌고 주로 태평양 북부에서 피신해 있으며 그곳에서도 머지않아 멸종 위기에 처할 것으로 보인다.

네모 선장의 부하가 이 동물을 집어 어깨에 짊어진 후 우리는 다시 길을 나섰다.

한 시간 동안 모래 평원이 우리 발아래 펼쳐졌다. 종종 해저는 물의 표면에서 2미터 이내로 솟아올랐다. 그러면 나는 파도의 아랫면에 우리의 모습이 선명하게 거꾸로 반사되는 것을 볼 수 있었다. 우리 머리 위에는 모든 움직임과 행동을 거꾸로 복사한 듯, 발이 공중에 있고 머리가 아래로 향해 있는 우리와 똑같은 일행이 나타났다.

또 다른 이례적인 광경이 있었다. 우리 머리 위로 두꺼운 구름이 지나가며 빠르게 형성되고 사라지는 모습이었다. 그러나 곰곰이 생각해보니 이것은 구름이 아니라 단지 긴 해저의 밀도 변화에 의해 생겨난 파도가 만들어낸 형상이었을 뿐이라는 것을 알 수 있었다. 게다가 큰 새들이 바다 표면을 스쳐 빠르게 지나가며 우리 머리 위에 드리워진 실제 그림자도 볼 수 있었다.

이 산책에서 나는 사냥꾼의 뼛속까지 전율하게 만드는 최고의 사격 장면을 목격했다. 넓은 날개를 펼친 큰 새가 우리 위로 다가와 머물렀다. 그 새는 수면 위에서 몇 미터 떨어진 곳에 있었는데, 네모 선장의 부하가 그새를 조준하고 총을 발사했다. 새는 감전되어 떨어졌고, 우리의 능숙한 사냥꾼은 즉시 그 새를 집어 들었다. 그것은 바다 새 중에서도 가장 훌륭한 표본인 알바트로스[29)]였다.

돌아가는 길은 계속되었다. 때로는 모래 평원을 가로지르고 때로는 지나가기 힘든 해초 초원을 건너면서 두 시간을 걸었다. 솔직히 말해, 반 마일 떨어진 곳에서 어둠을 가르는 노틸러스호의 희미한 빛을 보았을 때 나는 이미 완전히 지쳐 있었다. 20분 이내에 우리는 배에 도착할 것이었고, 다시 숨을 쉴 수 있게 되리라는 안도감을 느꼈다. 왜냐하면, 내 공기 탱크의 산소가 상당히 부족하다는 것을 느꼈기 때문이다. 그래서 우리의 도착이 지연될 것이라는 것은 전혀 생각하지 못했다.

나는 20걸음 정도 뒤처져 있었는데, 네모 선장이 갑자기 나에게로 돌아오는 것을 보았다. 그의 강력한 손이 나를 바닥에 쓰러뜨렸고, 그의 부하도 콩세이유를 넘어뜨렸다. 처음에는 이

29) 알바트로스(Albatross)는 긴 날개와 바다 위를 미끄러지듯 나는 독특한 비행 스타일로 유명한 대형 바닷새이다. 주로 남극과 북극의 극지방을 비롯해 전 세계 바다에서 서식하며, 날개 길이는 종에 따라 최대 3.5미터에 이를 수 있다. 알바트로스는 바람을 타고 장시간 활공하여 에너지를 절약하며 장거리 이동이 가능. 알바트로스는 대체로 물고기와 오징어를 먹이로 하며, 특유의 비행 방식 덕분에 먼 거리를 이동한다. 또 알바트로스는 높은 지능과 장수와 자유의 상징으로도 여겨진다.

갑작스러운 행동에 놀라 당황했지만, 네모 선장 역시 내 옆에 가만히 누워 있는 모습을 보고 안도했다. 나는 해조류 덤불 아래에 누워서 고개를 들었고, 가까운 거리에 두 개의 거대한 덩어리가 빛을 내며 지나가는 것을 보았다.

나는 온몸이 얼어붙는 느낌이었다. 두 마리의 무시무시한 상어가 우리에게 위협이 되고 있었다. 그것들은 청상아리로 거대한 꼬리와 둔한 유리 같은 눈을 지녔고 주둥이 주변 구멍에서 발광 물질이 흘러나오는 두려운 식인상어였다. 마치 괴물 반딧불이는 강철 같은 턱으로 사람을 통째로 갈아버릴 수 있었다! 콩세이유는 이들을 분류하고 있었는지는 모르겠만, 나는 은빛 배와 날카로운 이빨이 가득한 입을 보며 과학적인 관점보다는 희생자의 관점에서 바라보고 있었다. 다행히도 이 탐욕스러운 동물들은 시력이 나빴다. 그것들은 우리를 알아차리지 못한 채 지나갔고, 갈색 지느러미로 우리를 살짝 스쳐 갔다. 그리고 우리는 정글에서 호랑이를 마주친 듯한 위협에서 기적적으로 벗어났다.

반 시간 후, 우리는 전기 신호를 따라 노틸러스호에 도착했다. 바깥 문이 열려 있었다. 네모 선장은 우리가 첫 번째 방에 다시 들어가자 문을 닫았고 버튼을 눌렀다. 나는 배 내부에서 펌프가 작동하는 소리를 들었으며 물이 우리 주위에서 낮아지는 것을 느꼈고 몇 초 후 방은 완전히 비워졌다. 내부로 통하는 문이 열리고 우리는 옷 보관실로 들어갔다.

그곳에서 우리의 잠수복은 어려움 없이 벗겨졌다. 허기와 피로에 지쳐 기진맥진한 나는 방으로 돌아갔지만 해저에서의 이 놀라운 탐험에 대한 경이로움으로 가득 차 있었다.

17장 태평양 아래 4천 리

다음 날 아침, 11월 18일, 나는 전날의 피로에서 완전히 회복되었고, 노틸러스호의 부관이 항상 똑같은 말을 외치는 것을 보며 플랫폼에 올랐다. 그때 갑자기 그가 외치는 말이 아마도 바다의 상태나 "아무것도 보이지 않는다."는 의미가 아닐까라는 생각이 들었다.

실제로 바다는 황량했다. 수평선 위에 돛 하나 보이지 않았다. 크레포 섬의 봉우리도 밤사이 사라지고 없었다. 바다는 프리즘의 모든 색을 흡수한 뒤 오직 푸른 광선만을 반사하며 모든 방향으로 멋진 푸른 빛을 뿜어내고 있었고, 물결치는 파도는 넓은 줄무늬 비단 같은 모습을 규칙적으로 보이고 있었다.

내가 이 장엄한 바다 풍경에 감탄하고 있을때, 네모 선장이 나타났다. 그는 나의 존재를 알아차리지 못한 듯 일련의 천문 관측을 시작했다. 작업을 마치자 그는 등대 램프 기둥에 팔꿈치를 기대고 바다 표면을 멍하니 바라보았다.

그동안 힘세고 체격이 좋은 20여 명의 노틸러스호의 사내들이 플랫폼에 올라왔다. 그들은 밤사이에 놓아둔 그물을 끌어올렸다. 이 선원들은 분명 여러 국적을 가진 사람들이었지만, 유럽적 신체 특징을 가진 것 같았다. 내가 잘못 보지 않았다면, 아일랜드인, 프랑스인, 몇몇 슬라브족, 그리고 그리스나 크레타 출신으로 보이는 사람이 있었다. 이들은 말을 아꼈고, 그들끼리 사용한 언어는 기원조차 추측할 수 없는 기묘한 방언이었다. 그래서 나는 그들에게 질문하는 것에 대한 생각을 포기할 수밖에 없었다.

그물들이 배로 끌어올려졌다. 그것들은 노르망디 해안에서 사용하는 저인망과 유사한 종류였는데, 큰 주머니가 떠 있는 막대와 아래쪽 그물코를 관통한 체인으로 반쯤 열려 있었다. 이 철 장갑과 연결되어있는 주머니들은 해저를 쓸고 지나가며 길을 따라 모든 해양 생물을 수집했다. 그날 그물 안에는 물고기가 가득했고 나는 몇 가지 특이한 표본들을 모았다. 우스꽝스러운 움직임 때문에 "광대"라는 별명을 얻은 아귀들, 안테나가 달린 검은색 코머슨 아귀, 작은 빨간 띠로 둘러싸인 물결치는 쏨뱅이, 매우 교활한 독성을 가진 복어, 올리브빛의 칠성장어, 은빛 비늘로 덮인 꺽정이, 전기뱀장어와 전기가오리의 전기 충격에 필적하는 힘을 지닌 갈치, 갈색 가로줄이 있는 비늘이 달린 깃털등말, 녹빛 대구, 여러 종류의 망둥어 등, 마지막으로 더 큰 물고기들도 있었다. 머리가 두드러진 1미터 크기의 전갱이 한 마리, 파란색과 은색의 색채로 장식된 멋진 가다랑어 여러 마리, 그리고 우리의 그물로도 도망칠 수 없었던 세 마리의 훌륭한 참치가 그것이었다. 나는 이 그물질로 1,000파운드 이상의 물고기를 잡았다고 추정했다. 훌륭한 어획이었지만 놀라운 일은 아니었다. 본질적으로 이 그물들은 몇 시간 동안 우리의 뒤를 따라가며, 실로 만들어진 감옥에 전체 수중 세계를 가두어 놓고 있었다. 노틸러스호에는 최고 품질의 식량이 끊임없이 보충되어 식량이 부족할 일은 없었다. 이 다양한 바다 표본들은 즉시 해치 아래로 내려가 창고로 보내졌다. 일부는 신선하게 먹기 위해 나머지는 보존을 위해 처리되었다. 어획이 끝나고 배의 환기와 공기 공급이 끝난 후 나는 노틸러스호가 다시 수중 항해를 재개할 것이라고 생각해 나의 방으로 돌아갈 준비를 하고 있었다. 그때 네모 선장이 나를 돌아보며 갑작스레 말했다.

"이 바다를 보세요. 교수님! 바다에는 실제로 생명력이 있지 않습니까? 바다는 분노와 애정을 가지고 있습니다. 어젯밤에 바다는 우리처럼 잠들었고, 이제는 평화로운 밤을 보낸 후 깨어난 것입니다!"

이 말을 남기고, 네모 선장은 해치로 향하여 사다리를 타고 사라졌다. 나는 그를 따라 메인 휴게실로 돌아갔다. 즉시 프로펠러가 움직이기 시작했고, 항해계는 우리의 속도를 시속 20마일로 나타냈다. 그 후 며칠 동안 네모 선장은 거의 모습을 드러내지 않았다. 나는 그를 드문드문 만나게 되었고, 수석 항해사가 매일 기록해 두는 위치를 보고 노틸러스호의 항로를 정확히 추적할 수 있었다.

콩세이유와 네드 랜드는 나와 함께 시간을 보냈다. 콩세이유는 네드 랜드에게 우리의 바닷속 산책에서 본 경이로운 것들에 대해 이야기했으며, 네드 랜드는 우리와 함께 가지 않았던 것을 후회했다. 나는 언젠가 또 다시 해저 숲을 방문할 기회가 생길 것이라고 위로해 주었다.

거의 매일 휴게실의 유리문은 몇 시간 동안 열려 있었고, 우리는 바닷속 세계의 신비를 탐구하는데 눈을 떼지 못했다. 노틸러스호의 방향은 남동쪽으로 향하며 수심 100~150미터 사이를 유지했다. 그러나 어느 날 갑자기 방향판을 비스듬하게 하여 대각선으로 잠수하여 수심 2,000미터에 이르는 층까지 내려갔다. 수온계는 이 깊이에서 모든 위도에서 공통적으로 나타나는 4.25도의 온도를 나타냈다.

11월 26일 새벽 3시, 노틸러스호는 경도 172도에서 북회귀선을 넘었다. 27일에는 하와이 제도가 보이는 지점을 지나갔는데, 이곳은 유명한 선장 쿡이 1779년 2월 14일에 사망한 장소였다. 이때까지 우리는 출발점으로부터 4,860해리를 이동한 상태였다. 그날 아침 플랫폼에 올라섰을 때, 나는 하와이 섬이 바람이 부는 방향으로부터 두 마일 떨어진 곳에 위치 하는 것을 보았다. 이 군도를 구성하는 7개의 섬 중 가장 큰 섬으로, 섬의 외곽에 있는 경작지와 해안선과 평행하게 이어진 산맥, 그리고 해발 5,000미터 높이의 마우나케아 화산들을 분명히 볼 수 있었다. 이 해역에는 공작꼬리 부채산호와 같은 독특한 모양의 폴립들이 잡혔다.

노틸러스호는 계속해서 남동쪽을 향했다. 12월 1일에 적도를 경도 142도에서 가로질렀고, 같은 달 4일에는 큰 사건 없이 빠르게 항해를 마친 후 마르키즈 제도를 향해 나아갔다. 위도 8도 57분 남쪽, 경도 139도 32분 서쪽에서 3마일 떨어진 곳에서 프랑스령 섬인 누쿠히바를 보았다. 네모 선장은 육지에 가까이 가는 것을 꺼렸기 때문에 나는 수평선 너머로 나무로 뒤덮인 산맥만 겨우 볼 수 있었다. 이곳에서 우리의 그물에는 뛰어난 어류 표본들이 잡혔다. 파란 지느러미와 황금빛 꼬리를 가진, 전 세계에서 독보적인 맛을 자랑하는 돌고기, 비늘이 거의 없고 담백한 맛을 지닌 놀래기, 뼈 같은 부리를 가진 갈치류, 다랑어처럼 맛이 좋은 황색 알바코어 등이 노틸러스호의 식량 창고를 채웠다. 프랑스 국기의 보호 아래에 있는 이 아름다운 섬들을 두고, 노틸러스호는 12월 4일부터 11일까지 약 2,000마일을 항해했다.

12월 9일에서 10일 밤에 노틸러스호는 야행성 연체동물 군단과 만났다. 수백만 마리에 이르는 오징어 떼는 온대 지역에서 더 따뜻한 지역으로 이동하는 중이었다. 우리는 두꺼운 유리창을 통해 이들을 지켜보았다. 이들은 빠른 속도로 역방향으로 헤엄치며 물고기와 다른 연체동물들을 쫓고, 큰 놈들은 작은 놈들을 먹으며, 서로 뒤엉킨 상태로 10개의 발을 이용해 물을 가르는 모습을 보여주었다. 이들은 두족류에 속하며 문어와 근친인 비정상적인 연체동물들이었다. 프랑스 어부들은 이들을 "코클드 피쉬"라 부르며, 고대의 자연학자들도 이 동물들을 연구했고, 그리스 시장에서 연설자들의 농담 소재이자, 풍부한 식재료로 이용되었다.

항해를 하는 동안, 바다는 끝없는 변화를 보여주며 우리의 눈을 즐겁게 했다. 우리는 단지 창조주의 작품을 감상하는 것에 그치지 않고 바다의 가장 어려운 신비를 탐구하도록 요청받고 있었다.

12월 11일, 나는 메인 휴게실에서 책을 읽고 있었다. 네드 랜드와 콩세이유는 열려 있는 패널을 통해 빛나는 바닷물을 관찰하고 있었다. 노틸러스호는 수심 1,000미터의 비교적 생물이 적은 해양 지역에 멈춰 있었다. 나는 장 마세의 '위장 근무자들'이라는 책을 읽고 있었는데, 그때 콩세이유가 나의 독서를 방해했다.

"주인님, 잠시 이쪽으로 오시겠습니까?" 그가 이상한 목소리로 말했다.

"무슨 일인가, 콩세이유?"

“주인님이 보셔야 할 것이 있습니다.”

나는 일어나서 창문 앞으로 갔다.

밝은 전기 빛 속에서 거대한 검은 덩어리가 바다 한가운데에 정지해 있는 것을 보았다. 나는 이 거대한 고래가 무슨 종인지 알아내려고 주의 깊게 관찰했다. 그때 갑자기 떠오른 생각이 있었다.

“배다!” 내가 외쳤다.

“맞습니다.” 네드 랜드가 대답했다.

“가라앉은 난파선입니다.”

네드 랜드의 말이 맞았다. 우리 앞에는 돛 줄이 찢어진 채 여전히 고정쇠에 매달려 있는 배가 있었다. 선체는 멀쩡해 보였고, 침몰한 지 몇 시간밖에 지나지 않은 듯했다. 갑판에서 2피트 위로 잘려나간 세 개의 돛대 잔해는 이 배가 침수되면서 돛대를 포기할 수밖에 없었음을 보여주고 있었다. 배는 옆으로 기울어 완전히 물에 잠겼고, 여전히 좌현 쪽으로 기울어 있었다. 물속에서 버려진 이 난파된 선박의 모습은 처참했다. 더 끔찍한 것은 갑판 위에 로프로 묶여 물에 떠밀려 나가지 않도록 된 채로 있는 시체들이었다. 나는 그들 중 네 명의 남자 시체를 보았다. 그 중 한 명은 여전히 키를 잡고 서 있었고, 뒤편의 창문 밖으로 반쯤 걸쳐 아이를 안고 있는 한 여자가 있었다. 젊은 여자였다. 노틸러스호의 밝은 빛 아래 아직까지 부패되지 않은 그녀의 얼굴을 분명히 볼 수 있었다. 그녀는 온 힘을 다해 아이를 머리 위로 들어 올렸고, 불쌍한 작은 아이의 팔은 여전히 어머니의 목을 꼭 껴안고 있었다. 네 명의 선원은 그들을 배에 묶고 있는 밧줄에서 벗어나려는 몸부림으로 인해 기괴하게 뒤틀린 모습이었다. 키를 잡고 홀로 서 있는 조타수는 한결 침착해 보였다. 매끈하고 진지한 얼굴에 흰색 머리카락이 이마에 착 달라붙은 채로 손으로 키를 움켜쥐고 있었다. 그는 침몰한 삼각 돛배를 바다 속 깊은 곳에서 여전히 조종하고 있는 듯했다. 이 얼마나 비극적인 장면인가! 우리는 이 마지막 순간을 포착한 듯, 침몰된 장면 앞에 망연자실했고, 심장이 두근거렸다. 그리고 이미 인간의 살을 탐하는 끔찍한 상어들이 안광을 빛내며 다가오는 모습을 볼 수 있었다.

노틸러스호는 침몰하는 배 주위를 한 바퀴 빙 돌았다. 한쪽에서 나는 난파선에 쓰여 있는 배의 이름을 읽을 수 있었다.

플로리다호 - 선덜랜드, 영국

이 장에서는 노틸러스호가 항해 중 만난 일련의 해양 재난 현장들을 다루고 있다. 항로가 붐비는 바다에 진입하자, 우리는 난파되어 물속에서 썩어가고 있는 선체들을 자주 목격 할 수 있었다. 더 깊은 곳에서는 대포, 포탄, 닻, 쇠사슬, 그리고 녹슬어가는 수많은 철물들을 발견하였다.

한편, 고립된 생활을 하며 노틸러스호에 실려 가던 중 우리는

12월 11일에 투아모투 제도에 도착하였다. 남위 13도 30분에서 23도 50분 사이, 서경 125도 30분에서 151도 30분 사이에 위치해있는 이 제도는 프랑스의 세계적 항해에서 부겐빌 대장이 '위험한 군도'로 불렀던 곳이다. 듀시 섬에서부터 라자로프 섬까지 동남쪽에서 서북쪽으로 500리그에 걸쳐 펼쳐져 있는 있다. 이 군도는 370평방리그의 면적을 차지하고 있으며 약 60여 개의 작은 군도로 이루어져 있다. 이 중에는 프랑스 보호령인 갬비어 제도도 포함되어 있다. 이 섬들은 모두 산호초가 만들어낸 구조물로 폴립들이 천천히 그러나 꾸준히 쌓아 올린 덕분에 언젠가는 서로 연결될 것이다. 그 후 이 새로운 섬은 주변 섬들과 합쳐져 뉴질랜드와 뉴칼레도니아에서부터 마르키즈 제도에 이르는 제5의 대륙이 될 것이다. 내가 이 이론을 네모 선장에게 설명했을 때 그는 차갑게 대답했다.

"지구에 필요한 것은 새로운 대륙이 아니라, 새로운 인간입니다."

노틸러스호는 1822년에 벨 선장이 항해도중 운 좋게 발견한 이 군도의 독특한 섬 중 하나인 레아오 섬에 도착했다. 덕분에 나는 이 해양의 섬들을 형성한 마드레포르 산호의 구조를 연구할 수 있었다. 마드레포르 산호는 보석 산호와 혼동해서는 안되며 석회 껍질로 덮여 있고, 나의 유명한 스승 밀느에드워즈 교수가 구조적 변이를 통해 다섯 가지로 분류했다.

이 미세한 생명체들은 내부에 셀 수 없이 많은 개체를 품고 있으며 이들이 분비하는 석회질은 축척되어 암초에서 작은 섬, 더 큰 섬으로 자라난다. 이 산호들은 어떤 곳에서는 환초 형태를 만들어 바다와 접하는 내부의 작은 호수나 라군을 둘러싼 둥근 고리 형태를 이룬다. 또한 뉴칼레도니아와 투아모투 제도의 몇몇 섬 해안에서 볼 수 있는 장벽 산호초를 형성하기도 한다. 레위니옹 섬이나 모리셔스 섬처럼 깊은 바다 옆에 퇴적물로 높은 벽을 세우는 곳도 있다.

레아오 섬을 단 몇 개의 케이블 길이만큼 떨어져 항해하면서 나는 작은 생명체들이 만들어낸 거대한 작품에 감탄했다. 이 산호 벽은 불 산호, 손가락 산호, 별 산호, 석질 산호로 알려진 마드레포르 산호의 업적이었다. 이 폴립들은 바다 표면의 불안정한 층에서만 자라기 때문에 이들이 만드는 구조물은 표층에서 시작되어 점차 바다의 잔해들과 결합하여 함께 가라앉는다. 이 산호초의 형성을 설명하는 다윈 씨의 이론은 산호초들이 해수면 아래 몇 피트 잠긴 산이나 화산 정상에 앉아 있다는 기존의 이론보다 훨씬 우수하다고 나는 생각한다.

수심계로로 확인했을 때 이 신비로운 벽은 수직으로 300미터 이상 내려갔으며, 전등불에 반사되어 반짝이는 석회질 벽의 모습은 인상적이었다.

폴립의 성장속도를 묻는 콩세이유의 질문에 나는 과학자들이 2년에 1/8인치 정도 성장하고 있다고 밝혀냈다는 답변으로 그를 놀라게 했다.

"그렇다면 이 벽을 건설하는 데 걸린 시간은……?"

"19만 2천 년이라네. 콩세이유군. 이는 성서에 나오는 창조의 날을 상당히 연장시키는 셈이지. 그 외에 석탄의 형성 같은 홍수로 삼켜진 숲의 석화나 현무암의 냉각도 더 긴 기간을 필요로 한다네. 더 나아가 성경의 그 '날'들은 아마 한 시대 전체를 의미했을 것이며, 문자 그대로 해가 뜨고 지는 시간의 경과를 뜻하지는 않았을 것이네. 성경 자체에 따르면 태양은 창조 첫날부터 존재하지 않았기 때문이지."

노틸러스호가 다시 수면으로 떠올랐을 때, 나는 레아오 섬의 평탄하고 나무가 우거진 전경을 감상할 수 있었다. 분명히 이 산호섬은 토네이도와 폭풍우에 의해 비옥해진 듯하였다. 어느 날 이웃 해안에서 폭풍에 휩쓸려온 씨앗이 이 석회질 지대에 떨어졌고, 물고기와 해양 식물이 분해된 물질이 결합하여 식물을 위한 부식토를 형성하였을 것이다. 파도에 실려 온 코코넛이 이 해안에 도달해 그 씨앗이 뿌리를 내리며 자라났다. 나무는 높게 자라 물의 증발을 막고, 그물들이 모여 흐르기 시작했다. 점점 식물이 퍼져 나가고 나무를 타고 온 작은 동물들, 벌레와 곤충들이 도착했다. 바다거북이 알을 낳기 위해 찾아오고 새들은 어린 나무에 둥지를 틀었다. 이렇게 생명이 자라나 푸른 초목과 비옥한 흙을 형성하고 이것에 이끌려 인간이 등장하게 되었다. 이 섬들은 미세한 생명체들의 위대한 업적으로 형성된 것이다.

저녁 무렵이 되자 레아오 섬은 시야에서 사라졌고, 노틸러스호는 눈에 띄게 항로를 변경했다. 남회귀선을 경도 135도에서 넘은 후 우리는 다시 서북쪽으로 나아가며 열대 지역을 가로지르기 시작했다. 여름 태양이 우리에게 강렬한 햇살을 비추었지만, 3, 40미터 수심에서는 온도가 섭씨 10~12도 이상으로 올라가지 않아 전혀 덥지 않았다.

12월 15일까지 우리는 서쪽으로 향하면서 태평양의 여왕이라 불리는 아름다운 타히티 섬을 멀리서 볼 수 있었다. 몇 마일 앞에 섬의 높은 봉우리가 보였다. 이곳의 바다에서는 고등어, 방어, 다랑어, 그리고 모레이 장어와 같은 바다뱀들이 노틸러스호의 식탁을 풍성하게 만들어 주었다. 노틸러스호는 8,100마일을 항해했다. 통가 제도와 사모아 제도 사이를 지나갈 때 항해 거리는 9,720마일에 달했다. 통가제도는 아르고, 포트 오 프린스, 포틀랜드 공작호의 선원들이 희생되었던 곳이고 사모아 제도는 사라진 항해가인 라페루즈 백작의 친구였던 드 랑글 선장이 살해된 사건이 있었다. 이어서 우리는 피지 제도에 도착했다. 이곳에서는 유니온호의 선원들과 낭트 출신 다링 조세핀호의 부로 선장이 원주민들에게 목숨을 잃었던 비극적인 사건이 있었던 곳이다.

이 군도는 남북으로 100리그, 동서로 90리그에 걸쳐 있으며, 남위 2도에서 6도, 서경 174도에서 179도 사이에 위치해 있다. 이 군도는 여러 크고, 작은 섬과 산호초들로 이루어져 있다. 그

중에서도 비티레부, 바누아레부, 그리고 카다부 섬이 주목할 만하다.

이 군도는 1643년에 네덜란드 항해가 태즈먼이 발견했다. 이해는 이탈리아 물리학자 토리첼리가 기압계를 발명하고 루이 14세가 프랑스 왕위에 오른 그 해였다. 이 중 어느 업적이 인류에게 더 큰 유익을 가져왔는지는 독자의 판단에 맡기겠다. 이후 1774년에 쿡 선장, 1793년에 앙트레카스토 제독, 그리고 마지막으로 1827년에 뒤몽 뒤르빌 선장이 이 제도의 혼란스러운 지리적 구성을 정리했다. 노틸러스호는 잉글랜드의 딜런 선장이 사라진 라페루즈 백작 휘하의 배들을 찾는데 도움을 준 와일레아 만 근처에 접근했다.

우리는 이곳에서 우수한 품종의 굴을 대량으로 채집했다. 로마 극작가 세네카가 권장한 것처럼 우리는 굴을 테이블에서 바로 열어 배부르게 먹었다. 이 굴은 오스트레아 라멜로사(Ostrea lamellosa)라는 종에 속하며, 이 품종은 코르시카 해안에서도 흔히 볼 수 있는 종이다. 이 와일레아 굴 서식지는 상당히 넓었을 것이며, 여러 자연적 요인에 의해 제어되지 않았다면 이 바닷가는 굴들로 가득했을 것이다. 실제로 한 마리의 굴에서 최대 200만 개의 알이 발견되기도 했다. 네드 랜드는 우리의 굴 파티에서 엄청난 굴을 먹어치웠는데 그것은 굴이 유일하게 소화불량을 일으키지 않는 음식이었기 때문이다. 사실 성인 한명에게 하루 필요한 315그램의 질소를 충족하기 위해서는 적어도 굴 16

다스가 필요하다.

12월 25일, 노틸러스호는 포르투갈 항해가 케이로스가 1606년에 발견하고 1768년에 부겐빌 대장이 탐사하고, 1773년에 쿡 선장이 현재의 이름을 붙인 뉴헤브리디스 제도를 항해했다.

이 군도는 9개의 큰 섬을 중심으로 구성되어 있으며 북북서에서 남남동으로 120리그에 걸쳐 펼쳐져 있고 남위 2도에서 15도, 동경 164도에서 168도 사이에 위치해 있다. 우리는 그날 정오 관측을 했을 때 거대한 녹색 숲의 덩어리와 높이 솟은 봉우리를 이고 있는 아우루 섬 가까이를 지나갔다.

그날은 크리스마스였고, 네드 랜드는 "크리스마스"라는 개신교도들이 매우 중요하게 여기는 진정한 가족의 축제를 몹시 그리워하는 듯했다.

27일 아침, 일주일 넘게 보지 못했던 네모 선장이 마치 잠깐 자리를 비웠다 돌아온 것처럼 거실로 들어왔다. 나는 노틸러스호의 항로를 세계 지도에 기록하고 있던 중이었다. 선장은 다가와서 지도 위의 한 지점에 손가락을 얹고 단 한 단어를 말했다.

"바니코로."

이 이름은 마치 마법과도 같았다! 라페루즈 백작의 배들이 난파한 그 섬들 중 하나였다. 나는 벌떡 몸을 일으켰다.

"노틸러스호가 우리를 바니코로로 데려가고 있는 겁니까?"

라고 내가 물었다.

"그렇습니다. 교수님." 선장이 대답했다.

"그렇다면 콤파스와 아스트롤라베호가 난파 되었던 그 유명한 섬들을 방문할 수 있는 겁니까?"

"교수님께서 원한다면 그렇게 하시지요."

"바니코로에 언제 도착합니까?"

"이미 도착했습니다. 교수님."

나는 네모 선장을 따라 플랫폼으로 올라가서 수평선을 향해 열심히 시선을 돌렸다.

북동쪽에는 크기가 다른 두 개의 화산섬이 산호초로 둘러싸여 있었고, 그 둘레는 약 40마일에 달했다. 우리는 뒤몽 뒤르빌 선장이 '수색의 섬'이라는 이름을 붙인 바니코로 본섬과 마주하고 있었으며, 그곳은 남위 16도 4분, 동경 164도 32분에 위치한 작은 바나 항구 앞에 와 있었다.

해변에서부터 내륙의 정상까지 초목으로 덮여 있었고 가장 높은 봉우리의 높이는 928미터로 우뚝 솟아 있었다. 노틸러스호는 좁은 수로를 통해 암석 지대를 통과하여 50~70미터 깊이에 파도가 부서지는 지역에 자리 잡았다. 열대의 상록수가 드리운 녹색 그늘 아래에서 나는 몇몇 원주민들이 우리 접근에 크게 놀라워하는 모습을 발견했다. 수면 위에 살짝 떠있는 이 검고 긴 물체가 물 위로 다가오는 것을 보며 그들은 무시무시한 고래류를 떠올렸을지도 모른다.

바로 그때 네모 선장은 라페루즈 백작의 배가 난파된 사건에 대해 내가 알고 있는 것을 물었다.

"사람들이 알고 있는 정도는 알고 있습니다. 선장님" 나는 대답했다.

"사람들이 알고 있다는 그 이야기를 제게 알려주시겠습니까?"

선장은 약간 비꼬는 투였지만 부드럽게 말했다.

"물론이죠."

나는 네모 선장에게 뒤몽 뒤르빌 선장의 탐험에 대해 말해주었다. 간단히 요약하자면 다음과 같다. 1785년에 프랑스의 루이 16세 왕은 라페루즈 백작과 그의 부하인 드 랑글 선장에게 세계 일주 항해를 명령했다. 그들은 콤파스와 아스트롤라베라는 두 전함에 탑승하였으나 다시는 돌아오지 않았다.

1791년, 프랑스 정부는 이 두 전함의 행방을 찾기 위해 앙트레카스토 제독의 지휘 아래 르세르슈(탐색)와 레스페랑스(희망)이라는 두 대형 화물선을 마련하고 9월 28일 브레스트에서 출항시켰다. 두 달 후, 알버말호의 보웬 사령관이 뉴조지아 해안에서 난파된 배의 잔해를 목격했다는 증언을 전달했다. 그러나 이 소식을 듣지 못한(그다지 확실한 정보는 아니었다.) 앙트레카스토 제독은 헌터 선장의 보고서에 쓰여있는 라페루즈 백작의 배가 난파된 장소인 애드미럴티 제도로 향했다. 그들은 난파된 배를 찾아 헤매면서 몇 번 바니코로 섬을 지나치기만 했다. 결국 불운했던 이 항해는 앙트레카스토 제독과 그의 부관 두 명 그리고 몇몇 선원들이 목숨을 잃는 비극으로 끝났다.

태평양에서 난파선의 흔적을 처음 발견한 사람은 영국의 노련한 모험가, 피터 딜런 선장이었다. 1824년 5월 15일, 그의 배 세인트 패트릭은 뉴헤브리디스 제도 중 하나인 티코피아 섬을 지나던 중, 카누를 타고 다가온 한 원주민이 딜런 선장에게 은으로 조각된 단검을 팔았다. 그 단검 자루에는 조각용 끌로 문양이 새겨져 있었다. 게다가 이 원주민은 여섯 해 전에 바니코로에 머무르던 중 오래전에 이 섬의 암초에 좌초된 두 명의 유럽인을 보았다고 주장했다.

딜런은 그가 말하는 배들이 실종된 후 전 세계를 충격에 빠뜨렸던 라페루즈 백작의 배들임을 짐작하고 바니코로로 향하려 했으나, 바람과 해류로 인해 도달하지 못했다. 딜런은 캘커타로 돌아가 아시아 학회와 동인도회사에게 자신의 발견에 관심을 가지도록 설득했다. 그 결과 새로운 서치라는 이름의 배가 그에게 맡겨졌고, 그는 1827년 1월 23일 프랑스 대리인과 함께 출항했다. 이 새로운 서치호는 태평양을 여러 차례 정박하며 탐험한 후 1827년 7월 7일 바니코로의 바나 항구에 닻을 내렸다. 현재 노틸러스호가 정박해 있는 바로 그 항구였다. 딜런 선장은 그곳에서 난파선의 여러 유물들을 수집했다. 철로 된 도구들과 닻, 도르래의 구멍, 회전식 소총, 18파운드 포탄, 천문 관측기구의 잔해, 선미의 난간 조각, 그리고 1785년경 브레스트 군수 공장에서 제작된 '바쟁이 만듬'이라는 글씨가 새겨진 청동 종이 그것이었다. 의심의 여지가 없었다.

조사를 마친 딜런은 10월까지 현장에서 머무르다가 바니코로를 떠나 뉴질랜드로 향했다. 그는 1828년 4월 7일 캘커타에 정박한 후 프랑스로 돌아가 샤를 10세로부터 매우 정중한 환대를 받았다. 그러나 그때 프랑스의 유명한 탐험가 뒤몽 뒤르빌 선장은 딜런의 활동을 모른 채 다른 곳에서 난파선의 흔적을 찾기 위해 이미 출항한 상태였다. 실제로 한 포경선이 루이지아드 제도와 뉴칼레도니아의 원주민들이 가지고 있던 메달과 성 루이 훈장을 발견했다고 보고했기 때문이었다. 이에 뒤몽 뒤르빌 선장은 아스트롤라베라는 이름의 배를 지휘하여 출항했고, 딜런 선장이 바니코로를 떠난 지 불과 두 달 후에 호바트에 정박했다. 그곳에서 딜런의 발견에 대해 듣게 되었으며, 또한 캘커타에서 출항한 유니온의 수석 항해사 제임스 홉스가 남위 8도 18분, 동경 156도 30분에 위치한 섬에 상륙하여 원주민들이 철봉과 붉은 천을 사용하는 것을 목격했다는 이야기도 전해 듣게 되었다.

뒤몽 뒤르빌은 믿을 만하지 않은 신문들이 전한 이 보고들을 신뢰해야 할지 몰라 상당히 당혹스러웠다. 그럼에도 불구하고 그는 딜런의 흔적을 따라가기로 결심했다. 1828년 2월 10일, 새로운 아스트롤라베는 티코피아 섬 앞에 도착해 그곳에 정착한 탈영병을 가이드 겸 통역을 태우고, 바니코로 섬으로 항해했다. 2월 12일에 바니코로가 보이기 시작했다. 14일까지 산호초를 따라 항해한 뒤 20일에야 바나 항구 안에 닻을 내렸다.

23일에 몇몇 장교들이 섬을 돌아보고 중요하지 않은 몇 가지 잔해를 가져왔다. 그러나 원주민들은 모른다거나 회피하는 태도를 취하며 난파 현장으로 이들을 안내하기를 거부했다. 이 수상한 태도는 원주민들이 조난자들을 학대했을 가능성을 시사했으며, 실제로 원주민들은 뒤몽 뒤르빌이 라페루즈 백작과 그의 불운한 동료들의 복수를 하러 온 것은 아닐까 하며 두려워하는 것처럼 보였다.

하지만 26일 후, 뒤몽 베르빌 선장의 선물과 회유로 보복을 두려워할 필요가 없음을 알게 된 원주민들은 야키노 수석 장교를 난파 지점으로 안내했다. 파에우와 바나 산호초 사이의 수심 3~4패덤(약 5.5미터에서 7.3미터정도의 깊이) 깊이의 물속에는 닻, 대포, 그리고 철과 납으로 만든 주괴들이 석회질에 덮인 채 누워 있었다. 아스트롤라베의 소형보트들과 고래잡이 배가 이 지역으로 보내졌다. 긴 작업 끝에 승무원들은 무게가 1,800파운드에 달하는 닻, 8파운드짜리 주철 대포, 납 주괴, 그리고 두 개의 구리 회전포를 건져 올릴 수 있었다.

뒤몽 뒤르빌은 원주민들을 심문하면서 라페루즈의 두 배가 섬의 산호초에 난파된 후 백작이 더 작은 배를 건조했으나 다시 난파되었다는 사실을 알게 되었다. 그 장소가 어디인지는 아무도 알지 못했다. 아스트롤라베의 지휘관은 이후 유명한 항해사와 그의 동료들을 기리기 위해 망그로브 나무 아래에 기념비를 세웠다. 그것은 산호로 만든 단순한 사각형 피라미드로, 원주민들의 탐욕을 자극하지 않도록 철물은 포함되지 않았다.

모든 일을 끝낸 뒤몽 뒤르빌은 출항을 시도했으나 비위생적인 해안에서 유행하는 열병 때문에 승무원들이 쓰러지고 자신 역시 병에 걸려 3월 17일까지 닻을 올릴 수 없었다. 한편, 뒤몽 뒤르빌이 딜런 선장의 활동을 알지 못할 것을 우려한 프랑스 정부는 아메리카 서부 해안에 주둔하던 드 트로멜랭 지휘관이 이끄는 바이오네즈호를 바니코로로 보냈다.

바이오네즈는 새로운 아스트롤라베의 출항 몇 달 후에 바니코로 앞에 닻을 내렸지만 추가적인 증거는 발견하지 못했지만, 원주민들이 라페루즈 백작을 기리는 기념비를 훼손하지 않았음을 확인했다. 이것이 내가 네모 선장에게 설명한 내용의 요지였다.

"그렇다면" 네모 선장이 나에게 말했다.

"조난자들이 바니코로 섬에서 세 번째 배를 만들었고, 그 배가 어디로 가서 어떻게 난파당한건지 여전히 아무도 모른다는 겁니까?"

"네, 아무도 모릅니다."

네모 선장은 대답하지 않고 나에게 메인 휴게실로 따라오라는 신호를 보냈다. 노틸러스호가 파도 아래로 몇 미터 더 내려가자 창문이 열렸다. 나는 창문으로 달려가 산호의 껍질을 보았다. 버섯 산호, 시폰루라 산호, 알키온 산호, 그리고 카리오필리아 속에는 말미잘들이 가득했다. 또한 초록 물고기, 자리돔, 농어, 다람쥐고기와 같은 수많은 아름다운 물고기들이 있었다.

그 사이로 찾아 낼 수 없었던 난파선의 잔해들 철 발걸이, 닻, 대포, 포탄, 윈치 장치, 그리고 선미 기둥 같은 물건들이 보였다. 이제는 움직이는 꽃들로 덮여 있었다.

이 황량한 잔해를 바라보고 있는 나에게 네모 선장은 엄숙한 목소리로 말했다.

"라페루즈 지휘관은 1785년 12월 7일 콤파스와 아스트롤라베라는 배를 이끌고 출항했습니다. 그는 처음에 보타니 만에 닻을 내렸고 통가 제도와 뉴칼레도니아를 방문한 후 산타크루즈 제도로 향해 하파이 군도의 노무카 섬에 도착했습니다. 그 후 그의 배들은 바니코로의 미지의 산호초에 도달했소. 선두로 나아가던 콤파스호는 남쪽 해안의 파도에 휩쓸렸고, 아스트롤라베는 구조하려다 함께 좌초되어 버렸습니다. 첫 번째 배는 순식간에 파괴되었고, 두 번째 배는 바람을 등지고 좌초 하였기에 며칠 동안 버틸 수 있었소. 원주민들은 조난자들을 비교적 친절하게 대해 주었습니다. 그들은 섬에 정착했고, 두 대형 선박의 잔해로 더 작은 배를 만들지요. 일부 선원들은 자발적으로 바니코로에 남았고, 나머지 선원들과 병든 선원들은 라페루즈 백작과 함께 솔로몬 제도로 향해 떠났습니다. 하지만 이 제도의 가장 서쪽 해안의 데셉시옹 곶과 사티스팍시옹 곶 사이에서 모두 목숨을 잃고 말았습니다!"

"선장님, 당신은 어떻게 이 사실을 알고 있는 겁니까?" 내가 큰 소리로 물었다.

"제가 바로 이 장소에서 찾아낸 조난의 흔적입니다."

네모 선장은 철제 박스 하나를 내게 보여주었다. 그것은 프랑스 군의 문장이 찍혀있었으며 바닷물로 인해 전체가 부식되어 있었다. 네모 선장이 그것을 열자 누렇게 색이 바랜 하지만 아직은 읽을 수 있는 종이 한 묶음이 보였다.

그것은 해군 장관이 라페루즈 선장에게 내린 명령서였으며, 여백에는 루이 16세가 직접 쓴 서명이 있었다.

네모 선장이 말했다.

"아! 뱃사람으로서 정말 멋진 죽음입니다. 이 산호초는 평온한 무덤입니다. 하늘이여, 나와 내 동료들에게도 이와 같은 죽음을 맞이하게 해주시오!"

18장

토레스 해협

12월 27일과 28일 밤 사이에 노틸러스호는 빠른 속도로 바니코로의 해안을 떠났다. 그녀의 항로는 남서쪽으로 향하고 있었고, 3일 만에 750리의 거리를 이동하여 라 페루즈 제도에서 파푸아까지 항해했다.

1863년 1월 1일 이른 아침, 콩세이유가 나를 플랫폼에서 기다리고 있었다.

“주인님, 행복한 새해 맞으십시오.”

“무슨 말을 하는 건가? 콩세이유. 마치 우리가 파리 식물원 내 사무실 안에 있는 것 같군! 아무튼 자네의 신년 인사는 잘 받겠네, 그런데 우리가 처한 상황에서 ‘행복한 새해’는 무슨 뜻인지 묻고 싶군.”

“사실은 저도 잘 모르겠습니다, 주인님. 우리는 이상한 여행을 계속하고 있으며, 두 달 동안 지루함을 느낀 적이 없었습니다. 우리는 신기한 일들을 겪고 있고, 가장 최근에 겪은 경이로운 일은 정말 놀라웠지만, 우리가 이 여행을 계속한다면 어떻게 끝나게 될지 모르겠습니다. 제 생각에 우리는 다시는 이런 경험을 할 수 없을 거라는 겁니다."

"당연히 다시는 없을 것이네."

"게다가 네모선장님은 우리를 자유롭게 두시니까요."

"자네 말이 맞네."

"그래서 주인님 기분이 나쁘지 않으시다면 제가 말씀드린 행복한 새해는 우리가 모든 것을 겪고 볼 수 있는 한 해를 말합니다."

1월 2일, 우리는 일본 바다에서 출발한 이후 11,340마일(2만 1,000킬로미터)을 항해했다. 노틸러스호 앞에는 호주 북동 해안의 위험한 산호바다가 펼쳐져 있었다. 우리는 1770년 6월 10일 쿡 선장의 배가 난파될 뻔했던 치명적인 장소에서 몇 마일 떨어져 있었다. 쿡 선장의 배는 암초에 부딪혔지만 가라앉지 않았다. 다행히도 충격으로 부서진 산호 조각 사이에 배가 끼어 버렸기 때문이었다.

나는 약 1,500키로미터에 달한다는 이 산호초에 직접 가보고 싶었다. 이곳에서 항상 거친 파도가 거세게 부딪치며 마치 폭풍 같은 소리를 냈다. 하지만 노틸러스호는 날개를 비스듬히 기울여 해저로 잠수하고 있었다. 산호 장벽은 전혀 보이지 않았다. 나는 그물로 잡은 몇 가지 물고기 표본을 보면 만족할 수밖에 없었다.

그중에서도 나는 커다란 고등어와 비슷한 옆구리에 푸른 가로 줄무늬가 있는 물고기에 흥미가 있었다. 옆구리에 있는 가로 줄무늬는 물고기가 성장 할수록 점점 사라진다. 이 물고기들은 무리지어 다니며 우리에게 아주 맛있는 고기를 제공 해주었다.

또한, 나는 도미와 비슷한 맛을 가진 약 1.5인치 길이의 황금 머리 물고기와 같은 다양한 물고기들도 잡았다. 연체동물과 자포동물들 중에서는 여러 종류의 바다 맨드라미와 성게, 뿔고둥, 해삼, 해마 등이 그물 속에서 발견되었다. 식물군에는 기공을 통해 점액질을 방출시키는 다시마를 비롯한 해초들이 있었다. 이들은 모두 자연사 박물관의 흥미로운 목록에 포함되었다.

산호해협을 건넌 지 이틀 후인 1월 4일, 우리는 파푸아 해안을 보았다. 이때, 네모 선장은 토레스 해협을 통해 인도양으로 들어갈 계획임을 알려주었다. 대화는 그것뿐 이었다.

네드 랜드는 이번 항해가 유럽과 가까운 곳으로 우리를 데려가고 있다는 것에 기뻐했다. 토레스 해협은 원주민들이 자주 출몰하는 해안과 곳곳에 솟아있는 암초들로 위험 지역이었다. 뉴기니 해협으로 불리며 파푸아섬과 호주 대륙을 갈라 놓고 있었다.

파푸아는 길이 400리그(약 2,220km²), 너비 130리그(약 720km²), 면적 40,000(약 222,000km²) 리그에 이르는 섬이다. 위치는 남위 0

도 19분에서 10도 2분, 동경 128도 23분에서 146도 15분 사이에 위치해 있다. 정오 무렵, 수석 장교가 태양의 고도를 측정할 때 나는 계단처럼 솟아올라 날카로운 봉우리를 이루고 있는 아르팍 산맥의 정상을 보았다. 이 해안은 1511년 포르투갈의 프란시스코 세라노에 의해 처음 발견되었으며, 이후 1526년 돈 호르헤 데 메네세스, 1527년 후안 데 그리할바, 1528년 스페인 장군 알바로 데 사아베드라, 1545년 후니고 오르티스, 1616년 네덜란드인 스코튼, 1753년 니콜라스 스트루이크, 그리고 태즈먼, 담피어, 푸멜, 카터렛, 에드워즈, 부겐빌, 쿡, 매클루어, 토마스 포레스트, 1792년 앙트레카스토 제독, 1823년 루이-이시도르 뒤페리, 1827년 뒤몽 뒤르빌이 잇달아 방문했다.

드 리엔지는 "이곳은 말레이시아 세계를 차지한 흑인들의 중심지다." 라고 말했었는데, 나는 이번 항해에서 내가 그 무서운 원주민들을 만날 수도 있다는 사실을 전혀 예상하지 못했다.

그렇게 노틸러스호는 세계에서 가장 위험한 해협 중 하나, 대담한 항해사들조차 통과를 망설이던 해협에 도달했다. 이 해협은 멜라네시아 남해에서 돌아오던 루이스 바에즈 데 토레스가 지나갔고, 1840년 뒤몽 뒤르빌 선장의 군함들이 좌초해 거의 선원 전원을 잃을 뻔했던 곳이다. 노틸러스호는 바다의 모든 위험을 초월한 듯 보였으나 이제 이곳의 산호초와 마주해야 했다. 토레스 해협은 약 34리그(189킬로미터, 1리그는 약 5.556킬로미터) 너비이지만 수많은 크고 작은섬과 암초, 바위들로 가득 차 있어 항해가 거의 불가능하다. 따라서 네모 선장은 이 해협을 건널 때 가능한 모든 예방 조치를 취했다. 노틸러스호는 물과 평행을 이루어 느린 속도로 전진했다. 스크류는 마치 고래 꼬리처럼 파도를 천천히 휘저었다.

이 틈을 타 나와 두 동료는 항상 비어있던 플랫폼에 자리를 잡았다. 앞에는 조타실이 있었고, 네모 선장이 직접 노틸러스호를 조종하고 있을 거라 생각되었다. 내 앞에는 뒤몽 뒤르빌의 세계 일주 항해에 참여했던 수로 측량 기사 비센돈 두물랭과 현재는 제독이 된 푸방 데보아 중위가 제작한 토레스 해협의 정확한 해도가 놓여 있었다. 이는 킹 선장의 지도와 함께 이 좁고 복잡한 토레스 항로를 푸는 최고의 지도였으며, 나는 그것을 꼼꼼히 살펴보았다.

노틸러스호 주위의 바다는 격렬하게 끓어올랐다. 남동쪽에서 북서쪽으로 시속 약 2.5마일의 속도로 밀려오는 파도가 여기저기서 산호초에 부딪혀 물보라를 일으켰다.

"이거 아주 험한 바다네요!" 네드 랜드가 말했다.

"정말 끔찍하게 거친 바다로군." 내가 대답했다.

"그리고 노틸러스호 같은 배에는 전혀 어울리지 않는 바다다."

"그 저주받은 선장은 항로를 제대로 알고 있어야 할 텐데, 저 산호초들과 살짝만 부딪쳐도 배는 조각이 나버릴 겁니다." 네드 랜드가 덧붙였다.

정말로 위험한 상황이었다. 하지만 노틸러스호는 마법처럼 거친 암초들 사이를 가볍게 미끄러지듯 빠져나갔다. 노틸러스호는 뒤몽 뒤르빌 선장에게 불운을 안긴 젤러스호와 새로운 아스트롤라베호가 지나갔던 항로를 제대로 따르고 있지 않았다. 대신 더 북쪽으로 가서 머레이 섬을 끼고 가다, 남서쪽으로 내려와 커벌랜드 수로를 향하고 있었다. 나는 네모 선장이 이 수로로 돌진할 것이라고 생각했지만, 노틸러스호는 다시 북서쪽으로 거슬러 올라가 잘 알려지지 않은 크고 작은 섬을 지나 톤드 섬과 바드 해협을 향해 나아갔다.

나는 네모 선장이 광기에 가까울 정도로 무모하게 그의 배를 뒤몽 뒤르빌의 두 전함이 좌초된 협곡으로 끌고 가려는 것인지 궁금해 하고 있었는데 그는 두 번째로 방향을 바꾸어 서쪽으로 길을 잡고는 게보로아 섬을 향했다.

오후 세 시였다. 조수가 다가오고 있었다. 나는 아름다운 쐐기 나무숲을 보았다. 노틸러스호는 섬 가까이로 다가갔다. 우리는 2마일 도 채 안 되는 거리에서 섬을 스쳐 지나갔다.

그때, 갑작스러운 큰 충격으로 나는 넘어졌다. 노틸러스호가 암초에 부딪친 것이었다. 배는 약간 왼쪽으로 기울어지며 움직임이 멈췄다. 몸을 일으켰을 때 나는 네모 선장과 그의 수석 장교가 플랫폼 위에 서서 배의 상황을 점검하며 이해할 수 없는 언어로 대화를 나누고 있는 모습을 보았다. 우리의 상황은 이랬다. 오른쪽 2마일 거리에는 해안이 북서쪽으로 길게 펼쳐진 게

보로아 섬이 있었다. 남쪽과 동쪽에는 썰물로 물이 빠져 드러나기 시작한 산호초들이 있었다. 우리는 만조 상태에서 좌초된 상태였으며 조수가 온화한 이 바다에서는 노틸러스호가 떠오르기는 쉽지 않았다. 다행히 손상은 없었다. 그러나 선체가 견고하게 결합되어 있어 침몰하거나 쪼개지지는 않더라도 산호초에 영구적으로 묶여 버릴 위험이 있었다. 네모 선장의 노틸러스호는 이런 상황에 처한 것이었다. 내가 이런 생각을 하고 있을 때 차분해 보이는 네모 선장이 다가왔다. 그는 결코 당황하거나 짜증내는 법이 없었다.

"사고입니까?" 내가 물었다.

"별일 아닙니다." 그가 대답했다.

"그렇지만 이 사건으로 선장님이 다시 육지에 오르는 것은 아닐까요?"

네모 선장은 이상한 표정으로 나를 쳐다보더니 고개를 저었다. 이는 그가 어떤 일이 있어도 다시는 육지에 발을 디디지 않을 것임을 분명히 보여주는 것이었다.

말했다.

"아니요. 아로낙스 교수님. 노틸러스호는 난파당한 것이 아닙니다. 이 배는 계속해서 교수님을 당신을 바다의 경이로움 속으로 안내할 것입니다. 우리의 항해는 이제 막 시작되었고, 저는 영광스러운 여행의 동반자를 이렇게 빨리 잃고 싶지 않군요."

"하지만, 네모 선장님" 나는 비꼬는 듯한 말투로 말했다.

"노틸러스호는 만조 때 좌초했습니다. 태평양은 조수가 강하지 않습니다. 이런 상황에서 어떻게든 노틸러스호의 무게를 줄이지 않는다면 다시는 떠오르지 못할 수도 있습니다."

"태평양의 조수 차가 심하지 않은 것은 맞습니다. 그렇지만 토레스 해협에는 만조와 간조의 차가 1.5미터는 됩니다. 오늘은 1월 4일이고 5일 후에는 보름달이 뜰 겁니다. 저는 그때 보름달이 충분히 바닷물을 끌어올려 노틸러스호를 다시 띄워 줄 거라 생각합니다."

이 말을 마친 네모 선장은 부하와 함께 노틸러스호의 내부로 들어갔다. 배는 마치 산호초의 폴립들이 단단히 시멘트로 발라 놓은 듯 아무런 움직임이 없었다.

"교수님, 어떻게 된 거죠?" 선장이 떠난 후, 네드 랜드가 나에게 와서 물었다.

"우리는 조용히 5일 동안 조수를 기다릴 걸세, 왜냐하면 달이 다시 배를 띄울 것이니까."

"정말인가요?"

"그렇다네."

"그렇다면 이 선장은 바다에 닻을 내리고 사슬을 이용해 배를 끌어내기 위한 아무런 조치도 하지 않겠다는 겁니까?"

"조수만으로 충분하다네요?" 콩세이유가 대답했다.

네드 랜드는 뱃사람으로서 콩세이유를 바라보고 어깨를 으쓱하며 말했다.

"교수님은 제가 이 강철 괴물이 다시는 바다 위나 아래로 항해하지 못할 것이라고 말씀드리는 것을 믿으셔야 합니다. 이제 이 배는 단순한 고철일 뿐입니다. 드디어 때가 된 겁니다. 우리는 네모 선장의 눈을 피해 탈출해야 합니다."

"네드 씨, 나는 당신처럼 이 튼튼한 노틸러스호를 포기하지 않습니다. 그리고 4일 후에는 태평양의 조수에 대해 알 수 있을 겁니다. 게다가, 탈출이라는 것은 우리가 영국이나 프로방스 해안가에 있다면 가능하겠지만, 파푸아 해안에서는 사정이 다릅니다. 그리고 노틸러스호가 다시 복구되지 않는다면 탈출을 위한 기회는 얼마든지 찾을 수 있을 겁니다. 나는 정말로 그런 상황이 온다면 심각하게 생각해 볼 것입니다."

"그렇지만 최소한 이 주변의 섬들은 탐험해 볼 수 있지 않을까요? 나무가 있고 구워먹을 수 있는 네발 달린 동물들이 있습니다. 저는 정말 구운 고기 맛을 보고 싶습니다."

"그건 네드 랜드 씨의 말이 맞습니다." 콩세이유가 맞장구를 쳤다.

"저도 네드 랜드 씨의 생각에 동의합니다. 주인님께서 네모 선장에게 우리가 섬에 상륙해도 되는지 허락을 받을 수 없을까요. 적어도 흙을 밟는 느낌을 잃지 않기 위해서라도?"

"물론, 그에게 물어볼 수는 있지만 그는 거절할 거네."

"주인님, 한번 요청해 보시지요?" 콩세이유가 말했다.

"우리는 선장의 친절함을 알 수 있을 겁니다."

네모 선장은 놀랍게도 내가 요청한 허가를 기꺼이 승낙해 주었다. 그는 나에게 배로 돌아오겠다는 약속을 요구하지도 않았고 아주 친절했다. 그러나 뉴기니에서의 탈주는 매우 위험할 수 있는 일이라 나는 네드 랜드를 부추길만한 말은 하지 않았다. 뉴기의 원주민들에게 사로잡히는 것 보다는 노틸러스호의 인질로 있는 게 훨씬 좋았다.

다음 날 아침, 우리가 사용할 작은 보트가 준비되었다. 네모 선장이 함께할 것인지 묻지 않아도 알 수 있었고, 우리와 함께할 승무원이 없으리라는 것도 당연히 알았다. 네드 랜드가 이 보트를 조종할 책임을 맡았고, 해안까지는 고작 2마일 거리였기 때문에 이 재빠른 작은 보트를 조종하여 큰 배들에게 위험한 산호초 사이의 좁은 길을 통과하는 것은 그에게 쉬운 일이었다.

다음 날인 1월 5일, 보트는 슬롯에서 끌어내져 플랫폼 위에서 바다로 내려졌다. 이 작업은 두 사람만으로도 충분했다. 노는 보트 안에 있었고, 우리는 단지 자리에 앉아 출발할 준비만 하면 되었다

오전 8시, 우리는 총과 도끼로 무장을 하고 노틸러스호를 떠났다. 바다는 꽤 잔잔했고, 육지에는 미세한 바람이 불었다. 콩세이유와 나는 노를 저으며 빠르게 나아갔다. 네드 랜드는 키를

잡고 파도가 낮은 곳을 따라 항해했다. 보트는 잘 다뤄졌고, 빠르게 움직였다.

네드 랜드는 기쁨을 참지 못했다. 그는 감옥에서 탈출한 죄수처럼 보였고, 다시 돌아가야 한다는 것을 잊고 있었다.

"우리는 이제 고기를 먹으러 가는 거야. 고기!" 그가 혼자 중얼거렸다.

"진짜 사냥감! 빵은 필요 없다!"

"물고기가 싫다는 건 아니지만, 그것만 먹을 수는 없지, 숯불에 구워진 사슴 고기 한조각 이면 충분해"

"먹보로군요!" 콩세이유가 말했다.

"벌써 입에 침이 고이고 있습니다."

"우선 지켜보세, 이 숲에 고기가 가득한지, 그리고 사냥꾼이 그 고기를 잡을 수 있을지"

"좋습니다. 교수님" 네드 랜드가 대답했다.

그의 이빨은 마치 도끼의 날처럼 날카롭게 보였다.

"이 섬에 사냥할 만한 네발달린 짐승이 없다면 전 호랑이 고기라도 먹을 겁니다."

"네드 씨가 좀 불안해 보이는군요." 콩세이유가 말했다.

"어떤 것이든, 두발 달린 짐승이나 네발 달린 짐승은 모두 내 총알받이가 될 겁니다." 네드 랜드는 계속해서 말했다.

"좋아! 네드 랜드 씨의 설래발이 시작되었군."

"걱정 마십시오. 교수님" 네드 랜드가 대답했다.

"25분 안에 교수님께 고기 요리를 제공해 드리겠습니다."

오전 8시 반, 노틸러스호의 소형보트는 길보아 섬을 둘러싼 산호초를 지나 안전하게 모래사장에 도착했다.

19장

며칠간의 육지 생활

육지에 발을 내딛는 순간 나는 짜릿한 해방감을 느꼈다. 네드 랜드는 마치 이 땅을 소유하듯 발로 땅을 단단히 눌러보았다. 우리가 네모 선장의 노틸러스호의 “승객” 즉 포로가 된 지 겨우 두 달밖에 되지 않은 상태였다. 몇 분 만에 우리는 해안을 벗어났다. 대부분의 흙은 산호암으로 이루어져 있었다. 곳곳에 마른 강바닥이 있었고 그 위에 흩어진 화강암 조각들이 이 섬의 원시적인 기원을 증명했다. 수평선은 아름다운 숲의 장막 뒤에 감춰져 보이지 않았다.

높이가 200피트에 이르는 거대한 나무들이 열대 덩굴에 의해 서로 연결되어 마치 자연이 만든 그물침대처럼 부드러운 바람에 흔들리고 있었다. 그곳에는 미모사, 반얀 나무, 비프우드, 티크나무, 히비스커스, 나사소나무, 야자수 등이 혼합하여 무성하게 자라 있었다. 그 초록빛 그늘 아래는 난초, 콩, 양치류가 자라고 있었다. 그러나 이 훌륭한 파푸아뉴기니 섬의 식물군에는 전혀 관심을 두지 않은 캐나다인 네드 랜드는 실용적인 것에 더 주의를 기울였다.

그는 야자나무를 발견하고 열매를 따서 껍질을 깨트렸고, 우리는 그 열매의 즙과 과육을 먹고 마시며 노틸러스호의 반복되는 일상에서 벗어난 기쁨을 누렸다.

"훌륭해!" 네드 랜드가 말했다.

"정말 맛있군요!" 콩세이유가 대답했다.

"그리고 내 생각엔 네모가 배에 코코넛 한 상자쯤 실어두는 데 이의를 제기하지 않을 것 같은데요?"

"아마 그렇겠지" 내가 대답했다.

"하지만 그는 코코넛을 맛보려고 하지는 않을 걸세."

"그의 손해지요!" 콩세이유가 말했다.

"우리에게는 아주 좋은 일이지!" 네드 랜드가 답했다.

"남는 게 더 많을 테니까!"

"잠시만, 네드 씨" 나는 열심히 코코넛을 따려는 작살 잡이에게 말했다.

"코코넛이 훌륭한 것은 맞지만, 보트를 코코넛으로 가득 채우기 전에 이 섬에 다른 유용한 것들이 있는지 알아보는 게 좋을 것 같네. 신선한 채소라면 노틸러스호의 식료품 창고에 환영받을 테니까."

"선생님 말씀이 맞습니다." 콩세이유가 대답했다.

"저는 보트를 세 구획으로 나눌 것을 제안합니다. 하나는 과일용, 또 하나는 채소용, 그리고 세 번째는 사냥감용으로, 아직 이 섬에서 작은 사냥감조차 보지 못했지만요."

"너무 쉽게 포기하지 말게, 콩세이유" 네드 랜드가 대답했다.

"그럼 탐사를 계속해봅시다." 내가 덧붙였다.

"하지만 경계를 늦추지 말게. 이 섬이 비어 있는 것처럼 보이지만, 여전히 우리와 같은 식사를 고집하지 않는 이들이 있을지도 모르니까!"

"허허!" 네드가 의미심장한 표정으로 턱을 만지며 말했다.

"네드 씨! 아, 끔찍하군요!" 콩세이유가 외쳤다.

"이런, 식인의 매력이 조금은 느껴지지 않는가?" 네드 랜드가 응수했다.

"네드, 제발 그런 말은 하지 마세요!" 콩세이유가 말했다.

"당신이 식인종이 된다면, 같은 선실을 쓰는 저는 안전하지 않겠군요! 언젠가 아침에 눈을 떴을 때 제 몸의 절반이 사라져 있을지도 모르겠네요."

"콩세이유, 나는 자네가 무척 좋다네 하지만, 더 맛있는 식사가 있는데 자네를 잡아먹을 필요는 없지."

"당신 말은 믿을 수가 없군요." 콩세이유가 말했다.

"빨리 사냥을 시작하죠. 그렇지 않다가는 어느 날 아침에 주인님은 반쪽만 있는 하인을 보시게 될지도 모릅니다."

우리는 장난스럽게 농담을 주고받으며, 울창한 숲으로 들어갔다. 두 시간 동안 숲속을 탐사한 우리는 식용 가능한 식물을 찾는 큰 행운을 만났다.

열대 지방에서 가장 유용한 생산물 중 하나가 노틸러스호에서 부족했던 귀중한 식량을 제공해 주었기 때문이다. 그것은 바로 브레드프루트[30] 나무였다. 이 나무는 게보로아 섬(가상의 섬)에 상당히 풍부하게 자라고 있었다. 특히, 나는 말레이시아에서 '리마'라는 이름으로 부르고 있는 씨앗이 없는 종에 주목했다. 이 나무는 직경 40피트의 곧은 줄기로 다른 나무들과 구별된다. 큰 다엽의 잎으로 이루어진 둥글고 우아한 수관만으로도 마스카렌 제도에 성공적으로 이식된 종임을 쉽게 알 수 있었다. 그 풍성한 초록빛 잎 사이로 외관에 육각형 패턴의 주름이 있고 직경 약 1데시미터에 이르는 크고 둥그런 열매가 보였다. 이 식물은 밀을 재배할 수 없는 지역에 유용하게 주어지는 자연의 선물로, 특별히 재배를 하지 않아도 1년에 8개월은 열매를 맺는다.

네드 랜드는 이 열매를 잘 알고 있었다. 그는 이미 여러 항해

30) 브레드프루트(Breadfruit, 학명 Artocarpus altilis)는 열대 지방에서 자라는 과일 나무로, 빵과 비슷한 질감과 맛을 내는 과일을 생산하는 것이 특징이다. 이 과일은 전분질이 풍부하고 속이 부드러워 주로 구워서 빵처럼 먹거나, 찌거나 삶아 다양한 요리에 사용된다. 특히 태평양 제도, 동남아시아, 카리브해 등지에서 주요 식량 자원으로 사용되고 있으며, 과일의 외관은 약간 거친 껍질에 육각형 패턴이 있는 큰 구형이다.브레드프루트 나무는 대개 키가 12~18미터 정도로 자라며, 잎은 큰 타원형이고 깊게 갈라진 모양이다. 과일은 약간의 단맛이 있으며, 익으면 부드러워지고, 익지 않은 상태에서는 채소처럼 요리되기도 한다.

에서 이 열매를 먹어보았으므로 요리하는 법도 알고 있었다. 그래서 열매를 보자마자 넘치는 식욕으로 참을 수 없었다.

"교수님" 그가 말했다.

"이 브레드프루트 반죽을 맛보지 않으면 죽을 것 같습니다!"

"그렇다면 네드 씨, 마음껏 맛보시게. 우리는 이곳에 다양한 것을 경험하기 위해 온 것이니까."

"오래 걸리지 않습니다." 네드 랜드가 대답했다.

그는 돋보기를 들고 곧바로 마른 나뭇가지로 불을 피웠다. 불길은 신나게 타오르고 그동안 콩세이유와 나는 가장 좋은 브레드프루트 열매를 골라냈다. 몇몇은 아직 덜 익어서 두꺼운 껍질 아래에 약간 섬유질이 있는 하얀 과육이 있었지만 대부분은 노란색에 젤라틴 같은 상태여서 딱 따기 좋았다. 이 열매에는 씨앗이 없었다. 콩세이유는 네드 랜드에게 열매 열두 개를 가져다주었고, 네드 랜드는 그것을 두꺼운 조각으로 잘라 불 위에 올려놓았다.

"교수님, 이 빵이 얼마나 맛있는지 알게 될 겁니다!" 그는 계속해서 말했다.

"빵을 너무 오랫동안 먹지 못해서 더욱 기대되네요." 콩세이유가 말했다.

"이건 빵 그 이상이지" 네드 랜드가 덧붙였다.

"이건 훌륭한 케이크라고. 교수님은 한 번도 먹어본 적이 없으신가요?"

"그렇다네, 네드"

"좋습니다. 그럼 맛있는 음식을 먹을 준비를 하십시오! 만약 한입 드신 후에 더 먹고 싶지 않다면, 저는 더 이상 작살 잡이 왕이 아닙니다!"

몇 분 후 열매가 완전히 구워졌다. 안쪽에는 하얀 빵 반죽 같은 속이 보였다.

그 맛은 아티초크와 비슷한 향을 내었고 아주 훌륭한 맛이라는 걸 인정할 수밖에 없었다.

"맛이 아주 좋군, 하지만 안타깝게도 이것은 신선하게 보관하기는 힘들 것 같네. 배에 비축하는 것은 의미가 없을 걸세."

내가 말했다.

"그렇습니까, 교수님?" 네드 랜드가 외쳤다.

"선생님은 자연학자로서 말씀하시지만, 저는 빵 굽는 사람으로서 행동하겠습니다. 콩세이유, 이 열매들을 챙겨두게 배로 돌아갈 때 가져갈 테니까."

"이것을 어떻게 보관하려는 건가?" 내가 네드 랜드에게 물었다.

"이 과육을 발효시켜 반죽으로 만들면 오래 보관해도 상하지 않습니다. 먹고 싶을 때마다 배의 주방에서 굽기만 하면 되죠. 약간 신맛이 나겠지만 훌륭한 맛을 낼 겁니다."

"그렇다면, 이제 식량은 충분한 것 같네."

"그건 아닙니다. 교수님" 네드 랜드가 대답했다.

"빵과 함께할 과일이나 적어도 채소도 필요하지요."

"그럼 과일과 채소를 찾아보세."

브레드프루트를 수확하고 나서 우리는 이 "육지 만찬"을 즐기기 위해 다시 길을 나섰다. 우리의 탐색은 헛되지 않았다. 정오쯤 우리는 바나나를 충분히 수확할 수 있었다. 이 열대 지역에서 생산되는 맛있는 과일은 연중 내내 익는다. 말레이시아 사람들은 이를 "피상"이라 부르며 요리하지 않고 먹는다. 바나나 외에도 매우 신맛이 나는 커다란 잭프루트, 맛있는 망고, 그리고 믿을 수 없을 정도로 큰 파인애플을 수확했다. 이러한 채집은 상당한 시간을 소모했지만, 후회는 없었다.

콩세이유는 네드 랜드를 주의 깊게 지켜보았다. 작살 잡이는 앞서 숲 속을 거닐며 능숙한 손길로 훌륭한 과일을 채집하며 그의 식량 창고를 완성하는 것처럼 보였다.

"이제 필요한 것은 다 얻으셨나요?" 콩세이유가 물었다.

"글쎄" 네드 랜드가 불쑥 말했다.

"자네, 불평이라도 하는 건가? 이건 과일일 뿐이네, 식사가 될 수 없지 디저트일 뿐이라네. 국물도 없고, 구운 요리도 없네! 본식을 찾아야지"

"그렇군, 네드군이 고기 요리를 제공한다고 한 것 같은데, 그게 좀 의심스러워 보이는군." 내가 말했다.

"교수님" 네드 랜드가 대답했다.

"우리의 사냥은 아직 끝나지 않았습니다. 사실, 시작도 안 했지요. 인내심을 가지세요! 여기서가 아니더라도 언젠가는 깃털이나 털이 있는 동물 하나 정도는 만나게 될 겁니다."

"오늘이 아니면 내일이겠지요, 왜냐하면 너무 멀리 나가서는 안 되니까요."

콩세이유가 덧붙였다.

"그러니 저는 이제 그만 보트로 돌아가는 것이 좋다고 제안합니다."

"뭐라고! 벌써!" 네드 랜드가 외쳤다.

"해지기 전에 돌아가는 게 좋겠네." 내가 말했다.

"지금 몇 시죠?" 네드 랜드가 물었다.

"적어도 두 시는 됐습니다." 콩세이유가 대답했다.

"육지에서는 시간이 참 빨리 가는군요!" 네드 랜드가 아쉬운 탄식을 내쉬며 외쳤다.

"이만 가시죠!" 콩세이유 말했다.

우리는 숲을 지나 되돌아오면서 야자나무의 꼭대기에서 딸 수 있는 야자 대추와 말레이시아 사람들이 '아브루'라고 부르는 작은 콩, 좋은 품질의 덩굴식물인 얌을 추가로 수확하였다.

우리가 보트에 도착했을 때는 이미 짐이 포화 상태였다. 그러나 여전히 식량이 부족하다고 생각하는 네드 랜드에게 행운은 계속되었다. 우리가 보트를 타려던 순간 그는 25~30피트 높이의 나무 몇 그루를 발견했는데 이는 사고 야자 나무였다. 브레드푸르트 만큼 귀중한 이 나무들은 말레이시아에서 가장 유용한 식물 중 하나로 손꼽힌다. 이 식물은 특별한 재배 없이 자라며 뽕나무처럼 새싹과 씨앗으로 번식한다. 네드 랜드는 이 나무를 어떻게 다루어야 하는지 잘 알고 있었다. 그는 도끼를 강력하게 휘둘러 두세 그루의 성숙한 사고 야자수를 땅에 눕혔다. 잎사귀에 뿌려진 하얀 가루는 사고 야자가 충분히 익었다는 사실을 알려 주었다.

나는 배고픈 사람보다는 자연 학자의 눈으로 그를 지켜보았다. 그는 각 줄기에서 1인치 두께의 껍질을 벗겨냈다. 그 아래에는 긴 섬유가 빽빽하게 엉켜 있었다. 그 안에는 끈적한 가루 같은 것으로 덮여 있었다. 이 가루가 바로 사고로 녹말처럼 먹을 수 있으며, 멜라네시아 사람들이 주로 소비하는 식량이었다. 일단 네드 랜드는 이 줄기를 마치 장작을 만드는 것처럼 잘게 잘라 조각으로 나누었다. 나중에 그는 섬유 조직에서 가루를 분리하기 위해 천에 넣어 체로 치고, 햇볕에 말려 틀에 넣어 굳힐 계획이었다.

마침내 오후 다섯 시쯤, 우리는 모든 보물을 가득 실은 채 섬 해변을 떠나 30분 후 노틸러스호에 도착했다. 우리가 도착했을 때 아무도 나타나지 않았다. 거대한 강철 원통은 텅 빈 듯 보였다. 우리는 식량을 배에 실은 후 내 방으로 내려갔다. 그곳에는 이미 저녁 식사가 준비되어 있었다. 나는 식사를 마친 후 잠에 들었다.

다음 날, 1월 6일 배에서는 아무런 새로운 일이 일어나지 않았다. 내부에는 아무 소리도, 생명의 기운도 느껴지지 않았다. 우리가 어제 정박해 두었던 작은 보트는 그대로였다. 우리는 다시 게보로아 섬으로 돌아가기로 했다. 네드 랜드는 어제보다 사냥 운이 좋기를 기대하며 숲의 다른 부분을 탐험하고 싶어 했다. 해가 떠오르자마자 우리는 출발했다. 밀려오는 조류에 실려 보트는 금방 섬에 도착했다. 우리는 상륙했고, 캐나다인의 본능을 따르는 것이 최선이라고 판단하여 앞서가는 네드 랜드를 따라갔다.

네드 랜드는 서쪽으로 해안을 따라 올라갔다가 몇 개의 강바닥을 건너 넓게 펼쳐진 평야에 도착했다. 그 평야는 아름다운 숲으로 둘러싸여 있었다. 물길을 따라 물총새들이 있었지만 우리가 가까이 다가가는 것을 허락하지 않았다. 나는 그들의 신중한 행동에서 그들이 이미 우리 같은 인간을 조심해야한다는 사실을 알고 있다는 사실을 확인했다.

나는 이 섬에 사람이 살고 있지는 않더라도 적어도 사람이 자주 방문하는 곳이라고 결론지었다. 무성한 초원을 지나 우리는 작은 숲의 가장자리에 도착했다. 그곳은 수많은 새가 지저귀고 날아다니며 활기를 띠고 있었다.

"그저 새들일 뿐이군요." 콩세이유가 말했다.

"하지만 몇몇은 먹을 수 있습니다." 작살잡이가 대답했다.

"틀렸어요. 네드 씨" 콩세이유가 대답했다.

"여기 보이는 건 전부 앵무새뿐입니다."

"콩세이유군" 네드 랜드는 진지하게 대답했다.

"접시에 다른 요리가 없을 때 앵무새는 꿩과 같은 거라네."

그리고 덧붙이자면, 내가 말했다.

"이 새들이 적절히 요리된다면 먹어볼만 할 걸세."

실제로 이 숲에는 온갖 종류의 앵무새들이 나뭇가지 사이로 현란하게 날아다니고 있었다. 그들은 적절한 훈련만 받는다면 인간의 언어를 구사할 수도 있을 것이다. 지금은 모든 색의 잉꼬들이 합창하며 깍깍거리고 있었고, 철학적 문제라도 고민하는 듯한 엄숙한 앵무새들 사이로 밝은 빨간색 늘보원숭이가 바람에 날리는 깃발처럼 휘날리며 지나다니고 있었다. 온갖 매력적인 날개 달린 생물들이 있었지만 먹을 수 있는 건 별로 없었다. 그리고 이 해안에서만 볼 수 있는 특별한 새, 아루 제도와 파푸아 제도에서만 서식하고 있는 새가 보이지 않았다. 하지만 곧 그 새를 볼 기회가 찾아왔다. 우리는 적당히 빽빽한 덤불을 지나 또다시 관목이 가득한 평야로 나아갔다. 그곳에서 나는 긴 깃털의 배열로 바람을 타고 하늘을 날아오르는 새들의 장엄한 광경을 보았다.

물결치는 듯한 비행과 공중에서의 우아한 곡선, 색채의 어우러짐이 눈을 매료시키고 즐겁게 했다. 나는 그들을 바로 알아볼 수 있었다.

"극락조야!" 내가 외쳤다.

"참새목 클리스토모라 분류입니다." 콩세이유가 대답했다.

"자고새과인가?" 네드 랜드가 물었다.

"아닐 겁니다. 네드 씨. 그래도, 이 열대 자연을 대표하는 매력적인 이 녀석들 중 하나를 잡아 주시면 좋겠군요!"

"한번 시도해 보겠습니다. 교수님. 하지만 총이 작살보다는 익숙하지 않아서요."

극락조는 중국 시장에서 매우 인기가 있기 때문에 말레이 인들은 여러 방법으로 이 새들을 잡는다. 그들이 선호하는 높은 나무 꼭대기에 덫을 설치하거나, 끈끈한 접착제를 사용해 새의 움직임을 마비시키기도 한다. 심지어 새들이 자주 마시는 샘물에 독을 타기도 한다. 그러나 우리로서는 날고 있는 녀석들에게 총을 쏘는 것 외에는 다른 방법이 없었다. 하지만 그 방법으로 새를 잡는 것은 거의 불가능 했다. 결국 우리는 많은 총알을 낭비할 수밖에 없었다.

오전 11시쯤 섬 중심부의 산기슭을 지나치는 동안도 사냥감은 없었다. 배고픔이 우리를 재촉했다. 사냥꾼들은 자신들이 잡은 사냥감으로 식사를 할 수 있을 거라 기대했지만, 계산이 빗나갔다. 다행히도, 뜻밖에 콩세이유가 멋지게 한 쌍의 새를 사냥해 우리의 아침 식사를 제공해 주었다. 그는 흰 비둘기와 산비둘기 한 마리를 잡았다. 그것들은 재빨리 털을 뽑고 꼬챙이에 꽂아 불 위에서 구워졌다. 이 맛있는 새들이 요리되는 동안, 네드 랜드는 브레드푸르트로 빵을 준비했다. 우리는 비둘기 두 마리를 뼈만 남기고 순식간에 먹어치웠으며, 모두들 맛있다고 인정했다. 이 새들이 늘 먹고 다니는 육두구가 그들의 살을 달콤하게 만들어 맛을 한층 높였다.

"마치 송로버섯을 채운 닭고기 같은 맛입니다." 콩세이유가 말했다.

"좋군, 네드." 내가 네드 랜드에게 물었다.

"이제 무엇이 더 필요한가?"

"네 발 달린 사냥감입니다. 아로낙스 교수님" 네드 랜드가 대답했다.

"이런 비둘기들은 그저 가벼운 식사 전 요리일 뿐이죠. 제대로 된 고기 요리를 잡을 때까지는 만족할 수 없습니다!"

"저도 그렇습니다. 극락조를 잡기 전에는 만족할 수 없습니다."

"그럼 사냥을 계속합시다." 콩세이유가 대답했다.

"하지만 바다 쪽으로 방향을 잡으시지요. 우리는 이미 산기슭에 도착했고, 숲으로 돌아가는 것이 더 나을 것 같습니다."

좋은 생각이라 우리는 그 조언을 따랐다. 한 시간쯤 걷고 나서 우리는 진짜 유용한 야자수 숲에 도착했다. 몇 마리의 해롭지 않은 뱀들이 발밑에서 도망쳤고, 극락조들은 우리 접근에 놀라 멀리 달아났다. 나는 극락조를 잡을 희망을 거의 버렸다. 그때 앞서가던 콩세이유가 갑자기 몸을 낮추더니 승리의 외침을 지르며 멋진 극락조 한 마리를 내게 가지고 돌아왔다.

"오, 잘했네, 콩세이유!" 내가 외쳤다.

"과찬이십니다. 선생님." 콩세이유가 대답했다.

"아니야, 이 친구야. 맨손으로 이 멋진 새를 잡다니 천재적인 솜씨였어!"

"선생님께서 자세히 보시면 제가 그리 칭찬받을 만한 일을 한 게 아니란 걸 아실 겁니다."

"왜지, 콩세이유?"

"이 새가 술에 취해 있었거든요."

"술에 취해있다니?"

"네, 선생님. 제가 잡은 이 새는 육두구 나무[31] 아래에서 열매를 먹고 있던 중이었거든요. 보세요. 네드 씨, 이것이 절제하지 않은 결과입니다!"

"이런 이런!" 네드 랜드가 대꾸했다.

"지난 두 달 동안 내가 마신 진을 생각하니, 할 말이 없네 그려"

그동안 나는 이 독특한 새를 살펴보았다. 콩세이유의 말이 맞았다. 강렬한 육두구 즙에 취해 무력해진 극락조는 날지 못하고 걷기도 힘겨워했다. 그러나 나는 이 새가 잠깐 졸도록 내버

31) 육두구 나무는 Myristica fragrans라는 학명을 가진 열대성 상록수로, 향신료로 사용되는 육두구(nutmeg)와 메이스(mace)를 생산하는 나무로 인도네시아 몰루카 제도와 같은 열대 지역에서 자라며, 나무의 씨앗인 육두구는 고유의 따뜻하고 달콤한 향을 가지고 있어 요리나 베이킹에 널리 사용. 육두구 씨앗의 외피에서 얻는 메이스도 독특한 풍미를 제공하여 요리에 쓰인다.

려 두었다. 새는 파푸아와 그 인근 섬들에서 서식하는 8종의 극락조 중에서도 가장 훌륭한 종류에 속하는 '그레이트 에메랄드'였다. 길이는 약 30센티미터였고, 머리는 비교적 작았으며, 눈은 부리 근처에 작게 자리 잡고 있었다. 그러나 색채의 혼합은 놀라울 정도였다. 노란 부리, 갈색 발과 발톱, 보라색 빛이 도는 개암색 날개, 옅은 노란색 머리와 목덜미, 에메랄드빛 목, 밤색에서 갈색을 띤 배와 가슴까지 이어지는 독특한 색상이 어우러져 있었다. 부드러운 깃털로 덮인 두 가닥의 줄기는 꼬리 위로 올라가며, 꼬리를 길고 가는 깃털로 덮어 그 모습을 완성하고 있었다. 섬 주민들은 이 경이로운 새를 '태양새'라는 시적인 이름으로 부르고 있었다. 이 훌륭한 극락조를 파리로 가져가 식물원의 동물원에 기증하고 싶은 마음이 간절했다. 그곳엔 살아 있는 극락조 표본이 단 한 마리도 없기 때문이다.

"아주 희귀한 종류입니까?"

네드 랜드가 사냥꾼의 시선으로, 다소 낮은 평가를 내리며 물었다.

"아주 희귀한 새지, 내 용감한 동료여. 무엇보다도 살아있는 상태로 잡기가 매우 어렵고, 죽은 상태에서도 큰 돈이 되지. 그래서 현지인들은 진주나 다이아몬드를 모조품으로 만드는 것처럼 가짜 극락조를 만들 방법을 알아냈다네."

"뭐라고요!" 콩세이유가 외쳤다.

"극락조도 가짜로 만듭니까?"

"그렇다네, 콩세이유."

"선생님께서는 섬 주민들이 어떻게 그런 일을 벌이는지 알고 계십니까?"

"아주 잘 알고 있네. 동풍 몬순이 불 때 극락조는 '날개 아래 깃털'이라고 부르는 화려한 꼬리 깃털을 잃게 되지. 새 깃털 위조꾼들은 이 깃털을 모아 불쌍하게 잡힌 잉꼬의 몸에 솜씨 좋게 붙인 다음, 봉합 부위를 덧칠하고 바니시로 마감한 후 유럽의 박물관과 수집가들에게 보내지."

"그 정도면 괜찮네요!" 네드 랜드가 말했다.

"진짜 새는 아니어도 진짜 깃털이 있으니, 먹는 것이 아닌 이상 큰 문제는 없다고 봅니다!"

내가 극락조를 잡아 소원을 이룬 반면, 우리의 캐나다 사냥꾼은 여전히 불만족스러워 보였다. 다행히도 오후 두 시쯤 네드 랜드는 원주민들이 '바리우탕'이라고 부르는 멋진 야생 돼지를 사냥해냈다. 이 동물은 딱 맞는 타이밍에 나타나 우리에게 진짜 네 발 달린 고기를 얻을 수 있게 해주었다. 우리는 환영의 박수를 보냈다. 네드 랜드는 화려한 총 솜씨를 발휘했다. 전기 총알에 맞은 돼지는 바로 그 자리에서 즉사했다. 네드 랜드는 돼지의 껍질을 벗기고 손질한 후 저녁 식사용으로 굽기 위해 갈비 부분을 여섯 조각으로 나누어 놓았다. 그 후 다시 사냥을 시작하자 네드 랜드와 콩세이유의 활약이 이어졌다.

결국, 그 둘은 캥거루 한 무리를 찾아냈는데, 캥거루 무리는 튕기듯 도망치기 시작했다. 하지만 이 동물들은 전기 총알이 따라잡지 못할 만큼 빠르지는 않았다.

"교수님!" 사냥의 열기가 머리끝까지 치솟은 네드 랜드가 외쳤다.

"정말 훌륭한 사냥감입니다.

이 고기로 스튜로 만들면 얼마나 훌륭할까요. 노틸러스호에 얼마나 많은 고기를 비축하게 되는지 상상해 보세요! 우리는 이 고기를 실컷 먹을 텐데, 저 배 위의 멍청이들은 한 점도 못 먹게 될 겁니다!"

그가 말하는 데 정신이 팔려 있지 않았다면, 아마 기쁨에 못 이겨 그 캥거루 무리를 다 잡아버렸을지도 모른다. 결국, 그는 콩세이유의 설명에 따르면 비태반 포유류의 첫 번째 분류에 속하는 이 매력적인 유대류 열두 마리를 잡는 것으로 만족했다. 이 동물들은 크기가 작았는데 나무의 구멍 속에 사는 "토끼 캥거루"라는 종류로 매우 빠른 속도를 자랑했다. 비록 크기는 작았지만, 맛있기로 유명한 고기를 제공해주었다. 우리는 사냥 결과에 대단히 만족했다. 기쁨에 들뜬 네드 랜드는 다음 날 다시 이 마법의 섬에 돌아와 섬에 있는 모든 식용 네발 동물을 사냥하겠다고 제안했다. 하지만 그는 앞으로 닥칠 일들을 전혀 생각하지 못했다.

저녁 여섯 시가 되어 우리는 해변으로 돌아왔다. 작은 배는 평소처럼 모래사장에 정박해 있었다. 노틸러스호는 2마일 정도 떨어진 바다에서 길고 긴 산호초처럼 물 위로 모습을 드러내고 있었다. 네드 랜드는 곧바로 저녁 식사 준비에 착수했다. 그는 아주 능숙한 솜씨로 요리를 했다. 석쇠 위에서 구워지는 '바리우탕' 갈비는 향기로운 냄새로 주변의 공기를 물들였다. 나는 나도 모르게 네드 랜드를 따라 기뻐하고 있었다. 불 위에서 구워지는 고기에 황홀해 하고 있었던 것이다! 내가 네드 랜드를 용서한 것처럼 모두들 나를 용서해주기를 바란다.

이렇게 준비된 저녁 식사는 훌륭했다. 야생 비둘기 두 마리가 추가되면서 우리의 특별한 저녁 메뉴를 완성해 주었다. 사고야자의 반죽, 브레드푸르트로 만든 빵, 망고, 파인애플 여섯 개, 그리고 발효시킨 코코넛 음료가 우리의 즐거움을 한층 더해주었다. 심지어 나는 내 두 명의 동료들이 과연 평소처럼 맑은 정신 상태였는지 의심스러울 정도였다.

"오늘 밤에는 노틸러스호로 돌아가지 않는 게 어떨까요?" 콩세이유가 말했다.

"아니, 아예 영원히 돌아가지 않는다면?" 네드 랜드가 덧붙였다.

그때 갑자기 돌멩이 하나가 우리에게 날아와 발치에 떨어지며, 작살 잡이의 말을 끊어버렸다.

자리에 앉은 채, 우리는 숲 쪽을 응시하였다. 내 손은 입으로 가는 도중 멈췄고, 네드 랜드의 손은 입가에서 멈추었다.

"돌은 하늘에서 떨어지지 않습니다." 콩세이유가 말했다.

"운석이라면 모르겠지만요."

콩세이유의 손에 있던 맛있는 야생 비둘기 고기를 명중시킨 두 번째 돌이 그의 말을 더욱 설득력 있게 만들었다. 우리 셋은 동시에 일어나 총을 어깨에 올리고 어떤 공격에도 대응할 준비를 했다.

"원숭이일까요?" 네드 랜드가 외쳤다.

"거의 비슷합니다." 콩세이유가 대답했다.

"야만인들이죠."

"보트로 가세!" 나는 바다 쪽으로 이동하며 말했다.

사실 후퇴 할 수밖에 없었다. 활과 투석기를 든 약 20명의 원주민이 우리의 오른편, 백 걸음 남짓한 거리에서 나타났기 때문이다.

보트는 우리에게서 10패덤 정도 떨어진 모래사장에 있었다.

원주민들은 달려오지 않았지만 적대감을 가득 품고 있었다. 돌과 화살이 빗발쳤다.

네드 랜드는 식량을 두고 떠나기를 원치 않았고, 다가오는 위험에도 불구하고 한쪽에는 돼지, 다른 쪽에는 캥거루를 끌어안고 재빠르게 달려갔다.

2분 만에 우리는 해변에 도착했다. 식량과 무기를 보트에 싣고 바다로 밀고 나가 두 개의 노를 잡기까지 모든 일은 순식간에 이루어졌다. 우리가 2~3백여 미터도 나가지 못했는데, 백

여명의 원주민들이 고함을 지르며 온갖 몸짓과 함께 허리까지 깊이의 물속으로 쫓아 들어왔다.

나는 그들의 출현이 노틸러스호의 사람들을 갑판으로 불러낼지 지켜보았지만 아무도 모습을 보이지 않았다. 바다 멀리 떠 있는 거대한 기계는 여전히 완전히 비어 있는 것처럼 보였다. 20분 후 우리는 노틸러스호에 올랐다. 해치는 열려 있었다. 보트를 정박시킨 후 우리는 노틸러스호 내부로 다시 들어갔다.

나는 휴게실로 내려갔다. 그곳에서는 음악이 흘러나오고 있었다. 네모 선장은 오르간에 몸을 기울인 채 음악에 심취해 있었다.

"선장님!" 나는 그를 불렀다.

하지만 그는 내 말을 듣지 못했다.

"선장님!" 나는 손으로 그를 건드리며 말했다.

그는 깜짝 놀라며 돌아서서 말했다.

"아, 교수님이시군요!" 그는 나를 향해 말했다.

"사냥은 즐거우셨습니까? 채집은 성공적이었나요?"

"네, 선장님" 내가 대답했다.

"하지만 불행히도 다른 존재들이 우리를 따라왔습니다."

"어떤 종류의 존재들이지요?"

"야만인들입니다."

"야만인이라고요?" 네모 선장은 비꼬는 어조로 대답했다.

"교수님께서 이 지구의 한 해안에 발을 들이셨는데, 그곳에 야만인이 있다고 놀라신 겁니까? 야만인은 어디에나 있습니다. 게다가, 당신이 말하는 야만인들이 다른 사람들보다 나쁜가요?”

“하지만 선장님…….”

“저는 어디서나 야만인을 만나왔습니다.”

“그렇지만, 노틸러스호에 그들을 초대하실 게 아니라면, 약간의 대비를 하시는 것이 좋을 듯합니다!”

“걱정 마십시오. 교수님. 그런 걱정은 하지 않으셔도 됩니다.”

“하지만, 원주민의 수가 상당히 많습니다.”

“몇 명이나 됩니까?”

“적어도 백 명은 넘습니다.”

아로낙스 교수님, 네모 선장은 다시 손을 오르간 건반 위에 얹으며 대답했다.

“파푸아의 모든 섬 주민이 저 해변에 모인다 해도 노틸러스호는 그들을 두려워할 필요가 없습니다.”

네모 선장의 손가락이 건반을 스치며 연주를 시작했다. 그가 오직 검은 건반만을 치는 것을 보고 스코틀랜드 특유의 색채가 배어나는 멜로디임을 알아차렸다. 이내 그는 내 존재를 잊은 듯한 몽상에 빠져들었고, 나는 그의 생각을 방해하려 하지 않았다.

나는 플랫폼으로 올라갔다. 저위도에서는 해가지면 황혼이 없이 곧바로 어둠이 내리기 때문에 밖은 이미 컴컴한 밤이었다.

게보로아 섬이 희미하게 보였으나 해변 곳곳에 많은 불이 피어져 있는 것으로 보아 원주민들은 쉽게 떠날 생각이 없어 보였다.

나는 몇 시간 동안 혼자 많은 생각을 했다. 때로는 원주민들에 대해 생각했지만, 네모 선장의 확고한 자신감에 이끌려 그들에 대한 두려움은 사라졌다. 때로는 이 열대의 밤이 펼치는 찬란함에 감탄하며 그들을 잊어버렸다. 나는 얼마 지나면 프랑스 하늘을 빛낼 별자리를 따라 고국을 향해 날아갔다. 달은 별자리들 사이에서 환하게 빛나고 있었다.

나는 이틀 뒤면 이 충실하고 자비로운 위성이 같은 자리로 돌아와 밀물을 일으키고 노틸러스호를 산호초에서 벗어나게 할 것이라는 생각을 떠올렸다. 자정이 가까워지자 물결이 가라앉고 해안의 나무들 아래까지 고요함이 감돌자 나는 선실로 돌아와 평온히 잠이 들었다.

밤은 무사히 지나갔다. 아마도 파푸아 원주민들은 만에 좌초된 이 괴물 같은 배를 보고 겁을 먹었을 것이다. 해치가 열려 있어 쉽게 노틸러스호의 내부에 접근할 수 있었음에도 아무런 일은 일어나지 않았다.

1월 8일 아침 6시, 나는 플랫폼 위로 올라갔다. 아침 그림자가 사라지고 있었다. 이내 해변과 산등성이가 안개 속에서 모습을 드러내며 섬이 눈앞에 펼쳐졌다.

원주민들은 여전히 그곳에 있었다. 전날보다 더 많은 인원이 모여 있었다. 그 수는 아마 5,600명 정도로 보였다. 썰물 덕분에 그들 중 일부는 노틸러스호에서 얼마 떨어져 있지 않은 산호의 꼭대기 부분까지 접근해 있었다. 그들은 진정한 파푸아인임이 분명했다. 체격이 건장하며 높은 이마와 넓은 코, 하얀 치아를 가진 모습이었다. 울퉁불퉁한 붉은빛 머리카락은 반짝이는 검은 피부와 뚜렷한 대비를 이루었다. 늘어진 귀에는 뼈로 만든 구슬이 걸려 있고 대부분 벌거벗은 상태였다. 여성도 몇 명 보였는데 허리에서 무릎까지 풀로 만든 치마를 두르고 있었다. 추장 같아 보이는 몇몇은 초승달 모양의 장식과 붉고 하얀 구슬로 만든 목걸이를 목에 걸고 있었다. 활과 화살, 방패로 무장한 이들 대부분은 어깨에 돌을 던질 때 사용되는 투석구를 걸치고 있었다. 우두머리인 듯한 한명은 노틸러스호에 상당히 가까이 접근해 배를 유심히 살피고 있었다. 그는 가장자리가 삐뚤빼뚤한 바나나 잎으로 만든 옷을 입고 다채로운 색으로 꾸민 모습이었다. 나는 그가 아주 가까이 서 있었기 때문에 쉽게 그를 겨냥할 수 있었으나, 먼저 공격할 생각은 없었다. 유럽인과 원주민 간의 전투에서 유럽인의 반격은 용납되지만, 먼저 공격해서는 안 된다고 생각했기 때문이다.

이 썰물 동안 원주민들은 노틸러스호 근처에 머물렀으나 시끄럽거나 요란을 떨지는 않았다.

나는 그들이 '아싸이'라는 말을 반복하는 것을 계속해서 들었다. 그들의 몸짓을 통해 그들이 나를 섬으로 부르고 있음을 느낄 수 있었다. 그러나 나는 그 초대를 거절할 수밖에 없었다.

게보로아 섬에서 식량을 모두 채워오지 못한 네드 랜드는 아주 불만스러워 보였다. 하지만, 재빠른 네드 랜드는 가져온 고기와 곡류를 손질하며 시간을 보냈다. 오전 11시 경, 원주민들은 썰물이 차올라 산호의 꼭대기가 다시 파도 속으로 사라지자 해안으로 돌아갔다. 하지만, 해변에 그 수가 상당히 늘어나 있는 것이 보였다. 아마 이웃 섬이나 파푸아 본토에서 온 것일 가능성이 컸다. 그러나 나는 현지인들이 사용하는 카누나 배는 한 척도 보지 못했다.

다른 할 일이 없던 나는 아름답고 투명한 물속에서 조개나 해양 식물 등을 채집하기로 했다.

무엇보다, 네모 선장의 약속대로라면 노틸러스호는 다음 날 다시 바다로 나아가게 될 것이므로 이 물길에서 보내는 마지막 날이기도 했다.

그래서 콩세이유를 불러 굴 채집에 사용되는 작은 그물을 가져오게 했다.

"저 원주민들에 대해서는 어떻게 생각하십니까? 주인님" 콩세이유가 물었다.

"주인님께는 동의하지 않으실 수도 있지만, 그들은 그렇게 사납게 보이지 않습니다!"

"그래도 그들은 식인종이라네, 콩세이유."

"식인종이면서 좋은 사람일수도 있습니다." 콩세이유가 대답했다.

“마치 사람이 탐욕스럽지만 존경받을 수 있는 것처럼요. 둘 중 하나가 반드시 다른 하나를 배제하는 건 아니니까요.”

“좋네, 콩세이유! 나도 포로를 품위 있게 먹는 존경할 만한 식인종이 있을 수 있다는 것에 동의하네, 하지만 나는 품위 있게라도 먹히는 건 싫으니 조심할 거라네. 특히 노틸러스호의 선장이 아무런 대비를 하지 않는 것 같으니까 말일세.”

“자, 이제 우리는 채집을 시작해볼까”

우리의 채집 작업은 활기차게 이어졌지만, 두 시간 동안 희귀한 것은 잡히지 않았다. 그물에는 미다스 전복, 하프 조개, 오벨리스크 소라, 그리고 내가 지금껏 본 것 중에서 가장 멋진 해머 조개들이 가득했다. 우리는 또한 해삼 몇 마리, 진주조개, 그리고 선박의 식료품 저장고에 넣기 위해 작은 거북이 몇 마리를 잡았다. 그러나 전혀 예상치 못한 순간에 나는 아주 희귀한 것을 손에 넣었다. 자연의 돌연변이체라 부를 수밖에 없는 아주 드문 것이었다. 콩세이유가 그물을 던져 다양한 일반 조개껍데기로 가득 채워 끌어 올리는 순간, 나는 재빠르게 그물 속에서 조개 하나를 꺼내들며 자연학자로서 환호성을 질렀다. 인간의 목소리가 낼 수 있는 가장 날카로운 목소리였다.

“어? 무슨 일이신가요, 주인님?” 콩세이유가 매우 놀라며 물었다.

“혹시 조개에 물리신 건가요?”

"아니라네, 콩세이유. 오히려 이런 발견을 위해서라면 손가락 하나를 희생했어도 좋았을 거네!"

"무엇을 발견 하셨습니까?"

"이 조개껍데기 말이네" 나는 내 손에 쥐고 있는 자랑스러운 발견물을 보여주며 말했다.

"이것은 그저 '텐트 올리브' 종류의 올리브 조개일 뿐인데요. 속명은 Oliva, 분류는 펙티니브란키아(Pectinibranchia 연체동물의 분류에서 한쪽에 아가미가 배열된 형태를 가진 무척추동물)목, 가스트로포다(Gastropoda 복족강이라는 뜻으로, 연체동물의 한 강으로 달팽이, 민달팽이 복족류)강, 몰루스카(Mollusca 연체동물 문으로, 달팽이, 조개, 오징어, 문어와 같은 부드러운 몸을 가진 무척추동물)문의 생물일 뿐인데요."

"그렇다네, 그래, 콩세이유! 하지만 잘보게 이 올리브 조개는 왼쪽에서 오른쪽으로 말려 있는 게 아니라, 오른쪽에서 왼쪽으로 말려 있어!"

"그럴 리가 없습니다!" 콩세이유가 외쳤다.

"그래, 이건 왼손잡이 껍데기야!"

"왼손잡이 껍데기!" 콩세이유가 두근거리는 가슴을 안고 따라 말했다.

"이 나선형을 보게!"

"아, 주인님께서 제 말을 믿으실지 모르겠지만 지금껏 이토록 흥분된 적은 없었습니다."

조개 껍대기를 들고 있는 콩세이유의 손은 떨고 있었다.

충분히 흥분할 만한 일이었다. 사실, 자연학자들이 관찰하길 "우성 편향(dextrality)"은 자연의 잘 알려진 법칙이다. 별과 위성이 회전하고 공전할 때 그들은 오른쪽에서 왼쪽으로 움직인다. 인간도 왼손보다 오른손을 더 많이 사용하기 때문에 계단이나 자물쇠, 시계 태엽 등 각종 도구와 장비는 대부분 오른쪽에서 왼쪽 방향으로 작동하도록 설계되어 있다. 이 법칙에 따라 자연도 조개껍데기를 말아놓았으며, 예외는 거의 없는 편이다. 우연히 왼쪽으로 말린 껍데기를 발견하기라도 하면 수집가들은 그것을 황금과 맞바꾸려고 할 정도다.

콩세이유와 내가 이 보물을 넋을 잃고 감상하며 파리 박물관에 기증할 것을 엄숙히 다짐하고 있을 때, 뜻밖의 사건이 벌어졌다. 원주민이 던진 돌이 휙 날아와 콩세이유의 손에 들려 있던 귀중한 껍데기를 산산조각 낸 것이다.

나는 절망에 차서 외쳤다! 콩세이유는 재빨리 소총을 들고서 열 걸음 거리에서 투석구를 휘두르고 있는 원주민을 겨냥했다. 나는 그를 막으려 했지만, 총알이 날아가 원주민 팔에 걸린 부적 팔찌를 산산이 깨뜨렸다.

"콩세이유! 콩세이유!" 내가 외쳤다.

"네? 뭐라고요? 주인님께서는 이 식인종이 먼저 공격을 시작한 걸 보지 못하셨나요?"

"조개껍데기가 인간의 생명만큼 소중하지는 않다네!" 내가 말했다.

“저 악당!” 콩세이유가 외쳤다.

“차라리 내 어깨를 맞혔으면 좋았을 텐데!”

꼬네이유는 매우 진심이었지만, 나는 그의 의견에 동의하지 않았다.

그러나 짧은 시간동안 상황은 크게 변했고 우리는 이를 눈치채지 못하고 있었던 것이다.

약 스무 척의 통나무 카누가 노틸러스호를 에워싸고 있었다. 나무줄기를 파내어 만든 이 카누들은 길고 날씬하며 물 위에 뜨는 두 개의 대나무 막대로 균형을 잡고 있어서 빠르게 이동할 수 있었다. 절반쯤 옷을 입은 능숙한 조종사들이 조종하고 있었다. 그들이 점점 다가오는 것을 나는 걱정스럽게 바라보았다.

이 파푸아인들은 이미 유럽인들과 접촉한 경험이 있고, 그들의 배를 알고 있는 것이 분명했다.

그러나 돛대도 굴뚝도 없는 이 긴 철제 원통이 만에 누워 있는 것을 보고 그들이 무슨 생각을 했을까? 처음에는 그것을 경외심을 갖고 멀리서 지켜보았을 것이다. 하지만 그것이 계속 움직이지 않자 점차 자신감을 갖고 가까이 다가오려 했다. 바로 그 친밀함을 우리는 막아야 했었다. 우리의 무기는 소리를 내지 않기 때문에 이 섬사람들에게는 큰 위력을 발휘하지 못할 가능성이 있었다. 그들은 큰 소리를 두려워한다고 알려져 있었다. 천둥이 없었다면 번개도 그다지 무서워하지 않을 것이다.

바로 그때 카누들이 노틸러스호에 더 가까이 접근했고, 화살이 우리 머리 위로 쏟아졌다.

"불과 유황이 내리쏟아지는 군요! 어쩌면 독이 든 우박일지도요!" 라고 콩세이유가 말했다.

"네모 선장님께 알려드려야겠어." 나는 입구로 들어가며 말했다.

나는 아래층의 휴게실로 내려갔다. 거기에는 아무도 없었다. 선장의 개인실 문을 두드리자, "들어오세요!"라는 대답이 들려왔다. 문을 열고 들어가니 네모 선장은 복잡한 수식과 X자 기호가 잔뜩 보이는 수식에 몰두하고 있었다.

"방해가 되지 않을까요?" 내가 예의를 차려 말했다.

"정확히 말씀하셨습니다. 아로낙스 교수님" 선장이 대답했다.

"하지만 이렇게 급히 저를 찾으신 이유가 있겠지요?"

"아주 급한 일입니다. 원주민들의 카누가 우리를 에워싸고 있습니다. 몇 분 내에 수백 명의 야만인들이 우리를 공격할 가능성이 큽니다."

"아!" 네모 선장이 태연히 말했다.

"그들이 카누를 타고 온 건가요?"

"네, 선장님."

"그렇다면, 해치를 닫으면 됩니다."

"그 말을 선장님께 드리려 온 것입니다."

"이보다 쉬운 일이 있을까요." 네모 선장이 말했다.

그는 전기 버튼을 눌러 승무들에게 명령을 전송했다.

"됐습니다. 교수님." 잠시 후 그가 말했다.

"구명보트도 제자리에 있고 해치도 닫혔습니다. 이 사람들이 군함의 포탄도 뚫지 못한 이 벽을 부술까봐 걱정하시는 건 아니겠지요?"

"아닙니다. 선장님, 하지만 여전히 한 가지 위험이 남아 있습니다."

"그게 무엇입니까?"

"내일 아침 우리는 공기를 다시 채우기 위해 해치를 열어야 합니다."

"그렇지요. 우리 배는 고래처럼 숨을 쉬니까요."

"하지만, 그때 이 파푸아인들이 플랫폼에 올라와 있다면, 어떻게 그들을 막을 수 있겠습니까?"

"교수님은 그들이 배에 오를 거라고 보십니까?"

"확신합니다."

"그렇다면 배에 오르라고 하세요. 그들을 막을 이유가 없다고 생각합니다. 이 사람들은 단지 불쌍한 사람들이지요. 저는 제가 게보로아 섬을 방문하는데 이 불쌍한 사람들 중 누구도 희생되기를 원치 않습니다!"

선장의 말에 나는 물러날 준비를 했으나 네모 선장은 나를 붙들어 곁에 앉기를 권했다. 그는 우리가 섬에 상륙한 일과 사냥에 대해 관심을 가지고 내게 물었으나 네드 랜드가 육지 고기에 대해 열망하는 것은 이해하지 못하는 듯했다. 우리의 대화는 여러 주제를 넘나들며 계속되었고, 네모 선장은 조금 더 친절해진 듯했다. 이야기 중 우리는 네모 선장이 항해를 떠나자마자 상륙한 좁은 해협, 뒤몽 뒤르빌 선장이 거의 좌초할 뻔한 그곳에서 노틸러스호의 상황에 대해 이야기를 나누게 되었다.

"그는 훌륭한 항해사였습니다." 선장이 말했다.

"당신네 프랑스의 제임스 쿡 같은 사람이었습니다. 지혜롭지만 불운한 인물이라 할 수 있죠! 남극의 얼음벽과 오세아니아의 산호초, 태평양의 식인종들을 모두 헤쳐 나갔으나 결국 기차 사고로 비참히 목숨을 잃고 말았습니다! 그의 마지막 순간에 삶을 되돌아볼 시간이 있었다면, 그는 마지막으로 무슨 생각을 했을 거라 생각하십니까?"

네모 선장은 깊은 감정에 휩싸인 것 같았다. 나는 그의 인간적인 감정을 높이 평가했다. 그리고 우리는 지도 한 장을 꺼내 이 위대한 프랑스 항해사의 업적, 그의 세계 일주 항해와 남극 탐험 시도, 아델리 해안과 루이 필리프 반도의 발견에 대해 이야기를 나눴다.

"당신의 뒤르빌이 수면에서 해낸 일을 저는 바다 내부에서 해냈습니다. 그것도 훨씬 수월하고 완벽하게 해냈죠. 폭풍우에 휩쓸려 난조를 겪던 제우러스 호와 애스트…롤레브 호에 비해, 노틸러스호는 물속에서도 조용한 작업실처럼 평화로웠습니다."

"그렇다 해도 선장님" 내가 말했다.

"뒤르빌의 전함들과 노틸러스호에는 커다란 유사점이 있습니다."

"그게 뭔가요?"

"노틸러스호 역시 그들처럼 좌초했습니다!"

"노틸러스호는 좌초한 것이 아닙니다. 교수님." 네모 선장은 단호히 대답했다.

"노틸러스호는 해저에 머물도록 만들어진 배입니다. 따라서 뒤르빌이 그의 배를 다시 띄우기 위해 시도했던 고된 작업이 필요하지 않습니다. 제우러스와 새로운 애스트롤래브호는 거의 침몰 할 뻔했지만 노틸러스호는 위험이 없습니다. 내일 약속한 시간이면 조용히 물 위로 떠올라 다시 바다를 항해하게 될 것입니다."

"선장님" 내가 말했다.

"의심하려는 것은 아니지만……."

"내일" 네모 선장은 일어서며 말을 이었다.

"내일 오후 2시 40분, 노틸러스호는 떠오를 것이고 아무 손상 없이 토레스 해협을 빠져나갈 것입니다."

명확한 어조로 말을 마친 네모 선장은 짧은 인사를 하고 나를 돌려보냈다. 나는 방으로 돌아갔다. 방에는 콩세이유가 기다리고 있었다. 그는 나와 선장의 대화 결과가 어떻게 되었는지 궁금해 했다.

"콩세이유" 내가 대답했다.

"이 파푸아 원주민들이 노틸러스호에 위협이 될것이라 말했을 때 선장은 매우 비꼬는 태도로 대답했다네. 그러니 내가 자네에게 할 말은 딱 하나야. 선장을 믿고 편안히 자게나."

"주인님께 제가 도와 드릴 일은 없을까요?"

"없다네, 네드 랜드는 무엇을 하고 있나?"

콩세유가 대답했다.

"네드 랜드 씨는 지금 캥거루 파이를 만드는 중인데, 엄청나게 기대를 하고 있습니다."

나는 혼자 남아 잠자리에 들었지만 깊이 잠들지 못했다. 원주민들이 플랫폼 위에서 발을 구르며 귀청을 찢는 듯한 외침을 계속해서 들었기 때문이다. 그렇게 시끄러운 밤이 지나갔고, 노틸러스호의 요새안의 군인들이 성벽을 지나는 개미를 신경 쓰지 않듯이 아무런 동요도 없었다.

아침 6시 잠 자리에 일어났다. 해치는 여전히 닫혀 있었다. 그 때문에 내부의 공기는 아직 환기되지 않았지만, 만일을 대비해 가득 채워져 있는 공기 탱크는 탁해진 노틸러스호의 공기에 산소를 공급해 주었다.

나는 낮 12시까지 선장을 한 번도 보지 못한 채 선실에서 작업을 했다. 배는 출항 준비를 하고 있는 기미가 전혀 보이지 않았다. 나는 조금 더 기다렸다가 메인 휴게실로 향했다. 거기 있는 시계는 오후 2시 30분을 가리키고 있었다. 10분 후면 조수가 최고점에 도달할 것이고, 네모 선장이 성급한 약속을 하지 않았다면 노틸러스호는 즉시 자유로워질 터였다. 만약 그렇지 않다면 다시 출항하기까지 몇 달이 걸릴 수도 있었다. 하지만 곧 배의 선체에 진동이 느껴졌다. 선체가 산호초의 거친 표면을 부수는 소리를 들을 수 있었다.

2시 35분이 되자 네모 선장이 휴게실에 나타났다.

"우리는 출항합니다." 그가 말했다.

"아!" 내가 말했다.

"해치를 열라고 명령했습니다."

"파푸아 원주민들은요?"

"그들이 왜요?"

네모 선장은 가볍게 어깨를 으쓱하며 말했다.

"그들이 노틸러스호 안으로 들어오지 않을까요?"

"그들이 어떻게 그럴수 있을까요?"

"당신이 해치를 열면 입구로 뛰어내릴 수 있을 것 같은데요."

"아로낙스 교수님" 네모 선장은 차분하게 대답했다.

"노틸러스호의 해치가 열려 있어도 그렇게 들어 올 수는 없습니다."

나는 선장을 멍하니 바라보았다.

"이해가 안 되십니까?" 그가 내 말했다.

"전혀 모르겠습니다."

"그럼 따라와서 보시지요!"

나는 중앙 계단으로 향했다. 그곳에서 네드 랜드와 콩세유가 승무원들이 해치를 여는 모습을 매우 놀란 듯이 지켜보고 있었다. 밖에서는 소름끼치는 외침과 격렬한 함성이 들려왔다.

해치 뚜껑이 외부 철판 위로 열렸다. 끔찍한 얼굴들이 나타났지만, 첫 번째 원주민이 계단의 난간에 손을 대는 순간, 그는 보이지 않는 힘에 의해 튕겨 나가며 두려움에 찬 비명을 지르며 도망쳤다.

콩세이유는 어안이 벙벙한 표정으로 바라보고 있었다. 네드 랜드는 본능적으로 계단에 뛰어올랐으나, 손을 난간에 대자마자 그 역시 뒤로 튕겨 나가며 "이런! 번개에 맞은 것 같군!" 라고 소리쳤다. 그의 말에 이 모든 것이 설명되었다. 그 난간은 단순한 난간이 아니라 배의 전기로 완전히 충전된 금속 케이블이었으며, 누군가 그것을 만지면 강력한 전류에 감전될 위험이 있었다. 네모 선장은 자신과 적들 사이에 전기를 가득 담은 보이지 않는 방벽을 세운 것이었다.

공포에 휩싸인 파푸아 원주민들은 겁에 질려 도망쳤고, 우리는 웃음을 터뜨리며 네드 랜드를 위로하고 마사지를 해주었다. 그때가 정확히 2시 40분, 조수의 흐름에 의해 노틸러스호는 산호초를 벗어났다. 스크루는 장엄하게 바다를 휘저었고 점점 속도를 높여 노틸러스호는 무사히 토레스 해협의 위험한 길을 빠져나갔다.

20장 "병든 꿈"

다음 날인 1월 10일, 노틸러스호는 초고속으로 항해를 재개했으며, 그 속도는 시간당 최소 35마일로 놀라운 수준이었다. 프로펠러는 너무 빨리 돌아서 그 회전을 따라가거나 세어 볼 수조차 없었다. 이 놀라운 전기력이 노틸러스호에 운동, 열, 빛을 공급할 뿐만 아니라, 외부의 공격으로부터 보호하며 신성한 방주로 만들고, 부정한 손이 접근하면 맹렬하게 반격한다는 생각에 감탄이 절로 나왔다. 이 경이로움은 잠수함 자체를 넘어서 그것을 창조한 엔지니어에게까지 이어졌다. 우리는 서쪽으로 항해하며, 1월 11일에 경도 135도, 북위 10도에 위치한 카펜타리아 만의 서쪽 끝, 웨셀 곶을 통과했다. 암초들은 여전히 많았으나 더 넓게 퍼져 있었고, 지도에 정확하게 표시되어 있어 노틸러스호는 암초를 쉽게 피할 수 있었다.

1월 13일, 티모르 해에 도착한 네모 선장은 경도 122도에서 같은 이름의 섬을 발견했다. 이 섬은 면적이 1,625제곱리그이며, 라자(동남아시아,특히 인도와 인도네시아의 통치자)들이 지배하고 있다. 이 귀족들은 자신들을 악어의 자손, 즉 인간이 자랑할 수 있는 가장 고귀한 기원의 후손으로 여긴다. 비늘을 가진 그들의 조상들은 섬의 강을 뒤덮고 있으며 특별한 존경을 받고 있었다. 이 악어들은 보호되고, 양육되며, 달래지고, 성숙한 처녀들로 이루어진 제물을 받으며, 외부인이 이 신성한 파충류에게 손을 대는 것은 엄청난 화를 불러올 것이다.

그러나 노틸러스호는 이 불쾌한 동물들과 엮이기를 원하지 않았다. 티모르섬은 정오에 잠시 그 모습을 드러냈다. 그때 1등 항해사가 위치를 확인했다. 나는 같은 군도에 속한 작은 로티섬을 살짝 보았을 뿐인데, 이 섬의 여성들은 말레이시아 시장에서 아름답기로 유명하다고 한다.

위치 확인 후 노틸러스호는 남서쪽으로 방향을 바꿔 인도양을 향해 나아갔다. 네모 선장은 어디로 향할 것인가? 아시아 해안으로 갈 것인가? 아니면 유럽 해변에 가까워질 것인가? 인구 밀집 지역을 피하는 그가 택할 가능성은 희박했다. 그렇다면 남쪽으로 갈까? 희망봉을 돌아 케이프 혼을 지나 남극까지 갈까? 아니면 노틸러스호가 자유롭고 쉽게 항해할 수 있는 태평양으로 다시 돌아갈까? 시간이 알려줄 터였다.

카르티에르 암초, 히버니아 암초, 세링가파트남 암초, 스콧 암초를 따라 항해한 후, 1월 14일까지 우리는 해안을 완전히 벗어나 있었다. 그 무렵 노틸러스호는 예측할 수 없는 방식으로 속도를 줄였고, 때로는 물속에서 항해하다가도 물 위에 떠서 표류했다.

이 항해 동안 네모 선장은 바다의 다양한 층에서 온도를 측정하는 흥미로운 실험을 했다. 보통 이런 실험은 복잡한 장비를 사용하며 물속 압력 때문에 유리 온도계가 깨지거나 전류 저항의 차이에 의존하는 장비를 사용하기 때문에 결과를 제대로 검증하기 어렵다. 반면, 네모 선장은 직접 바다 속으로 들어가 다양한 층에서 직접 온도를 측정했다. 그리하여 노틸러스호는 중량 탱크를 채우거나 날개를 기울여 비스듬히 잠수하며 3,000m, 4,000m, 5,000m, 7,000m, 9,000m, 10,000m 깊이까지 도달했다. 이 실험의 최종 결론은 모든 위도에서 바다는 1,000m 깊이에서 섭씨 4.5도로 일정한 온도를 유지한다는 사실이었다.

나는 이 실험을 매우 흥미롭게 지켜보았고 네모 선장은 아주 열정적인 과학자였다. 그는 왜 이런 과학적 실험을 진행하는 것일까? 인류를 위한 것일까? 하지만 그는 세상을 등진 사람이었다. 그가 나에게 실험 결과를 알려주지 않는 한 이 모든 업적은 사라질 것이었고, 나에게 알려준다면 나는 긍정적인 이 여행의 끝을 기다리고 것이다. 그러나 나는 아직 이 여행을 끝낼 생각이 없었다. 아무튼 그는 나에게 실험의 결과를 알려 주었고 이 정보 교류에서 나는 과학적이 아닌 개인적인 깨달음을 얻을 수 있었다.

1월 16일 아침, 노틸러스호는 파도 바로 아래 몇 미터에서 멈춘 것 같았다. 전기 장치는 작동하지 않고 있었고, 움직이지 않는 스크루는 노틸러스호를 조류에 그냥 떠다니게 했다. 나는 선원들이 기계의 격렬한 움직임으로 인해 필요한 내부 수리를 하고 있을 것이라 가정했다.

그때 나와 동료들은 이상한 광경을 목격했다. 휴게실의 해치는 열려 있고, 노틸러스호의 전조등 역시 작동하지 않아 물속은 어둠이 지배하고 있었다. 하늘은 흐리고 먹구름이 가득 차 비바람이 불 것 같았다. 바다 속 역시 희미하게 보일 뿐이었다. 나는 이런 조건에서 바다의 상태를 관찰했고, 가장 큰 물고기들도 그림자처럼 간신히 보일 뿐이었다. 그 순간 노틸러스호가 확 밝아졌다. 처음에는 전조등이 켜져 바다를 비추는 것이라 생각했다.

그러나 주변을 빠르게 둘러본 나는 그것이 내 착각임을 깨달았다.

노틸러스호는 어둠 속에서 빛나는 바닷물 속에 떠 있었다. 수많은 발광 미생물들이 만들어낸 이 빛은 눈부셨고, 선체를 지나갈 때마다 더욱 밝아졌다. 나는 이 빛 속에서 번개와 같은 번쩍임을 보았고, 마치 뜨거운 용광로에서 녹여진 납의 흐름이나 뜨거운 금속 덩어리처럼 보였다. 이 모든 빛 속에서 어떤 부분은 마치 빛 속에서 만들어낸 그늘처럼 어두운 빛을 띠고 있었다.

보였다. 아니, 이것은 우리가 일반적으로 보는 고요한 전기 빛이 아니었다. 이곳은 생동감이 있었고 활력이 넘치는 진정으로 살아있는 빛이었다!

실제로 이것은 거대한 바다 속의 적충류와 야광충이 모여 만들어낸 빛의 덩어리였다. 야광충은 실모양의 촉수가 달린 해파리의 일종으로 30세제곱센티미터의 물속에서 25,000개 이상이 발견되기도 했다. 몇 시간 동안 노틸러스호는 이 빛나는 파도 속에서 떠다녔고, 우리는 커다란 물고기들이 바다 괴물들처럼 움직이는 모습을 보면서 감탄했다. 나는 그곳에서 날렵하고 우아한 돌고래와 10피트 길이의 검투사 물고기를 보았다. 이어서 더 작은 물고기들이 나타났고, 그들이 움직일 때마다 밝은 파란 하늘을 가로지르는 것처럼 보였다. 이 찬란한 광경은 마치 마법같이 매혹적이었다! 아마도 어떤 대기 조건이 이 현상의 강도를 증가시킨 것일까? 아마도 어떤 폭풍이 수면을 자극했을지도 모른다. 하지만 이 미터 깊이에서 노틸러스호는 폭풍의 힘을 전혀 느끼지 못했고 그저 잔잔한 물속에 평화롭게 앉아 있었다. 이렇게 우리는 새로운 경이로움에 매료되며 진전을 거듭했다. 시간은 빠르게 지나갔고, 나는 날짜를 세지 않았다. 네드 랜드는 평소처럼 노틸러스호의 식단을 다양하게 만들려 했고, 우리는 조개처럼 우리의 껍질 속에 들어가 있는 듯 했다. 이 삶은 편안하고 자연스럽게 느껴졌으며, 우리는 육지에서의 삶을 더 이상 생각하지 않았다. 그러나 한 사건이 일어나 우리가 처한 현실에 눈뜨게 했다.

1월 18일, 노틸러스호는 남위 15도와 동경 105도에 위치해 있었다. 날씨는 위협적으로 보였고, 바다는 거칠게 출렁였다. 동쪽에서 강한 돌풍이 불었고, 몇 날 동안 계속 떨어져 온 기압계는 자연 요소들이 곧 충돌할 것임을 예고했다.

나는 항각을 측정하는 항해 장교의 측정을 기다리며 플랫폼에 올라섰다. 평소대로 그의 일상적인 표현을 기다리고 있었지만, 그날 그는 평소와는 전혀 다른 말을 뱉었다. 곧 네모 선장이 등장해 망원경을 들어 수평선을 살펴보았다. 몇 분 동안 선장은 망원경을 고정한 채 움직이지 않고 있었다. 그런 후 그는 망원경을 내리고 항해 장교와 짧은 대화를 나누었다.

항해 장교는 흥분을 억누르려 애쓰는 것처럼 보였다. 이에 비해 네모 선장은 평정함을 유지했다. 둘의 대화의 어조와 몸짓으로 보아 네모 선장은 어떤 이의를 제기하는 반면, 항해 장교는 이를 단호히 확신하는 듯했다. 나는 그들이 주목하고 있는 방향을 바라봤으나 아무것도 발견하지 못했다. 하늘과 바다가 하나로 합쳐져 완벽한 수평선을 이루고 있었다.

그동안 네모 선장은 플랫폼을 이리저리 거닐며 내게 눈길도 주지 않았다. 때때로 그는 멈춰 가슴에 팔짱을 끼고 바다를 관찰했다. 그는 무엇을 찾고 있는 걸까? 그곳에서 노틸러스호와 가장 가까운 해안은 수백 마일이나 떨어져 있었다.

항해 장교는 계속 망원경을 들여다보며 수평선을 뚫어지게 쳐다보고 발을 구르며 초조함을 드러냈다. 그러나 이 신비는 곧 풀릴 수밖에 없었다. 네모 선장은 속도를 올리라는 명령을 내리자 프로펠러가 더욱 빠르게 회전하며 노틸러스호가 속도를 냈다.

이때 항해 장교가 다시 네모 선장의 주의를 끌었다. 선장은 걸음을 멈추고 항해 장교가 가리키는 방향을 망원경으로 오랫동안 관찰했다. 나는 휴게실로 내려가 내가 평소에 사용하던 망원경을 가지고 올라왔다. 플랫폼의 전조등 옆에서 내가 망원경을 들여다보기도 전에 갑자기 누군가 나를 잡아 당겼다. 망원경이 손에서 떨어졌다. 나는 뒤를 돌았다. 네모 선장이었다. 하지만 그의 얼굴은 알아보지 못할 정도로 바뀌어 있었다. 그는 내 앞에 있었지만 평소와 다르게 잔뜩 찌푸린 얼굴에 꽉 다문 입, 잔뜩 긴장해서 뻣뻣한 몸과 꽉 쥔 주먹, 마치 분노로 폭발 직전의 모습이었다. 마치 그의 온몸에서 증오의 기운이 뿜어져 나오는 것 같았다.

그는 움직이지 않았다. 나도 모르게 무언가 이 사람의 화를 불러일으킨 것일까? 이 수수께끼 같은 남자는 내가 무언가 자신의 비밀을 파헤쳤다고 상상하고 있는 것일까? 아니다. 그의 증오의 대상은 내가 아니었다. 그는 나를 바라보지도 않고 있었다. 그의 시선은 수평선 너머의 불투명한 지점에 고정되어 있었다. 마침내 네모 선장은 제정신을 찾았다. 그의 동요는 가라앉았다. 그는 부사관에게 내가 못 알아들을 몇 마디를 건네고, 다시 나에게로 돌아섰다.

"아로낙스 교수님"

그가 꽤 강압적인 어조로 말했다.

"저는 당신에게 걸었던 하나의 조건을 지금 실행할 것입니다. 이에 따라주시기를 바랍니다."

"무엇입니까, 선장님?"

"당신과 당신의 동료들은 내가 적당하다고 판단할 때까지 감금되어야 합니다."

"당신은 이 배의 주인입니다." 나는 그를 바라보고 대답했다. "하지만 질문 하나 해도 될까요?"

"안됩니다."

이 권위적인 명령을 거부하는 것은 의미가 없었다.

나는 네드 랜드와 콩세이유가 있는 방으로 내려가서 선장의 결정을 그들에게 전했다. 네드 랜드는 이 결정을 어떻게 받아들였는지 알 수 없었다. 그들과 이야기 할 시간도 설명할 시간도 부족했다. 네 명의 승무원이 문 앞에서 기다리고 있었고, 그들은 우리를 우리가 처음 노틸러스호에 탑승했을 때 머물렀던 그 방으로 안내했다. 네드 랜드는 항의하고 싶어 했지만 문이 그를 차단했다.

"주인님, 이것이 무슨 의미인지 말씀해 주시겠습니까?" 콩세이유가 물었다.

나는 그들에게 위에서의 일을 설명했다. 그들은 나만큼 놀랐고, 이 모든 일을 설명할 방법이 없었다. 그동안 나는 깊은 생각에 깊이 빠져 있었다. 네모 선장의 낯선 표정과 이상한 긴장감과 두려움 외에 아무것도 생각할 수 없었다. 나는 그 두려움의 이유를 찾을 수 없었고, 그때, 네드 랜드가 말했다.

"여러분, 아침이 준비되었습니다."

실제로 테이블은 차려져 있었다. 분명 네모 선장은 우리를 감금하면서 노틸러스호의 속도를 높이고 식사 준비를 명령했을 것이다.

"주인님, 한 가지 말씀드려도 될까요?" 콩세이유가 물었다.

"말하게 콩세이유."

"아침을 드시는 것이 좋습니다. 주인님, 앞으로 우리는 무슨 일이 일어날지 모르기 때문입니다."

"자네 말이 맞네. 콩세이유."

"안타깝게도, 예전 식단으로 밥을 주었네요." 네드 랜드가 말했다.

"네드 씨" 콩세이유가 말했다.

"아침 식사를 주는 것을 잊은 것 보다는 낫습니다."

이 합리적인 조언은 네드 랜드의 불평을 단번에 잠재웠다.

우리는 식탁에 앉았다. 식사는 거의 말없이 이어졌다. 나는 거의 먹지 않았다. 그러나 늘 신중한 콩세이유는 '억지로'라도 음식을 섭취했고, 네드 랜드는 메뉴에 불만이 있어도 한 점도 남기지 않았다. 식사가 끝나자 각자 한쪽 구석에 몸을 기대고 있었다.

바로 그때, 우리 방을 밝히던 빛나는 구체가 꺼지며 깊은 어둠이 우리를 감쌌다. 곧 네드 랜드가 잠이 들었다.

내가 놀란 것은 콩세이유 역시 깊은 잠에 빠졌다는 것이다. 나는 콩세이유가 곧바로 잠이 들어버린 원인이 무엇인지 생각하고 있었다. 그때 내 머리가 멍해지는 것이 느껴졌다. 눈을 뜨고 있으려 노력했지만, 결국 눈꺼풀이 닫히고 말았다. 불안한 의심이 나를 사로잡았다. 분명 우리가 방금 먹은 음식에 수면제를 섞어놓았던 것이다. 감금만으로는 네모 선장의 계획을 숨기기에 충분하지 않기에 우리를 강제로 재운 것이리라. 그러던 중 나는 해치가 닫히는 소리를 들었다. 바다의 물결이 일으키던 약간의 흔들림이 사라졌다. 노틸러스호가 수면 아래로 잠수하는 것일까? 다시 고요한 물의 품으로 돌아간 것인가? 졸음을 떨쳐내려 했지만 불가능했다. 호흡은 점점 약해졌고, 몸은 얼어붙어 가는 듯했다. 눈꺼풀이 납덩이처럼 무겁게 내려앉았다. 그것을 들어 올릴 수 없었다. 기이한 환각으로 가득 찬 병적인 잠이 나를 완전히 지배했다. 그리고 모든 환각은 사라지며 완전한 무의식 속으로 나를 빠뜨렸다.

21장 산호 왕국

다음 날, 나는 평소보다 맑은 정신으로 깨어났다. 놀랍게도 나는 내 침실에 있었다. 아마도 내 동료들도 나처럼 아무런 감각 없이 그들의 선실로 돌아갔을 것이다. 그들 또한 밤사이에 무슨 일이 있었는지 전혀 알지 못할 것이며 이 미스터리를 풀 열쇠는 앞으로 일어날 어떤 우연에나 의존할 수밖에 없었다. 나는 선실을 나서볼까 생각했다. 나는 다시 자유로운 상태인가? 아니면 여전히 감금되어 있는가? 완벽히 자유로웠다. 나는 문을 열고 복도를 따라 중앙 출입구로 올라갔다. 전날 닫혀 있던 해치들이 지금은 열려 있었다. 나는 플랫폼에 도착했다.

네드 랜드와 콩세이유가 그곳에서 나를 기다리고 있었다. 나는 그들에게 질문했지만 그들 역시 아무것도 알지 못했다. 그들은 기억조차 나지 않는 깊은 잠에 빠져 있었으며, 자신들이 선실로 돌아왔다는 사실에 몹시 놀란 표정을 지었다.

노틸러스호는 여전히 조용하고 신비로운 상태였다. 그 배는 파도의 표면 위에서 적당한 속도로 항해하고 있었다. 배 안에는 아무 변화도 없는 듯했다.

네드 랜드는 예리한 눈으로 바다를 관찰했다. 바다는 텅 비어 있었다. 그는 수평선에서 새롭게 보이는 어떤 것도 발견하지 못했다. 돛이나 해안도 없었다. 서쪽에서 바람이 요란하게 불어오며 길고 헝클어진 파도들이 잠수함을 심하게 흔들어댔다.

노틸러스호는 공기를 새롭게 공급한 후 평균 깊이 15미터로 유지되었다. 이 깊이는 빠르게 파도의 표면으로 돌아갈 수 있게 해주었다. 그리고 평소와 달리 노틸러스호는 1월 19일 그날 여러 차례 이 활동을 수행했다. 그때마다 부사관이 플랫폼으로 올라와 그의 통상적인 구호를 배 안에 울려 퍼지게 했다.

네모 선장은 모습을 드러내지 않았다. 배 안의 다른 선원들도 보이지 않았다. 오직 내 방을 응대하는 무뚝뚝한 표정의 선원 한명만을 보았을 뿐이다.

오후 2시경, 나는 휴게실에서 노트를 정리하고 있었다. 그때 선장이 문을 열고 나타났다. 나는 그에게 인사했다. 그는 거의 눈에 띄지 않게 고개를 끄덕였을 뿐, 나에게 한마디도 하지 않았다. 나는 전날 오후의 사건에 대해 어떤 설명이라도 해주기를 기대하며 다시 작업에 몰두했다. 그러나 그는 아무런 말도 하지 않았다. 나는 그를 주시했다. 그의 얼굴은 피곤해 보였다. 그의 붉은 눈은 잠으로 회복되지 않았음을 보여주었으며, 그의 표정은 깊은 슬픔과 진정한 비애를 나타내고 있었다. 그는 이리저리 걸어 다녔고, 앉았다 일어섰다, 무작위로 책을 집어 들었다가 곧 내려놓았다. 평소처럼 기록하지 않았으며 한순간도 가만히 있을 수 없는 모습이었다.

마침내 그는 나에게 다가와 말했다.

"아로낙스 교수님, 당신은 의사입니까?"

이 뜻밖의 질문에 나는 한동안 그를 바라보며 아무 대답도 하지 않았다.

"의사입니까?" 그가 다시 물었다.

"그라티올레, 모캥탕동 등 몇몇 과학자 동료들은 의학 학위를 받았죠."

"맞습니다." 내가 말했다.

"저는 의사입니다. 병원에서 당직 의사로 일하곤 했습니다. 박물관에 합류하기 전 몇 년 동안 개업하고 있었습니다."

"훌륭하군요. 선생님."

내 대답은 분명 네모 선장을 기쁘게 했다. 그러나 그의 의도를 알 수 없었기에 나는 상황에 따라 대답할 준비를 하며 더 많은 질문을 기다렸다.

"아로낙스 교수님." 선장은 나에게 말했다.

"당신이 내 부하 중 한 사람에게 의료적 도움을 줄 수 있겠습니까?"

"누군가 아픈가요?"

"예."

"당신과 함께 갈 준비가 되어 있습니다."

"갑시다."

나는 심장이 두근거리는 것을 인정할 수밖에 없었다. 신만이 아시겠지만, 나는 이 아픈 선원과 어제 사건들 사이에 분명한 연관이 있음을 느꼈다. 그 사건들의 미스터리가 그 선원의 질병만큼이나 나를 걱정스럽게 했다.

네모 선장은 나를 노틸러스호의 선미로 데려가 선원실 옆에 위치한 한 선실로 들어갔다.

그곳 침대에는 40세가량의 강인한 생김새를 지닌, 백인 남자가 누워 있었다. 나는 그에게 몸을 기울였다. 그는 아픈 것만이 아니었다. 부상당해 있었다. 피로 젖은 붕대가 그의 머리를 감싸고 있었고, 그의 머리는 접힌 베개 위에 놓여 있었다. 나는 붕대를 풀었다. 부상당한 남자는 커다랗고 응시하는 눈으로 나를 바라보았으며, 아무런 불평도 하지 않고 내가 치료하도록 두었다. 끔찍한 부상이었다. 두개골은 어떤 강한 물체에 의해 부서져 있었고, 피부가 벗겨져 뇌가 노출되어 있었으며, 뇌 조직은 깊은 상처를 입었다. 피가 엉겨 붙어 포도주 찌꺼기와 같은 색을 띠고 있었다. 뇌 타박상과 뇌진탕이 동시에 발생했다. 환자의 호흡은 힘겨웠고 얼굴 근육은 경련을 일으켰다. 뇌에는 염증이 진행된 상태로 움직임과 감각이 마비된 상태였다. 나는 환자의 맥박을 확인했다. 맥박은 간헐적이었다. 몸의 하부는 이미 차가워지고 있었으며, 나는 죽음이 다가오고 있다는 것을 느꼈지만 그를 살릴 수 있는 방법이 없다는 것을 깨달았다. 나는 불쌍한 남자의 상처를 치료한 후, 머리 주위에 붕대를 다시 감고 선장 네모에게 물었다.

"어떻게 다친 겁니까?"

이에 대해 네모 선장은 이렇게 대답했다.

"그것은 중요하지 않습니다."

그는 회피하는 듯한 태도로 말했다.

"노틸러스호에 충돌 사고를 당해 엔진 레버 하나가 부러졌고, 그게 날아와 이 사람의 머리를 쳤습니다. 내 수석 부관이 그의 옆에 서 있었는데, 이 남자가 몸을 던져 막았습니다. 형제가 형제를 위해, 친구가 친구를 위해 목숨을 바치는 것, 이것이 이 배의 법칙입니다. 이제 그의 상태는 어떻습니까?"

나는 고심 끝에 대답했다.

"이 남자는 두 시간이 지나면 죽을 것입니다."

"그를 살릴 수 있는 방법은 없습니까?"

"없습니다."

이 말을 들은 네모 선장은 두 손을 움켜쥐고 눈물을 흘렸다. 나는 그의 눈에서 눈물을 보게 될 줄은 생각하지 못했다. 잠시 동안 나는 죽어가는 그 사람을 관찰했다. 전등에 비친 그의 얼굴은 더욱 창백해졌고, 그 빛이 그의 마지막 순간을 고요하게 감싸고 있는 듯했다.

나는 그의 이마에 선명한 주름과 함께 지친 듯한 얼굴을 바라보며, 그의 삶의 비밀이 마지막 순간에 드러나기를 내심 기대했다.

"가셔도 좋습니다. 교수님"

네모 선장이 나지막이 말했다.

나는 그의 말을 듣고 방을 떠나 내 선실로 돌아왔다. 그날 하루 동안 나는 깊은 충격에 사로잡혀 있었다. 그 밤 나는 제대로 잠을 이루지 못했고, 어렴풋이 잠들 때마다 멀리서 애도의 노래처럼 들리는 흐느낌 소리가 들리는 듯했다. 마치 죽은 이를 위한 기도처럼 느껴졌으며, 내가 이해할 수 없는 언어로 되어 있었다.

다음 날 아침, 나는 갑판으로 올라갔다. 네모 선장이 이미 그곳에 있었다. 내가 다가가자, 그는 나를 보더니 말했다.

"교수님, 오늘 수중 탐험을 나가시겠습니까?"

나는 네모 선장의 질문에 고개를 끄덕였다. 나는 언제나 그와 함께 해저의 신비로운 장소로 향할 준비가 되어 있었기 때문이다.

"콩세이유와 네드 랜드도 함께 갑니까?

"그들이 원한다면은요."

우리는 잠수복을 착용하고 물속으로 들어갔다. 나와 네모 선장, 그리고 다른 몇 명의 승무원들은 촛불처럼 밝게 빛나는 조명 장치와 공기 탱크를 사용하여, 해저 100미터까지 내려갔다.

잠시 후 우리는 그곳에서 거대한 산호 숲을 발견했다. 산호의 나무는 붉고 주황색의 다채로운 빛깔로 채색되어 있었으며, 가지마다 다양한 해양 생물이 어우러져 있어 마치 이국적인 수중 정원에 들어온 듯했다. 그 모습은 장엄하면서도 아름다웠다. 산호들은 각기 다른 형태를 하고 있었다. 그 중에는 거대한 나무처럼 솟아오른 것도 있었고, 낮은 관목처럼 펼쳐진 것도 있었다.

우리는 조심스럽게 산호 숲을 탐험하며 그 사이를 걸었다. 조명 장치의 불빛이 산호의 표면에 닿으면 마치 불꽃이 튀는 듯한 환상적인 효과가 만들어졌다. 그 불빛은 부드러운 굴곡진 아치나 천장에 걸린 샹들리에 같은 모습에 생명을 불어넣었다. 이 산호 숲속에서 멜리타 산호와 무지개 산호, 그리고 줄기가 마디처럼 나뉜 산호류 등 매우 희귀한 산호들을 목격할 수 있었다.

또, 산호 줄기 사이로는 여러 색깔의 가느다란 해초가 얽혀 있어 열대 해양의 덩굴 식물을 연상케 했다. 우리 앞에는 계속해서 환상적인 산호 숲이 펼쳐졌고, 우린 그 거대한 나무 모양의 산호들 아래로 걸어갔다. 그때 마치 석화된 듯한 나무와 같은 모습의 산호들이 마치 무성한 숲을 이룬 것처럼 보였다. 그 속에는 다양한 해양 생물들이 어우러져 살아가고 있었으며, 우리 발아래에는 파이프 오르간 모양의 산호, 별 산호, 곰팡이 산호, 그리고 수많은 해양생물이 꽃길을 이루는 것처럼 펼쳐져 있었다.

우연히도 나는 산호초들 중에서도 가장 귀중한 표본들 앞에 서게 되었다. 이 산호는 지중해의 바르바리 해안이나 프랑스와 이탈리아의 해안에서 채취된 것과 견줄 만한 가치를 지니고 있는 것들이었다. 그 다채로운 색은 상업계에서 가장 훌륭한 전시품에 붙이는 '피의 꽃'과 '피의 거품'이라는 시적 이름에 걸맞았다. 산호는 킬로그램당 500프랑에 팔리기도 하며, 이 지역의 해양 층에는 산호 채집자들을 전부 부자로 만들어 줄 만큼 충분한 양이 숨겨져 있었다. 이 귀중한 물질은 종종 다른 군체들과 결합해 '마치오타'라고 불리는 단단하고 복잡하게 엉킨 형태를 이루며, 나는 이 산호의 멋진 분홍색 표본들을 보았다.

갑자기 선장 네모가 손을 들어 신호를 보냈다. 우리 일행은 걸음을 멈추고 그의 주위를 둘러싸며 반원 모양을 이루었다. 조금 더 자세히 살펴보니, 네모 선장과 그의 승무원들이 어깨에 긴 물체를 메고 있는 것을 확인할 수 있었다.

우리는 거대한 산호 숲 한가운데의 넓은 공터에 서 있었다. 조명 장치에서 나오는 빛이 그곳을 밝히며, 바다 밑바닥에 그림자가 길게 드리워져 있었다. 공터의 경계를 넘어서면 어둠이 다시 짙어졌고, 산호의 날카로운 가장자리에서 반짝이는 빛만이 간간이 그곳을 밝혀주었다.

이때 나는 묘한 감정을 느끼기 시작했다. 주위를 둘러보니, 바다 밑바닥이 특정한 곳에서 불룩하게 솟아올라 있었다. 그 주변은 마치 사람이 의도적으로 배치한 듯 대칭을 이루고 있었다.

그 공터 한가운데는 거칠게 쌓아올린 돌로 만든 받침대 위에 산호로 만든 십자가가 세워져 있었는데 그것은 피가 굳어 석화된 것처럼 보였다.

이제야 모든 것이 이해되기 시작했다. 이 공터는 바로 묘지였고, 그 땅에 판 구덩이는 무덤이었다. 그리고 승무원들이 어깨에 메고 있는 것은 바로 지난밤에 죽은 선원의 시신이었다. 선장 네모와 그의 승무원들은 이 바다 속에 있는 공터에서 그들의 동료를 묻기 위해 이곳으로 온 것이다. 나는 한동안 정신이 아득해졌다. 그들의 전통적인 묘지에서 그들의 죽은 동료를 영원한 안식처로 보내는 의식을 보게 되리라곤 상상하지 못했기 때문이다. 그러나 네모 선장과 그의 승무원들은 아주 엄숙하고 차분하게 그 일을 수행하고 있었다.

승무원들은 구덩이를 천천히 파내려 갔다. 물고기들이 이리저리 흩어지며 그들의 행동에 놀라 도망쳤다. 곡괭이가 바닥을 때릴 때마다 돌 조각들이 떨어져 나갔고, 때때로 바위 조각에 부딪혀 불꽃이 일기도 했다. 구덩이는 점점 깊어졌고, 시신을 안치할 정도의 크기에 이르렀다.

이윽고 운구 담당자들이 시신을 가져와 구덩이에 내렸다. 시신은 흰색 천으로 덮여 바다의 평화를 간직한 채 그곳에 묻혔다. 선장 네모는 가슴에 팔을 교차하고 무릎을 꿇어 기도하는 자세를 취했다. 그를 사랑했던 친구들도 모두 그의 곁에서 기도에 동참했다. 나와 내 동료들도 그들 곁에 서서 경의를 표했다.

구덩이가 덮이고, 작은 봉분이 만들어졌다. 그 의식이 끝나자, 선장과 그의 동료들은 다시 한번 무덤에 다가가 마지막 인사를 건넸다. 그들의 손은 기도하는 자세로 가슴 앞에 모아졌다. 우리는 그들의 진실한 작별 인사를 지켜보았다.

이후 일행은 다시 네모 선장을 따라 길을 거슬러 올라갔다. 산호 숲의 아치 아래를 지나고, 덤불을 헤치며, 계속해서 위로 올라갔다. 마침내, 배의 빛이 보였다. 그 빛은 우리를 다시 네모 선장이 이끄는 노틸러스호로 안내해 주었다. 우리는 다시 배로 돌아와 모두 잠수복을 벗은 뒤 갑판으로 올라갔다.

나는 등대 옆에 앉아 끊임없는 생각에 잠겼다. 네모 선장이 나에게 다가와 말했다.

"제가 진단한대로 어제 밤 그가 죽었습니까?

"그렇습니다. 아로낙스 교수님" 선장 네모가 대답했다.

"이제 그 사람은 동료들과 함께 산호로 이루어진 묘지에서 잠들고 있는 겁니까?"

"네, 세상은 그를 잊을지라도 우리는 그를 잊지 않습니다. 우리가 무덤을 파면, 폴립들이 우리의 죽은 동료를 영원히 봉인해 줄 것입니다."

선장은 갑자기 얼굴을 두 손에 파묻으며 슬픔을 감추려 했지만, 억제할 수 없는 눈물이 그의 눈가에 맺혔다. 그리고는 덧붙였다.

"저 아래, 우리의 고요한 묘지가 있습니다. 수면 아래 수백 피트 깊이에 말입니다!"

"적어도 선장님, 당신의 죽은 자들은 상어들의 손이 닿지 않는 곳에서 평온히 잠들 수 있을 것입니다."

"그렇습니다. 교수님."

선장 네모는 장중한 목소리로 대답했다.

"상어도, 인간도 그들을 방해할 수 없습니다."

이 말을 마지막으로 선장은 깊은 슬픔에 잠겼고, 나는 그의 감정에 공감하지 않을 수 없었다.

이 대화가 끝난 후 나는 선장 네모의 조용한 모습을 보며 깊은 생각에 잠겼다. 그의 마음속에는 무엇이 숨겨져 있을까? 그가 세상으로부터 스스로를 단절한 채 바다 속에서 삶과 죽음을 겪으며 지내는 이유는 무엇일까? 한편으로는 그가 보여주는 강한 비애와 동료에 대한 애정이 인간적인 따뜻함을 느끼게 했다. 그러나 동시에 그는 인간 사회를 향한 강렬한 증오와 고립된 삶을 지키려는 의지를 품고 있었다.

그날 이후로도 네모 선장은 자주 혼자만의 시간을 보냈다. 나는 그가 숨겨온 많은 비밀에 대해 여전히 답을 찾지 못한 채 그의 뒤를 따르게 되었다. 그의 조용한 태도와 가끔씩 나타나는 고뇌의 흔적이 마음속의 궁금증을 더욱 증폭시켰다. 왜 그는 과거의 기억을 회피하고, 나와 나의 동료들에게 그의 진짜 모습을 보여주지 않는 것일까? 그가 진정으로 원하는 것은 무엇일까? 이러한 질문들이 내 머릿속을 떠나지 않았다. 그러던 중, 나는 네모 선장의 주위에서 더 많은 것을 알아내기로 결심했다. 그가 말하지 않는 것들을 이해하고, 그를 둘러싼 비밀들을 풀기 위해 노력하기로 했다. 그날 이후로 나는 그의 모든 행동을 주의 깊게 관찰하기 시작했다. 그가 어떤 기구를 사용하고 있으며 어떤 결정을 내리는지, 그리고 그가 깊은 바다에서 어떤 연구를 수행하는지를 알아야 했다.

그의 연구는 언제나 나를 놀라게 했다. 그는 바다의 깊은 곳에 숨겨진 생명체들을 탐구하고 있었다. 여러 종류의 해양 생물들과 그들의 생태계에 대한 그의 지식은 대단했다. 나는 그가 왜 이 모든 것을 알고 싶어 하는지를 고민하게 되었다. 그럴수록 그의 비극적인 과거가 그에게 어떤 영향을 미쳤는지에 대한 호기심이 더욱 커졌다.

어느 날, 우리는 바다에서 신비로운 생물들을 발견했다. 그들의 빛나는 색깔과 우아한 움직임은 나를 매료시켰다.

"이 생물들은 정말 아름답군요. 선장님, 이들과 함께하는 것이 우리의 삶을 변화시킬 수 있을까요?" 내가 물었다.

네모 선장은 고개를 끄덕이며 대답했다.

"자연의 경이로움은 우리를 변화시킬 수 있습니다. 하지만 우리가 직면한 고통과 상실은 쉽사리 잊혀지지 않을 것입니다."

나는 그의 말에 깊이 공감하며, 그의 마음속에 남아있는 그늘이 조금이라도 덜어지기를 바라며 다시 바다를 바라보았다. 그 순간, 나는 그와 함께하는 이 여행이 단순한 탐험이 아닌, 서로의 상처를 치유하고 이해하는 여정이라는 것을 깨달았다.

우리는 각자의 고통을 안고 있지만, 함께 할 때 그 아픔이 조금은 덜어질 수 있음을 믿게 되었다. 나는 선장 네모와의 유대가 더 깊어지기를 바랐다. 바다의 아름다움과 신비는 그에게도 새로운 희망이 될 수 있을 것이라고 생각했다. 그리고 우리의 모험이 끝나는 날 그가 과거를 딛고 새로운 삶을 시작할 수 있도록 함께하리라 다짐했다.

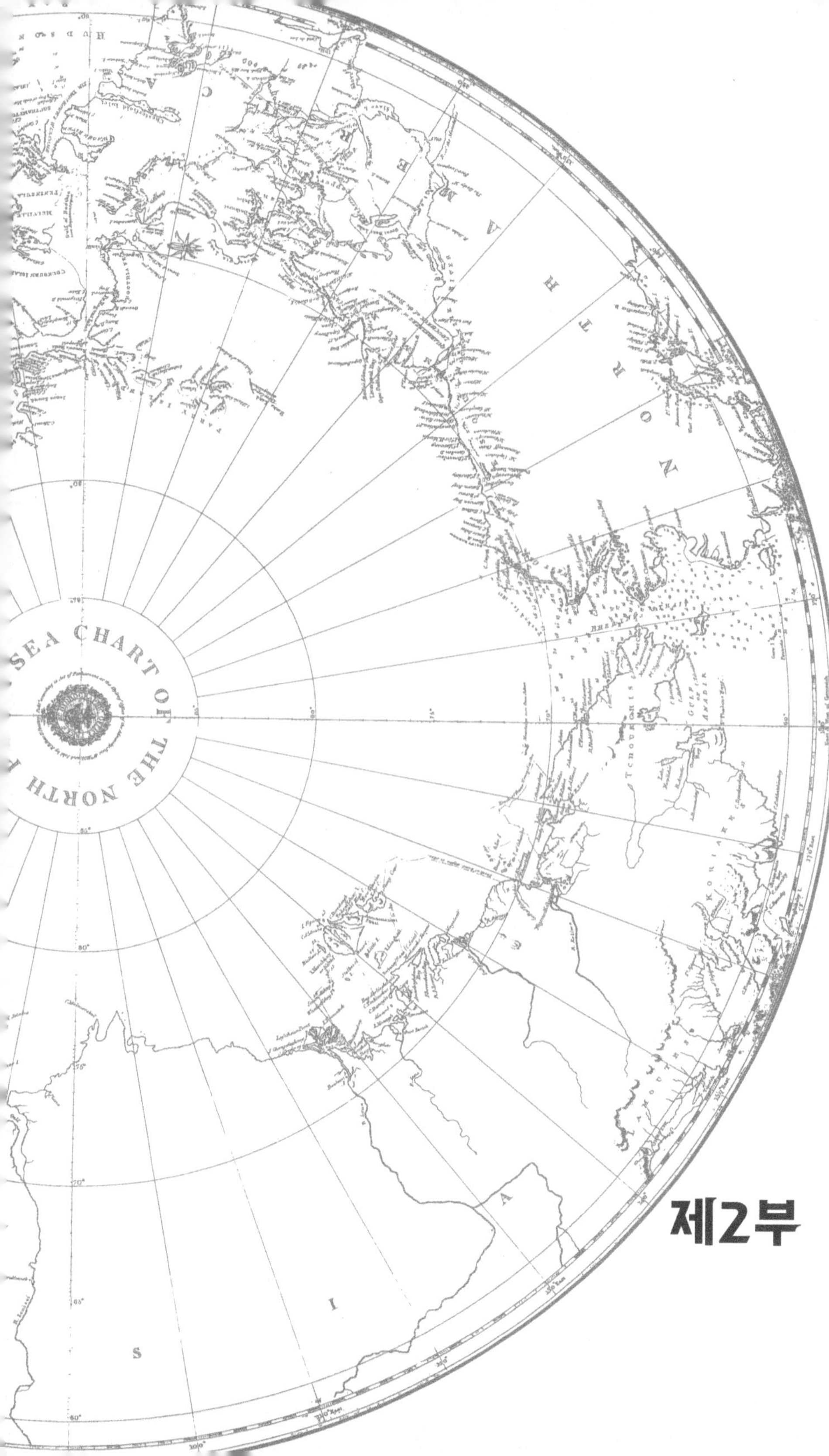

제2부

1장 미지의 세계

언제나처럼 네모 선장에게서는 인간 사회에 대한 격렬하고 끈질긴 반감이 느껴졌다.

나로서는 콩세이유를 만족시키는 가설만으로는 충분하지 않았다. 그 훌륭한 젊은 친구는 여전히 노틸러스호의 지휘관을 단지 자신에게 무관심한 인류를 배척하는 인정받지 못한 과학자로 보고 있었다. 콩세이유에게 네모 선장은 단지 세상의 배신에 지쳐 본능에 따라 세상을 등지고 자유롭게 누구도 접근 불가능한 환경에서 은둔하고 있는 천재에 불과했다. 그러나 내 생각에, 이 가설은 네모 선장의 한 면만을 설명해줄 뿐이었다.

사실, 우리가 감금되고 잠들어야 했던 날의 미스터리, 망원경을 내 손에서 낚아챘던 네모 선장의 격렬함, 그리고 설명되지 않은 충돌 중에 누군가에게 입은 치명적인 상처가 나를 명확한 결론으로 이끌었다. 아니다! 네모 선장은 단순히 인류를 피하기만 하는 것이 아니었다! 그의 무서운 잠수함은 단지 그의 자유를 위한 것이 아니라, 어쩌면 복수를 위한 두려운 계획에도 사용되었을 것이다.

하지만 지금은 아무것도 분명한 것이 없었다. 나는 아직 어둠 속에서 비치는 희미한 것들만 보고 있으며, 일어나는 사건들에 따라 기록을 남길 수밖에 없었다. 우리와 네모 선장과 연결되어 있는 것은 아무것도 없다. 그는 우리가 노틸러스호를 탈출하는 것이 불가능하다고 믿는다. 우리는 명예를 지킬 약속조차 하지 않았다. 우리를 구속하는 약속도 없다. 우리는 단지 포로, 일상적 예의 차원에서 '손님'이라는 이름을 가장한 채 붙잡혀 있을 뿐이다. 그렇지만, 네드 랜드는 자유를 되찾을 희망을 포기하지 않았다. 그는 기회가 생기면 반드시 그것을 이용할 것이다. 나도 같은 생각이다. 그러나 나는 네모 선장이 우리에게 관대하게 보여준 노틸러스호의 비밀을 가져가는 것에 대해 약간의 후회가 들 것이다! 왜냐하면, 결국, 우리는 이 사람을 증오해야 할지, 존경해야 할지 모르기 때문이다! 그가 박해자인가, 아니면 박해받는 자인가? 솔직히 말해서, 나는 그를 영원히 떠나기 전에 지금까지 거쳐온 이 놀라운 해저 여행을 마지막까지 마치고 싶다. 나는 아직 아무도 보지 못한 것들을 보고 싶다. 설령 내 생명으로 대가를 치러야 한다 해도 말이다! 지금까지 발견한 것은 무엇인가? 상대적으로 말하면 아무것도 발견한 것은 없다. 우리는 태평양에서 고작 6,000리그 항해했을 뿐이다.

그러나 나는 노틸러스호가 점점 더 인구가 많은 해안에 가까워지고 있음을 잘 알고 있다. 만약 우리에게 탈출의 기회가 생긴다면, 나의 미지에 대한 학구적 열정 때문에 동료들을 희생시키는 것은 잔인할 것이다. 나는 그들과 함께 가야만 한다. 어쩌면 그들을 이끌어야 할지도 모른다. 그러나 그런 기회가 과연 올까? 자유 의지를 빼앗긴 인간은 그러한 기회를 갈망하지만, 호기심 많은 과학자는 그것을 두려워하고 있다.

그날, 1868년 1월 21일, 정오에 수석 항해사가 태양 고도를 측정하러 나갔다. 나는 플랫폼에 올라가 담배에 불을 붙이고 그의 작업을 지켜보았다. 그는 프랑스어를 이해하지 못하는 것이 분명했다. 나는 그의 관심을 끌만한 몇 마디를 크게 했지만, 그는 아무런 반응을 보이지 않았다. 그가 육분의로 시야를 재는 동안, 우리와 함께 첫 해저 탐험을 떠났던 건장한 선원이 플랫폼의 유리창을 닦으러 올라왔다. 나는 이 장치가 어떻게 설치되어 있는지 관찰했고, 등대와 같은 이중 볼록 렌즈의 빛이 백배나 증폭되도록 설계되었다는 점에서 이 전구는 최고의 조명을 제공하기 위해 설계된 것이었다. 노틸러스호가 다시 해저 항해를 재개할 준비를 마치자 나는 다시 휴게실로 내려갔고 해치가 닫혔다. 우리의 항로는 서쪽으로 설정되었다.

그 후 우리는 인도양의 물결을 가르고 있었다. 이 광활한 바다는 5억 5천만 헥타르의 면적을 가지고 있으며, 물이 너무 투명해서 표면을 내려다보면 어지럽기까지 했다.

배 안에서 우리는 매우 건강한 상태를 유지하고 있었다. 노틸러스호의 식단은 우리에게 완벽하게 맞았고, 나로서는 네드 랜드가 우리에게 변화를 주기 위해 애써 구해오던 재료들이 굳이 필요하지 않을 정도였다. 또한 이 일정한 온도 덕분에 감기에 걸릴 염려도 없었다. 더불어 배에는 '바다회향'으로 알려진 산호 덴드로필리아가 풍부하게 비축되어 있었는데, 이 폴립의 살을 용해하여 만든 약은 훌륭한 기침약이 되었다.

며칠 동안 우리는 물갈퀴가 달린 해양 조류들인 갈매기나 바닷새들을 많이 볼 수 있었다. 그 중 일부는 능숙하게 사냥되었고, 특정한 방식으로 조리했을 때 훌륭한 고기 요리가 되었다. 먼 거리에서 바람을 타고 날아온 커다란 새들 중에는 '롱기펜네스(Longipennes)' 류에 속하는 알바트로스가 있었는데, 그들의 불협화음 소리는 나귀 울음과 같았다. 토티팔메스(Totipalmes) 과에 속하는 새들로는 수면 위에서 민첩하게 하강하여 물고기를 잡는 프리깃새들과 열대 새의 일종으로 붉은 꼬리를 가진 트로픽새들이 있었다. 이 트로픽새는 비둘기 크기로, 흰 깃털에 핑크색이 섞여 있어 어두운 색의 날개와 대비를 이루고 있었다.

노틸러스호의 그물에는 매부리바다거북 속에 속하는 여러 종류의 바다거북들이 잡혔다. 이들은 호흡기 외부 개구부에 위치한 아가미의 입구를 닫아 오랫동안 물속에 잠수할 수 있었다.

이들이 잡혔을 때 몇몇 거북은 아직 등껍질 속에서 잠들어 있었고, 이는 다른 해양 생물의 위험으로부터 피할 수 있는 은신처 역할을 했다. 이 거북들의 살은 특별히 기억에 남을 정도는 아니었지만, 알은 훌륭한 별미가 되었다.

물고기들도 우리를 놀라게 했다. 내부의 열린 창을 통해 이들의 수중 생활을 들여다볼 수 있을 때마다 감탄을 금할 수 없었다. 이때까지 관찰하지 못했던 여러 물고기 종을 기록할 수 있었다. 주로 홍해, 동인도 해, 그리고 적도 근처 아메리카 해안의 바다에 서식하는 독특한 삼각형 모양의 물고기들이 눈에 띄었다. 이 물고기들은 거북, 아르마딜로, 성게, 갑각류와 마찬가지로 뼈로 된 갑옷에 보호되어 있었다. 때로 이 갑옷은 단단한 삼각형 모양을 때로는 사각형 모양을 이루었다. 삼각형 유형 중에서 갈색 꼬리와 노란 지느러미를 가진 길이 5cm 정도의 물고기들을 관찰할 수 있었는데 맛이 훌륭하고 건강에도 좋은 맛이었다. 이들이 담수에도 적응할 수 있게 만들고 싶었다. 실제로 담수에서도 살아남을 수 있는 바닷물고기들이 여럿 있다.

콩세이유가 작성한 매일의 기록에서는 이 바다에서만 볼 수 있는 붉은 등과 흰 가슴을 지닌 복어속의 물고기들과 화려한 색채를 자랑하는 물고기들이 언급되었다. 그밖에도 모든 해양에서 볼 수 있는 해마와 긴 주둥이와 날개 모양의 가슴지느러미를 가진 날치들이 있었다. 또 거친 머리를 가진 파란 회색의 용물고기, 검은 줄무늬가 있는 괴도라치들이 수면을 번개처럼 미끄러지듯 지나가는 장면을 볼 수 있었다.

1월 21일부터 23일까지 노틸러스호는 하루에 250리그, 시속 22마일로 540마일을 항해했다.

우리가 여행 중에 다양한 물고기들을 식별할 수 있었던 것은 이들이 노틸러스호의 전등 빛에 매료되어 따라오려 했기 때문이지만, 대부분은 곧 속도에 뒤쳐져 사라졌다.

24일 아침, 남위 12도 5분, 동경 94도 33분 지점에서 우리는 다윈과 피츠로이 선장이 방문했던 코코스 군도의 키링 섬에 도착했다.

"문명의 땅이군." 네드 랜드가 그날 나에게 말했다.

"파푸아 제도보다 훨씬 낫군요. 교수님! 그곳에서는 사냥감보다 야만인들이 더 많았잖아요! 인도 해안에는 도로와 철도가 있고, 영국인, 프랑스인, 힌두 마을도 있습니다. 여기서 5마일도 가지 않아 동포를 만날 수 있을 겁니다. 자, 이제는 선장과 이별을 해야 할 때 같습니다."

"아니네, 네드" 나는 단호한 어조로 대답했다.

"좀 더 참아보게나. 노틸러스호는 점점 더 사람이 사는 곳으로 다가가고 있다네, 유럽 쪽으로 향하고 있으니 우리를 그곳으로 데려다줄 걸세, 일단 고향 근처에 도착하면 그때 가서 신중하게 행동해 보세. 게다가 네모선장이 말라바르나 코로만델 해안에서 뉴기니에서처럼 사냥을 하게 허락할 것 같지는 않네."

"그의 허락 없이 어떻게든 해낼 수 있지 않을까요?"

나는 네드 랜드의 질문에 답하지 않았다. 논쟁하고 싶지 않았고, 노틸러스호에 올라탄 이 행운을 충분히 누리고 싶었다. 키링 섬을 떠난 후 우리의 항해 속도는 대체로 느려졌다. 종종 아주 깊이로 내려가는 예측할 수 없는 경로를 보이기도 했다. 몇 차례나 수면에서 비스듬히 경사를 이루어 2~3킬로미터 깊이까지 내려갔지만, 13,000미터의 수심 측정기로도 도달 할 수 없었던 인도양의 최저 깊이는 확인할 수 없었다. 이 심해는 항상 섭씨 4도를 유지했다. 얕은 해역에서는 항상 상층의 물이 더 차가웠다.

1월 25일, 바다는 아무것도 없이 고요했고, 노틸러스호는 수면에서 하루를 보냈다. 강력한 프로펠러로 파도를 일으키며 물을 높이 분출했다. 이런 상황에서 노틸러스호를 거대한 고래라고 생각하지 않는 사람이 없었을 것이다.

나는 하루 중 대부분을 플랫폼에서 보냈고, 바다를 바라보았다. 지평선에 아무것도 없었으나 오후 4시경 서쪽에서 우리와 반대 방향으로 항해하는 긴 증기선 하나가 보였다. 잠시 돛대가 보였지만, 우리는 수면 아래에 있었기에 증기선에서는 노틸러스호를 볼 수 없었을 것이다. 나는 그 배가 킹 조지 만과 멜버른을 거쳐 실론 섬과 시드니까지 운행하는 페닌슐라 앤 오리엔탈 라인 소속 증기선일 거라고 생각했다.

오후 5시, 열대 지역의 낮과 밤을 잇는 짧은 황혼이 지기 전,

콩세이유와 나는 특이한 장면을 목격하고 감탄했다. 그것은 고대인들이 길조로 여겼던 아름다운 동물이었다. 아리스토텔레스, 아테네우스, 플리니우스, 오피안이 이 동물의 습성을 연구하고, 그리스와 이탈리아의 과학적 시를 바쳤다. 그들은 그것을 '노틸러스'나 '폼필리우스'라 불렀다. 그러나 현대 과학에서는 이 명칭을 사용하지 않고, 이 연체동물은 현재 '아르고노트(문어과 생물)'라는 이름으로 알려져 있다.

콩세이유에게 물어본다면, 그는 연체동물문이 다섯 개의 강으로 나뉜다는 것, 첫 번째 강은 두족류로 나체종과 껍질이 있는 종이 있으며, 두류(Dibranchiata)와 사각두류(Tetrabranchiata) 두 개의 가족으로 구성된다는 것, 두류에는 아르고노트, 오징어, 그리고 갑오징어 속이 포함되며, 사각두류에는 오직 노틸러스 속만 포함된다는 것까지 상세히 설명해 줄 것이다. 이런 설명 후에도 누군가 빨판을 지닌 아르고노트를 촉수를 지닌 노틸러스호와 혼동한다면 용서받을 수 없는 일이 될 것이다.

바로 그때 수백 마리의 아르고노트가 바다 표면에서 항해 중이었다. 그들은 인도 근처 바다에만 서식하는 혹이 많은 종의 아르고노트였다. 이 우아한 연체동물들은 이동 기관인 관을 통해 물을 흡수하고 내뿜으며 뒤로 헤엄쳐 나아갔다. 그들의 여덟 개의 촉수 중 여섯 개는 길고 가늘며 물 위에 떠 있었고, 다른 두 개는 둥글게 퍼져 바람에 날리는 가벼운 돛처럼 펼쳐졌다. 나는 이들의 나선형 껍질이 물결치는 것을 완벽하게 볼 수 있었다. 그것은 큐비에가 적절하게 비교했듯, 마치 우아한 보트와 같았다. 하지만 실제로 동물은 이 껍질을 운반하지만, 껍질에 달라붙지는 않는다.

"아르고노트는 껍질을 떠날 수 있지만, 결코 떠나지 않는다."

내가 콩세이유에게 말했다.

"네모 선장과 다르지 않군요." 콩세이유가 현명하게 대답했다.

"그런 의미에서 배의 이름을 아르고노트로 지었어야 했어요."

노틸러스호는 한 시간 정도 이 연체동물 무리 사이를 항해했다. 그 후, 이유는 알 수 없으나 갑자기 이들은 공포에 사로잡힌 듯 모든 돛을 순식간에 내리고, 팔을 접고, 몸을 오므린 채 중심을 바꿔 껍질을 뒤집으며 순식간에 물 아래로 사라졌다. 이는 매우 순식간에 벌어진 일이었으며, 어떤 함대도 이보다 더 완벽하게 움직일 수 없었을 것이다.

그때 갑자기 밤이 내려앉았고, 바람에 살짝 흔들리는 파도는 노틸러스호 주위로 잔잔하게 퍼져 나가고 있었다.

다음 날, 1월 26일, 우리는 82도 자오선에서 적도를 넘어 북반구에 들어섰다.

그날 무시무시한 상어 떼가 우리를 따라붙었다. 이곳에 가득한 이 상어들은 바다의 위험을 더하는 두려운 동물들이었다. 갈색 등과 희끄무레한 배, 그리고 11열의 날카로운 이빨을 가진 포트 잭슨 상어들, 목에 큰 검은 반점이 흰색으로 둘러싸여 눈처럼 보이는 큰눈 상어들, 둥근 주둥이에 어두운 반점이 흩어져 있는 이사벨라 상어들이 있었다. 이 강력한 상어들은 종종 거실 창문을 향해 위협적으로 돌진했는데, 이는 결코 마음 편한 광경이 아니었다. 이쯤 되자 네드 랜드는 완전히 자제력을 잃었다. 그는 수면 위로 올라가 이 괴물들을 작살로 찌르고 싶어 했으며, 특히 입안에 모자이크처럼 배열된 이빨을 지닌 매끈한 상어들과 그를 노골적으로 자극하는 5미터나 되는 줄무늬 상어들에게 더욱 격분했다. 그러나 노틸러스호는 이내 속도를 높이며 이 식인 상어들 중 가장 빠른 녀석들조차 가볍게 뒤로 떨쳐냈다.

1월 27일, 거대한 벵골 만 입구에서 우리는 섬뜩한 광경을 반복해서 보게 되었는데, 그것은 바로 파도 위에 떠 있는 인간의 시체였다! 갠지스 강에 의해 공해로 운반된 이들은 독수리에게 의해 완전히 처리되지 않은 죽은 인도인들이었다. 독수리는 이 지역의 유일한 장의사가 아니었다. 바다에는 이들을 도와줄 상어가 잔뜩 기다리고 있었다.

저녁 7시쯤, 노틸러스호는 반쯤 물에 잠긴 채 우윳빛 파도 한가운데를 항해하고 있었다. 눈으로 볼 수 있는 한, 바다는 우유를 뿌려둔 것처럼 보였다. 달빛 때문이었을까? 초승달이 뜬지 겨우 이틀밖에 되지 않았는데도 여전히 수평선 아래로 사라졌다. 하늘 전체가 바다의 하얀 빛에 비하면 칠흑같이 어둡게 보였다. 콩세이유는 자신의 눈을 믿을 수 없었고, 이 이상한 현상의 원인에 대해 나에게 물었다. 다행히도 나는 그에게 대답할 수 있는 위치에 있었다.

"저건 우유 바다라고 불리는데, 암보이나 해안과 이 수로에서 흔히 볼 수 있는 광활한 흰 파도라네."

"하지만," 콩세이유가 물었다.

"주인님께서는 무슨 이유로 이런 효과가 나타나는지 그 원인을 말해 주실 수 있을까요? 제 생각에 물이 진짜로 우유로 변한 건 아닐 테니까요."

"당연히 아니라네, 너를 놀라게 하는 이 하얀 물색은 그저 인퓨소리아라고 불리는 무수하게 작은 적충류들이 존재하기 때문인데, 이들은 빛을 내며 무색의 젤라틴 같고, 머리카락 한 가닥정도의 두께로 길이는 5분의 1밀리미터도 되지 않는 일종의 작은 반딧불이의 일종이라네. 이 작은 생물들 중 일부는 수 키로에 걸쳐 서로 이어져 있다네."

"수 키로미터라고요! 콩세이유가 외쳤다.

"그렇다네, 그리고 이 인퓨소리아의 수를 계산하려고 하지 말게. 내가 틀리지 않았다면, 어떤 항해사들은 우유 바다를 40마일 이상 항해한 적도 있다네."

콩세이유가 내 충고에 귀를 기울였는지는 확신할 수 없는데, 왜냐하면 그는 깊은 생각에 잠긴 것 같았고, 의심할 여지없이

40평방마일에서 5분의 1밀리미터가 얼마나 많이 발견되는지를 계산하려고 애쓰는 것 같았기 때문이다. 나는 이 현상을 계속 관찰했다. 몇 시간 동안 노틸러스호의 프로펠러는 이 희끄무레한 파도를 가르고 나아갔다. 나는 그것이 마치 가끔 만의 해류와 역류 사이의 거품 소용돌이 속을 순항하는 것처럼 미끄러지는 것을 보고 있었다. 자정이 가까워지자 바다는 갑자기 평소의 색조를 되찾았지만, 우리 뒤에서 수평선까지 이어지는 하늘은 계속해서 그 파도를 하얗게 반사하여 한동안 오로라의 흐릿한 빛으로 가득 찬 것처럼 보였다.

2장

네모 선장의 새로운 제안

2월 28일 정오, 노틸러스호가 북위 9도 4분 지점에서 해면으로 올라왔을 때 서쪽 약 8마일 지점에 육지가 보였다. 내가 처음 본 것은 약 2,000피트 높이의 산맥으로 기묘한 모양으로 굴곡져 있었다. 위치를 확인한 후 나는 우리가 인도 반도의 진주라고 불리는 실론 섬에 가까워지고 있음을 알게 되었다.

바로 그때 네모 선장과 그의 부관이 나타났다. 선장은 지도를 보며 나에게 말했다.

"진주 어업으로 유명한 실론 섬입니다. 아로낙스 교수님, 그곳을 방문해 보시겠습니까?"

"물론입니다. 선장님."

"좋습니다. 다만 어업을 보게 되더라도 어부들은 볼 수 없을 것입니다. 연례 수확이 아직 시작되지 않았으니 말이죠. 상관없으시다면, 마나르 만으로 향하라고 지시를 내리겠습니다. 우리는 오늘 밤 그곳에 도착할 것입니다."

선장은 부관에게 몇 마디를 건넸고, 부관은 곧바로 나갔다. 이윽고 노틸러스호는 바다 속으로 다시 들어갔고, 수심은 약 30피트 깊이를 나타냈다.

"자, 교수님." 네모 선장이 말했다.

"교수님과 동료들은 마나르 어장을 방문할 것입니다. 혹시 그곳에 와있는 성급한 어부가 있으면 작업하는 모습을 볼 수 있겠지요."

"좋습니다. 선장님!"

"그런데 아로낙스 교수님, 상어는 무섭지 않으십니까?"

"상어라구요?" 나는 깜짝 놀라며 외쳤다.

이 질문은 상당히 당혹스러웠다.

"어떻습니까?" 네모 선장이 말을 이었다.

"솔직히 말씀드리면, 선장님, 저는 아직 그 물고기와 친숙하지 않습니다."

"우리는 상어에 익숙합니다." 네모 선장이 대답했다.

"시간이 지나면 교수님도 익숙해지실 겁니다. 어쨌든, 우리는 무장을 할 것이고, 가는 길에 식인 상어 몇 마리를 사냥할 수도 있을 것입니다. 흥미로운 스포츠이지요. 그럼, 내일 아침 일찍 뵙겠습니다."

네모 선장은 느긋하게 말을 남기고 휴게실을 떠났다. 만약 스위스 산에서 곰 사냥에 초대를 받는다면, "좋습니다. 내일 곰 사냥을 하러 갈 수 있어요!" 라고 할 것이다. 만약 아틀라스 평원에서 사자를 사냥하거나 인도의 정글에서 호랑이를 사냥하라는 초대를 받는다면, "하! 이제 사자와 호랑이를 사냥할 시간이군!" 이라며 즐거워할 것이다. 그러나 상어의 서식지에서 상어를 사냥하라는 초대를 받았다면, 그 초대를 받아들이기 전에 다시 한번 생각해 보는 것이 좋을 것이다. 나는 차가운 땀방울이 맺혀 있는 이마를 만졌다. "생각을 좀 해보자" 나는 속으로 중얼거리며 시간을 갖기로 했다.

크레스포 섬에서 잠수를 하며 수달을 사냥하는 일은 그럭저럭 해낼 수 있었다. 하지만 상어가 분명히 출몰할 바다 속을 탐험하는 것은 전혀 다른 이야기였다.

나는 일부 지역의 흑인들이 한손에는 단검, 한손에는 그물을 들고 용감하게 상어를 사냥한다는 사실을 알고 있었다. 그리고 그중 상당수는 돌아오지 못한다는 사실도. 나는 그 흑인도 아니었고, 사냥꾼도 아니었다. 상어를 생각하면 벌써부터 오금이 저려왔다.

"좋아, 콩세이유는 아마도 함께 가지 않겠다고 할지도 모른다. 그렇다면 나 역시 선장의 초대를 거절해야겠군."

그때 콩세이유와 네드 랜드가 즐거워 보이는 모습으로 들어왔다. 그들은 내가 무슨 이야기를 할지 전혀 모르고 있었다.

나를 본 콩세이유가 말했다.

"주인님, 방금 네모 선장이 내일 주인님을 모시고 가는 진주 잡이에 저희들을 초대했습니다. 아주 정중한 태도로 말입니다."

"다른 이야기는 없었나?"

"없었습니다. 주인님께서는 이미 알고 있으시다고 하더군요." 네드 랜드가 말했다.

"그렇다네." 내가 말했다.

"그럼 선장은 자네들에게 자세히 이야기하지 않은 게로군"

"전혀 없었습니다. 교수님은 저희와 함께 가지 않으실 건가요?"

"물론, 함께 갈거라네, 네드 자네는 무척 기대하고 있는 것 같군"

"네, 기대하고 있습니다."

"위험할지도 모르는데!"

"위험하다고요? 그냥 진주조개들을 보러 가는 것 아닙니까?"

사실 네모 선장은 나의 동료들에게 일부러 상어의 존재를 알릴 필요는 없다고 생각했던 것이다. 나는 벌써부터 걱정에 앞서 이들에게 상어 이야기를 해야 하는지 고민하고 있었다.

콩세이유와 네드 랜드는 진주 잡이에 대해 궁금해 했다.

"교수님, 진주가 뭡니까?" 네드 랜드가 물었다.

"용감한 네드, 시인에게 진주는 바다의 눈물이고, 동양인에게는 고체화된 이슬 한 방울이라네. 부인들에게는 손가락, 목, 귀에 착용하는 길쭉한 모양의 보석이며, 화학자에게는 인산염과 탄산칼슘에 약간의 젤라틴이 혼합된 물질이지. 그러니 자연학자들에게는 특정 이매패류의 내부에서 만들어지는 모패 생성 기관의 병적 분비물일 뿐이라네."

"연체동물 문(Mollusca)" 콩세이유가 말했다.

"두판강(Acephala), 이매패류 목(Testacea)입니다."

"맞네, 콩세이유 선생. 무지개 전복, 터보 달팽이, 대합, 그리고 해수 가리비등 모두 진주를 만들 수 있다네. 간단히 말해서, 내부에 파란색, 청색, 보라색, 흰색 모패층을 분비하는 것들이지."

"홍합도 포함되나요?" 네드 랜드가 물었다.

"그렇다네! 스코틀랜드, 웨일즈, 아일랜드, 작센, 보헤미아, 프랑스의 특정 지역에 있는 홍합들이 그래."

"좋군요!" 네드 랜드가 대답했다.

"이제부턴 홍합도 주의 깊게 봐야겠네요."

"하지만" 나는 계속해서 말했다.

"진주를 생성하는 이상적인 연체동물은 진주조개인 멜레아그리나 마가리티페라, 즉 매우 귀한 조개라네. 진주는 단순히 모패가 동그란 구형으로 굳어진 결과이지. 조개의 껍질에 붙거나 생물의 조직 속에 박혀있다네. 껍질에 붙은 진주는 단단히 고정되고 조직 속에 있는 진주는 느슨하게 자리잡는다네. 진주는 죽은 세포들이 단단한 이물질이나 모래 알갱이를 중심으로 뭉쳐진 후, 얇은 동심원층이 여러 해에 걸쳐 차례로 축적되며 형성되지."

"하나의 조개에서 여러 개의 진주를 발견할 수 있나요?" 콩세이유가 물었다.

"그렇다네, 보석함 같은 조개도 있다네. 심지어 어떤 조개는 150개의 상어를 담고 있었다고도 하는데, 솔직히 난 믿기 어렵네."

"150개의 상어라고요!" 네드 랜드가 소리쳤다.

"내가 상어라고 했나?" 나는 급히 외쳤다.

"아니, 150개의 진주라네. 상어는 말이 안 되지."

"물론이죠." 콩세이유가 말했다.

"그럼 진주를 어떻게 채취하는지 설명해 주실 수 있나요?"

"여러 가지 방법이 있네. 진주가 껍질에 붙어 있을 때는 종종 족집게로 떼어내지. 하지만 보통은 조개를 길가의 매트 위에 깔아 햇볕에 말려 죽게 한 후 10일쯤 지나 썩게 되면 큰 소금물 탱크에 담갔다가 열어서 씻어내지. 그 후 분류하는 작업이 시작되는데 모패층을 제거하고 남은 조개의 살을 끓여서 아주 작은 진주까지도 모두 추출하네."

"진주의 가격은 크기에 따라 달라지나요?" 콩세이유가 물었다.

"크기뿐만 아니라, 모양, 색깔, 그리고 빛의 반사에 따라도 달라진다네. 가장 아름다운 진주는 '처녀 진주'라고 불리며 조직 내에서 단독으로 형성되지. 보통은 둥글거나 배 모양인데, 둥근 것은 팔찌로 배 모양은 귀걸이로 만들어져 가격이 매겨지네. 그리고 가장 작은 진주는 '씨 진주'라 불리며 자로 측정해 가격을 매기고 교회 장식용 자수 등에 주로 사용되네."

"진주를 크기에 따라 분류하는 건 상당히 어려운 일일 텐데요." 네드 랜드가 말했다.

"아닐세, 진주를 구분하는 데는 11개의 체를 사용하는데 체의 구멍 크기에 따라 20에서 80개는 1등급, 100에서 800개 구멍의 체는 2등급, 900에서 1,000개는 씨 진주로 분류되지."

"정말 기발한 방법이군요." 콩세이유가 말했다.

"그럼, 진주 채취로 얻는 수익은 얼마나 되나요?"

"시르의 책에 따르면 이 실론 어장은 연간 300만 프랑(60만 불)을 벌어들인다고 하네."

"하지만 유명한 진주들은 상당히 높은 가격에 거래되지 않나요?" 콩세이유가 물었다.

"그렇다네. 줄리우스 시저는 세르빌리아에게 우리 화폐로 12만 프랑에 해당하는 진주를 선물했다고들 하네."

"고대에 어떤 여인이 식초에 진주를 녹여 마셨다는 이야기도

들은 적이 있습니다." 네드 랜드가 말했다.

"클레오파트라지요" 콩세이유가 즉각 응답했다.

"맛이 끔찍했겠네요." 네드 랜드가 덧붙였다.

"정말 끔찍했을 겁니다. 네드 씨" 콩세이유가 말했다.

"하지만 작은 한 잔의 식초가 150만 프랑 가치라면 그 정도 맛은 감수할 만한 값어치겠죠."

"그 여인과 결혼하지 않은 게 아쉽군." 네드 랜드는 실망한 듯 손을 들어 올리며 말했다.

"네드 랜드 씨가 클레오파트라와 결혼을요?" 콩세이유가 소리쳤다.

"나는 결혼할 준비가 다 되어 있었다네, 콩세이유" 네드 랜드는 매우 진지하게 대답했다.

"결혼하지 않은 것은 내 잘못이 아니었어. 사실, 약혼녀인 케이트 텐더를 위해 진주 목걸이도 사줬는데, 그녀는 결국 다른 사람과 결혼했지. 목걸이는 1달러 50센트밖에 안 들었지만, 정말 믿어도 좋네. 교수님. 그 진주들은 체에 구멍 20개를 뚫어도 통과하지 않을 만큼 컸습니다."

"우리의 용감한 네드 씨" 내가 웃으며 대답했다.

"그건 인조 진주일세, 내부에 동양 진액을 코팅한 유리구슬일 뿐이지."

"우와!" 네드 랜드가 말했다.

"그 동양 진액은 꽤 비쌀텐데요."

"사실 거의 값어치가 없다네! 유럽 잉어의 비늘에서 나온 물질일 뿐이거든. 물에 섞인 은빛 물질을 암모니아에 보관한 것이라네."

"그게 케이트 텐더가 다른 사람과 결혼한 이유일 수도 있겠군요." 네드 랜드가 덤덤하게 말했다.

나는 다시 진주이야기를 시작했다

"다시 가치 있는 진주 얘기로 돌아가자면, 세상의 어느 왕도 네모 선장이 소유한 진주보다 더 훌륭한 진주를 가진 사람은 없을 걸세."

"이거지요?" 콩세이유가 유리 케이스에 담긴 멋진 보석을 가리키며 말했다.

"바로 그것이라네, 그 진주는 아마도 최소 2백만 프랑은 될 걸세."

"하!" 네드 랜드가 외쳤다.

"내일 산책 중에 우리도 이런 진주를 발견할지도 모르지!"

"글쎄요!" 콩세이유가 말했다.

"왜 안 된다고 생각하지?"

"몇 백만 프랑의 진주가 노틸러스호에서 무슨 소용이 있을까요?"

"배에서는 필요 없지만, 다른 곳에서라면!" 네드 랜드가 말을 흐렸다.

내가 말했다.

"네드 랜드 씨의 말을 수도 있네, 이곳에서는 의미가 없겠지만, 만약 우리가 유럽이나 미국으로 돌아갈 때 이 진주가 있다면, 우리의 모험 이야기에 더 많은 진정성을 부여할 수 있겠지."

"바로 그겁니다." 네드 랜드가 말했다.

"하지만" 항상 교훈적인 면을 보이는 콩세이유가 말했다.

"이 진주 채취가 위험하지 않나요?"

"아니" 내가 빨리 대답했다.

"특별한 예방조치를 취한다면 그렇지 않다네."

"이런 일에 무슨 위험이 있겠어?" 네드 랜드가 말했다.

"소금물을 몇 모금 마시는 정도겠지?"

"자네 말대로네, 네드" 그런 다음 나는 네모 선장의 태연한 말투를 흉내 내며 물었다.

"그런데, 용감한 네드, 자네 상어가 두렵진 않나?"

"제가요? 전 직업이 작살 잡이입니다. 상어 따위는 우습지요." 네드 랜드가 대답했다.

그의 목소리에는 자부심과 경험에서 오는 자신감이 넘쳤다.

"하지만, 이건 철사 갈고리로 상어를 잡아 배에 끌어올리고, 도끼로 꼬리를 자르고 배를 가르며 심장을 꺼내 바다에 던지는 그런 상황이 아니라네." 나는 덧붙이며 설명했다.

"물속에서 직접 마주하게 될 거야. 그 상어가 바로 눈앞에서 자네를 향해 달려올 때 과연 태연할 수 있을까?"

"물속이라고요. 괜찮습니다." 네드 랜드는 결코 굴하지 않고 당당하게 말했다.

"좋은 작살 하나만 있다면 문제없습니다. 상어라는 놈은 몸 구조가 나빠서 먹잇감을 잡아먹으려면 배를 뒤집어야 합니다. 바로 그 순간이 약점이죠. 그때를 노려 찌르면 되니까."

네드 랜드가 "잡아먹다"라는 단어를 발음할 때의 투박한 억양은 내 등골을 서늘하게 했다. 그의 말에는 경험에서 오는 강인함이 담겨 있었지만, 그가 상어를 얼마나 쉽게 생각하고 있는지 나는 알 수 있었다.

"그럼, 자네는 어떤가, 콩세이유? 자네는 상어에 대해 어떤 생각을 가지고 있나?" 나는 조심스럽게 물었다.

콩세이유는 조용히 내 시선을 마주하며 천천히 대답했다.

"저는……. 솔직히 말씀드려야겠죠. 주인님."

'그래, 잘하고 있네.' 나는 속으로 생각하며 그의 솔직한 반응에 안도했다.

"만약 주인님께서 상어와 마주하신다면" 콩세이유가 한층 더 진지하게 말했다.

"충실한 하인으로서 저도 주인님과 함께 그 위험에 맞서야 마땅할 것입니다."

"좋아, 내 충실한 친구들" 나는 웃으며 말했다.

"그럼 내일 아침 일찍, 우리는 상어와 진주를 찾아 나서는 모험을 떠나는 것이네."

그날 밤, 나는 상어가 등장하는 악몽에 시달리며 뒤척였다. 상어에 대한 공포는 내 꿈속에서도 끊임없이 날 괴롭혔다. 어떤 의미에서는, 상어를 뜻하는 프랑스어 'requin'(상어)이 라틴어 'requiem'(진혼곡)과 어원이 같다는 점이 떠올라 그 공포가 더욱 강하게 느껴졌다.

3장 천만 프랑짜리 진주

다음 날 새벽 4시, 네모 선장이 특별히 내게 배치한 하인이 나를 깨웠다. 나는 서둘러 일어나 옷을 입고 거실로 나갔다. 거기에는 이미 준비를 마친 네모 선장이 기다리고 있었다.

"아로낙스 교수님" 그는 조용히 말했다.

"출발 준비가 되셨습니까?"

"네, 준비됐습니다."

"그럼 저를 따라오시죠."

"제 동료들은요. 선장님?"

"그들도 이미 준비를 마치고 우리를 기다리고 있습니다."

우리는 중앙 통로를 따라 계단을 올라가 플랫폼으로 나왔다. 네드 랜드와 콩세이유도 그곳에 있었고, 노틸러스호의 선원들이 노를 들고 보트에 대기 중이었다. 밤은 여전히 어두웠고, 구름이 하늘을 덮고 있어 별들은 거의 보이지 않았다.

나는 해안 쪽을 바라보았지만, 희미한 윤곽선만이 수평선의 일부를 덮고 있을 뿐이었다. 밤새 실론의 서쪽 해안을 따라 북쪽으로 항해한 노틸러스호는 본토와 마나르 섬이 형성한 만 서쪽에 자리 잡고 있었다. 그 아래 어두운 물속에는 진주가 풍부한 조개 은행이 약 20마일에 걸쳐 끝없이 펼쳐져 있었다.

네모 선장, 네드 랜드, 콩세이유, 그리고 나는 보트의 선미에 자리를 잡았다. 조타수는 키를 잡고, 다른 네 명의 선원들은 노를 저으며 보트를 남쪽으로 향하게 했다. 그들은 매번 힘 있게 노를 저은 후, 10초 동안 휴식을 취하는 규칙적인 페이스로 움직였다. 보트가 물살을 가르며 앞으로 나아가자, 노에서 떨어진 물방울들이 어둠 속 파도 위로 튀어 오르며, 작은 납덩이들이 물에 떨어지는 것 같은 소리를 냈다. 잔잔한 물결이 보트를 부드럽게 흔들었고, 물결은 보트의 이물에 부딪혀 흩어졌다.

모두 아무 말이 없었다. 네모 선장은 무슨 생각을 하고 있었을까? 어쩌면 다가오는 해안이 너무 가깝다고 느끼고 있었을지 모른다. 네드 랜드는 여전히 너무 멀다고 생각했지만, 콩세이유는 단순한 호기심으로 동행한 듯했다. 5시 30분쯤 되자 수평선 위로 첫 빛이 떠오르며 해안선이 더욱 뚜렷해졌다. 곧 아침 해가 떠오르며 해안의 윤곽이 선명해졌다. 동쪽은 평평했지만 남쪽으로는 조금 높아져 있었다. 우리와 해안 사이에는 여전히 5마일 정도의 거리가 있었고, 해변은 안개에 가려져 있었다. 바다에는 우리 외에 아무도 없었다. 배도, 잠수부도 보이지 않았으며, 네모 선장이 말했던 것처럼 우리는 수확 철보다 한 달이나 일찍 도착한 것이었다.

6시가 되자 열대 지방 특유의 빠른 일출이 시작되었고, 태양빛이 동쪽 하늘을 뚫고 빠르게 솟아올랐다. 이제는 해안이 명확하게 보였고, 듬성듬성 서 있는 나무들도 확인할 수 있었다.

보트는 마나르 섬의 남쪽으로 다가갔다. 네모 선장이 자리에서 일어나 바다를 주시했고, 그의 신호에 따라 닻이 내려졌다. 그곳의 수심이 얕아 닻의 사슬은 거의 움직이지 않았으며, 우리는 해안선 가까운 얕은 곳에 있었다.

"여기입니다. 아로낙스 교수님" 네모 선장이 말했다.

"이 만은 어업 활동에 최적의 장소입니다. 바람으로부터 보호되고 물결이 거세지 않아 다이빙 작업에 매우 유리하죠. 이제 잠수복을 입고 산책을 시작합시다."

나는 보트에서 내려 네모 선장의 지시에 따라 무거운 잠수복을 입기 시작했다. 선장과 두 동료도 함께 준비를 마쳤고, 곧 우리는 물속을 탐험할 준비가 완료되었다.

"우리의 무기는요? 총은요?"

"총? 무슨 소용이지? 산악인들도 곰을 칼로 상대하지 않나? 강철이 납보다 더 확실하지, 여기 튼튼한 칼이 있으니 허리에 차고 떠나자고."

나는 동료들을 바라보았다. 그들도 똑같이 무장하고 있었다.

네드 랜드는 출발 전에 보트에 실어둔 거대한 작살을 휘두르고 있었다.

그 후, 선장을 따라 나는 무거운 구리 헬멧을 착용했고, 공기 저장 장치가 즉시 작동하기 시작했다. 잠시 후, 보트의 선원들이 차례로 우리를 도와 물속으로 내리게 했다.

해가 점점 높아지면서 햇빛이 물속을 더욱 밝게 비추었다. 해저는 조금씩 변하기 시작했으며, 고운 모래는 부드러운 바위가 깔린 길로 이어져 있었다. 그 위에는 다양한 조개류와 해양 식물들이 카펫처럼 덮여 있었다. 이곳에서는 두 개체군에 속한 다양한 종들이 눈에 띄었는데, 크기가 불균형한 얇은 판을 가진 윈도우패인 오이스터, 홍해와 인도양에서만 서식하는 특정 갑각류, 주황빛의 둥근 루시나 조개, 송곳 모양의 소라, 노틸러스호에 염료를 공급하는 페르시아 뮬렉스 달팽이, 물속에서 마치 손처럼 솟아오른 가시가 달린 15센티미터 길이의 대형 삿갓조개, 뿔로 만들어진 껍질을 가진 터번 달팽이, 식용으로 인도 시장에 공급되는 오리조개, 은은한 빛을 내는 해파리 펠라기아 파노피라, 그리고 화려하게 펼쳐진 해양 식물인 오큘리나 플라벨리포르마등이 있었다.

이 움직이는 식물들 사이로 수많은 절지동물이 서투른 동작으로 이동하고 있었다. 특히 이 수역에서만 서식하는 송곳니가 있는 개구리 게와 강력한 집게발을 가진 절지동물들이 있었다.

또한 다윈이 관찰했던 코코넛을 깨서 먹는 강한 힘을 지닌 거대한 게도 자주 눈에 띄었다. 이 게는 해변 나무를 기어 올라가 코코넛을 떨어뜨리고 강력한 집게발로 껍질을 부숴 코코넛을 먹는다. 맑은 파도 속에서 이 게는 놀라운 민첩함으로 움직이고 있었고, 말라바르 해안에서 서식하는 녹색 거북들은 느리게 바위 사이를 기어가고 있었다.

오전 7시 무렵, 우리는 진주조개가 수백만 개로 번식하는 조개 은행에 도착했다. 이 귀중한 연체동물들은 갈색의 실로 바위에 단단히 붙어 있어 움직이지 못했다. 이런 점에서는 홍합이 진주조개보다 이동 능력이 좋았다.

진주가 생성되는 멜레아그리나 마가리티페라조개는 두꺼운 껍질과 거친 표면을 가진 둥근 형태의 조개였다. 어떤 조개는 방사형으로 퍼져 있는 녹색빛 줄무늬가 있어 어린 조개임을 나타냈고 검은 표면의 조개들은 직경이 15센티미터에 이르며 나이가 10년 이상이었다.

네모 선장은 이 엄청난 조개 더미를 가리켰다. 나는 이 조개 은행이 실제로 무한한 자원을 보유하고 있음을 깨달았다. 자연의 창조력이 인간의 파괴 본능보다 훨씬 뛰어나기 때문이었다. 네드 랜드는 그물망을 들고 가장 좋은 조개들을 주워 담고 있었다. 우리는 멈출 수 없었다. 네모 선장은 그만이 아는 경로로 우리를 이끌었다.

해저는 점차 높아져서 때로는 팔을 들어 올리면 바다 표면 위로 나오는 듯했다. 그러다 바닥의 높이가 갑자기 낮아지기도 했다. 자주 우리는 피라미드처럼 솟은 높은 바위 주변을 돌아갔다. 어두운 틈새에는 거대한 갑각류들이 긴 다리를 대포처럼 겨누고 우리를 주시하고 있었다. 발아래에는 긴 촉수와 더듬이를 가진 지렁이류들이 기어 다니고 있었다.

그 순간, 우리 앞에 거대한 동굴이 나타났다. 이 동굴은 매끄럽고 높은 바위로 이루어져 있었으며, 해양 식물이 가득 덮여 있었다. 처음에 이 동굴은 어두운 구렁텅이처럼 보였고, 희미하게 스며드는 태양빛은 마치 물에 잠긴 빛처럼 보였다.

네모 선장이 동굴 안으로 들어가자 우리도 그를 따라 들어갔다. 곧 내 눈도 이 어둑어둑한 상태에 익숙해졌다. 이 동굴의 아치와 자연 기둥들은 튼튼한 화강암 위에 세워진 무거운 토스카나 건축물의 기둥처럼 보였다. 네모 선장이 우리를 이 깊은 곳으로 이끈 이유는 무엇일까? 곧 알게 되었다.

가파른 경사를 내려간 후, 우리는 둥그런 원형 구덩이 같은 곳의 바닥에 도착했다. 네모 선장은 한 손으로 내가 아직 알아차리지 못한 대상을 가리켰다.

그것은 엄청난 크기의 조개, 성수를 담을 수 있을 만큼 큰 신성한 대합이었다. 그 크기는 너비가 2미터 이상이었고, 노틸러스호의 휴게실을 장식하고 있는 조개보다도 더 컸다.

나는 이 거대한 연체동물에 다가갔다. 이 조개는 그 자신의 실을 사용해 화강암 테이블에 단단히 붙어 있었고, 동굴의 고요한 물속에서 홀로 성장하고 있었다. 나는 이 거대 조개의 무게를 약 300킬로그램으로 추정했다. 이런 조개는 약 15킬로그램의 살을 담고 있어 이것을 먹으려면 엄청난 대식가가 필요할 것이다.

네모 선장은 이 조개의 존재를 이미 잘 알고 있었다. 이전에도 이곳을 방문한 적이 있는 듯 보였다. 나는 그가 우리를 이곳으로 이끈 이유가 단순히 자연의 신기함을 보여주려는 것이라고 생각했다. 하지만 나는 틀렸다. 네모 선장은 개인적으로 이 거대한 조개의 현재 상태를 점검하러 온 것이었다.

연체동물의 두 껍질이 약간 벌어져 있었다. 네모 선장은 다가가 칼을 수직으로 껍질 사이에 꽂아 조개가 닫히는 것을 막은 후, 손으로 동물의 외투막을 구성하는 가장자리의 주름진 막을 들어 올렸다. 그 안에 잎 모양으로 접힌 주름 사이에서 나는 코코넛만큼 큰 진주가 느슨하게 놓여 있는 것을 보았다. 그 진주는 둥글고 투명하며 아름다운 빛깔을 띠고 있어 가치를 헤아리기 어려운 보석이었다. 호기심이 북받쳐 나는 그것을 손에 들고 무게를 느껴보려 손을 뻗었다. 그러나 네모 선장이 나를 막고는 손짓으로 안 된다고 신호하며, 단번에 칼을 빼내어 두 껍질이 갑자기 닫히게 만들었다.

나는 그제야 네모 선장의 의도를 이해했다. 네모 선장은 이 거대 조개의 외투막 속에 진주를 그대로 두어 서서히 자라도록 하고 있었다. 매년 조개가 분비물을 조금씩 쌓아 동심원 모양의 층을 더해 가며 진주가 성장하도록 말이다. 이 진주 동굴 위치를 알고 있는 이는 오직 네모 선장뿐이었고, 그는 자연이 키워낸 이 놀라운 보석을 언젠가 그의 소중한 박물관으로 옮기기 위해 돌보고 있는 것이다. 아마도 중국과 인도의 진주 양식업자들처럼 그가 이 조개의 주름 속에 작은 유리 조각이나 금속 조각을 넣어 진주를 인위적으로 생성하도록 미리 계획했을 수도 있다. 어쨌든, 내가 이미 알고 있는 진주나 네모 선장의 컬렉션에서 빛나는 진주와 비교했을 때 이 진주의 가치는 최소한 천만 프랑은 될 것 같았다. 이 진주는 여성의 장신구라기보다는 장엄한 자연의 신기함으로 여겨져야 했으며 이를 감당할 귀걸이를 찰 여성은 어디에도 없을 것이다.

우리의 거대한 조개 방문은 여기서 끝이 났다. 네모 선장은 동굴을 나섰다. 우리는 다이버들이 활동하기 전의 맑은 바닷속을 걸으며 다시 조개 밭을 향해 나아갔다.

우리는 자유롭게 떠돌며 각자의 호기심에 따라 멈추거나 돌아다녔다. 나는 상상 속에서 터무니없이 크게 과장된 위험에 대한 걱정을 더 이상 하지 않았다. 얕은 바다는 바다 표면에 가까워져 있었다. 곧 물의 깊이가 1미터 정도로 걸을 수 있게 되자 머리가 수면 위로 드러났다. 그때 콩세이유가 나와 합류해 커다란 구리 헬멧을 내 헬멧에 맞대고 친근하게 눈으로 인사를 건넸다. 그러나 이 높은 바닥은 몇 미터 되지 않았다. 우리는 다시 우리 '본래의 세계'로 들어갔다. 이제 나는 물속을 '우리의 세계'라 부를 자격을 얻은 것 같았다.

10분 후 네모 선장이 갑자기 멈춰 섰다. 나는 그가 멈춘 이유가 돌아가자는 신호인 줄 알았다. 그러나 그는 몸짓으로 우리에게 넓은 바닥 밑에 웅크려 숨으라고 지시했다. 그의 손이 바다 속 한 지점을 가리켰고, 나는 그곳을 주의 깊게 바라보았다.

5미터 떨어진 곳에서 한 그림자가 나타나 해저로 내려왔다. 그 순간 나는 상어가 떠올라 공포에 휩싸였으나 이번에도 바다 속 괴물이 아니었다.

그것은 살아 있는 사람이었다. 인도 출신의 검은 피부를 가진 어부였다. 아마 수확철이 되기 전에 미리 조개를 채취하러 온 가난한 사람이었을 것이다. 나는 그의 작은 배가 그의 머리 위 몇 피트 위에 정박해 있는 것을 보았다. 그는 짧은 간격으로 잠수와 상승을 반복했다. 그의 발 사이에 묶여있는 원뿔형 덩어리 모양의 돌과 그 돌을 그의 배에 연결한 밧줄은 그가 바닥으로 더 빨리 내려가는 데 도움을 주었다. 그가 가진 장비는 이것이 전부였다. 5미터 깊이의 바다 바닥에 도달한 그는 무릎을 꿇고 무작위로 주운 조개를 자루에 채우기 시작했다. 그런 후에 그는 배로 올라가 자루를 비우고 다시 내려오는 과정을 반복했다. 이 모든 작업은 30초 만에 이루어졌다.

이 잠수부는 우리를 보지 못했다. 우리를 가린 바위의 그림자 덕분에 그의 시야에서 벗어나 있었다. 게다가, 어떻게 이 가난한 인도인은 물속에서 자신과 같은 인간들이 그의 움직임을 지켜보고 있을 거라 생각할 수 있겠는가! 그는 몇 차례 위아래로 오르내리며 조개를 모았다. 한 번에 약 열 개 정도의 조개를 모았다. 조개가 단단하게 바위에 붙어 있어 그것을 뜯어내야 했기 때문이었다. 그리고 목숨을 걸고 모은 조개 중 몇 개나 진주가 들어있지 않을 수도 있다는 점에서 참 안타까웠다!

나는 그를 주의 깊게 관찰했다. 그의 움직임은 체계적으로 이루어졌으며, 30분 동안 아무런 위험도 그를 위협하지 않았다. 그렇게 나는 이 매력적인 채집 풍경에 익숙해졌는데, 인도인이 바닥에 무릎을 꿇는 순간 갑자기 두려움에 찬 동작을 하고 서서 바다 표면으로 뛰어오르려는 것을 보았다. 그의 공포를 이해할 수 있었다. 거대한 그림자가 불쌍한 잠수부의 위로 나타난 것이다. 그것은 빛나는 눈을 하고 입을 벌린 채 비스듬히 다가오고 있는 거대한 상어였다!

나는 공포로 움직일 수 없었다. 상어는 강력한 지느러미를 움직이며 인도인를 향해 돌진했다. 다이버는 간신히 물러나 상어의 이빨을 피했지만 꼬리채찍을 피하지는 못해 가슴에 강타를 맞고 바닥에 쓰러졌다.

이 장면은 불과 몇 초 만에 일어났다. 상어가 다시 돌아와 배를 위로 뒤집으며 인도인을 반으로 자르려는 찰나 내 옆에 있던 네모 선장이 갑자기 일어섰다. 그는 단검을 쥔 채로 괴물에게 다가가 전투를 벌일 준비를 하고 있었다. 거대한 상어가 불쌍한 어부를 물어뜯으려는 찰나 이 식인 상어는 새로운 적수를 발견하고 배를 다시 뒤집으며 그를 향해 빠르게 다가갔다.

나는 지금도 그 순간 네모 선장의 자세를 생생하게 기억할 수 있다. 그는 완벽히 자세를 잡고 두려운 식인 상어를 침착하게 기다렸다. 상어가 그에게 돌진했을 때 선장은 놀라운 속도로 옆

으로 뛰어 피했다. 상어와의 충돌을 피한 그는 상어의 배에 단검을 깊이 찔러 넣었다. 하지만 그 싸움은 여기서 끝나지 않았다. 끔찍한 전투가 시작되었다.

상어는 고통에 찬 울음소리를 내뱉으며 몸부림쳤다. 상처에서 흘러나온 피가 물속으로 퍼지며 바다는 붉게 물들었다. 그 탁한 액체 너머로 나는 아무것도 볼 수 없었다. 그러던 중 구름 사이로 잠깐 틈이 보이면서 용감한 선장이 상어의 지느러미를 붙잡고 거대한 괴물과 가까이에서 격투를 벌이는 모습이 눈에 들어왔다. 선장은 단검으로 적의 배를 잇따라 찔렀지만, 결정적인 한 방은 아직 날리지 못한 상태였다. 상어의 몸부림은 바닷물을 휘저어 우리를 휩쓸어버릴 듯한 기세였다.

나는 선장을 돕기 위해 뛰쳐나가고 싶었다. 하지만, 공포에 사로잡혀 그 자리에서 꼼짝 못 하고 있었다. 나는 공포에 질린 눈으로 싸움을 지켜보았다. 선장은 상어의 거대한 몸에 눌려 바닥으로 쓰러졌다. 그 순간 상어는 입을 벌리며 네모 선장을 물어뜯으려 했다. 다행히 네드 랜드가 순식간에 상어의 아래쪽으로 돌진하여 작살을 정확히 꽂아 넣었다.

피가 대량으로 물속에 퍼졌다. 상어는 무서운 고통 속에서 미친 듯이 몸부림쳤다. 네드 랜드의 작살은 상어의 심장을 꿰뚫었다. 상어는 죽음의 경련을 일으키며 물속을 마구 휘저어댔다. 그 여파로 콩세이유가 발을 헛디딜 정도였다. 네드 랜드는 재빨리 네모 선장을 구출했다. 다행히 선장은 다치지 않았다. 선장은 곧장 인도인 어부에게 다가가 묶여 있던 돌을 풀고, 그를 품에 안아 힘차게 수면 위로 솟구쳤다.

우리 세 사람도 선장을 따라 올라갔다. 얼마 지나지 않아 우리는 기적적으로 어부의 배에 도착해 무사히 안착했다. 네모 선장은 어부를 되살리기 위해 황급히 응급 처치를 시작했다. 나는 그가 성공하기를 간절히 바랐다. 콩세이유와 선장의 격렬한 마사지 덕에 어부는 조금씩 의식을 되찾아 마침내 눈을 떴다. 눈을 뜬 그가 처음 본 것이 구리 헬멧을 쓴 네 개의 머리였으니 얼마나 놀라고 무서웠을까!

무엇보다 놀라운 것은 네모 선장이 다이빙복에서 진주 주머니를 꺼내 그 어부의 손에 쥐여 준 것이었다. 물속의 인간이 가난한 실론의 어부에게 베푼 이 놀라운 선물을 받은 어부는 떨리는 손으로 주머니를 받아들였다. 그의 혼란스러운 눈빛을 보니 그가 자신을 구해 준 이 초자연적인 존재들에게 얼마나 감사해야 할지 헤아릴 수 없었을 것이다.

선장의 신호에 따라 다시 조개 밭으로 돌아간 우리는 반 시간 동안 걸어 해저와 노틸러스호의 보트를 연결하는 닻을 발견했다. 배에 올라탄 후 선원들은 우리를 도와 무거운 구리 헬멧을 벗겨주었다. 네모 선장은 네드 랜드에게 처음으로 말을 건넸다.

"고맙소. 랜드 씨" 그가 말했다.

"같이 도운 것뿐입니다. 선장님" 네드 랜드는 대답했다.

잠시 그의 입가에 미소가 스쳤고, 그것이 전부였다.

"노틸러스호로 돌아갑시다." 네모 선장이 말했다.

보트는 파도를 가르며 질주했다. 얼마 지나지 않아 우리는 다시 상어의 시체를 발견했다. 나는 그것이 25피트(약 7.62m) 이상 길고, 입이 몸의 3분의 1을 차지할 정도로 큰 거대한 성체 상어임을 확인했다. 상어의 윗턱에는 정삼각형 형태로 여섯 줄의 날카로운 이빨이 빽빽하게 자리 잡고 있었다.

콩세이유는 과학적인 호기심으로 상어를 바라보며 이 상어를 연골어류인 고정 아가미 목에 속한다고 생각한 것 같았다. 내가 상어의 시체를 바라보고 있을 때 갑자기 열두 마리 정도의 상어들이 그 시체 주위로 몰려들었다. 그들은 우리에게는 전혀 관심을 두지 않고 시체를 둘러싸고 싸우기 시작했다.

8시 반이 되자 우리는 노틸러스호에 다시 올라탔다. 나는 이번 마나르 진주밭 탐험에서 겪은 사건들을 되새기며 두 가지 인상을 강하게 받았다. 하나는 네모 선장의 탁월한 용기였고, 또 다른 하나는 인간에 대한 그의 헌신이었다. 결국, 이 이상한 사람도 자신의 가슴속의 감정을 완전히 억누르지는 못한 것 같았다. 내가 이런 나의 생각을 그에게 전하자, 그는 감동이 깃든 목소리로 대답했다.

"그 인도인은 억압받는 땅에 살고 있습니다. 나는 그 땅의 원주민으로 마지막 숨을 거두는 순간까지 그곳의 사람이 될 것입니다!"

4장 붉은 바다

1월 29일, 실론 섬이 수평선 너머로 사라지면서 노틸러스호는 몰디브와 락카디브 제도를 갈라놓는 미로 같은 수로로 들어섰다. 이 배는 또한 1499년에 바스코 다 가마가 발견한 산호초로 형성된 킬탄 섬을 따라갔다. 이 섬은 북위 10도에서 14도 30분 사이, 동경 50도 72분에서 69도 사이에 위치한 락카디브 제도의 주요 섬 중 하나였다. 그때까지 우리는 일본 해역에서 출발해 16,220마일(16.220km), 약 7,500리그(36.210.2km)를 이동한 상태였다.

다음 날, 1월 30일, 노틸러스호가 해수면 위로 떠올랐을 때는 이미 육지가 보이지 않았다. 북북서 방향으로 항로를 정한 채, 배는 오만 만을 향해 나아갔다. 이곳은 아라비아와 인도 반도 사이에 위치해 페르시아만으로 들어가는 통로를 제공하는 곳이었다.

이곳은 분명 막다른 길로 빠져나갈 구멍이 없는 지역이었다. 그렇다면 네모 선장은 우리를 어디로 데려가고 있는 것일까? 나는 알 수 없었다. 그러나 이 상황은 네드 랜드를 만족시키지 못했는지, 그는 그날 나에게 우리가 어디로 가고 있는지를 물었다.

"우리는 선장님의 마음 가는 대로 가고 있습니다. 네드 씨."

"선장의 마음이라니" 네드 랜드가 대답했다.

"그 마음이 우리를 그리 멀리 데려다 주지는 않을 겁니다. 페르시아 만에는 출구가 없으니, 그 바다로 들어가면 금세 되돌아 나오게 될 거요."

"좋군, 우리는 그냥 돌아 나오면 되겠군. 페르시아 만을 떠난 후 노틸러스호가 홍해로 가고 싶다면 아직 바브엘만데브 해협을 통해 갈수 있으니!"

"그런데 교수님" 네드 랜드가 대답했다.

"홍해도 마찬가지로 막힌 물길이지 않습니까? 수에즈 지협은 아직 완전히 뚫려 있지 않으니까요. 설령 뚫려 있다고 해도 우리의 비밀스러운 배가 수문으로 가로막힌 운하를 통과할 리가 없지요. 홍해를 통해 유럽으로 돌아가려는 게 아닌 건 분명합니다."

"나는 우리가 유럽으로 돌아간다고 말하지 않았다네."

"그럼, 교수님은 어떻게 생각하시는 겁니까?"

"내 생각에는 아라비아와 이집트의 이 독특한 수로를 탐사한 후, 노틸러스호는 다시 인도양으로 내려가 모잠비크 해협이나 마스카린 제도를 통해 희망봉으로 향할 것 같네."

"희망봉에 도착한 다음은요?" 네드 랜드가 특유의 집요함으로 물었다.

"그다음엔 아직 우리가 경험하지 못한 대서양에 들어갈 것 같네. 왜 그러는가, 네드, 자네는 이 바닷속 여행이 지겨워진 건가? 끊임없이 변화하는 해저의 풍경에 싫증이 난 것인가? 나는 이 해저 탐험이 끝나간다면 매우 슬플 것 같네만, 이런 여행을 경험할 수 있는 사람은 극히 드물다네, 나는 아직은 이 여행을 끝내고 싶지 않다네."

"하지만 아로낙스 교수님, 우리가 이 배에 감금된 지 세 달이 다 되어간다는 걸 모르십니까?"

"네드, 우리가 얼마나 이곳에서 있었는지 알고 싶지 않다네, 나는 날짜 계산은 하고 있지 않네."

"그럼, 앞으로 어떻게 하실 겁니까?"

"우리의 마지막은 시간이 지나면 알게 되겠지, 하지만 지금은 아니라네, 지금 우리가 할 수 있는 것은 아무 것도 없다네, 만약에 자네가 이제 탈출할 기회가 왔습니다라고 이야기 한다면 그때는 진지하게 자네와 다시 이야기를 할 것이네, 하지만 지금은 쓸데없는 이야기뿐이지. 내 생각에 네모 선장은 유럽 근처 바다에는 가지 않을 것 같네."

내 말을 들은 네드 랜드는 혼잣말을 하며 대화를 끝냈다.

'맞는 말씀이긴 하지만, 이곳에 계속 있을 수는 없습니다.'

2월 7일, 우리는 '눈물의 문'이라는 뜻의 바브 엘 만데브 해협에 들어섰다. 이 해협의 폭은 약 20마일에 길이는 52킬로미터에 불과했으므로, 노틸러스호는 전속력으로 달려 약 한 시간 만에 해협을 빠져나갈 수 있었다. 이 해협에는 많은 영국과 프랑스의 증기선과 여객선들이 수에즈에서 봄베이, 캘커타, 멜버른, 레위니옹 섬, 모리셔스로 향하고 있어 노틸러스호가 수면에 모습을 드러내기에는 너무 붐볐다. 그래서 우리는 중간 수심에서 안전하게 항해했다.

정오 무렵 우리는 홍해 위를 항해하고 있었다.

성서에서도 유명한 이 붉은 바다는 비가 거의 내리지 않고, 강물의 유입도 없어 연간 1.5미터의 수위를 잃는 높은 증발률을 가지고 있다. 만약 완전히 육지로 둘러싸인 호수였다면 이 바다는 이미 말라버렸을 것이다. 이 점에서 홍해는 이웃한 카스피해나 사해보다 불리한 조건을 가지고 있다. 이 두 바다는 증발되는 물의 양과 유입되는 물의 양이 같아질 때까지만 수위가 내려가기 때문이다.

홍해는 길이 약 2,600km, 평균 폭 240km로, 고대 프톨레마이오스 왕조와 로마 시대에는 세계의 중요한 상업 통로 역할을 했다. 앞으로 수에즈 지협이 완전히 뚫리면 이 바다는 옛 상업적 중요성을 다시금 되찾을 것이다. 나는 네모 선장이 왜 이곳으로 들어왔는지 이해하려 하기보다, 노틸러스호가 붉은 바다로 들어선 것을 기쁘게 여겼다. 우리는 수면과 수중을 오가며 중간 속도로 항해하여 특별한 바다의 다양한 면모를 관찰할 수 있었다.

2월 8일 이른 아침, 폐허가 된 모카가 보였다. 이 도시의 낡은 벽들은 금방이라도 무너질 듯 보였다. 곳곳에 약간의 대추야자나무만이 남아 있었다. 한때 이곳에는 여섯 개의 공공 시장과 스물여섯 개의 모스크가 열네 개의 요새로 보호된 성벽이 도시를 둘러싸고 있었다.

그다음 노틸러스호는 아프리카 해안을 따라 더 깊은 바다로 나아갔다. 수정처럼 맑은 수심에서 우리는 다양한 산호 군락과 해조류로 덮인 바위 덩어리를 관찰할 수 있었다. 그래서 나는 콩세이유를 내 옆으로 불렀고, 노틸러스호는 동쪽 해안의 아름다운 암석을 8에서 9미터 깊이에서 천천히 스쳐 지나가고 있었다.

그곳에는 각양각색의 해면들이 둥글고, 줄기처럼 생겼거나, 잎 모양이거나, 손가락 모양으로 자라나 있었다. 그들은 어부들에 의해 '바구니 해면', '성배 해면', '디스타프 해면', '엘크혼 해면', '사자의 발톱', '공작의 꼬리', '넵튠의 장갑' 등의 이름으로 불리며, 과학자들보다는 시인 같은 명칭을 붙였다. 이 해면의 섬유 조직은 젤라틴같이 반액체 상태의 물질로 덮여 있었다. 이 조직에서 각 세포에 영양을 전달한 후 수축 운동을 통해 물이 계속해서 흘러나왔다. 이 젤리 같은 물질은 폴립이 죽으면 사라져 부패하면서 암모니아를 방출한다. 결국에는 섬유만 남게 된다. 그것이 젤라틴 성분이든 뿔 같은 성분이든 간에 일상에서 사용되는 스폰지로 변해 갈색 빛깔을 띠며 그 탄력성, 투과성, 또는 포화 저항성에 따라 다양한 용도로 사용된다.

이 다핵 생물들은 바위와 연체동물의 껍질, 심지어 수생 식물의 줄기에 붙어 있었다. 이들은 가장 작은 틈새를 장식하고 있었다. 어떤 것은 넓게 펼쳐져 있고 다른 것들은 서 있거나 산호의 성장을 연상케 하듯 매달려 있었다. 나는 콩세이유에게 해면이 두 가지 방식으로 채집된다고 설명했다. 하나는 끌망을 사용하는 것이고, 다른 하나는 손으로 하는 것이다. 후자는 잠수부의 도움을 필요로 하지만 해면 조직을 보존할 수 있어 시장 가치가 훨씬 높아 선호되는 방법이다.

해면 주변에 모여드는 다른 다핵 생물들로는 주로 매우 우아한 해파리 종들이 있었다. 오르비니 교수의 연구에 따르면 연체동물은 홍해에서만 발견되는 오징어 종류로 대표되었다. 파충류는 켈로니아(Chelonia) 속에 속하는 버가타(virgata) 거북이들이었다. 이들은 우리의 식탁에 아주 맛있고 건강에 좋은 요리를 제공했다.

물고기들도 많았고 종종 눈에 띄는 것들이었다. 노틸러스호의 그물에 가장 자주 잡힌 것들을 여기 소개한다. 가오리, 특히 점무늬 가오리는 타원형으로 벽돌색을 띠었다. 몸에 불규칙한 파란 반점이 있으며 톱니 모양의 이중 꼬리로 식별된다. 꼬리가 점으로 된 흔한 노랑가오리, 중간 깊이에서 두 개의 큰 망토처럼 퍼덕거리는 2미터짜리 나비 가오리, 이빨 없는 기타상어로, 상어에 더 가까운 연골어류, 도롱뇽 같은 1.5피트 길이의 몸에 뒤로 구부러진 가시가 달린 혹을 가진 크렁크피쉬(Trunkfish), 은빛 꼬리와 푸르스름한 등, 그리고 갈색 가슴지느러미가 회색 라인으로 장식된 뱀장어, 프랑스 국기의 세 가지 색상과 얇은 금색 줄무늬로 장식된 피아톨라(fiatola)라는 버터피시 종 4dm(1데시미터는 10센티미터) 길이의 몽타규 블레니, 일곱 개의 검은 횡선으로 멋지게 장식되고 파란색과 노란색 지느러미를 가진 슈퍼 잭, 금색과 은색 비늘, 숭어, 노랑 머리를 가진 멀릿, 앵무고기, 놀래기, 트리거피시, 고비 등, 그리고 우리가 이미 건넜던 바다들에서 흔히 볼 수 있는 수천 마리의 다른 물고기들이다.

2월 9일, 노틸러스호는 홍해에서 가장 넓은 부분인 서해안의 수아킨에서 동해안의 퀀피다까지 190마일에 이르는 직선을 항해했다.

그날 정오, 위치 확인 후, 네모 선장이 플랫폼으로 올라왔고 나는 그곳에 있었다. 나는 네모 선장이 다시 아래로 내려가기 전에 그의 미래 계획에 대해 최소한 그의 의중을 알아볼 것을 다짐했다. 그가 나를 보자마자 다가와 우아하게 시가를 권하며 말했다.

"교수님, 이 홍해가 마음에 드시나요? 그곳의 숨겨진 경이로운 물고기와 다핵 생물들, 해면의 정원과 산호 숲을 충분히 보셨습니까? 그 해안에 지어진 도시들을 구경하셨나요?"

"네, 네모 선장님" 내가 대답했다.

"노틸러스호는 이 모든 조사에 정말 딱 맞는 배입니다. 정말 훌륭한 배입니다."

"그렇습니다. 교수님. 훌륭하고, 대담하며, 무적이지요! 이 배는 홍해의 무시무시한 폭풍과 조류, 암초도 두려워하지 않습니다."

"실제로" 내가 말했다.

"이 바다는 최악의 바다로 언급되고 있으며, 고대에는 악명이 높았다고 알고 있습니다."

"정말로 악명이 높았죠. 아로낙스 교수님. 그리스와 라틴의 역사가들은 이 바다에 대해 좋은 말을 찾지 못했고, 그리스 지리학자 스트라본은 우기와 여름 계절풍이 부는 시기에는 특히 거칠다고 말했습니다. 아랍의 지리학자 이드리시도[32] 이 바다를 '콜좀의 만'[33]이라 부르며 많은 배들이 모래톱에서 난파되었

32) 이드리시는 12세기 아랍의 지리학자이다. 시칠리아 왕국을 위해 지도를 제작했으며, 그의 저서 '로제의 책'은 중세 지리학의 중요한 참고 자료이다. 이 책은 세계 지도와 각 지역의 지리적, 문화적 정보를 담고 있다.

33) 콜좀의 만(Gulf of Colzoum)은 현재의 수에즈 만(Gulf of Suez)을 지칭하는 옛 이름이다. 아랍 지리학자들이 사용한 이름이며, 이 만은 홍해의 북쪽 끝에 위치하여 이집트의 수에즈와 맞닿아 있다.

고 밤에 항해하는 사람이 없었다고 전합니다. 그의 주장에 따르면, 이 바다는 두려운 허리케인이 몰아치는 바다로 아무도 살지 않는 황량한 섬들로 뒤덮여 있으며 수면 위나 심해 어디에서도 '아무런 좋은 것을 제공하지 않는' 바다라고 합니다. 사실 아리안, 아가타르키데스, 아르테미도루스 같은 학자들도 같은 의견을 낸 사실을 찾아볼 수 있지요."

"그 역사가들이 노틸러스호를 타고 항해하지 않았다는 것은 쉽게 알 수 있군요." 내가 대답했다.

"그렇습니다." 선장은 미소를 지으며 대답했다.

"이 점에서 현대인들도 고대인들보다 그다지 더 앞서지 않았지요. 증기의 기계적 힘을 발견하는 데는 수세기가 걸렸습니다! 향후 100년 내에 두 번째 노틸러스호와 같은 배를 볼 수 있을까요? 발전은 느립니다. 교수님."

"맞는 말씀입니다." 내가 대답했다.

"선장님의 배는 시대를 앞서 간 배이며, 아마도 수세기는 앞서 있다고 할 수 있겠죠. 이런 비밀이 발명가와 함께 사라진다면 너무나도 안타까운 일일 것입니다!"

네모 선장은 대답하지 않았다.

몇 분간의 침묵 후 그는 말했다.

"우리는 방금까지 고대 역사가들의 홍해 항해의 위험에 대한 견해를 이야기하고 있지 않았나요?"

"맞습니다." 내가 대답했다.

“그런데 그들의 두려움은 과장된 것이 아니었을까요?”

“맞기도 하고 틀리기도 합니다. 아로낙스 교수님” 네모 선장이 대답했다.

그는 마치 ‘자신의 홍해’를 속속들이 알고 있는 사람처럼 보였다.

“오늘날의 견고하게 지어진 현대 선박들은 조절 가능한 증기의 도움으로 진로를 완벽히 제어할 수 있기에 고대 선박들에게는 다양한 위험이었던 조건들이 이제는 더 이상 위험하지 않게 되었습니다. 초기 항해자들은 야자수 밧줄로 묶고 송진 가루로 틈을 메운 나무 판자에 상어 기름을 발라 만든 돛단배로 항해를 시작한 사람들입니다. 이들은 방향을 잡아줄 도구조차 갖추지 못해 거의 알지 못하는 해류 속에서 그저 추측에 의존해 나아갔습니다. 그런 상황에서는 난파 사고가 잦을 수밖에 없었겠지요. 하지만 오늘날 수에즈와 남쪽 바다 사이를 오가는 증기선들은 이 만의 몬순 바람에도 불구하고 더 이상 그 광풍을 두려워하지 않습니다. 그들의 선장과 승객들은 이제 출항할 때 신들에게 희생을 바칠 필요도 없고, 돌아왔을 때 지역 사원에 화환과 황금 리본을 두르며 감사의 예를 표하지 않아도 됩니다.”

“동의합니다.” 내가 말했다.

“증기선 덕분에 선원들의 마음속에서 감사의 마음이 사라진 것 같군요. 하지만 선장님, 홍해에 대해 특별히 연구하신 것 같으니 이 바다가 어떻게 이름을 얻게 되었는지 말씀해 주실 수 있나요?"

"이 주제에 대해 여러 가지 설명이 있습니다. 아로낙스 교수님. 14세기의 한 연대기 작가의 견해를 들어보시겠습니까?"

"기꺼이 듣겠습니다."

"그 작가는 이스라엘 백성이 파라오를 피해 바다를 건널 때 모세의 명령에 갈라졌다가 다시 합쳐진 파도 속에서 죽음을 맞이한 후 이 바다에 이름이 붙여졌다고 주장했습니다. 기적이 뒤따른 사건을 기념하기 위해 바다는 유일무이한 붉은색으로 변했다고 하지요. 그래서 그 바다를 색으로 명명할 수밖에 없었습니다."

"예술적인 설명이군요. 네모 선장님" 내가 대답했다.

"하지만 저는 그걸로 만족할 수 없습니다. 선장님의 개인적인 견해를 듣고 싶습니다."

"좋습니다. 제 생각에는 아로낙스 교수님, 이 '홍해'라는 이름은 히브리어 '에드롬(Edrom)'의 번역으로 보아야 할 것 같습니다. 고대인들이 이 이름을 붙인 것은 바다의 독특한 물빛 때문일 겁니다."

"하지만 지금까지는 독특한 색깔이 아닌 맑은 물결만 보입니다."

"물론이지요. 하지만 만의 끝 쪽으로 이동하면 그 독특한 색을 보게 될 겁니다. 제가 엘 투르 만을 완전히 붉게, 마치 피로 가득한 호수처럼 본 적이 있습니다."

"선장님은 그 색이 미세한 조류의 존재 때문이라고 생각하시나요?"

"그렇습니다. '트리코데스미아(Trichodesmia)'[34]라는 미세한 해조류들이 만들어내는 자줏빛 점액질 물질 때문이지요. 이 조류는 1평방 밀리미터를 차지하는 데 무려 4만 개나 필요합니다. 아마 엘 투르에 도착하면 그 조류들을 보게 될지도 모르겠군요."

"그렇다면, 네모 선장님, 노틸러스호를 타고 홍해를 통과한 것이 이번이 처음이 아니시군요?"

"그렇습니다. 교수님."

"그렇다면, 이미 언급하신 이스라엘 백성이 바다를 건너는 사건과 그때 이집트인들이 겪은 재앙과 같은 역사적 사건에 관한 어떤 흔적이라도 물속에서 발견하신 적이 있나요?"

"아니요, 교수님. 그럴 수 있는 가능성은 희박합니다."

"왜 그렇습니까?"

"모세가 그의 백성들과 함께 건넜던 장소는 지금 모래로 뒤덮여 있어서 낙타조차 발이 거의 젖지 않을 정도니까요. 제 노틸러스호가 가기에는 수심이 아주 부족할 겁니다."

"그 곳이 어디입니까?" 내가 물었다.

"그 장소는 수에즈에서 조금 위쪽에 있는 곳으로, 홍해가 호

34) 트리코데스미아(Trichodesmium)는 미세한 남세균(남조류)으로, 바다에 서식하며 군집을 이루어 붉은색 또는 갈색을 띤다. 이런 특성 때문에 이들이 밀집할 경우 바닷물이 붉게 보이는 현상을 일으킬 수 있다.

수까지 뻗어 있었을 때 깊은 만이 형성되었던 지역입니다. 이스라엘 백성이 약속의 땅으로 돌아가는 과정에서 그곳을 건넌 것이 사실이라면, 파라오의 군대도 그곳에서 몰살당했을 겁니다. 그래서 그 지역의 모래를 발굴한다면 이집트산 무기와 도구들이 많이 나올 거라고 생각합니다."

"분명합니다." 내가 대답했다.

"고고학을 위해서라도, 수에즈 운하가 완성되고 새로운 도시들이 그 지협에 자리 잡은 후 언젠가는 그런 발굴이 이루어지길 바라야겠습니다. 물론, 노틸러스호 같은 배에는 별 도움이 안 되겠지만 말입니다!"

"맞습니다만, 세계적으로는 매우 유용할 것입니다." 네모 선장이 말했다.

"고대인들은 홍해와 지중해를 연결하는 것이 상업에 유용하다는 것을 잘 알고 있었습니다. 다만 두 바다 사이에 운하를 뚫는 것은 상상조차 하지 못했기 때문에 나일강을 연결 수단으로 선택했지요. 전통에 의존하자면, 아마도 이집트의 세소스트리스 왕이 나일강과 홍해를 잇는 운하를 파기 시작했을 겁니다. 확실한 것은 기원전 615년, 네코 2세[35]가 아라비아 맞은편의 이

35) 네코 2세(Necho II)는 기원전 610년부터 기원전 595년까지 이집트를 통치한 26왕조의 파라오이다. 그는 이집트의 중흥을 꾀하며 건축 및 군사력 강화를 추진한 것으로 알려져 있다. 특히 유명한 업적으로는 홍해와 나일강을 연결하는 운하를 건설하려 한 시도와 해군을 통한 지중해와 홍해를 잇는 항해를 계획한 점이 있다.

집트 평야를 가로지르는 나일강 운하 건설을 진행했으며 폭이 충분히 넓어서 세 개 층의 갤리선이 나란히 지날 수 있었던 것으로 보입니다. 다리우스 대왕[36], 히스타스페스[37]의 아들에 의해 건설이 계속되었고, 아마 프톨레마이오스 2세 왕[38]에 의해 완성되었을 것입니다. 스트라본은 이 운하가 운송에 사용되는 것을 보았으나, 그 시작점인 부바스티스에서 홍해까지의 경사가 약해 연중 몇 달 동안만 항해할 수 있었습니다. 이 운하는 로마의 안토니누스 황제[39] 시대까지 상업에 기여하다가 버려지고 모

36) 다리우스 1세(Darius I, 기원전 550년경~기원전 486년경)는 기원전 522년부터 페르시아 아케메네스 제국을 다스린 왕으로, 다리우스 대왕으로도 알려졌다. 그는 제국을 광범위하게 확장하고 중앙집권화하며 행정, 법률 제도를 개혁하여 페르시아 제국의 기틀을 다졌다. 주요 업적으로는 왕의 길이라 불리는 도로망을 건설해 교통과 통신을 개선하고, 사트라피(satrapies)라 불리는 지방 행정 시스템을 확립한 것이 있다. 또한 나일강과 홍해를 연결하는 운하를 완공하여 이집트와 아라비아의 교역을 증대시켰으며, 그리스와의 페르시아 전쟁에서 이오니아 반란을 진압하고 마라톤 전투를 벌이는 등 대외적인 확장 정책을 펼쳤다.

37) 히스타스페스(Hystaspes)는 다리우스 1세의 아버지로, 아케메네스 왕조 페르시아 제국에서 중요한 인물이었다. 그는 파르티아 지방의 총독이자 귀족 출신으로, 자신의 아들 다리우스가 페르시아 제국의 왕위에 오르는 데 중요한 역할을 했다. 히스타스페스는 아들의 치세 동안 아케메네스 왕조의 충실한 지지자로 활동했으며, 페르시아 제국의 확립에 기여한 인물로 평가받는다.

38) 프톨레마이오스 2세(기원전 309–246년)는 프톨레마이오스 왕조의 왕으로, '필라델포스'라는 별칭이다. 그는 알렉산더 대왕의 후계자 프톨레마이오스 1세의 아들로, 기원전 285년부터 246년까지 이집트를 통치했다. 알렉산드리아 도서관을 확장하고 학문을 후원해 이집트를 헬레니즘 문화의 중심지로 만들어 나일강을 따라 운하를 건설하여 이집트 내 교역로 확장에 기여했다.

39) 안토니누스 황제는 로마 제국의 황제인 티투스 아우렐리우스 풀비우스 안토니누스(티투스 아우렐리우스 풀비우스 보이오니우스 아리우스), 흔히 안토니누스 피우스(86–161년)로 알려져 있다. 그는 138년부터 161년까지 로마 제국을 통치하며, 평화롭고 안정적인 시기를 유지하여 "오현제" 중 한 명으로 불린다.

래로 덮였습니다. 그 후 아라비아의 칼리프 오마르 1세[40]에 의해 복구되었으나, 761년이나 762년에 칼리프 알-만수르에 의해 최종적으로 메워졌습니다. 이는 반란을 일으킨 모하메드 이븐 압둘라에게 보급품이 도달하지 못하도록 막기 위한 것이었습니다. 이집트 원정 중이던 나폴레옹 보나파르트 장군[41]은 수에즈 사막에서 이 옛 운하의 흔적을 발견했으며, 썰물에 의해 발이 묶여 부대와 합류하기 직전 하다로스에서 거의 죽을 뻔했지요. 이곳은 바로 3,300년 전 모세가 야영했던 장소입니다."

"자, 선장님, 고대인들이 망설였던 일을 이제 드 레셉스 씨가 마무리 짓고 있습니다. 그의 노력으로 이 두 바다가 연결되면 카디스에서 동인도까지의 항로가 9,000킬로미터나 단축될 것이며, 곧 아프리카는 거대한 섬으로 변할 것입니다."

"그렇습니다. 아로낙스 교수님. 자랑스러워할 만한 동포를 두셨습니다. 그런 인물은 가장 훌륭한 장군보다도 더 큰 영예를 나라에 가져다줍니다! 그는 다른 위인들처럼 어려움과 좌절을

40) 칼리프 오마르 1세(579-644)는 이슬람 제국의 두 번째 칼리프로, 초기 이슬람 세계 확장의 주역이었다. 그의 통치 기간 동안 시리아, 이집트, 이란 등 여러 지역을 정복하며 이슬람 제국의 영토를 크게 확장했다. 그는 법과 행정 체제를 체계화하고 공공복지 제도를 도입하는 등 강력하고 공정한 지도자로 평가된다.

41) 나폴레옹 보나파르트(1769-1821)는 프랑스 혁명기의 군인이자 정치 지도자로, 훗날 프랑스 황제가 되었다. 뛰어난 전략과 전술로 유럽 대부분을 정복하며 나폴레옹 전쟁을 주도했다. 1799년 쿠데타로 권력을 장악한 후 프랑스 제1통령, 이어서 황제로 즉위해 프랑스 제국을 세웠다. 그는 법전인 나폴레옹 법전을 제정하여 현대 법률 체계에 큰 영향을 미쳤으며, 1815년 워털루 전투에서 패배해 세인트헬레나 섬에 유배되어 생을 마감했다.

겪었지만, 결국 자신의 의지로 승리했습니다. 슬픈 것은 이런 일이 국제적인 규모의 일이 어느 한 사람의 노력으로만 성공하게 되었다는 점입니다. 드 레셉스 씨에게 경의를 표합시다!"

네모 선장이 감격스럽게 말을 이어가는 모습에 적잖이 놀라며 "네, 그 위대한 프랑스 시민에게 경의를" 내가 대답했다.

"안타깝게도" 그는 계속했다.

"당신을 그 수에즈 운하로 데려갈 수는 없지만, 내일 모레쯤 지중해에 도착하면 포트 사이드의 긴 방파제를 보게 될 것입니다."

"지중해에!" 내가 외쳤다.

"그렇습니다. 교수님. 놀라셨나요?"

"제가 놀란 것은 우리가 내일 모레에 지중해에 있을거라는 말 때문입니다."

"그렇습니까?"

"네, 선장님. 하지만 노틸러스호를 타면서 이제는 어떤 일에도 놀라지 않는 습관을 들여야겠군요!"

"그런데 교수님께서 놀라신 이유는 무엇입니까?"

"우리가 내일 모레까지 지중해에 도착하려면 희망봉을 지나 아프리카 대륙을 돌아야 합니다. 그렇다면 노틸러스호는 엄청난 속도로 달려야 한다는 생각 때문입니다."

"누가 아프리카를 돌아가야 한다고 말했습니까? 희망봉을 돌아야 한다고요?"

"그렇지 않습니까? 노틸러스호가 육지를 지나 지협을 횡단하지 않는 한……."

"지협 아래는 어떻습니까? 아로낙스 교수님."

"아래로요?"

"그렇습니다." 네모 선장이 평온하게 대답했다.

"지금 사람들이 땅위에서 하고 있는 일을 이미 오래전에 자연이 지협 아래에서 이루어 놓았습니다."

"뭐라고요! 땅속에 통로가 있단 말입니까?"

"네, 수에즈 아래에서 시작하여 펠루시움만으로 이어지는 지하 통로가 있습니다. 저는 이 길을 '아라비아 터널'이라 부르고 있습니다."

"하지만 그 지협은 전부 유사(流砂)로 이루어져 있지 않나요?"

"어느 정도 깊이까지는 그렇습니다. 그러나 50미터만 아래로 내려가면 단단한 암반 지역입니다."

"우연히 그 통로를 발견하신 건가요?" 내가 점점 더 놀라서 물었다.

"운과 논리 덕분입니다. 교수님. 논리가 운보다 더 큰 역할을 했지요."

"선장님 말씀을 듣고는 있지만, 믿기 힘듭니다."

"아, 듣고 있으나 듣지 못한다는 말은 여전히 통하는군요. 이 통로는 존재할 뿐만 아니라, 이미 여러 번 이 길을 이용해 왔습니다. 이 길이 없었다면 저는 오늘 홍해 같은 막다른 골목에 들어설 생각은 하지 않았을 것입니다."

"그 통로를 어떻게 발견하셨는지 여쭤봐도 될까요?"

"교수님," 선장은 대답했다.

"서로 헤어지지 않을 사람들 사이에서는 비밀이란 없습니다."

나는 그 말의 의도를 알았지만 대답하지 않고 네모 선장의 설명을 기다렸다.

"교수님" 그는 나에게 말했다.

"자연학자로서의 단순한 논리가 저를 이 통로로 이끌었으며, 이 통로는 저만이 알고 있습니다. 저는 홍해와 지중해에 완전히 같은 몇몇 종의 물고기가 존재한다는 사실을 알았습니다. 뱀장어, 버터피시, 녹색 물고기, 농어, 보석 물고기, 날치 등이 말이지요. 이 사실에 확신을 가지고 저는 혹시 두 바다 사이에 연결이 있을지 궁금했습니다. 만약 그런 연결이 있다면, 두 바다의 높이 차이로 인해 지하 해류가 홍해에서 지중해로 흐를 수밖에 없을 겁니다. 그래서 저는 수에즈 근처에서 많은 물고기를 잡아 꼬리에 구리 고리를 걸어 바다에 다시 풀어놓았습니다. 몇 달 후 시리아 해안에서 제가 놓아준 고리가 달린 물고기를 몇 마리 다시 잡았습니다. 이로 인해 두 바다 사이에 어떤 연결 통로가 존재한다는 것을 확신하게 되었지요. 저는 노틸러스호를 타고 이 통로를 찾아냈고, 그 길로 들어갔습니다. 곧 교수님도 저의 '아라비아 터널'을 통과하게 될 것입니다!"

5장 아라비아 터널

같은 날, 나는 아라비아 해저터널에 대한 이야기를 콩세이유와 네드 랜드에게 직접 전달했다. 우리가 이틀 내로 지중해에 도착할 것이라고 전했을 때 콩세이유는 손뼉을 쳤지만, 캐나다인 네드 랜드는 어깨를 으쓱하며 말했다.

"해저터널이라니!" 그가 외쳤다.

"두 바다를 잇는 연결 통로라니! 누가 그런 헛소리를 들어봤겠어!"

"네드 씨" 콩세이유가 대답했다.

"당신은 전에 노틸러스호에 대해 들어본 적이 있습니까? 하지만 노틸러스호는 지금 눈앞에 존재합니다. 그러니 보이지 않는다는 이유만으로 가볍게 어깨를 으쓱하며 무시하시면 안 됩니다."

"곧 알게 되겠지!" 네드 랜드가 고개를 저으며 대답했다.

"어쨌든, 네모 선장의 작은 통로가 실제로 지중해로 이어진다면 하느님께 기도라도 드리고 믿고 싶네 그려."

그날 저녁, 북위 21도 30분에서 노틸러스호는 해수면 위에 떠올라 아라비아 해안에 가까워지고 있었다. 나는 이집트, 시리아, 터키, 그리고 동인도에서 중요한 금융 중심지로 알려진 지다(Jidda,사우디아라비아의 홍해 연안에 위치한 주요 항구 도시)를 발견하였다.

나는 이 도시의 건물들과 부두에 정박한 작은 배들과 항구 앞바다에 닻을 내린 대형 선박들을 비교적 명확하게 구별할 수 있었다. 지평선 가까이 낮게 드리운 태양이 도시의 집들에 강하게 내리쬐어 그들의 하얀 외관을 더욱 돋보이게 했다. 도시 외곽에는 나무나 갈대로 지은 오두막들이 베두인들이 사는 구역임을 나타냈다. 곧 저녁 어둠 속에서 지다는 보이지 않고, 노틸러스호는 은은하게 빛나는 해수 아래로 다시 잠수하였다.

다음 날, 2월 10일, 몇 척의 배들이 나타나서 반대 방향으로 항해하고 있었다. 노틸러스호는 수중 항해를 재개하였지만, 정오 무렵 바다가 다시 한산해지자 물 위로 떠올랐다.

나는 네드 랜드, 콩세이유와 함께 플랫폼에 나가 앉았다. 동쪽 해안은 습기로 인해 흐릿하게 보였다. 우리는 보트의 옆면에 기대어 이런저런 대화를 나누고 있었다. 그때 네드 랜드가 손을 물가의 한 지점으로 가르키며 나에게 말했다.

"교수님, 저쪽에 뭔가 보이시나요?"

"아니, 네드" 나는 대답했다.

"내 눈은 자네만큼 좋지 않네."

"잘 보세요," 네드 랜드가 계속해서 말했다.

"저기, 등대와 거의 수평에 맞춰 앞쪽에 무언가 움직이는 덩어리가 보이지 않으시나요?"

"그렇군." 내가 신중히 관찰한 후 말했다.

"물 위에 길고 검은 물체 같은 것이 보이는 것 같군."

"또 다른 노틸러스호인가요?" 콩세이유가 말했다.

"아니" 네드 랜드가 대답했다.

"내가 크게 착각하지 않는 한 저건 해양 동물이야."

"홍해에 고래가 있나요?" 콩세이유가 물었다.

"그래, 가끔 발견되기도 하지." 내가 대답했다.

"저건 고래가 아니야" 네드 랜드는 자신이 본 물체에서 시선을 떼지 않으며 계속 말했다.

"난 고래와 오랜 친구지, 그들의 특징을 절대 착각할 리가 없어."

"조금 더 기다려 보죠." 콩세이유가 말했다.

"노틸러스호가 그 방향으로 가고 있으니 곧 무슨 일인지 알 수 있을 겁니다."

실제로 그 검은 물체는 곧 우리와 1마일 정도 거리까지 다가왔다. 그것은 마치 바다 한가운데에 좌초된 거대한 암초처럼 보였다. 저것은 무엇일까? 나는 여전히 결정을 내릴 수 없었다.

“오, 저것이 멀어지고 있어! 잠수하네!” 네드 랜드가 외쳤다.

“젠장! 저 동물은 뭐지? 수염고래나 향유고래 같은 갈라진 꼬리를 가진 것도 아니고, 지느러미가 잘린 것 같군.”

“그렇다면” 내가 덧붙였다.

“맙소사” 네드 랜드는 계속해서 말했다.

“등을 뒤집었군, 그리고 가슴을 공중으로 들어 올리고 있어!”

“인어다!” 콩세이유가 외쳤다.

“주인님 죄송하지만, 진짜 인어입니다!”

“인어”라는 말에 전설 속에서 나오는 반은 사람, 반은 물고기로 묘사된 세이렌(Sirenia)[42]이 머릿속에 떠올랐다.

“아니, 아닐세.” 내가 콩세이유에게 말했다.

“저건 인어가 아니야, 홍해에만 몇 종 남아있는 희귀한 생물이지. 저건 듀공[43]이다.”

42) 시레니아(Sirenia) 목은 바다소과(Dugongidae)와 매너티과(Trichechidae)를 포함하는 해양 포유류의 분류군으로, 일반적으로 해초를 먹고 따뜻한 얕은 물에 서식하는 초식성 동물로 커다란 둥근 몸체와 물갈퀴 모양의 앞지느러미, 그리고 길고 납작한 꼬리 지느러미를 가지고 있어 전설 속에서 반은 사람, 반은 물고기로 묘사된 인어의 기원으로 여겨지기도 한다.

43) 듀공(Dugong)은 시레니아 목에 속하는 해양 포유류로, 주로 인도양과 서태평양의 따뜻한 해안에서 서식하며 해초를 먹는 초식 동물이다. 긴 몸통과 물갈퀴 모양의 앞지느러미, 고래처럼 생긴 꼬리 지느러미가 특징이다. 고기와 기름을 얻기 위해 사냥되어 멸종 위기에 처해 있다.

"세이렌 목, 피스시포르마 그룹[44], 모노델피아 아강[45], 포유강[46], 척추동물문" 콩세이유가 대답했다.

콩세이유가 설명하자, 더 이상 할 말이 없었다.

그동안 네드 랜드는 계속해서 듀공에 시선을 고정시키고 있었다. 그의 눈은 열망으로 빛나고 있었고, 그의 손은 작살을 던질 준비가 되어 있었다. 그는 직접 물에 뛰어들어 그 동물을 공격할 적절한 순간을 기다리는 듯 보였다.

"아, 교수님" 그는 흥분에 떨리는 목소리로 나에게 말했다.

"저런 건 한 번도 잡아본 적이 없습니다!" 그의 모든 열망이 마지막 단어에 담겨 있었다.

그 순간, 네모 선장이 플랫폼에 나타났다. 그는 듀공을 바라보는 네드 랜드를 보더니 말했다.

"네드 랜드 씨, 만약 손에 작살이 쥐어져 있었다면 참을 수 없

44) 피스시포르마(Pisciforma) 그룹은 물고기와 유사한 형태를 가진 생물들을 묶어 부르는 분류군으로, 물속 생활에 적응한 해양 포유류들이 포함된다. 주로 시레니아 목이나 고래목에 속하는 동물들이 이에 해당하며, 물갈퀴 모양의 지느러미와 유선형 몸체를 특징으로 한다. 이러한 특성 덕분에 물속에서 효율적으로 움직일 수 있도록 진화했다.

45) 모노델피아 아강(Monodelphia)은 포유류의 분류군 중 하나로, 주로 태반을 통해 새끼를 키우는 진수하강(Eutheria) 동물들이 속한다. 이 그룹에는 대부분의 포유류가 포함되며, 유대류나 난생 포유류(단공류)와 달리 태반을 통해 직접 영양을 공급받아 발달한 새끼를 낳는 것이 특징이다. 사람을 포함해 다양한 육상, 해양 포유류들이 모노델피아 아강에 속한다.

46) 포유강(Mammalia)은 척추동물문에 속하는 동물 분류군으로, 모유를 통해 새끼를 기르고, 털을 가진 것이 특징이다. 대부분의 포유류는 태반을 통해 새끼를 잉태하고 출산하며, 뇌와 감각 기관이 발달하여 다양한 환경에서 적응력을 발휘한다. 포유강에는 인간을 비롯해 육상 동물, 고래와 같은 해양 동물, 박쥐와 같은 비행 포유류 등이 포함된다.

으셨겠죠?"

"그렇습니다. 선장님."

"하루만이라도 본래 어부 생활로 돌아가 이 고래를 사냥 목록에 추가해 보는 것은 어떨까요?"

"절대 사양하지 않겠습니다."

"좋습니다. 한번 해보세요!"

"감사합니다. 선장님." 네드 랜드가 눈을 빛내며 대답했다.

"단." 선장은 계속해서 말했다.

"자신의 안전을 위해 조심하시길 바랍니다."

"듀공을 공격하는 것은 위험한가요?" 내가 물었으나, 네드 랜드는 어깨를 으쓱했다.

"그렇습니다. 가끔은" 선장이 대답했다.

"이 동물들은 자신을 공격한 사람에게 돌진하여 배를 전복시키기도 합니다. 하지만 랜드 씨라면 그런 위험은 걱정하지 않아도 될 것 같습니다. 그의 눈은 날카롭고 그의 팔은 정확하니까요. 제가 네드 랜드 씨에게 이 듀공을 조심히 사냥하라고 권하는 이유는 이 동물이 아주 고급 사냥감이기 때문입니다. 그리고 나는 네드 랜드 씨가 맛있는 고기를 좋아한다는 사실을 알고 있습니다."

"아하!" 네드 랜드가 말했다.

"이 동물의 고기 맛이 아주 좋다는 거군요?"

"그렇다네, 랜드 씨. 이 동물의 고기는 붉은 살코기로, 매우 귀하게 여겨져 말레이시아 전역에서 귀족들의 식탁을 위해 따로 준비될 정도라네. 그래서 이 훌륭한 동물은 너무 남획되었고 지금은 매너티와 같은 종류들과 함께 점점 더 희귀해지고 있네."

"그렇다면, 선장님." 콩세이유가 진지하게 말했다.

"혹시 이 동물이 마지막 개체일 가능성도 있으니 과학을 위해 생명을 아껴주는 것이 좋지 않을까요?"

"아마도" 네드 랜드가 대답했다.

"그러나 식사를 위해서는 사냥하는 것이 더 낫겠지."

"그렇다면 진행하시게, 랜드 씨." 네모 선장이 말했다.

그 순간, 언제나처럼 조용하고 감정 없는 일곱 명의 선원들이 플랫폼에 올라왔다. 한 명이 고래 사냥에 쓰이는 것과 유사한 작살과 줄을 들고 있었다. 갑판에 있던 작은 보트가 꺼내져 바다로 내려졌다. 여섯 명의 노잡이들이 앉았고, 키잡이는 조타 장치를 잡았다. 네드 랜드, 콩세이유, 그리고 나는 선미에 자리를 잡았다.

"선장님은 함께 가지 않으십니까?" 내가 물었다.

"네, 저는 괜찮습니다. 여러분의 즐거운 사냥이 되기를 바랍니다."

보트는 여섯 개의 노에 이끌려, 노틸러스호로부터 2마일 떨어진 듀공을 향해 빠르게 나아갔다. 고래가 아닌 이 동물에 가까이 다가가자 보트는 속도를 늦추고, 노는 조용히 잔잔한 물에 잠겼다. 네드 랜드는 작살을 쥐고 보트의 선수에 자리 잡았다. 고래 사냥에 사용되는 작살은 보통 아주 긴 줄에 묶여 있어, 상처 입은 동물이 줄을 끌며 빠져나갈 때 줄이 빠르게 풀리지만 이번 줄은 10패덤 정도로 짧고 작은 부표에 묶여 있었다. 그 부표는 물에 뜨면서 듀공의 움직임을 알려줄 것이었다.

나는 자리에서 일어나 네드 랜드의 상대를 뚜렷하게 관찰할 수 있었다. 듀공, 즉 할리코어라 불리는 이 동물은 매너티와 매우 유사했다. 길쭉한 몸통은 매우 긴 꼬리지느러미로 끝났고, 옆 지느러미는 실제 손가락 모양을 하고 있었다. 매너티와의 차이점은 윗턱에 두 개의 길고 뾰족한 이빨이 있어 양쪽으로 퍼지는 엄니를 형성한다는 점이었다.

네드 랜드가 공격하려던 이 두공은 길이가 7미터가 넘는 거대한 크기였다. 그것은 움직이지 않고 물결 위에 누워 있는 듯 보였다. 쉽게 포획할 수 있는 상황이었다.

보트는 조심스럽게 동물 가까이로 접근했다. 노는 노잡이의 고리에 멈춘 채로 떠 있었다. 나는 몸을 낮추고, 네드 랜드는 몸을 약간 뒤로 젖히며 숙련된 손으로 작살을 휘둘렀다.

갑자기 쉭 하는 소리가 들리며 두공이 사라졌다. 비록 작살이 힘차게 던져졌지만, 그것은 물만 맞힌 듯했다.

“젠장!” 분노에 찬 네드 랜드가 외쳤다.

“놓쳤군!”

“아닐세” 내가 말했다.

"동물이 상처를 입었네, 저기 피가 보인다네. 하지만 자네의 무기가 몸에 박히진 않았군."

"내 작살! 작살을 가져와!" 네드 랜드가 외쳤다.

선원들은 다시 노를 저었고, 키잡이는 보트를 떠 있는 부표로 향했다. 우리는 작살을 건져 올리고, 보트는 다시 동물을 추격하기 시작했다.

그 동물은 때때로 물 위로 나와 숨을 쉬었다. 상처를 입었지만, 굉장한 속도로 이동했기에 약해 보이진 않았다. 힘찬 팔에 이끌려 보트는 그 뒤를 쫓았다. 몇 번이고 우리는 듀공 가까이까지 다가갔다. 네드 랜드는 타격할 준비를 하고 있었다. 하지만 듀공은 갑자기 잠수하여 사라졌고, 우리는 그 짐승을 따라잡을 수 없었다.

우리는 네드 랜드의 분노가 얼마나 끓어올랐는지는 짐작할 수 있었다. 그는 불쌍한 동물에게 영어로 거친 욕설들을 퍼부었다. 나는 듀공이 우리의 모든 행동을 비웃으며 도망치는 모습을 보면서도 흥분하지 않았다.

우리는 한 시간 동안 끊임없이 그를 추격했다. 점점 잡기가 어려워지리라고 생각할 때쯤, 그 동물은 우리에게 복수를 하려는 듯한 행동을 취했는데, 이로 인해 곧 후회할 일이 벌어졌다. 쫓기는 데 화가 난 듀공은 몸을 돌려 보트를 공격하려 했다.

이 동작은 네드 랜드의 눈에 포착되었다.

"조심해!" 라고 네드 랜드가 말했다.

키잡이는 그의 알아들을 수 없는 언어로 몇 마디를 중얼거렸는데, 그의 선원들에게 경계를 늦추지 말라고 경고한 듯했다. 보트에서 약 20피트 정도 거리까지 다가온 듀공은 커다란 콧구멍으로 공기를 강하게 들이마셨다. 이 콧구멍은 주둥이 끝이 아닌 위쪽에 뚫려 있었다. 그러더니 몸을 튕겨 우리를 향해 돌진해왔다.

보트는 충돌을 피할 수 없었다. 반쯤 뒤집혔다. 우리 보트에는 톤 단위의 물이 실렸고 우리는 힘껏 물을 퍼내야 했다. 그러나 숙련된 키잡이 덕분에 정면충돌을 피한 보트는 전복되지 않았다. 네드 랜드는 배의 뱃머리에 매달려 거대한 동물에게 다시 한번 작살을 힘껏 던졌다. 듀공은 이빨로 보트의 난간을 물어 들어 올렸다. 마치 사자가 사슴을 들어 올리듯 보트를 물 밖으로 들어 올렸다. 우리는 서로 뒤엉켜 쓰러졌다. 만약 집요한 네드 랜드가 작살을 그 심장에 꽂지 않았다면 이 모험이 어떻게 끝났을지 알 수 없었다. 듀공의 이빨이 철판을 갈아대는 소리가 들렸다. 듀공은 우리의 작살을 끌고 사라졌다. 그러나 얼마 지나지 않아 부표가 물 위로 떠올랐다. 곧이어 뒤집어진 듀공의 몸이 물 위에 드러났다. 우리의 보트는 듀공에 다시 접근해 그 몸을 끌고 노틸러스호로 돌아갔다.

이 듀공을 플랫폼 위로 올리기 위해서는 강력한 도르래가 필요했다. 그 짐승은 무려 5,000킬로그램의 무게가 나갔다. 네드 랜드는 이 작업의 모든 과정을 지켜보며 자리를 떠나지 않았다.

같은 날 저녁, 노틸러스호의 요리사가 정성껏 조리한 요리가 제공되었다. 고기의 맛은 대단히 훌륭했다. 이는 소고기 아니, 송아지 고기보다도 더 맛있었다.

이튿날인 2월 11일 아침, 노틸러스호의 식료품 저장실은 더욱 다양한 사냥감으로 가득 찼다. 제비갈매기 한 무리가 노틸러스호에 내렸다. 그들은 이집트 특유의 나일갈매기의 일종으로 부리는 검은 색, 머리는 회색이며 점점이 있으며 눈은 흰색 점으로 둘러싸여 있으며 등, 날개 및 꼬리는 회색이며 배와 목은 흰색, 발은 빨간색이다. 또한 수십 마리의 나일강 오리도 잡혔는데, 이 오리는 목과 정수리가 흰색이고 검은 얼룩덜룩한 점이 찍혀있는 맛이 뛰어난 야생 조류였다. 그때 노틸러스호는 속도를 줄었다. 말하자면 아주 천천히 앞으로 나아가고 있었다. 나는 홍해의 물이 수에즈에 가까워질수록 염도가 낮아지는 것을 관찰했다.

오후 5시쯤, 우리는 북쪽에 있는 라스 모하메드 곶을 발견했다. 이 곶은 수에즈 만과 아카바 만 사이에 있는 아라비아 페트라에아의 끝을 형성하는 곳이다. 노틸러스호는 수에즈 만으로 이어지는 좁은 주발 해협에 진입했다. 나는 두 만 사이에서 라스 모하메드를 굽어보는 높은 산을 분명히 알아볼 수 있었다. 이곳은 성경에 등장하는 호렙, 시나이 산이었다. 이곳은 모세가 하나님을 만났던 장소이며 항상 빛에 둘러싸인 듯한 느낌을 주는 신비로운 곳이다.

여섯 시 쯤, 노틸러스호는 때로는 수면 위로, 때로는 물속에 잠긴 채 엘 투르 바다를 지나갔다. 그곳의 물은 네모 선장이 말한 것처럼 붉게 물들어 있었다. 정적 속에서 어둠이 내렸고 이따금 들려오는 펠리컨과 야행성 새들의 지저귐, 파도가 바위에 부딪히는 소리, 그리고 증기선의 신음 소리가 고요한 밤을 깨웠다. 8시부터 9시까지 노틸러스호는 수심 몇 미터 위치에 머물렀다. 내 계산으로는 우리가 수에즈에 꽤 가까이 와 있었다. 휴게실의 유리창을 통해 나는 전등 빛으로 밝게 빛나는 해저 바닥을 볼 수 있었다. 해협이 점점 좁아지고 있는 것 같았다.

9시 15분쯤 우리 배가 수면 위로 올라왔을 때 나는 플랫폼으로 나갔다. 네모 선장의 터널을 빠져나가는 긴장감에 가만히 있을 수 없었고, 신선한 밤공기를 마시고 싶었던 것이다. 얼마 지나지 않아, 나는 어둠 속 1마일 거리에서 안개에 반쯤 가려진 채 희미하게 빛나는 창백한 신호등을 발견했다.

"등선입니다." 옆에서 누군가 말했다.

나는 뒤를 돌아보았고, 그곳에 네모 선장이 있었다.

"저것은 수에즈의 떠다니는 신호등입니다." 네모 선장이 말했다.

"우리는 이제 터널 입구에 거의 도착했습니다."

"들어가기가 쉽지 않을 것 같습니다."

"그렇습니다. 그래서 저는 조종실에 머물며 직접 조정하는 습관이 있지요. 이제 교수님도 아래로 내려가 주시면 좋겠군요. 곧 노틸러스호는 수면 아래로 들어가 우리의 아라비아 터널을 통과한 후에야 다시 올라올 것입니다."

나는 네모 선장을 따라갔다. 해치가 닫히고 탱크가 물로 가득 차자 잠수정은 약 10여 미터 아래로 가라앉았다. 선실로 가려던 중 선장이 나를 불러 세웠다.

"교수님, 저와 함께 조타실로 가시겠습니까?" 하고 그가 말했다.

"감히 부탁드려도 될까요?"라고 나는 대답했다.

"그럼 따라오시지요. 교수님께서는 해저안의 지하 터널을 직접 보실 수 있으실 겁니다."

네모 선장은 나를 중앙 통로로 안내했다. 계단 중간에서 그는 문을 열고 위쪽 통로를 따라 조타실로 안내했다. 그곳은 미시시피 강이나 허드슨 강 증기선의 조타수 방과 유사한 구조였다.

중앙에는 노틸러스호의 선미로 향하는 방향타 케이블에 맞춘 조종간이 있었다. 선실 벽에는 네 개의 라이트가 설치되어, 조타수가 모든 방향을 볼 수 있게 이중 볼록 유리로 된 창문이 있었다. 선실은 어두웠으나, 곧 눈이 익숙해지자 조타수가 운전대를 조작하는 모습을 볼 수 있었다. 그 바깥으로는 플랫폼 반대편 끝에 있는 등대가 바다를 환히 비추고 있었다.

"자, 이제 통로를 찾아볼까요." 네모 선장이 말했다.

조타실과 기관실은 많은 전기선으로 연결되어 있어 조타수가 방향과 속도를 제어할 수 있는 구조였다. 그가 버튼을 누르자마자 프로펠러가 느려졌다. 나는 우리가 따라가고 있는 높고 깎아지른 듯한 벽을 조용히 바라보았다. 우리는 한 시간 동안 절벽과 몇 미터 거리를 두고 항해했다. 네모 선장은 두 개의 동심원 모양 나침반에서 눈을 떼지 않았다. 조타수는 그의 손짓 하나로 노틸러스호의 방향을 신속히 조정할 수 있었다. 내가 서있는 쪽의 창문을 통해 배에서 나오는 불빛 옆으로는 웅장한 산호 무리와 해양 생물들, 바위틈에서 커다란 집게를 뻗어내는 갑각류가 보였다.

10시 15분, 네모 선장이 직접 키를 잡았다. 우리 앞에는 어두운 터널이 펼쳐져 있었다. 노틸러스호는 급류를 타고 지중해를 향해 빠르게 미끄러졌다. 터널 경사면을 따라 밀려오는 홍해의 물소리가 들렸다. 엔진은 스크류를 역행하며 저항하려 했지만, 급류는 노틸러스호를 빠르게 끌고 갔다. 이 통로의 좁은 벽을 따라 전기불이 만들어 내는 눈부신 빛의 선들이 보였다. 내 심장은 빠르게 뛰고 있었다. 10시 35분, 네모 선장이 운전대를 잡고 나를 돌아보았다.

"지중해입니다." 그가 말했다.

노틸러스호는 20분 만에 수에즈 지협을 통과한 것이다.

다음 날 2월 12일 아침, 해가 뜰 때 노틸러스호는 수면 위로 떠올랐다. 나는 급히 플랫폼으로 올라갔다. 남쪽으로 약 3마일 떨어진 곳에 흐릿하게 보이는 펠루시움의 윤곽이 드러나 있었다. 지하 급류에 떠밀려 지중해에 도착한 것이었다. 이 터널을 내려가는 것은 쉬웠지만, 반대로 올라가는 건 불가능했을 것이다.

7시쯤 되자 네드 랜드와 콩세이유가 올라왔다. 그들은 노틸러스호가 지협을 통과한 사실을 전혀 알지 못한 채 평온히 잠들어 있었다.

“선생님” 네드 랜드가 약간 비꼬듯이 말했다.

“지중해는 어떻게 되었나요?”

“우리는 지금 지중해의 수면 위에 떠 있다네, 네드 씨.”

“뭐라고요?” 콩세이유가 놀라며 말했다.

“그럼, 어젯밤에……?”

“그렇다네, 우리는 어젯밤 단 몇 분 만에 극복할 수 없을 것 같던 지협을 통과해서 지중해로 왔다네.”

“저는 그 말을 믿을 수가 없습니다.” 네드 랜드가 대답했다.

“랜드 씨, 자네는 잘못 생각하고 있네.” 내가 말을 이었다.

“저기 남쪽으로 뻗은 저 평평한 해안선이 바로 이집트 해안이네.”

“해병대에게 직접 말씀해 보시지요.” 고집쟁이 네드 랜드가 대답했다.

“하지만, 주인님께서 그렇게 말씀하신다면” 콩세이유가 그의 곁에서 말했다.

"더군다나, 네드" 내가 덧붙였다.

"어젯밤에 네모 선장이 직접 조종간을 잡고 나에게 터널을 구경하는 영예를 주었다네, 나는 그가 노틸러스호를 조종하며 좁은 통로를 통과할 때 그와 함께 조타실에 있었다네."

"들었나요. 네드 씨?" 콩세이유가 말했다.

"그리고 네드, 눈이 좋은 자네는 저기 보이는 포트 사이드 방파제를 알아 볼 수 있을 걸세."

네드 랜드는 바다를 유심히 살펴보았다.

"맞군요." 그가 말했다.

"교수님 말이 맞습니다. 그리고 선장님은 정말 대단한 사람이군요. 우리는 지중해에 있는 게 확실합니다. 좋습니다. 그럼 이제 우리가 얘기해야 할 중요한 부분으로 넘어가 볼까요?"

나는 그가 무엇을 생각하고 있는지 쉽게 알 수 있었다. 아무도 엿 듣지 않는 곳에서 그가 하는 말을 들어주는 것이 최선이라고 생각했고, 우리는 파도가 뿜어내는 축축한 물보라에 덜 노출된 곳에 함께 앉았다.

"자, 네드, 모두 귀를 기울이고 있네. 하고 싶은 이야기가 무언가?"

"제가 말하고 싶은 것은 아주 간단합니다." 네드 랜드가 말했다.

"우리는 지금 유럽에 있습니다. 네모 선장의 변덕에 따라 극해 깊숙이 들어가거나, 오세아니아로 다시 돌아가기 전에 이 노틸러스호를 떠나야 한다고 생각합니다."

고백하건대, 네드 랜드와의 이러한 대화는 항상 나를 당황하게 만들었다. 나는 동료들의 자유를 제한하고 싶지 않았으나, 그렇다고 네모 선장을 떠날 생각은 없었다. 네모 선장과 그의 잠수정 덕분에 나는 심해 연구를 진행하고 있었고, 바다의 비밀을 탐구할 기회를 얻고 있었다. 다시는 이런 기회를 얻을 수 없을 거라 확신하고 있었기에 노틸러스호를 떠나고 싶지 않았다.

"여보게 네드, 솔직하게 대답해 보게. 이 배가 지루한가? 운명이 자네를 네모 선장 손에 맡긴 것을 후회하나?"

그는 잠시 생각에 잠긴 후, 팔짱을 끼고 대답했다.

"솔직히 말씀드리자면, 바다 밑으로의 항해는 후회하지 않습니다. 이것을 할 수 있어 기쁘지만, 이제 마무리하고 싶습니다. 그게 제 진심입니다."

나는 그의 말을 듣고 고개를 끄덕이며 잠시 생각에 잠겼다. 나 역시 자유에 대한 열망을 이해하고 있었다. 하지만 바다 속 세계와 그것을 탐구하는 기회를 포기하기란 쉬운 일이 아니었다. 노틸러스호에서 내가 발견할 수 있는 것들, 네모 선장이 보여줄 것들이 계속해서 나를 붙잡고 있었다.

"네드" 내가 조심스럽게 말했다.

"자네의 심정을 이해하지만, 우리는 여전히 발견하지 못한 것들이 많네. 이 배는 우리에게 놀라운 것을 제공하고 있고, 앞으로도 많은 비밀을 풀어줄 거야. 조금 더 기다려 보지 않겠나?"

그러나 네드 랜드는 고개를 저었다.

"교수님, 저는 지금이 적기라고 생각합니다. 선장이 지중해에 우리를 데려왔으니, 어쩌면 우리가 떠날 기회를 잡을 수 있을지도 모릅니다. 이번이 마지막 기회가 될지 누가 알겠습니까?"

나는 그가 결심이 확고하다는 것을 느꼈다. 네드 랜드의 결단력과 자유에 대한 열망은 쉽게 바뀌지 않을 것 같았다.

"끝날 거네, 네드"

"언제, 어디서 말입니까?"

"어디서? 그건 나도 모르네. 언제? 그것 역시 말하기 어렵지만 아마도 이 바다가 더 이상 우리에게 가르칠 것이 없어질 때일 걸세. 이 세상의 모든 시작에는 끝이 있는 법이네."

"저도 주인님의 생각에 동의합니다." 콩세이유가 대답했다.

"세계의 모든 바다를 다 돌고 나면 네모 선장이 우리 셋에게 따뜻하게 작별 인사를 할 가능성도 높다고 생각합니다."

"작별 인사라고?" 네드 랜드가 외쳤다.

"더 정확히는 우리를 마지막까지 괴롭힐 걸세!"

"과장하지 말게, 네드 랜드" 내가 말을 이었다.

"우리는 선장에게 아무 위협도 받지 않고 있네, 하지만 콩세이유의 생각에도 동의하지는 않네. 우리는 노틸러스호의 비밀을 알고 있고, 선장이 우리에게 자유를 돌려주고 우리로 인해 그 비밀을 세상에 풀어놓을 것이라고 기대하진 않는다네."

"그렇다면, 도대체 뭘 기대하시는 거죠?" 네드 랜드가 물었다.

"우리가 잡을 수 있는 좋은 기회는 지금 있는 것처럼 6개월 후에도 있을 거라네."

"아이고!" 네드 랜드가 소리쳤다.

"그 여섯 달 후에 우리는 어디에 있을까요, 교수님?"

"여기일 수도, 아니면 중국일 수도 있지. 노틸러스호가 얼마나 빨리 움직이는지 알지 않나. 바다를 제비처럼 가로지르고 대륙을 특급열차처럼 가로지르지. 사람이 많이 다니는 바다도 두려워하지 않으니 어쩌면 프랑스나 영국, 혹은 미국 해안 가까이에서도 탈출 시도를 할 수도 있을 거라네."

"아로낙스 교수님" 네드 랜드가 말했다.

"선생님의 주장은 하나같이 엉터리입니다. 미래에 대해서만 얘기하고 있잖아요. '우리가 여기 있을 거고, 저기 있을 거다'라고요! 저는 지금을 말하는 겁니다. 우리는 여기 있고, 이 기회를 이용해야만 해요!"

네드 랜드의 상식적인 말에 나는 점점 논리를 잃어가고 있었다. 더 이상 반박할 논리가 떠오르지 않았다.

"교수님," 네드 랜드가 말을 이었다.

"불가능한 가정이긴 하지만, 만약 네모 선장이 오늘 당장 당신에게 자유를 준다고 제안하면, 받아들이겠습니까?"

"잘 모르겠네." 내가 대답했다.

"그가 오늘의 제안은 다시는 하지 않을 거라고 덧붙인다면, 받아들이겠습니까?"

나는 대답하지 않았다.

"그럼 우리의 친구 콩세이유는 어떻게 생각합니까?" 네드 랜드가 물었다.

"당신의 친구 콩세이유는" 그 젊은이가 차분하게 대답했다.

"이 문제에 대해서는 아무 의견이 없습니다. 저는 주인님처럼, 또 네드 랜드처럼 가족이 없는 사람입니다. 집에 나를 기다리는 아내나 부모, 자식이 없으니 저는 주인님을 모시고 있고, 같은 생각을 하고 같은 말을 합니다. 따라서 나는 여기에 결정적인 역할을 할 수가 없습니다. 여기서 서로 대립하는 사람은 오직 두 분뿐입니다. 주인님과 네드 랜드 씨지요. 저는 단지 경기를 지켜볼 뿐입니다."

콩세이유가 스스로를 삭제하는 말을 하자 나도 모르게 미소가 번졌다. 속으로는 네드 랜드도 기뻤을 것이다. 더 이상 그와 맞서지 않아도 되었으니 말이다.

"그렇다면, 교수님" 네드 랜드가 말했다.

"이제 콩세이유는 논외로 하고 우리 둘만 이야기합시다. 제 생각을 들으셨으니, 교수님의 답을 듣고 싶습니다."

상황이 명확히 정리되어야 할 것 같았다. 회피하는 것도 더 이상 의미가 없었다.

"네드, 나의 친구" 내가 말했다.

“내 대답은 이렇다네, 자네의 의견이 옳고, 내 논리로는 자네를 반박할 수 없네. 네모 선장의 선의에 의지하는 것은 무리일 것이야. 그가 우리를 풀어줄 리 없지. 그러니 상식적으로도 노틸러스호에서 벗어날 첫 기회를 놓치지 말아야 할 것이네.”

“좋은 말씀이십니다. 아로낙스 교수님” 네드 랜드가 답했다.

“단, 조건이 하나 있네” 내가 말했다.

“첫 번째 탈출 시도는 반드시 성공해야 해. 실패한다면 두 번째 기회는 없을 것이고, 네모 선장은 절대 우리를 용서하지 않을 걸세.”

“그것도 옳은 말씀입니다.” 네드 랜드가 대답했다.

“하지만 이 조건은 탈출 시도 자체에 기본적으로 적용되는 것이 아닙니까? 2년이든 2일 후든 말입니다. 그러니 여전히 문제는 남아있죠. 유리한 기회가 오면 잡아야 한다는 것입니다.”

“좋네, 자, 네드. 자네가 말하는 ‘유리한 기회’란 어떤 것인가?”

“어두운 밤에 노틸러스호가 유럽 해안에 가깝게 접근할 때 말입니다.”

“그리고 수영으로 탈출할 생각인가?”

“그렇습니다. 해안에 충분히 가깝고 배가 수면 위에 떠 있을 때라면 말입니다. 만일 그렇지 않고 해안과 멀리 떨어져 있고 배가 물속을 항해하고 있다면 안 됩니다.”

“그렇다면 그럴 경우에는?”

“그럴 경우 작은 보트를 손에 넣을 생각입니다. 제가 다룰 줄 압니다. 우리 셋이 보트 안으로 들어가서 볼트를 풀면, 앞머리에 있는 조타수가 전혀 눈치 채지 못하게 수면으로 떠오를 수 있습니다.”

“좋네, 네드. 그런 기회를 주시하되, 실수가 있다면 모든 것이 끝이라는 걸 잊지 말게.”

“잊지 않겠습니다. 교수님.”

“자, 이제 내 의견을 말해도 될까?”

“기꺼이 듣겠습니다. 아로낙스 교수님.”

“좋네, 내 생각에는—그리고 희망이 아니라 생각일세—자네가 말한 유리한 기회가 오지 않을 거라네.”

“왜 그렇습니까?”

“네모 선장도 우리가 자유를 포기하지 않았음을 알고 있을 것이고, 특히 유럽 해안이 보이는 바다에서는 더욱 경계를 늦추지 않을 거라네.”

“저도 스승님의 의견에 동의합니다.” 콩세이유가 말했다.

“곧 알게 되겠지.”

네드 랜드는 단호한 표정으로 고개를 저으며 대답했다.

“자, 네드 랜드” 내가 덧붙였다.

“이쯤에서 그만두세. 더 이상 이 문제에 대해 이야기하지 말게. 준비가 되면 우리에게 알려주게 우리도 자네와 함께할 테니 모든 것은 자네 손에 달렸다네.”

이렇게 해서 우리는 이 대화를 마쳤다.

훗날 이 대화는 심각한 결과를 가져오게 되었다. 초기에는 내 예측이 맞는 듯해 네드 랜드는 실망감을 감추지 못했다. 네모 선장이 지중해와 같은 많은 배가 지나는 바다에서 우리를 의심의 눈으로 보는 것인지, 아니면 단순히 다른 국가의 배들에게 모습을 드러내고 싶지 않았는지는 알 수 없었다. 그는 대개 수심이 깊은 곳에 머물렀고, 해안에서 멀리 떨어져 항해했다. 노틸러스호는 수면 위로 조타실만 살짝 드러내거나 깊은 수심으로 미끄러져 내려가곤 했다. 그리스 섬과 소아시아 사이에서는 수심이 2,000미터에 달해 해저 바닥이 보이지 않았다. 그래서 나는 카르파토스 섬을 네모 선장이 지도 위에 손가락으로 짚으며 베르길리우스의 한 구절을 인용했을 때에야 알아차렸다.

"카르파토스 해역 넵투누스의 영역에는 푸른 예언자 프로테우스가 살고 있다네……."

이곳은 과거 넵투누스 왕의 양떼를 돌보는 늙은 목자, 프로테우스가 머물렀던 자리였다. 그리스인들은 이 섬을 카르파토스라 부르고, 이탈리아인들은 스카르판토라 부른다. 나는 휴게실 창문을 통해 그곳의 화강암으로 이루어진 해저 층만을 볼 수 있었다.

다음 날, 2월 14일, 나는 이 섬의 물고기를 연구하기로 결심했으나, 그날은 무슨 이유에서인지 패널이 완전히 닫혀 있었다.

노틸러스호의 항로를 확인한 후 나는 배가 고대의 섬 크레타, 일명 칸디아로 향하고 있음을 알게 되었다. 내가 에이브러햄 링컨호에 승선했을 때 이 섬은 터키의 오스만 제국에 반기를 들고 혁명을 일으키고 있었다. 그 이후의 상황은 전혀 알지 못했다. 네모 선장은 육지와의 접촉을 끊었기에 나에게 소식을 알려줄 사람도 아니었다.

그날 저녁, 내가 휴게실에서 선장과 단둘이 있게 되었을 때, 나는 그 사건에 관해 언급하지 않았다. 선장은 평소보다 침묵하고 생각에 잠겨 있었고, 특이하게도 휴게실의 양쪽 패널을 열도록 지시한 후 물의 흐름을 유심히 관찰했다. 그 이유는 알 수 없었지만 나는 지나가는 물고기를 연구하며 시간을 보냈다. 그중 아리스토텔레스가 언급한 바다 곰치, 혹은 바다 미꾸라지를 보았다. 이 생물은 나일강 삼각주 근처의 짠물에서만 발견되는 종이었다. 그들 곁을 반쯤 발광하는 붉은 도미가 지나갔는데 이 도미는 고대 이집트에서 신성한 동물로 여겨져 강에 들어와 물을 비옥하게 만들 때 경배를 받았다. 또 황어의 한 종류인 타피로도 보았다. 이 물고기는 30cm 정도 크기로 투명한 비늘에 청회색과 붉은 점이 섞여 있었다. 고대 로마에서는 이 타피로의 내장을 공작의 뇌, 홍학의 혀, 곰치의 고환과 함께 요리해 황제가 즐기는 진미로 삼았다.

또한, 이 바다에 사는 레모라라는 물고기가 내 눈을 사로잡았다. 고대 전설에 따르면 이 물고기가 배 밑에 붙으면 배가 멈춘

다고 전해지며, 악티움 해전에서 이 물고기가 안토니우스의 배를 지연시켜 아우구스투스 카이사르의 승리를 도왔다고 한다. 이렇듯 작은 사건이 나라의 운명을 좌우했던 것이다.

나는 또 다른 놀라운 물고기인 루티아니다종을 발견했다. 그리스인들은 이 물고기가 해양 괴물을 쫓아낸다고 믿었다. 그 이름 안티아스는 꽃이라는 뜻으로 그들의 색채가 이를 잘 나타냈다. 이들의 등 지느러미는 물결치는 비단과 같았으며 붉은색의 다양한 색조가 어우러져 장관을 이루었다. 나는 이 해양의 경이로움에서 눈을 뗄 수 없었는데, 갑자기 예상치 못한 장면에 놀라고 말았다. 물 한가운데서 한 남자가 나타났다. 가죽 주머니를 허리에 찬 채 수영하며 종종 숨을 쉬러 수면 위로 올라가더니 다시 잠수했다.

나는 네모 선장에게 돌아서서 당황한 목소리로 외쳤다.

"저기 사람입니다! 표류자입니다! 어떻게든 구해야 합니다!"

선장은 대답하지 않고 창문에 기대어 그를 바라보았다. 그 남자가 가까이 다가와 얼굴을 유리창에 붙이고 우리를 바라보았다. 놀랍게도, 네모 선장은 그에게 신호를 보냈고, 그 잠수부는 손을 흔들며 수면 위로 올라가 다시 모습을 보이지 않았다.

"놀라지 마십시오." 네모 선장이 말했다.

"그는 마타판 곶에서 온 니콜라스, 별명 '일 페스체'라는 사람이라오. 키클라데스 제도에서 유명한 다이버로, 물이야말로 그의 진정한 삶의 터전이지요. 그는 여러 섬을 오가며 때로는 크레타까지 가기도 합니다."

"그를 아십니까, 선장님?"

"왜 모르겠습니까, 아로낙스 교수?"

그 말과 함께 네모 선장은 휴게실의 왼쪽 패널 근처에 있는 작은 장식장으로 다가갔다. 그 옆에 철제 고리로 둘러싸인 상자가 있었고, 그 뚜껑에는 노틸러스호의 모노그램과 모토 Mobilis in Mobili가 새겨져 있었다. 선장은 나의 존재는 신경도 쓰지 않고 그 장식장을 열었다. 그 안에는 많은 금괴가 보관되어 있었다.

그것들은 순금이었다. 엄청난 양의 금이었으며 그 가치는 상상을 초월했다. 이 귀한 금속은 어디에서 온 것일까? 네모 선장은 어떻게 금을 모았으며, 이 금으로 무엇을 하려는 걸까?

나는 아무 말도 하지 못한 채 넋을 잃고 바라보았다. 네모 선장은 금괴를 하나씩 꺼내 정성스럽게 상자 안에 쌓아 넣었다. 상자는 금으로 가득 찼고, 그 무게는 1,000킬로그램, 즉 약 500만 프랑에 달할 것으로 보였다.

네모 선장은 상자를 단단히 고정한 후, 현대 그리스어로 보이는 글자로 주소를 뚜껑에 적었다. 그리고 나서, 그는 승무원 실과 연결된 버튼을 눌렀다. 곧 네 명의 승무원이 나타나 힘겹게 그 상자를 휴게실 밖으로 밀어 냈다. 그리고 나서 도르래를 이용해 상자를 철제 계단 위로 끌어올렸다. 그때 네모 선장이 나를 향해 물었다.

"뭐라 하셨습니까, 교수님?"

"아무 말도 하지 않았습니다. 선장님."

"그렇다면, 교수님, 안녕히 주무십시오."

그렇게 말하고 그는 휴게실을 떠났다.

나는 혼란스러운 상태로 내 선실로 돌아갔다. 밤새 잠을 이루지 못한 채, 잠수부의 등장과 금으로 가득 찬 상자 사이의 관계를 추측해 보았다. 얼마 후, 노틸러스호가 위로 올라가 수면 위에 떠 있는 듯한 흔들림이 느껴졌고, 플랫폼 위에서 발소리가 들렸다. 구명정이 바다로 분리되어 내려지는 소리와 노틸러스호 측면에 부딪히는 소리가 들린 후 모든 소리가 사라졌다. 두 시간이 지나고 같은 소리와 움직임이 다시 반복되었다. 구명정은 다시 배로 회수되어 제자리에 고정된 후 노틸러스호는 물속으로 다시 잠겼다. 그 금괴가 어느 대륙의 특정 장소에 전달된 것이 분명했다. 그 수취인은 누구였을까?

다음 날, 나는 밤새 있었던 일을 콩세이유와 캐나다인 네드 랜드에게 이야기했다. 그들도 나처럼 놀랐다.

"도대체 그 많은 금은 어디서 나온 걸까요?" 네드 랜드가 물었다.

답해 줄 수 있는 말이 없었다. 나는 아침 식사 후 휴게실로 가서 오후 다섯 시까지 원고를 작성했다. 그런데 그때 갑자기 뜨거운 열기가 느껴져서 팬홍합 섬유로 만든 재킷을 벗어야 했다.

우리는 고위도에 있었다. 게다가 노틸러스호가 잠수 상태라면 온도는 올라가지 않아야 했다. 나는 압력계를 보았다. 깊이 60피트로, 대기열이 미치지 않는 수심이었다.

나는 계속해서 작업을 하려 했지만 배안의 온도가 점점 참기 어려울 정도로 높아졌다.

"설마 배 안에서 불이라도 난 건가?"

나는 의아해하며 휴게실을 나가려 했다. 그때 네모 선장이 들어왔다. 그는 온도계를 살펴보고 나를 향해 말했다.

"섭씨 42도입니다."

"알고 있습니다. 선장님. 조금만 더 뜨거워지면 견디기 어려울 것 같습니다."

"교수님 저희가 원하지 않는 한, 더 뜨거워지진 않을 겁니다!"

"그 말씀은, 이 열을 제어할 수 있다는 뜻입니까?"

"아니오. 하지만 열을 내는 것에서 멀리 떨어질 수 있지요."

"즉, 이 열기가 바깥에서 온 것이라는 말씀이십니까?"

"그렇습니다. 우리는 끓어오르는 물의 흐름 속을 향해하고 있습니다."

"그럴 리가 없지 않습니까!" 내가 외쳤다.

"보십시오."

벽의 패널이 열리자, 노틸러스호 주위의 바다가 하얗게 빛나고 있었다. 끓는 물결 사이에서 황이 섞인 증기가 피어오르고 있었고, 창문에 손을 대자마자 뜨거워서 얼른 손을 떼야 했다.

"우리는 어디에 있는 겁니까?" 내가 물었다.

"산토리니 섬 근처입니다. 교수님." 네모 선장이 대답했다.

"화산섬 네아 카메니와 팔레아 카메니 사이의 해협을 항해 중이죠. 특별한 수중 화산 폭발 장면을 보여드리고 싶었습니다."

"저는 새로운 섬의 형성은 이제는 끝난 줄 알았습니다." 내가 말했다.

"이런 화산 수역에서는 결코 끝나지 않습니다." 네모 선장이 대답했다.

"지하 화염 덕분에 우리의 지구는 이 지역에서 끊임없이 재생산되고 있지요. 라틴 역사가 카시오도루스와 플리니우스에 따르면 기원후 19년에 이미 이곳에 새로운 섬인 '테라'가 나타났습니다. 그 후, 테라는 물속으로 가라앉았다가 69년에 다시 솟아올랐다가 또다시 잠겼습니다. 그 이후로 화산 활동이 잠잠했으나 1866년 2월 3일에 새로운 섬 '조지 섬'이 네아 카메니 근처에서 나타났고, 같은 달 6일에 네아 카메니와 융합되었습니다. 2월 13일에는 아프로에사 섬이 나타나 네아 카메니와 10미터의 간격을 두었지요. 저는 그 현상을 직접 목격했고, 아프로에사 섬이 검은 유리질 용암으로 이루어진 둥근 형태의 섬으로 나타나는 모든 과정을 보았습니다. 마지막으로 3월 10일에는 작은 섬인 레카가 나타나 이 세 섬이 합쳐져 하나의 섬을 이루게 되었습니다."

"그럼 우리가 있는 이 해협은요?" 내가 물었다.

"바로 여기입니다." 네모 선장이 대답하며 그리스 제도 지도를 보여주었다.

"새로운 섬들의 위치를 여기 표시해 두었습니다."

"그러면 이 해협은 언젠가 메워지겠군요?" 내가 물었다.

"그럴 가능성이 큽니다. 아로낙스 교수님. 1866년 이후로 팔레아 카메니의 세인트 니콜라 항구 앞에 여덟 개의 작은 용암섬이 생겼으니, 네아와 팔레아가 언젠가는 합쳐질 게 분명하죠. 태평양 한가운데에서는 미세한 적충류가 대륙을 만들지만, 여기서는 화산 활동이 대륙을 형성하는 셈입니다. 자, 보십시오! 이 파도 아래서 벌어지는 거대한 건축 작업을."

나는 창문으로 돌아가 보았다. 노틸러스호는 이제 멈춰 있었다. 열기는 견딜 수 없을 만큼 강렬해졌다. 얼마 전에는 하얗게 빛나던 바다가 이제 붉은색으로 변해 있었다. 이는 철염이 섞여 있기 때문이었다. 휴게실은 밀폐되어 있었지만, 황의 냄새가 점점 더 강해져 참기 어려운 지경에 이르러 붉게 타오르는 화염이 우리의 전등 불빛을 압도할 만큼 강렬하게 비쳤다.

땀이 범벅이 되고 숨이 막히는 상황에서 나는 곧 불에 익혀질 것 같은 기분이었다.

"더 이상 이 끓는 물 속에 머물 수는 없습니다." 내가 말했다.

"현명한 결정입니다." 감정을 드러내지 않는 네모가 대답했다.

선장은 명령을 내렸고, 노틸러스호는 방향을 돌려 무사히 뜨거운 지옥을 벗어났다. 15분 뒤 우리는 신선한 공기를 마시며 수면 위로 올라왔다. 그때 문득 이런 생각이 들었다. 만약 네드 랜드가 이 바다에서 탈출을 시도했더라면 우리는 살아남지 못했을 것이다.

다음 날, 2월 16일, 우리는 이 해역을 떠나 3,000m 깊이의 해저가 있는 로도스와 알렉산드리아 사이를 지나 매타판 곶을 돌아 세리고 섬에서 멀리 떨어진 곳을 통과하면서 그리스 제도와 작별을 고했다.

6장

48시간의 지중해 항해

지중해, 그 고유의 푸른 바다, 그리스인에게는 단순히 '바다', 히브리인에게는 '대해', 로마인에게는 마레 노스트룸이라 불리던 바다였다. 오렌지 나무, 알로에, 선인장, 해송으로 둘러싸여 은은한 월계수 향기로 가득하며 거친 산맥이 장관을 이루는 곳이다. 깨끗하고 투명한 공기를 머금고 있으며, 지구 내부의 불길에 의해 끊임없이 변화하는 이 바다는 여전히 넵튠과 플루토[47]가 세계 지배를 놓고 싸우는 전쟁터와도 같다. 프랑스 역사가 미슐레[48]가 말하길, 이 해안과 바다에서 인간은 세상에

47) 넵튠은 로마 신화에서 바다의 신으로, 그리스 신화의 포세이돈에 해당한다. 플루토는 저승과 부의 신으로, 하데스와 동일한 역할을 한다. 넵튠은 물과 폭풍을 다스리고, 플루토는 죽은 자의 영혼과 지하자원을 지킨다. 이들은 자연의 힘과 생명의 순환을 상징하는 신들이다.

48) 미슐레는 프랑스 역사학자 쥘 미슐레를 가리킨다. 그는 프랑스사와 프랑스 혁명사 등으로 유명하며, 민중의 역할을 강조한 역사가로 알려져 있다. 또한 바다라는 저서에서 자연의 경이로움을 서정적으로 묘사했다.

서 가장 풍요로운 환경을 누리며 생기를 되찾는다고 했다. 그러나 이 바다의 장관을 감상할 시간은 충분치 않았다. 푸른 바다의 면적은 200만 제곱킬로미터에 이르지만 나는 그저 스쳐 지나가는 풍경만 볼 수 있었다. 게다가 네모 선장은 지중해를 고속으로 지나며 한 번도 모습을 드러내지 않았다. 내가 추정하건대, 노틸러스호는 지중해의 바다 아래에서 약 600리그를 단 48시간 만에 통과하며 여정을 마쳤다.

2월 16일 아침, 그리스 해역을 떠난 우리는 18일 새벽에 지브롤터 해협을 통과했다.

네모 선장은 아프리카와 유럽의 해안이 가까운 이곳에서 빨리 벗어나고 싶어 하는 듯 했다. 대양에서처럼 자유롭게 항해할 수 없는 노틸러스호 역시 답답함을 느끼는 듯했다. 따라서 항해 속도는 시속 25마일, 즉 12리그에 달했다. 이러한 속도로 인해 네드 랜드는 탈출 계획을 포기해야 했다. 우리가 물 위로 떠오르는 것은 밤에만 가능했고 주로 나침반과 속도계를 이용한 추측 항해를 하며 이동했다.

지중해에서 나는 급하게 지나가는 풍경을 마치 열차 창문 너머로 바라보듯 볼 수밖에 없었다. 그러나 콩세이유와 함께 잠시나마 노틸러스호의 물결을 따르는 지중해 물고기들을 관찰할 수 있었다. 우리는 휴게실 창가에서 지켜보며 기록을 남겼다. 덕분에 나는 간단하게나마 이 바다의 어류학을 재구성할 수 있었다.

밝게 비추는 전등빛 속에서 1m에 달하는 먹장어들이 유유히 지나갔다. 또한 넓이 5피트의 가오리 종이 흐르는 물결을 따라 마치 커다란 펼쳐진 망토처럼 흘러갔다. 다른 가오리들은 너무 빨리 지나가 정확히 어떤 종류인지 구별할 수 없었고, 다만 “독수리 가오리”라는 고대 그리스의 명칭이나 현대 어부들이 붙인 “쥐 가오리”, “박쥐 가오리”, “두꺼비 가오리”와 같은 이름을 떠올릴 뿐이었다. 길이 12피트의 상어들은 다이버들이 특히 두려워하는 종류였으며 서로 경쟁하듯 빠르게 이동했다. 노틸러스호가 수면 가까이 접근할 때 내가 가장 효과적으로 관찰할 수 있었던 지중해의 물고기들은 63번째 연골어류 속에 속하는 참다랑어들이었다. 이들은 상어류 중에서 특히 빠르기로 유명하며, 몸통은 푸른 검은색이고 배 쪽은 은빛을 띠며 등 부분에 금빛 줄무늬가 번뜩이는 것이 특징이었다. 참다랑어들은 뜨거운 열대 태양을 피하기 위해 배 밑에서 그늘을 찾는다고 한다. 이들이 노틸러스호를 따라온 모습은 과거 라페루즈 백작의 선박을 따르던 것과 유사했다. 참다랑어들은 오랜 시간 동안 노틸러스호와 속도 경쟁을 벌였다. 이들 물고기는 날렵하고 방추형의 몸에 작은 머리와 강력한 가슴지느러미, 두 갈래로 갈라진 꼬리지느러미를 갖추고 있어 어떤 것은 길이가 3m에 이르기도 했다. 또 지중해에서 빠르게 스쳐 지나가며 간신히 눈에 담을 수 있었던 다양한 물고기들로는 희미한 연기처럼 지나간 흰 장어, 초록, 파랑, 노랑의 화려한 무늬를 가진 붕장어, 훌륭한 맛의 간을 가지고 있고 크기는 약 3피트 길이의 대구, 얇은 해초처럼 떠다니는 벌레물고기, 시인들이 '리라 물고기'라 부른다. 선원들이 '피리 물고기'라 부르는 바다 붕어, 새만큼 빠르게 헤엄치는 제비물고기, 붉은색 머리와 실 모양의 지느러미를 가진 농어, 그리고 작은 종소리에 반응한다는 다채로운 색의 붕어 등이 포함되어 있다. 특히 고대 로마인들이 잔인한 취미로 그 붉은 색의 변화를 지켜보려 테이블에서 죽였다는 진귀한 붉은 도미도 있었다. 여기에 대서양과 지중해에 흔한 다른 어류들은 노틸러스호의 어지러울 만큼 빠른 속도 때문에 제대로 관찰할 수 없었다. 대표적으로 거북목에 속하는 바다거북류와 희귀한 가죽등거북이 있었는데, 콩세이유의 설명에 따르면 길이가 6피트에 이르는 큰 거북이 있었고, 이 거북은 세 개의 돌출된 능선을 지니고 있었다.

해파리류에 속하는 동물로는 주황빛의 화려한 히드라가 노틸러스의 창에 붙어 있어 그 모습은 마치 거미의 섬세한 레이스처럼 아름다웠다. 안타깝게도 이 환상적인 표본을 채집하지는 못했지만, 2월 16일 저녁, 노틸러스호가 속도를 줄이면서 잠시나마 그 아름다움을 감상할 수 있었다. 이 당시 우리는 시칠리아와 튀니지 해안 사이를 지나고 있었고, 본 곶과 메시나 해협 사이의 좁은 구간에는 바닷속 지형이 급격히 솟아올라 그 수심이 17m밖에 되지 않는 해저 능선을 형성하고 있었다. 따라서 노틸러스호는 이 해저 장애물에 부딪히지 않기 위해 신중하게 조종해야 했다. 나는 콩세이유에게 지중해 지도에서 이 긴 암초의 위치를 보여주었다.

"주인님께 감히 말씀드리자면" 콩세이유가 관찰을 시작하며 말했다.

"유럽과 아프리카를 연결하는 실제 지협 같은데요."

"그렇다네" 내가 대답했다.

"이 암초는 시칠리아 해협 전체를 가로지르며 스미스 씨의 조사에 따르면 과거에 보에오 곶과 파리나 곶 사이에서 이 두 대륙이 진정으로 연결되어 있었다는 것이 입증되었지."

"충분히 믿을 만합니다." 콩세이유가 말했다.

"그리고" 내가 덧붙였다.

"지브롤터와 세우타 사이에도 비슷한 장벽이 있었는데, 선사시대에는 이 지중해가 완전히 차단되었던 시기도 있었을 것이네."

"그럴수가!" 콩세이유가 놀라며 말했다.

"어느 날 화산 폭발로 이 두 장벽이 다시 바다 위로 솟아오른다면 어떡하죠?"

"그럴 가능성은 거의 없네, 콩세이유."

"주인님께서 허락하신다면, 제 말은, 만약 그런 현상이 일어난다면 레셉스[49] 씨에게는 무척 난처한 일이 되겠지요. 그는 이

49) 레셉스 씨는 페르디낭 드 레셉스(Ferdinand de Lesseps, 1805-1894)를 가리킨다. 그는 프랑스의 외교관이자 엔지니어로, 수에즈 운하를 건설한 인물로 유명하다. 레셉스는 지중해와 홍해를 잇는 이 운하 프로젝트를 성공적으로 이끌어 교통과 무역에 큰 기여를 했다.

지협을 뚫기 위해 그렇게 많은 노력을 기울였잖아요!"

"맞는 말이네, 다시 한번 말하지만, 그런 일은 일어나지 않을 거야, 콩세이유. 지하의 힘은 점점 줄어들고 있지. 지구 초기에는 화산이 많았지만, 하나하나 사라지고 있어. 지구 내부의 열기도 매 세기마다 점차 식고 있는 상황이지, 그리고 이는 지구에 좋지 않은 일이야. 지구의 열기는 곧 생명력이기 때문이지."

"하지만 태양은 어떨까요."

"태양만으로는 충분하지 않다네, 콩세이유 죽은 것에 열을 되돌려 줄 수는 없지 않나?"

"제가 아는 바로는 불가능하지요."

"그렇다면 언젠가 지구도 그런 차가운 시신이 될 거야. 오래전에 그 열기를 잃어버린 달처럼, 우리 지구도 언젠가 생명력을 잃고 생물이 살 수 없는 곳이 되겠지."

"몇 세기 후면 그렇게 될까요?" 콩세이유가 물었다.

"수십만 년은 남았을 거라네"

"그렇다면 네드 랜드가 무슨 일을 저지르지만 않는다면 우리는 항해를 충분히 마칠 수 있을 것 같네요!" 콩세이유가 안도하며 말했다.

이제 안심한 콩세이유는 다시 노틸러스호가 천천히 미끄러지듯 지나가고 있는 얕은 해저를 관찰하기 시작했다. 바위투성이의 화산성 해저에서는 움직이는 식물 군락이 활짝 피어났다. 여기에는 해면류, 해삼류, 붉은 촉수를 지니고 은은한 인광을 발하는 해파리로 '바다 거위 알'이라 불리는 젤리피쉬, 태양의 모든 색이 빛나는 멜론 모양의 해파리, 지름이 1미터에 이르는 유영성 바다나리, 붉게 물든 바닷물을 흐트러뜨리는 해성류, 장대한 바다수정 및 긴 줄기의 '바다 부채'와 다양한 먹을 수 있는 성게류, 그리고 회색 줄기를 지닌 녹색 말미잘이 있었다.

콩세이유는 특히 연체동물과 절지동물을 관찰하는 데 바빴으며, 비록 그의 목록은 다소 빈약할지라도 이 용감한 청년의 개인적인 관찰을 누락시키고 싶지 않았다.

연체동물류에서 콩세이유는 빗살 모양의 가리비, 층층이 쌓인 말굽 모양의 뾰족한 굴, 삼각형의 코퀴나, 노란 지느러미와 투명한 껍질을 가진 세 갈래 유리 달팽이, 녹색 점이 박힌 계란 같은 주황색 달팽이 등을 포함 했다.

절지동물에 관해서는 콩세이유가 여섯 가지 종류로 나누어 기록해 놓았는데 그중 세 가지는 해양 세계에 속했다. 이 종류는 갑각류, 유두족류, 그리고 환형동물이다.

갑각류는 아홉 가지 목으로 나눌 수 있으며, 그중 첫 번째 목은 십각류(Decapoda)이다. 십각류란, 보통 머리와 가슴이 합쳐져 있고, 입과 볼 주위에는 여러 쌍의 부속지를 가지고 있으며 가슴에 네 쌍에서 여섯 쌍의 걷는 다리를 가진 동물들을 말한다. 콩세이유는 멘토 밀른 에드워즈 교수의 방법을 사용하여 십각류를 세 가지 분류로 나누었다. 단각류(Brachyura), 장각류(Macrura), 그리고 이상각류(Anomura). 이 이름들은 약간 격렬해 보일 수 있지만 정확하고 적절하다. 단각류 중에서 콩세이유는 앞부분에 두 개의 커다란 갈라진 돌기가 있는 아만티아 게(amanthia crabs), 고대 그리스인에게 지혜의 상징이었던 이나쿠스 전갈 게(inachus scorpions), 그리고 대개 심해에 서식하지만 여기 얕은 곳에 길을 잃은 듯한 거미 게(spider crabs)인 마세나(massena)와 스피니마네(spinimane) 품종을 언급했다. 또한, 크기와 무관하게 소화에 좋은 것으로 알려진 입이 없는 마스크 게(toothless masked crabs), 에발리아게(ebalia crabs), 시모폴리아게(cymopolia crabs), 털이 많은 손을 가진게(woolly-handed crabs) 등도 포함되어 있다. 장각류는 다섯 가지 과로 나뉘는데, 그 과들은 단단한 껍질을 가진 종류, 굴을 파는 종류, 가재류, 새우류, 그리고 유령 게들로 구성되어 있다. 콩세이유는 보통의 가시가 있는 가재들, 고급 식재료로 쓰이는 암컷 가재들, 일반 새우와 연안에서 서식하는 게비아 새우(waterside gebia shrimp) 등을 언급했다. 하지만, 지중해에서는 가시가 있는 가재들만 존재하기 때문에 참 가재를 포함하는 가재 분류는 언급하지 않았다. 마지막으로 이상각류에는 일반적인 드로시나 게(drocina crabs), 스파이니 프론트를 가진 호몰라 게(homola crabs), 그리고 빈 껍데기를 집 삼아 살고 있는 게와 털이 많은 자기 게(hairy porcelain crabs) 등이 포함되었다.

콩세이유의 연구는 여기에서 멈추었다. 그는 입발류, 소형 갑각류, 등각류, 삼엽충류, 새각류, 갑각류, 그리고 엔토모스트라

카류와 같은 해양 절지동물의 나머지 군을 다루지 못했다.

또한, 물벼룩과 잉어들을 포함한 Cirripedia와, Tubifex 벌레와 Dorsibranchia 벌레로 나눌 수 있는 환형동물(Annelida) 분류도 언급하지 못했다.

시칠리아 해협의 얕은 곳을 지나면서 노틸러스호는 다시 평소의 깊은 수심에서 빠른 속도로 항해를 시작했다. 그 이후로는 더 이상 연체동물, 선류, 절지동물을 볼 수 없어 그림자처럼 빠르게 지나가는 큰 물고기들만 보였다.

2월 16일에서 17일 사이의 밤, 우리는 두 번째 지중해 분지에 들어서 최대 깊이 3,000미터를 발견했다. 노틸러스호는 스크류를 돌리고 날개를 비스듬히 기울이며 이 바다의 가장 깊은 층으로 내려갔다. 이곳에서 나는 자연의 경이로움 대신 스릴 있고 무시무시한 장면을 목격했다.

실제로 우리는 알제 해안에서 프로방스 해안까지의 사고가 빈번한 지중해의 일부분을 가로지르고 있었다. 알제리 해안에서 프랑스 프로방스 해변까지 얼마나 많은 배가 난파되었고, 얼마나 많은 선박이 사라졌는지 모른다! 태평양의 넓은 수평적 평원과 비교해보면 지중해는 작은 호수에 불과하지만 예측할 수 없는 물결로 가득한 호수이다.

오늘은 하늘과 푸른 물 사이에서 평화롭게 떠 있는 작은 배들에게 친절하게 대해주다가 내일은 바람이 휘몰아치며 갑작스러운 파도로 강력한 배들을 산산 조각내는 호수이다. 이 깊은 층을 빠르게 순항하면서 나는 해저에 누워 있는 수많은 선박을 보았다. 그중 일부는 산호로 덮여 있었고 다른 일부는 녹슨 층만 남아 있었다. 닻, 대포, 포탄, 철제 장치들, 프로펠러 날개, 엔진 부품들, 깨진 실린더, 깨진 보일러들, 그 외에도 다양한 잔해들이 해저에 흩어져 있었다. 일부 난파선들은 서로 충돌하여 침몰했다. 또 다른 일부는 화강암 암초에 부딪혀 가라앉았다. 몇몇은 돛대가 물속에서 꼿꼿하게 서 있었는데 돛과 장비는 물속에서 굳어진 상태였다. 마치 거대한 해안 정박지에서 출항을 기다리는 것처럼 보였다.

나는 노틸러스호가 지브롤터 해협에 가까워질수록 이 지중해 심해에는 더욱 끔찍한 난파선 잔해로 가득 차 있다는 것을 관찰했다. 이곳에서는 아프리카와 유럽의 해안이 점점 가까워지며 좁아진 공간에서 충돌이 빈번했다. 그곳에서 나는 여러 철제 바닥과 유령처럼 보이는 증기선의 잔해를 보았다. 몇몇 배는 바닥에 가라앉아 두려운 동물처럼 우뚝 솟아 있었다. 이들 중 한 척의 배는 끔찍한 첫인상을 주었다. 선체의 측면이 찢겨 나가고, 굴뚝은 구부러졌다. 외륜은 그틀만 남겨두고 벗겨져 있고, 방향타는 선미 기둥에서 분리되어 철제 사슬에 겨우 매달려 있었다. 선미에 있던 판자는 바다의 염분에 의해 갉아 먹힌 상태였다! 이 난파선에서 얼마나 많은 목숨이 사라졌을까! 얼마나 많은 희생자가 파도 아래로 휩쓸려 갔을까! 이 끔찍한 재난의 이야기를 전할 생존 선원이 있었을까, 아니면 파도가 여전히 이 비밀을 지키고 있을까? 어째서인지 이 배가 20년 전 모든 승무원과 함께 사라진 뒤 다시 소식이 끊긴 아틀라스호일지도 모른다는 생각이 들었다! 지중해의 이 거대한 공동묘지에서 얼마나 많은 부가 사라졌고, 얼마나 많은 희생자가 목숨을 잃었는지 상상해보라! 그런 와중에 노틸러스호는 이 잔해들 사이를 무심하게 전속력으로 지나갔다.

2월 18일 새벽 3시경, 노틸러스호는 지브롤터 해협 입구 앞에 도착했다. 이곳에는 두 개의 흐름이 있다. 하나는 오래전부터 알려진 상류의 흐름으로 대서양의 물을 지중해로 운반한다. 또 다른 하나는 하류의 역류인데 그 존재를 뒷받침하는 유일한 증거는 논리뿐이다.

본질적으로 지중해는 대서양뿐 아니라 이곳으로 흘러드는 강물도 끊임없이 유입된다. 이 지역의 증발만으로는 균형을 회복하기에 부족하기 때문에 매년 추가되는 물의 총량은 이 바다의 수위를 점점 더 높였어야 한다. 그러나 실제로는 그렇지 않다. 우리는 지중해의 남아도는 물이 지브롤터 해협을 통해 대서양으로 흘러 들어가는 어떤 하류의 흐름이 존재한다고 믿을 수밖에 없다. 이 예측은 적중했다. 노틸러스호는 이 역류를 최대한 활용해 빠르게 이 좁은 해협을 지나갔다. 잠시 나는 플리니와 아비아누스가 언급한 바닷속에 묻힌 헤라클레스 신전과 그 신전이 서 있는 섬의 멋진 유적을 엿볼 수 있었다. 몇 분 후, 우리는 대서양의 파도 위에 떠 있었다.

7장 비고 만(灣)

대서양! 면적이 2천 5백만 평방마일, 길이 9천 마일에 평균 너비가 2,700마일에 이르는 광대한 바다이다. 카르타고인(현재 튀니지 지역)들과 유럽과 아프리카 서해안을 따라 상업 활동을 했던 옛날 네덜란드인들을 제외하고 고대인들에게 거의 알려지지 않았던 거대한 바다이다!

전 세계의 가장 큰 강들인 세인트로렌스 강, 미시시피 강, 아마존 강, 플라타 강, 오리노코 강, 니제르 강, 세네갈 강, 엘베 강, 루아르 강, 라인 강이 모두 이 대서양으로 흘러들어와 가장 문명화된 나라부터 가장 개발되지 않은 지역에 이르는 물을 운반해온다! 세계 각국의 배들이 바다를 계속 가로지르며 온갖 종류의 깃발들이 물결치는 이곳은 항해자들이 두려워하는 혼 곶[50]

50) 혼 곶(Cape Horn)은 남아메리카 최남단에 위치한 해안 지형으로, 칠레의 티에라 델

과 폭풍의 곶으로 끝나는 웅장한 파도의 평원이다!

노틸러스호는 삼 개월 반 동안 약 만 리그를 항해한 후 뱃머리로 이 바다를 가르며 나아가고 있다. 이제 우리는 어디로 향하고 있으며, 우리에게 어떤 미래가 기다리고 있을까?

지브롤터 해협[51]을 빠져나온 노틸러스호는 다시 광활한 바다로 나아갔다. 수면 위로 떠오르면서 우리는 매일 플랫폼에서 산책할 수 있게 되었다. 네드 랜드와 콩세이유가 나와 함께 했다. 12마일 떨어진 곳에 스페인 반도의 남서쪽 끝인 성 빈센트 곶이 희미하게 보였다. 남쪽에서 불어오는 강한 바람이 몰아치고 있었다. 바다가 거칠게 출렁이며 노틸러스호를 심하게 흔들렸다. 플랫폼 위에 서 있기가 거의 불가능할 정도로 무거운 파도에 연신 휩쓸렸다. 몇 번 숨을 들이마신 후 우리는 다시 아래로 내려갔다.

우리는 각각 선실로 돌아갔다. 하지만 약간 걱정스러운 표정의 네드 랜드는 나를 따라왔다. 지중해를 재빠르게 통과하면서 그는 자신의 계획을 실행할 수 없어 실망을 감추기 힘들어 했다.

내 선실 문이 닫히자, 그는 나를 가만히 바라보며 앉았다.

푸에고(Tierra del Fuego) 군도에 속함 이 곶은 태평양과 대서양을 연결하는 중요한 항로로 강한 바람과 거친 파도로 인해 항해자들에게 매우 위험한 곳이다.

51) 지브롤터 해협은 지중해와 대서양을 연결하는 폭 약 14km의 좁은 해협으로, 유럽의 스페인과 아프리카의 모로코 사이에 위치해 있다. 전략적 요충지로 오랜 역사적 중요성을 지니며, 이름은 이슬람 장군 타리크 이븐 지야드에서 유래했다.

"네드, 내 친구여" 내가 그에게 말했다.

"자네 마음은 이해하지만 자책할 필요는 없다네. 노틸러스호

가 이런 방식으로 항해하는 상황에서 탈출을 생각하는 건 미친 짓이었어!"

네드 랜드는 대답하지 않았다. 다문 입술과 찡그린 이마에서 그의 고집스러운 집념이 느껴졌다.

"잘 들어보게" 내가 계속 말했다.

"아직 절망할 이유는 없네. 우리는 포르투갈 해안을 따라가고 있어. 프랑스와 영국이 멀지 않으니 우리가 안전하게 머물 곳을 쉽게 찾을 수 있을 거라네. 만약 노틸러스호가 지브롤터 해협을 빠져나와 남쪽 곶을 향하고, 대륙이 없는 지역으로 향했다면 나 역시 자네의 걱정을 이해했을 걸세. 하지만 이제 네모 선장이 문명 세계의 바다를 피하지 않는다는 걸 알았으니 며칠 안에 우리는 행동을 취할 수 있을 걸세."

네드 랜드는 나를 더욱 진지하게 바라보았고, 마침내 다문 입술을 열었다.

"오늘 밤에 실행하겠습니다." 그가 말했다.

나는 갑작스러운 그의 발표에 깜짝 놀라 자세를 바로 세웠다. 나는 네드 랜드에게 답하려고 했지만 말이 나오지 않았다.

"우리는 적절한 상황을 기다리기로 약속하지 않았습니까." 네드 랜드가 계속 말했다.

"이제 그런 상황이 찾아왔습니다. 오늘 밤 우리는 스페인 해안에서 몇 마일밖에 떨어져 있지 않은 곳에 있을 겁니다. 오늘 밤은 흐릴 거고, 바람은 해안을 향해 불고 있습니다. 아로낙스 교수님, 당신은 나에게 약속했습니다. 교수님을 믿겠습니다."

내가 아무 말도 하지 않자, 네드 랜드는 일어나서 내게 다가왔다.

"오늘 저녁 9시에 실행하겠습니다." 그가 말했다.

"콩세이유에게도 알려두었습니다. 그때쯤이면 네모 선장은 방에 틀어박혀서 깊이 잠을 자고 있겠지요. 기계실의 사람들도, 승무원들도 우리를 볼 수 없을 겁니다. 콩세이유와 저는 중앙 계단으로 갈 겁니다. 교수님은 우리와 조금 떨어져 도서관에서 제 신호를 기다리면 됩니다. 노를 비롯한 돛대와 돛은 모두 보트에 있습니다. 저는 심지어 스패너를 구해 보트를 노틸러스호의 선체에서 풀어낼 준비까지 마쳤습니다. 모든 준비는 끝났고 오늘 밤에 뵙겠습니다."

"바다가 거칠다네" 내가 말했다.

"알고 있습니다." 네드 랜드가 대답했다.

"하지만 위험을 감수해야지요. 자유를 위해선 값이 따르기 마련입니다. 게다가 구명보트는 튼튼하게 만들어졌고 몇 마일쯤 바람을 뒤에 두고 항해하는 건 어렵지 않습니다. 누가 알겠습니까, 내일이면, 이 배가 바다로 100리그나 멀어져 있을지. 만약 상황이 우리에게 유리하다면 오늘 밤 10시와 11시 사이에 우리는 어느 땅 위에 상륙하거나 죽어 있을 겁니다. 그러니 이제 신의 손에 맡기고, 오늘 밤 뵙겠습니다!"

이 말을 하고 네드 랜드는 나를 남겨둔 채 자리를 떠났다. 나는 당혹스러움에 사로잡혔다. 이런 일이 생긴다면 생각할 시간을 갖고 이야기를 나눌 수 있을 거라고 상상했지만, 고집스러운 동료는 그런 여유를 허락하지 않았다. 하지만 결국, 내가 그에게 무슨 말을 했을까? 네드 랜드는 백번 옳았다. 지금의 상황은 이상적인 기회이고 그는 이를 충분히 이용하려 하고 있었다. 나의 이기적인 이익을 위해서 약속을 저버리고 동료들의 미래를 망칠 수는 없었다. 내일이 되면, 네모 선장이 우리를 어떤 해안과도 멀리 떨어진 곳으로 데려가 버릴지도 모르는 일 아닌가? 바로 그때 제법 큰 소음과 함께 밸러스트 탱크에 물이 채워지는 소리가 들렸다. 노틸러스호는 대서양의 파도 아래로 가라앉았다.

나는 내 선실에 머물렀다. 선장과 마주치고 싶지 않았고, 그에게 내 내면의 동요를 보이지 않으려 했다. 그날 하루는 정말 고통스러웠다. 자유 의지를 되찾고 싶은 열망과 이 놀라운 노틸러스호를 떠나 미완의 연구를 남겨둬야 하는 아쉬움 사이에서 갈등했다. 내가 애칭으로 부르던 '나의 대서양' 을 떠나 동부 인도와 태평양에서 밝혀진 비밀 같은 것을 탐구하지 않고 떠나야 한다니! 나는 한 권의 책을 중간에 덮는 기분이었다. 꿈이 절정에 이르러 깨어나는 듯했다. 시간은 고통스럽게 흘렀다. 때때로 동료들과 함께 무사히 해안에 도착하는 모습을 상상하기도 했고, 때로는 네드 랜드가 계획을 실행하지 못하도록 어떤 예기치 않은 상황이 생기기를 바랐다.

두 번이나 휴게실로 가서 나침반을 확인했다. 노틸러스호의 항로가 해안으로 향하는지, 아니면 더 멀리 떨어지고 있는지 보고 싶었다. 그러나 노틸러스호는 여전히 포르투갈 해역에 있었다. 북쪽을 향해 바다의 해안선을 따라 항해 중이었다.

결국, 나는 운명에 순응하고 탈출할 준비를 할 수밖에 없었다. 내 짐은 무거운 편이 아니었다. 노트들, 그것뿐이었다.

네모 선장에 대해선, 그가 우리의 탈출을 어떻게 받아들일지, 어떤 우려나 혹은 슬픔을 느낄지 궁금했다. 만약 탈출이 실패하거나 들킨다면 그가 어떤 반응을 보일지도 궁금했다! 분명 나는 그에게 어떤 불평도 할 이유가 없었다. 오히려 그의 환대는 그 어느 때보다도 진심이 느껴졌다. 하지만 그를 떠난다고 해서 내가 배은망덕하다고 할 수는 없었다. 그와 우리를 영원히 배에 두겠다는 그의 명백한 의도가 있었기에 우리의 모든 노력을 정당화할 수 있었다.

산토리니 섬을 방문한 이후로 선장을 보지 못했다. 떠나기 전에 그의 모습을 볼 수 있을까? 만나고 싶으면서도 두려웠다. 옆 선실에서 들려오는 발소리에 귀를 기울였지만 아무 소리도 들리지 않았다. 그의 선실은 분명 비어 있었다.

그 순간, 이 괴짜 같은 인물이 지금 배에 있는지도 의문이 들기 시작했다. 그날 밤 보트가 노틸러스호를 떠난 이후로 그에 대한 내 생각이 미묘하게 바뀌었다. 모든 것을 떠나서 네모 선장이 육지와 어떤 형태로든 관계를 유지하고 있었을 것이라 생각했다. 그는 정말 노틸러스호를 떠나지 않았을까? 몇 주 동안 그를 보지 못한 적이 여러 번 있었다. 그동안 그는 무엇을 하고 있었던 걸까? 내가 그의 은둔적 기질 때문이라 생각했던 때에도 혹시 그는 배를 멀리 떠나 어떤 비밀스러운 활동을 하고 있었던 것은 아닐까? 수많은 생각이 한꺼번에 나를 덮쳤다. 이런 이상한 상황에서 추측은 무한히 가능했다. 견딜 수 없는 불안함이 몰려왔다. 이 기다림의 날은 끝이 없는 듯했다. 시간은 내 초조함을 따라가지 못할 정도로 더디게 흘렀다.

평소처럼 저녁 식사가 내 선실로 배달되었다. 나는 불안으로 인해 거의 먹지 못했다. 7시에 식탁을 떠났다. 아직도 120분, 정확히 시간을 재며 나는 네드 랜드와 합류할 때까지 남은 시간을 셌다. 내 초조함은 커져만 갔다. 심장이 빠르게 뛰기 시작해 가만히 있을 수가 없었다. 마음의 동요를 가라앉히려 걷기 시작했다. 무모한 시도에서 목숨을 잃을 가능성은 내 걱정의 큰 부분이 아니었다. 내 마음을 두근거리게 했던 것은 계획이 들키거나 실패해 네모 선장 앞에 서게 되는 순간이었다. 그가 나의 이탈을 보고 화를 내거나, 아니면 슬퍼하는 모습을 보는 것에 대한 걱정이었다.

나는 마지막으로 휴게실을 보고 싶었다. 통로를 따라가며 그동안 많은 시간을 보냈던 박물관에 도착했다. 영원히 돌아오지 못할 곳으로 떠나는 사람이 모든 부와 보물을 바라보듯 이곳의 모든 것을 바라보았다. 자연의 경이로움과 예술적 걸작들은 이곳에서 내 삶의 중심이었다. 이 모든 것들을 영원히 떠나야 한

다니 마음이 아팠다. 마지막으로 휴게실 창을 통해 대서양을 바라보고 싶었지만, 패널은 닫혀 있었고 철판이 나와 그 대서양 사이를 가로막고 있었다.

휴게실을 지나며, 기울어진 모퉁이에 있는 문이 열려 있었다. 이 문은 선장의 선실로 이어져 있었다. 나는 본능적으로 물러섰다. 선장이 선실에 있다면 나를 볼 수도 있었다. 하지만 아무 소리도 들리지 않아 나는 조심스럽게 다가갔다. 선실은 비어 있었다. 나는 문을 밀고 몇 걸음 들어섰다. 여전히 엄숙하고 수도원 같은 분위기였다.

그때 나는 벽에 걸린 몇 점의 판화가 눈에 들어왔다. 이는 처음 방문했을 때 보지 못했던 것들이다. 그것은 위대한 인물들의 초상화로 평생을 인류를 위해, 위대한 이상을 위해, 헌신했던 사람들이다. 타데우스 코시우스코, 죽기 직전 '폴란드의 종말'이라고 말했던 영웅, 스파르타의 왕 레오니다스의 환생으로 여겨지는 현대 그리스의 마르코스 보차리스, 아일랜드의 수호자 다니엘 오코넬, 아메리카 연합을 창립한 조지 워싱턴, 이탈리아의 애국자 다니엘레 마닌, 노예제도 해방을 위해 총에 맞아 죽은 아브라함 링컨, 그리고 빅토르 위고의 펜에 의해 공포스럽게 묘사된 교수대에 매달린, 흑인 인종 해방을 위한 순교자 존 브라운이었다.

이 영웅적인 영혼들과 네모 선장의 영혼 사이에 어떤 연대감이 있었던 것일까? 이 초상화들을 통해 마침내 그의 존재의 비밀을 풀 수 있을까? 그는 억압받는 민족들의 전사였나? 혹은 노예로 전락한 인종들의 해방자였나? 그는 이 세기의 정치적 또는 사회적 격변에 참여했던 인물일까? 아니면 미국의 비극적이면서도 영원히 영광스러운 내전에 몸담았던 영웅이었나?

갑자기 시계가 여덟 시를 알렸다. 시계의 종소리가 내 사색에서 나를 깨워냈고, 나는 마치 보이지 않는 눈이 내 가장 깊은 생각을 꿰뚫고 있는 듯한 느낌에 몸을 떨며 서둘러 선실 밖으로 나왔다. 내 눈에 나침반이 들어왔다. 항로는 여전히 북쪽을 향하고 있었다. 항해 기록기는 보통 속도를 유지했고, 압력 게이지는 약 60피트 깊이를 가리키고 있었다. 상황은 네드 랜드의 계획에 유리해 보였다.

나는 선실로 돌아와 두터운 옷을 입었다. 낚시용 부츠, 수달 모자, 팬머슬(fan-mussel) 직물로 만든 코트에 물개 가죽으로 안감을 댄 옷을 걸쳤다. 모든 준비가 끝났다. 나는 기다렸다. 배에 흐르는 깊은 정적 속에서 오직 프로펠러의 진동만이 들릴 뿐이었다. 나는 귀를 기울이며 네드 랜드의 탈출 계획이 발각되어 갑작스러운 소란이 일어나는지 감지하려 했다. 불길한 불안감이 나를 엄습했고, 침착함을 되찾으려 애썼지만 실패했다.

아홉 시가 되기 몇 분 전, 나는 선장의 방문에 귀를 기울였다. 아무 소리도 들리지 않았다. 나는 선실을 나와 어두운 휴게실로 돌아갔다. 도서관으로 이어지는 문을 열었다. 마찬가지로 어둠 속에 있었다. 나는 중앙 통로의 계단실로 이어지는 문 가까이로

가서 네드 랜드의 신호를 기다렸다.

그때 프로펠러의 진동이 현저하게 느려지더니, 완전히 멈췄다. 왜 노틸러스호가 멈춘 것일까? 이 정박이 네드 랜드의 계획에 도움이 될지, 아니면 방해가 될지 알 수 없었다.

침묵을 깨는 것은 내 심장의 고동뿐이었다. 갑자기 부드러운 충격이 느껴졌다. 나는 노틸러스호가 해저에 정박했음을 깨달았다. 내 불안감은 더욱 커졌다. 네드 랜드의 신호는 들리지 않았다. 나는 네드 랜드에게 가서 계획을 연기하라고 촉구하고 싶었다. 우리는 더 이상 정상적인 항해 상태에 있지 않다는 것을 직감했다.

그 순간, 메인 휴게실의 문이 열리며 네모 선장이 나타났다. 그는 나를 보며 아무런 서론도 없이 말했다.

"아, 교수님" 그는 상냥한 어조로 말했다.

"당신을 찾고 있었습니다. 스페인 역사를 아시나요?"

나는 혼란스러운 상태로 자국의 역사 한 구절조차 말할 수 없을 만큼 동요하고 있었다.

"흠" 네모 선장이 이어서 말했다.

"제 질문을 들으셨나요? 스페인 역사를 아시나요?"

"아주 조금은 알고 있습니다." 내가 대답했다.

"그렇군요. 가장 학식 있는 사람들도 여전히 배워야 할 게 많습니다." 선장이 말했다.

"자리에 앉으시지요." 그는 덧붙였다.

"제가 스페인 역사에서 아주 재미있는 일화를 이야기해드리겠습니다."

선장은 소파에 기대어 앉았고, 나는 무심코 그 옆에 반쯤 그림자 속에 자리 잡았다.

"교수님" 선장이 말했다.

"잘 들어보세요. 이 역사의 조각이 당신과 관련이 있습니다. 아마도 풀지 못한 어떤 질문에 대한 답이 될 겁니다."

나는 선장이 무슨 말을 하려는지 몰랐지만, 그의 이야기를 들었다. 혹시 탈출 계획과 관련이 있는 건가 하는 생각도 들었다.

"교수님" 네모 선장은 말을 이어갔다.

"이야기를 시작하자면 시간을 거슬러 1702년으로 돌아가야 합니다. 당시 당신의 왕 루이 14세는 피레네 산맥을 자국 영토로 흡수하는데 거대한 제국의 손짓 한번이면 될 것이라 생각했습니다. 그래서 그는 스페인인들에게 그의 손자인 앙주 공작을 왕위에 올릴 것을 강요했습니다. 이 귀족은 필리프 5세라는 이름으로 왕위를 이어받았으나 외국에서 강력한 적들과 맞서야 했습니다. 사실 한 해 전에 이미 네덜란드, 오스트리아, 영국의 왕가들이 헤이그에서 동맹 조약을 맺어 필리프 5세로부터 스페인 왕위를 빼앗아 일찍이 '카를 3세'라 불리던 대공의 머리에 왕관을 씌우고자 했습니다. 스페인은 이 동맹국들에 맞서야 했지만, 군대나 해군이 거의 없었습니다. 하지만 돈이 있었지요. 아메리카에서 금과 은을 싣고 오는 배들이 무사히 항구에 들어

올 수만 있다면 돈은 충분했지요. 1702년 말, 스페인은 프랑스 함대 23척의 호위를 받아 금을 실은 자국 선박들을 보호하도록 했습니다. 이 함대는 샤토 르노 제독이 지휘하고 있었는데 당시 동맹군 함대가 대서양을 떠돌고 있었기 때문입니다. 이 선박들은 원래 카디스 항구로 향할 예정이었으나 동맹군이 그 항로를 차단하고 있다는 소식을 듣고 제독은 프랑스 항구로 가기로 결정했습니다. 그러나 스페인 지휘관들은 이 결정에 반대하며 카디스가 아니라면 스페인 북서부에 있는 비고 만으로 가기를 요구했습니다. 샤토 르노 제독은 이를 받아들였고, 스페인 선박들은 비고 만에 들어섰습니다. 그러나 이 만은 방어가 어려운 항구였기에 동맹군 함대가 도착하기 전에 급히 배를 비워야 했습니다. 그러나 이 와중에 무역 협정 문제로 인해 소중한 시간을 잃고 말았습니다."

네모 선장은 이야기를 잠시 멈췄다. 나는 여전히 왜 이 역사가 내게 중요한지 이해하지 못했다.

"그래서요?" 내가 물었다.

"교수님" 네모 선장은 대답했다.

"우리는 현재 바로 이 비고 만에 있습니다. 이제 당신이 이곳의 미스터리를 탐구할 차례입니다."

선장은 자리에서 일어나 나를 따라오라고 손짓했다. 나는 잠시 스스로를 다스린 후 그를 따라 나섰다. 휴게실은 어두웠으나 투명한 창 너머로 바다의 파도가 반짝였다. 나는 그 빛나는 바다를 응시했다.

노틸러스호 주변 반경 반 마일 안쪽의 물은 전기 빛으로 가득 찬 듯 밝게 빛나고 있었다. 모래 바닥이 선명하고 맑게 보였으며, 잠수복을 입은 선원들이 반쯤 썩은 통과 부서진 상자들 사이에서 배의 잔해를 치우고 있었다. 그 상자와 통 속에서 금과 은의 주괴, 보석들이 쏟아져 나왔고, 모래 바닥에는 보물들로 뒤덮여 있었다. 보물을 가득 싣고 돌아온 선원들은 그것을 노틸러스호 안에 내려놓고 다시 고갈되지 않는 금과 은의 사냥을 위해 돌아갔다.

나는 이곳이 바로 1702년 10월 22일 그 전투가 벌어졌던 현장임을 이해하게 되었다. 바로 여기, 스페인 정부의 보물을 실어 나르던 선박들이 침몰한 곳이었다. 필요할 때마다 네모 선장은 이곳에서 수백만금의 재화를 노틸러스호를 통해 인출했던 것이다. 이 귀중한 보물들은 그를 위해, 네모 선장을 위해 아메리카가 내어준 것이었다. 그는 잉카와 에르난도 코르테스가 정복한 민족들로부터 빼앗은 보물들의 직접적이고 유일한 상속자였다.

"교수님, 바다에 이렇게 많은 보물들이 잠들어 있다는 사실을 알고 있으셨나요?" 네모 선장이 미소 지으며 내게 물었다.

"알고 있습니다. 바닷물 속에 부유하는 은의 양이 약 2,000,000 톤으로 추정된다고 하죠." 내가 대답했다.

"물론입니다. 그러나 그 은을 꺼내기 위한 비용이 더 클 것입니다. 반면 이곳에서는 저는 다른 사람들이 잃어버린 것을 주워 담기만 하면 되지요. 비고 만뿐만이 아닙니다. 제가 가진 해저 지도의 수많은 다른 지점에서도 말이지요. 이제 제가 수십억에 달하는 부를 지니고 있다는 것을 이해하시겠습니까?"

"이해했습니다. 선장님. 하지만 말씀드리고 싶은 것이 있습니다. 당신이 이 비고 만에서 재화를 거두어들이는 것은 단지 경쟁 조직의 계획을 앞서 실행하는 것에 불과하다는 점이오."

"어떤 조직 말입니까?"

"스페인 정부가 이 침몰한 선박들을 탐사하기 위해 설립한 회사입니다. 이 회사의 투자자들은 막대한 수익의 유혹에 끌려들었지요. 침몰한 보물은 5억 프랑에 달한다고 추정되고 있습니다."

"그렇습니다. 바로 5억 프랑이었지요. 하지만 더 이상은 아닙니다." 네모 선장이 답했다.

"맞습니다." 내가 말했다.

"그러니 그 투자자들에게 경고를 해주는 것은 자선 행위가 될 겁니다. 하지만 그것이 환영받을지는 미지수지요. 도박사들이 가장 아쉬워하는 것은 돈이 아니라 그 미친 희망을 잃는 것이니까요. 하지만 결국 저는 그들보다 이 부의 공정한 분배로 혜택을 받을 수 있었던 수천의 불운한 사람들을 더 안타깝게 생각합니다. 이 재화가 이제 그들에게 아무 도움이 되지 못할 테니까요!"

내가 이런 아쉬움을 표하자마자 네모 선장은 상처받은 듯한 표정을 지었다.

"아무런 도움이 되지 않는다구요!"

그는 점점 격앙된 목소리로 답했다.

"당신은 내가 모으고 있는 이 재물이 낭비된다고 생각하시는 겁니까? 내가 이 보물을 이기적인 이유로 모은다고 생각하십니까? 누가 나를 이타적인 마음 없이 일한다고 말하던가요? 내가 이 재화를 유익하게 쓰지 않는다고 생각합니까? 내가 이 땅에 고통받는 존재들과 위로가 필요한 가난한 사람들, 복수할 희생자들에 대해 모른다고 생각하십니까? 교수님께서는 이해하지 못하십니까……?"

네모 선장은 마지막 말을 맺으며 잠시 멈췄다. 어쩌면 그는 너무 많은 것을 말했다고 후회했을지도 모른다. 하지만 나는 이미 추측할 수 있었다. 그가 바다 속에서 고립된 삶을 추구하게 만든 동기가 무엇이든 간에 그는 무엇보다도 인간이었음을! 그의 마음은 여전히 고통받는 인류를 향해 뛰고 있었고, 그의 거대한 자비심은 억압받는 민족들과 개인을 향해 있었다. 그리고 이제 나는 네모 선장이 그 막대한 재화를 어디로 보내고 있었는지 알 수 있었다. 노틸러스호가 오스만 제국에 반기를 든 크레타의 해역을 항해했을 때 그가 자금을 지원했던 것이다!

8장

사라진 대륙

다음 날 아침, 2월 19일, 네드 랜드가 내 선실에 들어오는 것을 보았다. 나는 그의 방문을 예상하고 있었다. 그의 얼굴에는 깊은 실망감이 묻어 있었다.

"괜찮으십니까, 선생님?" 그가 내게 말했다.

"네드, 어제는 운이 우리 편이 아니었네."

"네! 우리가 이 배에서 탈출하려던 순간에 그 망할 선장이 배를 멈추다니!"

"그래, 네드, 그는 은행 업무를 처리해야 했다네."

"은행 업무라니요?"

"혹은 그의 금고와 관련된 일 말일세. 이 바다 말이야, 그의 재산이 어느 국가의 금고보다 더 안전하게 보관되어 있는 곳이라네."

나는 네드 랜드에게 어젯밤의 사건을 이야기했다. 그가 선장을 떠나는 생각을 접기를 바라며 비밀리에 설득하고자 했지만, 네드 랜드는 그저 비고 만(灣)의 전장에서 자신의 몫을 건지러 나가지 못했음을 안타까워할 뿐이었다.

"어쨌든" 그가 말했다.

"아직 끝나지 않았습니다. 첫 번째 작전이 실패했을 뿐이지! 다음번엔 성공할 겁니다. 필요하다면 오늘 저녁이라도……."

"노틸러스호의 현재 방향은 어디인가?" 내가 물었다.

"저도 모릅니다." 네드 랜드가 대답했다.

"좋아, 정오에 우리의 위치를 알아보도록 하세나."

네드 랜드는 콩세이유 곁으로 돌아갔다. 나는 옷을 입고 곧장 휴게실로 향했다. 나침반은 별로 희망적이지 않았다. 노틸러스호는 남남서 방향으로 항해 중이었다. 우리는 유럽을 등지고 있었다. 차트에 우리의 위치가 표시되기를 간절히 기다렸다. 11시 30분쯤에 탱크가 비워지면서 노틸러스호는 바다 표면으로 떠올랐다. 나는 플랫폼 위로 뛰어올라갔다. 네드 랜드가 이미 그곳에 있었다.

눈에 보이는 육지는 없었다. 바다의 광활함만이 펼쳐져 있었다. 수평선 위로 몇 척의 돛배가 있었다. 이는 아마도 희망봉을 돌기 위해 산호아케 곶까지 가서 유리한 바람을 찾는 배들일 것이었다. 하늘은 흐려 폭풍우가 다가오는 중이었다.

분노에 찬 네드 랜드는 지평선의 안개 너머로 육지를 찾아보려 애썼다. 그는 여전히 그 안개 뒤에 자신이 그리워하던 해안이 있을 거라고 희망하고 있었다.

정오가 되자 태양이 잠시 모습을 드러냈다. 구름 사이의 틈을 이용해 부관이 올라와 태양의 고도를 측정했다. 곧 바다가 거칠어지자 우리는 다시 아래로 내려갔고, 해치가 다시 닫혔다.

한 시간 후 차트를 확인했을 때 나는 노틸러스호의 위치가 경도 16도 17분, 위도 33도 22분으로 표시된 것을 보았다. 가장 가까운 해안에서 무려 150리그 떨어져 있는 위치였다. 탈출을 꿈꾸는 것조차 불가능했다. 내가 우리의 상황을 네드 랜드에게 말하자 그는 즉시 크게 화를 냈다. 나로서는 그리 슬프지는 않았다. 오히려 무거운 짐이 내려간 듯했고 비교적 평온한 상태로 내 일상 작업을 재개할 수 있었다.

밤 11시 무렵, 나는 매우 뜻밖의 방문을 받았다. 네모 선장이 나를 찾아와 매우 정중하게 어제 밤의 일로 피곤하지는 않느냐고 물었다. 나는 아니라고 대답했다.

"그렇다면, 아로낙스 교수님, 흥미로운 탐험을 제안하고자 합니다."

"기꺼이 들어보겠습니다. 선장님."

"지금까지는 낮의 태양빛 아래에서만 바다 속을 탐험하셨습니다. 어두운 밤의 해저를 보는 것은 어떠십니까?"

"매우 흥미롭습니다."

"미리 말씀드리지만, 꽤 힘든 산책이 될 겁니다. 몇 시간 동안 걷고 산을 오를 필요가 있습니다. 도로 상태가 썩 좋지는 않지요."

"선장님, 말씀하시는 모든 것이 제 호기심을 더욱 자극합니다. 함께 가겠습니다."

"그렇다면 교수님, 잠수복을 갈아입으러 가실까요."

옷 방에 도착했을 때, 이 탐사에 동행할 동료나 다른 승무원들이 없다는 것을 알게 되었다.

네드 랜드나 콩세이유를 데려오라는 말조차 없었다.

잠시 후 우리는 장비를 착용했다. 공기통이 가득 충전된 채 등 뒤에 장착되었지만, 전등은 준비되지 않았다. 나는 선장에게 이 점을 지적했지만, 선장은 "전등은 필요하지 않습니다." 라고 말했다.

나는 잘못 들은 줄 알았으나 이미 선장의 머리는 금속 헬멧 안으로 들어가 버렸다. 나도 장비 착용을 마쳤고, 손에 금속 지팡이가 쥐어졌다. 몇 분 후 통상적인 절차를 거친 후 우리는 깊이 300미터 아래 대서양 바닥에 발을 디뎠다.

자정이 다가오고 있었다. 물속은 깊은 어둠으로 둘러싸여 있었지만, 선장은 저 멀리 약 2마일 떨어진 곳에 일렁이는 붉은 빛을 가리켰다. 그것이 무슨 불인지, 어떤 물질로 인해 타오르는지, 그리고 왜 그 바다 속에서 계속 불타고 있는지는 알 수 없었다. 어쨌든 우리 길을 밝히고 있었고 나는 이 독특한 어둠에 익숙해졌다. 그 상황에서 룸코르프 장치[52]가 필요 없다는 것을

52) 룸코르프 장치(Ruhmkorff Device)는 19세기 물리학자인 하인리히 룸코르프(Heinrich

깨달았다. 선장과 나는 나란히 불타오르는 불길을 향해 걸어갔다. 평평하던 해저 바닥이 점차 높아지는 듯했다. 우리는 지팡이에 의지해 긴 보폭으로 걸었지만 대체로 속도는 느렸다. 발이 해초와 자갈이 섞인 미끈한 진흙에 자주 빠져버렸기 때문이다.

걸음을 옮길 때마다 내 머리 위에서 '후두둑' 소리가 들렸다. 이따금 소리는 커져서 끊임없는 딸깍거림으로 변하기도 했다. 나는 곧 그 이유를 알아차렸다. 비가 내리면서 물 표면에 쏟아지고 있었다. 본능적으로 물에 젖지 않을까 걱정이 들었다. 물속에서 물에 젖는다는 엉뚱한 생각에 미소가 번졌다. 그러나 잠수복을 착용하고 있으면 물이 더 이상 액체로 느껴지지 않는다. 마치 육지의 공기보다 약간 밀도가 높은 공기 속에 있는 것처럼 느껴질 뿐이다.

반 시간쯤 걸었을 때 해저 바닥은 바위투성이로 변했다. 해파리와 미세한 갑각류, 그리고 붉은 빛의 산호가 어렴풋이 발광하며 빛을 비추었다. 나는 수백만 마리의 동물과 식물 해초가 얽힌 돌무더기들을 보았다. 미끄러운 해초 양탄자 위에서 자주 미끄러져 넘어질 뻔하기도 했다. 지팡이가 없었다면 더 자주 넘어졌을 것이다. 돌아보면, 노틸러스호의 창백한 신호가 멀어지며

Ruhmkorff)가 발명한 고전압 변압 장치로, 특히 휴대용 전기 조명 장치로 사용되었다. 이 장치는 코일을 이용해 저전압 전류를 고전압 전류로 변환하여 강한 빛을 발하도록 설계되었다. 해저 탐험이나 깊은 동굴 탐험 시 강력한 조명 장치로 널리 사용되었으며,쥘 베른의 소설 *〈해저 2만 리〉*에서도 네모 선장이 이 장치를 사용하여 바다 속을 비추는 장면에 등장한다.

흐릿하게 보였다.

방금 언급한 돌무더기들이 해저에 뚜렷하면서도 알 수 없는 대칭을 이루고 있었다. 나는 엄청나게 큰 고랑이 어둠 속으로 끝없이 이어져 있는 것을 보았다. 발아래서 뼈들이 바스락거리는 소리도 들렸다. 도대체 우리는 어떤 평원을 걷고 있는 것일까? 선장에게 묻고 싶었지만, 아직 그와 손짓 언어로 대화하는 방법을 익히지 못했다.

붉은빛은 점차 커져 지평선 너머로 불타오르는 것 같았다. 수중에 존재하는 불꽃이라니, 당황스러웠다. 어떠한 해저 전기가 방전되는 것인가? 아니면 육지의 과학자들에게는 아직 알려지지 않은 자연 현상인가? 혹은, 어쩌면 인간의 손길이 닿은 것일까? 이 깊은 해저에서 또 다른 네모 선장의 동료들을 만나는 것은 아닐까? 이 고립된 바다의 심연에서 찾은 또 다른 사람들이 살아가고 있는가? 이 모든 엉뚱한 생각들이 머릿속을 맴돌았다. 이런 꿈같은 생각 속에서 나는 선장이 꿈꿔오던 수중 마을을 해저에서 발견해도 놀라지 않을 것 같았다.

우리의 길은 점점 밝아졌다. 붉은빛은 흰빛으로 변해 높이 약 800피트의 산꼭대기에서 빛나고 있었다. 하지만 그것은 단순히 맑은 물이 반사하는 빛이었다. 이 설명할 수 없는 빛의 근원은 산의 저쪽 면에 있었다. 이 대서양 해저를 가로지르는 돌들의 미로 가운데서도 선장은 한 치의 망설임 없이 앞으로 나아갔다. 그는 어두운 길을 잘 알고 있었다. 분명 자주 지나온 길이었고 길을 잃을 리도 없었다. 나는 확신을 가지고 그를 따라갔다.

새벽 한 시였다. 우리는 산의 경사가 시작되는 아래 부분에 도착했다. 그곳에서 우리는 거대한 덤불을 헤치며 험난한 길을 올라야 했다. 그렇다, 죽은 나무들로 이루어진 덤불이었다! 잎도 없고 수액도 없는 나무들이 물의 작용에 의해 돌처럼 변했다. 여기저기 거대한 소나무들이 왕관처럼 서 있었다. 마치 석탄 지대가 여전히 똑바로 서 있는 듯, 그 뿌리는 부서진 토양을 움켜쥐고, 가지는 물의 천장에 얇고 검은 종이 조각처럼 드러나 있었다.

침수된 하르츠 산맥의 정상에 달라붙은 숲을 상상해 보라. 길은 해조류와 갈조 식물들로 어지럽혀져 있어 그 사이로 갑각류들이 가득했다. 나는 바위를 타고 넘고 쓰러진 나무 기둥을 가로질러 가지 사이를 날며 이동하는 물고기들을 놀라게 하며 나아갔다.

선장은 지치지 않는 안내자로서 나를 이끌었다. 나도 더 이상 피로를 느끼지 않았다. 이 장면이란! 어떻게 묘사할 수 있을까! 이 액체 세계 속에서 나무와 바위가 있는 이 광경을 어떻게 그릴 수 있을까! 하부는 어두운 무채색이었다. 상부는 물의 반사력 덕분에 더욱 붉은 빛으로 물들어 있었다. 우리가 기어오른 바위들이 뒤에서 무너져 내렸다. 사방에는 어둠 속으로 사라지는 어두운 회랑이 이어져 있었다. 인간의 손에 의해 개척된 듯 보이는 거대한 공터가 펼쳐져 있었다. 나는 이 수중 세계에 사는 주민들이 갑자기 나타날지도 모른다는 생각이 가끔 들기도 했다. 그러나 네모 선장은 계속 올라갔다. 나는 그와 떨어지고 싶지 않았다. 지팡이는 나에게 큰 도움이 되었다. 좁은 길에서 한 걸음 잘못 디디면 치명적이었지만 나는 흔들림 없는 발걸음으로 용감하게 그를 따라갔다. 때때로 나는 협곡 위에 걸쳐져 흔들리는 나무 기둥을 넘었다. 발밑도 내려다보지 않고 오직 앞에 펼쳐진 야생적인 장관만을 바라보았다. 거대한 바위들은 중력을 거스르듯 불규칙하게 깎여 서 있었다. 그 틈새에서 나무들이 용수철처럼 솟아올라 또 다른 나무들을 받치고 있었다. 나는 물의 밀도가 만들어낸 차이를 느낄 수 있었다. 무거운 옷과 금속 헬멧, 금속 밑창에도 불구하고, 나는 거의 샤모아나(산악지대의 산양) 피레네 산맥의 산양처럼 민첩하게 가파른 경사를 올랐다! 이 수중 탐사의 기록을 남기며 내 이야기가 믿기 어려울 것을 안다. 그러나 이것은 상상이 아니었다. 내가 직접 보고 느낀 것이다!

노틸러스호를 떠난 지 두 시간 만에 우리는 나무들이 자라는 높이를 넘었고, 100피트 위에는 강렬한 빛을 배경으로 한 산의 실루엣이 비치고 있었다. 이곳저곳에서 돌처럼 굳은 관목들이 지그재그로 얽혀 있었다. 우리의 발아래에서는 마치 높은 풀밭 속에서 놀란 새들처럼 물고기들이 떼 지어 날아올랐다. 바위 덩어리는 접근할 수 없는 틈과 깊은 동굴, 그리고 움직이는 것들의 무서운 소리가 들리는 깊이를 알 수 없는 구멍들로 가득했다. 길을 가로막는 거대한 안테나를 볼 때마다, 그림자 속에서 공포스러운 집게가 닫히는 소리를 들을 때마다 피가 얼어붙는 듯했다. 어둠속에서 빛나는 수많은 점들이 빛나고 있었다. 그것들은 갑각류의 눈으로 굴에 웅크리고 있는 거대한 바닷가재는 마치 창을 들어 올리는 것처럼 집게발을 세우며 쇠 긁는 소리를 내고 있었다. 지금까지 내가 알지 못했던 이 놀라운 세계는 무엇일까? 바위가 마치 또 다른 등껍질처럼 보이는 이 생물들은 어떤 종에 속하는 것일까? 자연은 그들이 이토록 오랫동안 해저에서 생존할 수 있는 비결을 어디서 배운 것일까?

나는 걸음을 멈출 수 없었다. 네모 선장은 이 두려운 생물들을 익숙한 듯 무심하게 지나쳤다. 우리는 더 놀라운 광경이 기다리고 있는 첫 번째 평원에 도착했다. 그곳에는 거대한 돌무더기들이 인간의 손길을 배신하는 듯한 형태로 나타나 있었다. 궁전과 신전의 형태를 어렴풋이 구분할 수 있었고, 그 위에는 담쟁이덩굴 대신 무거운 해조류와 갈조 식물의 두꺼운 외피가 덮여 있었다.

대재앙으로 인해 삼켜진 이곳은 지구의 어디란 말인가? 마치 선사 시대의 돌멘(고대 무덤이나 의식 장소)처럼 놓인 이 돌과 바위를 누가 세운 것인가? 나는 어디에 있는 것인가? 네모 선장의 기상천외한 생각은 나를 어디로 데려온 것인가?

나는 그에게 묻고 싶었다. 그러나 질문할 수 없었기에 나는 그의 팔을 붙잡았다. 그는 고개를 저으며 산의 꼭대기를 가리키

며 나에게 이렇게 말하는 듯했다.

"이리 와요! 더 높이 가봅시다!"

마지막 힘을 짜내 그를 따라 올라가자, 몇 분 만에 산의 정상을 올랐다. 우리가 지나온 경사를 돌아보니 산이 평원 위로 약 700에서 800피트 정도 솟아 있었지만, 반대편 경사는 그보다 두 배 더 높은 높이로 대서양의 저변을 내려다보고 있었다.

멀리까지 시선을 두자 강렬한 빛의 섬광이 비치는 광경을 목격했다. 이 산은 본질적으로 화산이었다. 정상에서 약 50피트 아래에서 돌과 화산 분출물들의 샤워 속에 넓은 분화구가 용암을 분출하며 불타는 폭포처럼 퍼져나가고 있었다. 이처럼 자리잡은 이 화산은 지평선까지 낮은 평원을 밝히는 거대한 횃불 같았다.

말했듯이, 이 물속 분화구는 용암을 뿜었지만, 불꽃은 아니었다. 불꽃은 공기 중의 산소가 필요해 물속에서는 퍼질 수 없었다. 그러나 자체적으로 백열의 원리를 가진 용암은 백열 상태까지 달아오를 수 있고, 물에 대립하여 접촉할 때마다 증기로 변하게 했다. 빠른 물살처럼 뻗어나가는 용암은 가스를 쓸어버렸다. 용암의 급류는 산의 발치까지 미끄러져 내려가 마치 베수비오 산의 용암이 또 다른 토레 델 그레코의 위까지 쏟아지는 것 같았다.

바로 내 눈 아래 폐허가 된 도시가 있었다. 지붕은 무너져 내리고 사원들은 허물어져 있고 아치들은 해체되어 기둥들이 바닥에 널브러져 있었다.

이 폐허들 사이로는 토스카나식 건축물의 견고한 균형이 여전히 느껴지는 건물의 잔해들이 보였다. 저 멀리에는 엄청나 보이는 규모의 수로의 잔해가 보였다.

여기는 아크로폴리스가 굳어진 형태와 함께 파르테논(아테네 여신에게 바쳐진 신전)의 유연한 형태가 있었다. 다른 한쪽에는 과거의 항구가 사라져버린 해변에 상선과 삼층 전함들을 정박시켰던 것처럼 보이는 부두의 잔해가 있었다. 그리고 더 멀리에는 무너져 내리는 벽들이 길게 줄지어 있었다. 폐허가 된 폼페이의 거리들이 펼쳐져 있었다. 네모 선장은 물속에 잠긴 또 다른 폼페이를 내 눈앞에 부활시켜 보인 것이었다.

나는 어디에 있는가? 이곳은 도대체 어디란 말인가? 무슨 일이 있어도 반드시 알아내야 했다. 말하고 싶었고 내 머리를 감싸고 있는 구리 헬멧을 벗어 던지고 싶었다. 그러자 네모 선장이 다가와 제스처로 나를 멈추게 했다. 그리고 분필처럼 하얀 돌 조각을 집어 들고 검은 현무암 바위로 다가가 한 단어를 썼다.

아틀란티스[53] 내 머리 속을 번개처럼 스치는 단어가 있었다. 아틀란티스, 역사학자 테오폼푸스가 언급한 고대 메로피스의

53) 아틀란티스(Atlantis)는 고대 그리스 철학자 플라톤이 전설로 묘사한 거대한 문명의 섬나라이다. 플라톤에 따르면 아틀란티스는 기원전 약 9,000년경 자연재해로 인해 하루만에 바다 속으로 가라앉았다고 전해진다. 이 이야기는 많은 신화와 소설의 소재가 되었으며, 그 위치에 대해 다양한 학설이 제기되었다. 현재도 아틀란티스는 신비와 미지의 상징으로 남아 있다.

땅, 플라톤의 아틀란티스, 존재 자체를 오리겐, 포르피리우스, 이암블리쿠스, 당빌, 말트브룬, 훔볼트 같은 철학자와 과학자들이 신화와 전설로 치부해왔던 대륙, 그러나 포시도니우스, 플리니우스, 암미아누스 마르켈리누스, 터툴리아누스, 엥겔, 쉐러, 투르네포르트, 뷔퐁, 다베작과 같은 사상가들이 현실로 받아들인 그 대륙이 바로 내 눈앞에 있었다.

이 대륙의 파멸을 증명하는 확고한 증거가 나의 눈앞에 펼쳐져 있었다. 바로 여기가 유럽, 아시아, 리비아 외곽에 존재하며 고대 그리스가 첫 전쟁을 벌였던 강력한 아틀란티스인들의 고향이었다.

고대의 영웅적 행적을 기록한 작가는 플라톤 자신이었다. 그의 대화편 티마이오스와 크리티아스는 시인이자 입법자인 솔론의 영향을 받아 작성된 것으로 보인다. 어느 날 솔론이 이집트의 고도 사이스에서 몇몇 고대 현자들과 대화를 나누고 있었는데, 사원의 신성한 벽에 새겨진 연대기에 따르면 사이스는 이미 8백 년의 역사를 지닌 도시였다. 노인 중 한 명이 1천 년도 더 오래된 다른 도시의 역사를 전했다. 이 최초 아테네의 도시는 9백 년의 역사를 가졌으며, 아틀란티스인들의 침략을 받아 일부 파괴되었다고 한다.

이 노인의 말에 따르면, 아틀란티스인들은 아프리카와 아시아를 합친 것보다 더 거대한 대륙에 살고 있으며, 북위 12도에서 40도 사이에 걸쳐 펼쳐진 넓은 지역을 차지하고 있었다. 그들의 지배는 이집트에까지 미쳤으며 그리스까지 그들의 지배 아래 두려했지만, 그리스 인들의 강력한 저항에 물러서야 했다. 세월이 흐른 후, 아틀란티스에 홍수와 지진 등 대재앙이 일어났고 단 하루 만에 그곳은 사라졌다고 한다. 그들의 가장 높은 봉우리들(마데이라, 아조레스, 카나리아, 카보베르데 제도)만이 여전히 파도 위로 솟아 있었다.

네모 선장의 낙서는 나를 고대의 기억 속으로 이끌었다. 나는 운명의 기이한 인도에 따라 그 대륙의 산 중 하나를 밟고 있었으며 손으로는 수천 년 전의 유적을 만지고 있었다. 선사 시대와 동시대에 존재했던 이곳에서 초기 인류와 동시대에 속했던 이들과 함께 걷고 있는 것이었다. 내 발아래는 전설 속 동물들의 해골이 부서져 가고 지금은 돌로 변한 나무 그늘 아래에서 쉬고 있었을 그들의 모습을 떠올랐다. 시간이 부족한 것이 안타까웠다. 나는 이 산의 급경사를 내려가 대륙 전체를 횡단하고, 아프리카와 아메리카를 연결하는 것이 분명한 고대 대륙의 위대한 도시들을 방문하고 싶었다.

내 눈앞에는 전사의 도시 마키모스[54]나 성스런 마을 유세베스[55]

54) '마키모스'(Makhimos)는 플라톤의 아틀란티스 전설에 등장하는 전사적인 성격을 가진 가상의 도시 중 하나로, 강력한 군사력을 지닌 도시로 묘사된다. 아틀란티스 문명 속 마키모스는 전사적이고 무력을 중시하는 곳으로, 대규모 군사력을 보유하였다.

55) '유세베스'는 플라톤이 묘사한 아틀란티스의 종교적이고 경건한 성격을 지닌 가상의 도시이다. 이 도시는 신성한 삶과 높은 도덕적 기준을 중시하는 주민들로 구성되어 있다. 전사 도시 '마키모스'와 대비되는 도시로 묘사된다.

가 존재할지도 모른다. 강력한 주민들이 수세기 동안 살면서 물의 힘을 견딘 거대한 돌들을 들어 올렸을 것이다. 언젠가 화산 활동으로 가라앉은 유적들을 파도 위로 다시 가져올 수도 있다. 이 해역에서는 많은 수중 화산이 발견되었으며, 많은 배가 이 불안정한 심해를 지나가면서 격렬한 진동을 느꼈다. 어떤 배들은 지표 위로 뿜어진 화산재를 뒤집어쓰기도 했다. 적도까지 이 모든 해저에는 여전히 불의 힘이 작용하고 있다. 어느 먼 시대에 불을 뿜는 산의 봉우리가 대서양의 수면 위로 다시 솟아오를지 누가 알겠는가?

내가 인상적인 풍경의 모든 부분을 기억하려 애쓰는 동안 네모 선장은 이끼로 덮인 돌기둥에 팔꿈치를 대고 서서 마치 무언가에 사로잡힌 것처럼 미동도 없이 서 있었다. 그는 잃어버린 세대들을 떠올리며 인류의 운명을 묻고 있었던 것인가? 이곳이 바로 그가 기억을 되살리며 역사의 추억 속에서 새 힘을 얻는 장소였던 것인가? 나는 그의 생각을 알고 싶었고, 함께 나누며 이해하고 싶은 마음이 간절했다.

우리는 한 시간을 그곳에서 머물며 용암 빛이 비치는 광대한 평원을 바라보았다. 때로는 놀랄 만큼 강렬해지는 지구 내부의 끓어오름이 산의 표면을 빠르게 울렸다. 땅속 깊은 곳에서 울리는 소리는 물속으로 명확히 전해져 장엄한 울림을 자아냈다.

그때, 달이 모습을 드러내며 물속으로 희미한 빛줄기를 비춰 이 가라앉은 대륙에 드리웠다. 짧은 순간이었지만 그 효과는 형언할 수 없었다. 네모 선장은 자리에서 일어나 광활한 평원을 마지막으로 한번 더 바라보더니 손짓으로 나를 따라오라고 했다.

우리는 산을 빠르게 내려갔다. 화석화된 숲을 지나자 별처럼 반짝이는 노틸러스호의 신호등을 볼 수 있었다. 선장은 곧장 배를 향해 걸어갔고, 우리가 배에 돌아왔을 때는 이미 떠오르는 해가 바다의 수면을 희미하게 물들이고 있었다.

9장

수중 석탄층

다음 날, 2월 20일, 나는 전날의 피로 때문에 늦잠을 잤다. 눈을 떠보니 이미 오전 11시였다. 나는 서둘러 옷을 입고 노틸러스호의 항로를 확인하러 갔다. 기기들은 배가 남쪽으로 시속 20마일 속도로 100미터 깊이를 유지하며 항해 중이라고 알려주었다.

콩세이유가 들어왔다. 나는 그에게 우리의 야간 탐험 이야기를 들려주었다. 휴게실의 창이 열려 있어 그는 이 가라앉은 대륙을 조금이나마 볼 수 있었다.

사실, 노틸러스호는 아틀란티스 평원의 표면에서 불과 10미터 위를 미끄러지듯 지나고 있었다.

마치 대지의 초원을 바람에 실려 떠다니는 열기구처럼, 혹은 쾌속 열차를 타고 창밖으로 지나가는 경치를 보는 듯했다. 눈앞을 지나가는 경치는 기이하게 깎인 암석과 바다의 무성한 나무들로 이루어져 있었다. 이들은 식물계에서 광물계로 변한 존재들로, 물결 아래에는 그들의 고요한 실루엣이 펼쳐져 있었다. 또 장미빛의 해초와 말미잘이 뒤덮인 암석들이 수직으로 길게 자란 수초들과 함께 묻혀 있었다. 그리고 기묘한 형태의 용암 덩어리가 명확히 보이며 지각 변동의 격렬함을 증명하고 있었다. 나는 고대 프랑스 과학자 장 바이이[56]가 쓴 재미있으나 전적으로 허구에 불과한 아틀란티스 이야기들을 콩세이유에게 들려주었다. 이 기괴한 풍경은 우리의 전등 빛에 의해 반짝이고 있었다. 아틀란티스인들의 전쟁 이야기와 이 영웅적 민족의 전설을 열정적으로 전했지만 콩세이유는 물고기에 더 마음이 쏠려 내 설명을 거의 듣지 않았다. 그는 눈앞에 지나가는 다양한 어종에 정신이 팔려 현실을 잊고 자신의 분류의 세계로 사라졌던 것이다.

그러나 이 대서양 물고기들은 이전에 관찰해 오던 것과 크게 다르지 않았다. 거대한 크기의 가오리들이 길이 5미터에 이르렀다. 이들의 강력한 근육은 파도 위로 뛰어오를 수 있었다. 다양한 상어들, 그 중 15피트 크기의 날카로운 삼각형 이빨을 가지고 물속에서는 거의 투명한 으로 보이지도 않는 푸른 빛깔의 상어도 있었다. 브라운 랜턴 상어, 프리즘 형태의 후만틴 상어, 그리고 지중해에서 보았던 철갑 같은 외피로 덮인 철갑상어 등

56) 고대 프랑스 과학자.

이 포함되었다.

오후 4시쯤이 되자 대부분 두꺼운 진흙과 화석화된 가지들로 이루어져 있던 지형이 서서히 바뀌어 갔다. 지형은 점점 더 암석으로 뒤덮였으며, 포린 스톤(pudding stone)[57]과 '터프(tuff)[58]'라 불리는 현무암 자갈, 그리고 용암과 황색 흑요석 조각들이 곳곳에 흩어져 있었다.

나는 넓게 펼쳐진 평원 뒤로 산악 지대가 나타날 것이라고 예상했다. 실제로 노틸러스호가 몇 차례 방향을 바꿀 때 남쪽 지평선 쪽에 모든 출구를 차단 한 듯한 높은 벽이 보이기 시작했다. 그 정상의 끝은 분명히 바다 위로 돌출되어 있었다. 아마 대륙이거나 적어도 카나리아 제도나 카보베르데 제도의 섬 중 하나일 것이다. 우리의 위치는 해도에 표시되지 않았는데 네모 선장이 의도적으로 그랬을지도 모른다. 아무튼 이 벽은 아틀란티스의 끝을 의미하는 것 같았다. 우리는 그 대륙의 아주 일부만을 가로질렀을 뿐이었기 때문이다.

어둠이 찾아와도 나는 관찰을 멈추지 않았다. 콩세이유는 객

57) "포린 스톤"은 선사시대 유럽에서 만들어진 거대한 석조물 중 하나로, 특히 영국의 스톤헨지에 위치한 내부 원형 구조물의 돌들을 일컫는다. 이 돌들은 대개 영국 웨일스 남부에서 가져온 것으로 알려져 있으며, 원래 위치에서 상당한 거리를 이동해 온 것으로 추정된다.

58) '터프'(Tuff)는 화산재나 다른 화산 물질이 굳어져 형성된 암석으로, 주로 응회암이라 불린다. 화산 폭발 후에 뿜어진 화산재가 쌓여 굳어지며 생성되며, 다양한 색과 질감이 나타난다.

실로 돌아가고 나는 혼자 남아 있었다. 노틸러스호는 해저의 혼탁한 덩어리들 사이를 떠돌 듯 천천히 움직였으며 때때로 정지할 듯 가라앉았다가 갑자기 수면 위로 떠오르곤 했다. 그때 나는 투명한 물을 통해 오리온 자리의 꼬리에 늘어선 다섯 개 또는 여섯 개의 별자리들이 빛나는 것을 엿볼 수 있었다.

나는 해양과 하늘의 아름다움을 더 감상하고 싶었지만, 창문은 곧 닫혔다.

노틸러스호는 어느새 높은 벽의 수직면에 도착해 있었다. 이 배가 어떻게 움직일지 예상할 수 없었다. 객실로 돌아오자 노틸러스호는 멈춰 있었다. 나는 몇 시간 만 자고 일어나야겠다는 굳은 결심으로 잠들었다. 그러나 다음 날 아침 8시에야 휴게실로 돌아왔다. 압력계를 확인하니 노틸러스호는 바다 표면에 떠 있었고, 플랫폼 위에서 발소리가 들렸다. 그럼에도 파도의 움직임이 느껴지지 않아 의아했다. 나는 해치를 따라 올라갔다. 해치는 열려 있었지만, 생각했던 것과는 달리 환한 낮이 아니라 완전한 어둠에 둘러싸여 있었다.

우리는 어디에 있는 걸까? 내가 잘못 생각한 것일까? 아직 밤인가? 아니었다! 단 하나의 별도 보이지 않았다. 밤은 결코 이렇게 완전한 어둠이 아니다. 생각이 혼란스러워질 때 목소리가 들려왔다.

"교수님이신가요?"

"아, 네모 선장님!" 나는 그에게 물었다.

"지금 우리는 어디에 있는 겁니까?"

"지하에 있습니다. 교수님."

"지하라고요!" 나는 놀라 외쳤다.

"그런데 노틸러스호는 여전히 항해 중입니까?"

"노틸러스호는 항상 항해중이지요."

"이해가 되지 않습니다!"

"조금만 기다려주시겠습니까? 곧 불이 켜지면 아시게 될 겁니다."

나는 플랫폼에 올라가 기다렸다. 어둠이 깊어 네모 선장을 볼 수조차 없었다. 그러나 고개를 들어 하늘을 올려다보니, 희미한 빛이 원형 구멍을 통해 새어 나오는 것 같았다. 그때 갑자기 등불이 켜지며 그 희미한 빛이 사라졌다. 강렬한 전등 빛이 내 눈을 눈부시게 했다. 나는 잠시 눈을 감았다가 주변을 둘러보았다. 노틸러스호는 멈춰 있었고 선착장 모양의 제방 옆에 떠 있었다. 그리고 지금 배를 떠받치고 있는 물은 둘레가 약 두 마일 되는 호수였다. 이는 분명 바다와 연결된 것이었다. 내 위치에서 그 물은 반구형 천장을 이루는 안쪽 벽으로 완전히 둘러싸여 있었다. 이 천장은 뒤집힌 거대한 깔때기 모양으로, 높이는 약 500에서 600미터에 달했다.

천장의 꼭대기에는 원형 구멍이 있어 내가 아까 보았던 희미한 빛은 틀림없이 그곳으로 들어오는 자연광이었다. 이 거대한 동굴 내부의 특징을 좀 더 자세히 살펴보기 전에 이곳이 자연의 작품인지 인간의 손길이 닿은 것인지 판단하고자 나는 네모 선장에게 다가갔다.

"여기가 어디입니까?" 내가 물었다.

"우리는 지금 불꺼진 화산의 심장부에 있습니다." 선장은 답했다.

"지각 변동으로 인해 바닷물이 화산의 중심부로 흘러 들어온 것입니다. 교수님이 주무시는 동안 노틸러스호는 바다 표면에서 10미터 아래에 있는 자연적인 통로를 통해 이 석호로 들어왔습니다. 이곳은 우리 본거지로 안전하고 편리하며 모든 방향에서 불어오는 바람을 막아주는 비밀 장소입니다. 대륙이나 섬의 해안에 이곳만큼 태풍에게서 안전한 장소는 없습니다."

"그렇군요." 내가 대답했다.

"여기라면 완벽히 안전하군요. 누가 화산의 심장부에서 당신을 찾아낼 수 있겠습니까? 그런데 저기 정상에 구멍이 보이는데요?"

"그렇습니다. 그건 예전에 용암, 증기, 불꽃으로 가득 찼던 분화구지요. 지금은 우리가 호흡하는 생명력 넘치는 공기가 들어오는 입구입니다."

"그런데 이 화산 산이 어디에 있는 것입니까?" 내가 물었다.

"이 바다에 널려 있는 많은 작은 섬들 중 하나입니다. 배들에겐 그저 암초에 불과하지만 우리에겐 거대한 동굴이지요. 나는 운 좋게도 우연히 이곳을 발견했습니다."

"그런데 저 분화구 입구를 통해 누군가 들어올 수는 없나요?"

"제가 그곳을 통해 나갈 수 없는 것처럼 그들도 들어올 수 없습니다. 이 산의 내부 바닥에서 약 100피트 정도는 올라갈 수 있지만, 그 이후로 벽이 너무 기울어져 올라갈 수 없게 되어 있지요."

"자연은 선장님 편이군요. 이곳에서 선장님은 안전하게 지낼 수 있고, 그 누구도 이 물속으로 갈 수 없군요. 그런데 이 피난처의 목적은 무엇인가요? 노틸러스호는 항구가 필요하지 않지 않습니까?"

"아닙니다. 교수님. 전기를 얻으려면 배터리가 필요하고, 배터리를 충전하려면 나트륨이, 나트륨을 만들려면 석탄이 필요합니다. 이곳 바다는 선사시대에 가라앉은 숲을 덮고 있습니다. 이제는 돌처럼 굳어 석탄이 되었지요. 이곳은 저에게 무궁무진한 석탄 광산을 제공해 줍니다."

"그렇다면 선장님, 여기서 당신의 선원들은 광부가 되는군요."

"그렇습니다. 이 광산들은 뉴캐슬 지역의 탄광처럼 바다 아래까지 뻗어 있습니다. 여기서 제 사람들은 잠수복을 입고 곡괭이를 들고 나가 석탄을 채굴합니다. 지상에서는 광산은 필요하지 않습니다. 이 연료를 태워 나트륨을 생산할 때 나는 연기는 산의 분화구를 통해 빠져나가고 사람들은 그 연기를 보고 아직도 화산활동이 활발히 일어나고 있다고 생각하지요."

"선원들이 작업하는 모습을 볼 수 있을까요?"

"이번에는 어렵습니다. 적어도 이번에는요. 저는 우리의 해저 탐험을 계속하고 싶습니다. 그래서 이번에는 예비 나트륨만 적재한 후, 다시 항해를 시작할 예정입니다. 그것을 위해 하루 정도만 이곳에 머무를 예정입니다. 그러니 아로낙스 교수님, 동굴을 탐험하고 석호를 둘러보고 싶으시다면 지금이 기회입니다."

나는 선장에게 감사 인사를 전하고, 아직 객실에서 나오지 않은 두 동료를 찾아 그들에게 이곳이 어디인지 밝히지 않은 채 따라오도록 했다. 그들은 플랫폼으로 올라왔다. 놀라는 일이 거의 없는 콩세이유는 물속에서 잠들었다가 산속에서 깨어나는 것을 당연하게 여겼다. 네드 랜드는 이 동굴이 우리에게 탈출구를 제공할 수 있는지 확인할 생각밖에 없었다. 아침 식사를 마치고 우리는 둑 아래로 내려갔다.

"드디어 다시 육지에 돌아왔군요." 콩세이유가 말했다.

"난 이걸 육지라 부르고 싶지 않아." 네드 랜드는 대답했다.

"우리가 땅 위가 아니라 땅 속에 있는 거라고."

우리 앞에는 석호와 산 벽 사이에 넓게 펼쳐진 500피트의 모래 해변이 있었고, 해안선을 따라 석호를 한 바퀴 돌 수 있었다. 높은 절벽은 대부분 화산암 조각과 거대한 부석들이 그림 같은 광경을 보이며 이루어져 있었고, 모든 부스러기 덩어리는 땅속의 열기에 의해 에나멜처럼 광택이 있었고, 우리의 전등 빛에 반짝였다. 모래밭에서 멀어지면서 경사가 가파르게 상승하여 우리는 곧 길고 구불구불한 경사면 앞에 도달했다. 천천히 올라가도 시멘트처럼 고정되지 않은 자갈들과 장석과 석영 결정으로 이루어진 길은 우리의 발을 자주 미끄러트렸고 조심스럽게 걸어야 했다. 이 거대한 동굴이 화산으로 만들어진 분화구임을 온 사방에 알 수 있었다. 나는 동료들에게 이 사실을 설명해주며 물었다.

"여러분, 이 거대한 깔때기가 끓어오르는 용암으로 가득 차서 그 뜨거운 액체가 산의 정상까지 차오를 때의 모습을 상상할 수 있습니까?"

"네, 완벽히 상상이 갑니다." 콩세이유가 대답했다.

"교수님, 그런데 왜 이 거대한 용광로가 작동을 멈췄는지, 그리고 그 자리에 어떻게 호수의 잔잔한 물이 들어섰는지 설명해주시겠습니까?" 내가 대답했다.

"어떤 지각의 변동이 일어나 바다 아래에 구멍을 만들었고, 그 통로를 통해 노틸러스호가 들어왔기 때문일 겁니다. 이후 대서양의 물이 산 안으로 밀려들어오면서 불과 물의 엄청난 충돌이 벌어졌을 테고, 결국 바다의 왕의 승리로 끝났겠지요. 그 후 수백 년이 흘렀고 잠긴 화산은 평온한 동굴로 변한 것입니다."

"좋습니다." 네드 랜드가 답했다.

"그 설명은 이해합니다. 하지만, 교수님이 말씀하신 그 구멍이 해수면 위에 있었다면 훨씬 좋았을 겁니다."

"하지만 네드 씨," 꽁세이유가 대답했다.

"그게 물속 통로가 아니었다면 노틸러스호가 들어오지 못했겠지요!"

"그리고" 내가 덧붙였다.

"물이 산 밑으로 들어가지 않았더라면 화산은 여전히 화산으로 남아 있었을 걸세, 그러니 그다지 아쉬워할 필요는 없다네."

우리의 등반은 계속되었고 경사는 더욱 가파르고 좁아졌다. 때때로 깊은 구덩이가 길을 가로막아 넘어서야 했고 머리 위에 돌이 걸린 암석도 피해가야 했다. 우리는 무릎을 꿇고 기어가거나 배를 깔고 기어야 했지만 네드 랜드의 힘과 능숙한 콩세이유 덕분에 모든 장애물을 극복할 수 있었다. 약 30미터 높이에 도달했을 때 지형의 성질이 바뀌었고 그만큼 어렵게 만들었다. 자갈과 트라키트(trachyte조면암)가 여기저기에는 기공이 가득한 검은 현무암으로 바뀌었고, 또 다른 곳에서는 실제 기둥처럼 배열된 프리즘 모양의 현무암이 이 거대한 아치를 이루고 있었다. 이것은 마치 자연이 만들어낸 경이로운 건축물 같았다.

이 현무암 지대에는 경화된 용암이 길게 뻗어 석탄층을 이루고 있었으며 곳곳에는 넓게 유황 융단이 깔려 있었다. 분화구를 통해 들어오는 햇빛은 점점 더 강해져 영원히 묻힌 화산 폐허에 희미한 빛을 드리웠다. 약 250피트 고도에 도달했을 때 우리는 더 이상 오를 수 없는 장애물을 만났다. 내부 벽이 서로 모여 천장을 이루면서 더 이상 앞으로 나아갈 수 없었다. 우리는 산을 오르기 위해 돌아가야 했다. 이 최상층에는 식물계와 광물계가 섞여 싸우고 있는 듯 보였다. 절벽 틈새에서는 관목들과 몇 그루의 나무가 돋아나 있었다. 나는 여기서 부식성이 강한 수액을 흘려보내는 식물들과 햇빛을 거의 받지 못해 시들한 꽃을 드리운 헬리오트로프를 알아볼 수 있었다. 여기저기에는 병든 긴 잎을 가진 알로에와 그 아래에는 국화가 비죽비죽 돋아나있었다. 용암의 흐름 사이에서 여전히 은은한 향기를 풍기는 작은 제비꽃도 발견했다. 그 향기를 흠뻑 들이마셨다. 꽃의 영혼은 그 향기이지만, 바다의 꽃들은 그러한 영혼이 없는 듯했다. 이들은 강력한 뿌리의 힘으로 돌들을 밀어내고 용혈수 밑에 다다랐고, 근육 같은 뿌리로 바위를 쪼개고 있었다. 그때 네드 랜드가 외쳤다.

"저기, 벌집입니다."

"벌집이라고?" 나는 의심스럽게 대답했다.

"네, 맞습니다." 네드 랜드가 다시 말했다.

"벌들이 윙윙거리고 있지 않습니까!"

나는 가까이 다가가 확인할 수밖에 없었다. 용혈수의 줄기에 뚫린 구멍에는 수천 마리의 꿀벌이 모여 있었다. 당연히 네드 랜드는 꿀을 확보하고 싶어 했고, 나는 그를 말릴 수 없었다. 그는 유황과 마른 잎을 섞어 불을 피워 벌들을 몰아냈다. 점차 윙윙 소리가 잦아들었고, 벌집은 몇 파운드의 달콤한 꿀을 내주었다. 네드 랜드는 자신의 배낭에 꿀을 채워 넣으며 말했다.

"이 꿀을 빵나무 반죽에 섞으면, 여러분께 아주 맛있는 케이크를 대접할 수 있겠어요."

"와우, 아주 맛있는 빵이 될 것 같습니다." 콩세이유가 덧붙였다.

"달콤한 빵은 대환영이지" 내가 말했다.

"그럼 산책을 계속 해봅시다."

우리 길 앞에는 가끔씩 호수의 전경이 보였다. 노틸러스호의 등불이 잔물결도 흔들림도 없는 고요한 수면을 밝히고 있었다. 노틸러스호는 완전히 정지해 있었다. 갑판과 제방 위에 선원들이 분주히 움직이는 모습이 밝은 공기 속에서 검은 그림자로 뚜렷하게 보였다.

그때 우리는 아치를 떠받치고 있는 바위 언덕의 가장 높은 능선을 돌아섰다. 그때 나는 이 화산 안에 꿀벌만 있는 것이 아님을 알게 되었다. 여기저기 그늘 속에는 맹금류들이 둥지를 틀고 바위 꼭대기에서 날아오르고 있었다. 흰 배를 가진 참매와 매들이 날아다니고 날카로운 발을 가진 뚱뚱한 메추라기도 가파른 비탈을 뛰어다녔다. 독자들이 상상할 수 있듯이, 이 맛있어 보이는 사냥감을 보자 네드 랜드는 식욕이 솟아나 총이 없는 것을 아쉬워했다. 그는 돌을 총알처럼 던져 몇 번의 시도 끝에 멋진 메추라기 한 마리를 잡는 데 성공했지만, 그는 목숨을 스무 번이나 위험에 빠뜨린 끝에 마침내 이 새를 가방에 넣을 수 있었다.

산의 능선은 더 이상 전진하기 불가능할 정도로 험해져 다시 해변으로 내려가야 했다. 위쪽에 있는 거대한 분화구는 마치 넓은 우물 입구처럼 보였다. 우리가 서 있는 곳에서는 하늘이 뚜렷이 보여 서풍에 흩날리는 구름이 산꼭대기를 감싸며 지나가는 모습도 볼 수 있었다. 이 화산은 해수면보다 1,800피트 높이였으므로 구름이 아주 낮게 유지되고 있다는 분명한 증거였다.

네드 랜드가 메추라기를 잡은 지 반 시간 후, 우리는 다시 해변으로 돌아왔다. 이곳에 가장 많이 분포되어 있는 식물은 갯방풍이었다. 그 크기가 작아 '해방풍', '빈방풍', '해사삼' 등으로도 불리는 작은 산형과 식물이었다. 콩세이유는 이 식물을 몇 묶음을 따갔다. 그곳의 동물로는 다양한 종류의 갑각류가 있었는데, 바닷가재, 소라게, 새우, 꼬마 새우, 다리가 긴 게, 바위게, 그리고 왕우럭조개, 고둥, 그리고 거북손과 같은 조개류가 다수 있었다.

그 근처에는 커다란 동굴이 있었다. 우리는 동굴의 부드러운 모래 바닥 위에 누워 잠시 휴식을 취했다. 동굴 내벽은 불의 영향으로 에나멜처럼 매끄러웠고 미세하게 반짝이는 가루가 사방에 뿌려져 있었다. 네드 랜드는 이 벽을 두드리며 두께를 확인하려 했다. 나는 웃음을 참을 수 없었다. 우리는 그의 끊임없는 탈출 계획에 대한 대화가 시작 되었고 내가 그에게 줄 수 있는 희망은 여기까지였다. 네모는 노틸러스호에 필요한 나트륨 보급을 위해 남쪽으로 내려왔으며, 아마도 이제 유럽과 미국의 해안을 따라 이동할 것이다. 그렇다면 네드 랜드의 탈출 시도는 성공할 가능성이 더 클 것이다. 우리는 기분 좋은 동굴에서 한 시간가량 머물렀다. 처음에는 활기차던 대화도 점차 느려지고 결국 우리는 잠들어 버렸다. 밀려드는 잠에 저항할 이유가 없었으므로 나는 깊은 잠에 빠졌다. 그리고 꿈속에서 내 삶이 단순한 연체동물처럼 생존만 하는 존재로 축소된 것 같은 느낌을 받았다. -이 동굴이 마치 나를 감싸고 있는 이중 껍질처럼 느껴졌다……. 갑자기 콩세이유의 목소리가 나를 놀라게 하며 깨웠다.

"일어나세요! 빨리 일어나세요!" 그가 소리쳤다.

"무슨 일인가?" 나는 앉은 채로 물었다.

"물이 밀려 들어오고 있습니다!"

나는 벌떡 일어났다. 바다물이 폭포처럼 우리 안식처로 밀려오고 있었다. 우리가 분명 연체동물이 아니었으므로 서둘러 피해야 했다. 몇 초 만에 우리는 동굴 위쪽으로 안전하게 올라갔다.

"무슨 일일까요?" 콩세이유가 물었다.

"새로운 자연 현상일까요?"

"아닐세, 친구들" 내가 대답했다.

"그저 단순히 조수지, 우리를 아무 경고도 없이 놀라게 한 조수일 뿐이네. 바깥 바다의 수위가 상승하면서 이 호수의 수위도 자연의 균형 법칙에 따라 함께 올라가고 있는 거지. 우리는 간신히 피한 거네, 자 노틸러스호로 가서 옷을 갈아입도록 하지."

세 시간 반 후, 우리는 산책을 마치고 다시 선상으로 돌아왔다. 선원들은 이미 나트륨 공급을 마치고 노틸러스호는 즉시 떠날 준비가 되어 있었다. 그러나 네모는 아무런 명령을 내리지 않았다. 그는 해가 질 때까지 기다려 은밀히 수중 통로를 통해 출항할 생각인가? 그럴지도 모른다. 어찌 되었든, 다음 날 노틸러스호는 모항을 떠나 대서양의 파도 몇 미터 아래에서 항해를 하고 있었다.

10장

사르가소 해

노틸러스호는 방향을 바꾸지 않았다. 그래서 당분간 유럽 해역으로 돌아갈 희망은 접어야 했다. 네모 선장은 뱃머리를 계속 남쪽으로 향했다. 그는 우리를 어디로 데려가려는 걸까? 감히 추측하기도 두려웠다. 그날, 노틸러스호는 대서양의 특이한 지역을 통과했다. 멕시코 만류[59]이라는 거대한 온수 해류의 존재를 모르는 사람은 없을 것이다. 이 해류는 플로리다 해협을 떠나 스피츠베르겐으로 향하는데, 멕시코만에 도달하기 전 북위 44도 부근에서 두 갈래로 나뉜다. 주요 갈래는 아일랜드와 노르웨이 해안을 향하고 두 번째 갈래는 아조레스 제도

59) 멕시코 만류 또는 걸프 스트림은 멕시코만에서 시작해 미국 동부 해안을 따라 북대서양으로 흐르는 따뜻한 해류로, 북대서양과 유럽의 기후에 큰 영향을 미친다. 이 해류는 멕시코만의 따뜻한 물을 북쪽으로 운반해 유럽 서부를 온화하게 유지시킨다. 덕분에 같은 위도에 위치한 다른 지역보다 영국과 노르웨이 같은 곳이 더 따뜻한 기후를 갖게 된다.

부근에서 남쪽으로 굽이쳐 아프리카 해안에 이른 후 긴 타원형을 그리며 카리브해로 돌아온다.

이 두 번째 갈래를 더 정확히 말하자면 '고리'로, 사르가소 해라고 불리는 차갑고 고요하며 움직임 없는 대서양 구역을 둘러싸고 따뜻한 물의 띠를 형성한다. 대서양 한가운데 위치한 실제 호수와 같은 이곳에서 멕시코 만류의 물은 한 바퀴 도는 데에 최소 3년이 걸린다.

사실, 사르가소 해는 아틀란티스 대륙이 잠겨 있는 모든 구역을 덮고 있다. 몇몇 저자들은 이곳에 흩어진 많은 해초들이 고대 대륙의 초원에서 떨어져 나온 것이라고 주장했다. 그러나 실제로는 이러한 풀, 해초, 모자반류와 같은 식물들은 유럽과 미국의 해변에서 떠밀려와 멕시코 만류에 의해 이 지역까지 운반된 것일 가능성이 크다. 이는 크리스토퍼 콜럼버스가 신대륙의 존재를 짐작하게 된 이유 중 하나였다. 역사 속 대담한 탐험가의 배들이 사르가소 해에 도착했을 때 엄청난 해초 더미 속을 항해하는 데 큰 어려움을 겪었으며 해초가 배를 멈추게 하여 이 구역을 빠져나가는데 3주라는 시간이 걸렸다고 한다.

노틸러스호가 지나가고 있던 지역이 바로 이곳이었다. 진짜 초원 같은 해역이었으며, 밀집된 해조류, 해초, 그리고 풍선초가 촘촘하게 얽혀 있어 뱃머리로 이곳을 뚫고 나아가는 것이 어려웠다. 따라서 네모 선장은 노틸러스호의 프로펠러가 해초 덩어리에 얽히는 것을 피하기 위해 파도 아래 몇 미터 깊이에서 항해를 유지했다.

사르가소라는 이름은 스페인어로 해초를 뜻하는 '사르가소'에서 유래하였다. 이 사르가소는 거대한 해초 군락을 형성하는 데 주요한 성분이다. 해양 지리학 전문가이자 바다의 물리적 지리학의 저자인 모리 사령관은 이러한 해초가 대서양의 고요한 해역에 모여드는 이유에 대해 설명하고 있다.

모리 사령관의 설명에 따르면, "만일 물에 코르크 조각이나 가벼운 물체를 띄운 후 원형으로 물을 돌리면, 모든 부유 물체는 움직임이 가장 적은 중앙으로 모인다. 대서양의 걸프 스트림이 바로 그러한 역할을 하며, 사르가소 해는 그 중심이다."

나 역시 모리 사령관의 의견에 동의하며, 이 지역에서 그 현상을 관찰할 수 있었다. 이곳에서 위로 떠오르는 갈색 해초들 사이에는 각종 물체들이 둥둥 떠다니고 있었다. 이는 로키 산맥이나 안데스 산맥에서 떨어져 나온 나무줄기들이 아마존강이나 미시시피강을 타고 흘러와 이곳까지 도달한 것이다. 이 복잡하게 얽혀 있는 해조류와 바다이끼 사이에서 나는 분홍색 별 모양의 알시온 산호, 긴 촉수를 늘어뜨린 바다말미잘, 초록색, 빨간색, 파란색 해파리, 특히 큐비에가 묘사한 커다란 리조스톰 해파리들을 발견했다. 이 해파리들은 보랏빛 장식이 달린 푸른 우산 모양으로 빛났다.

우리는 2월 22일 하루 종일 사르가소 해에서 시간을 보냈다.

이곳은 해양 식물과 갑각류를 좋아하는 물고기들에게 풍부한 먹이를 제공해 주었다. 그다음 날 바다는 다시 평소의 모습으로 돌아갔다. 2월 23일부터 3월 12일까지 19일 동안 노틸러스호는 대서양 한가운데를 하루에 100리그씩 일정한 속도로 항해했다. 네모 선장은 해저 탐사 계획을 수행하려는 것이 분명했고 혼 곶을 돌아 태평양 남해로 가려는 계획을 가지고 있음이 확실했다.

한편, 네드 랜드는 섬 하나 없는 이 광활한 바다에서 탈출이 불가능하다는 사실에 불안감을 느꼈다. 우리는 네모 선장의 의도를 거스를 수 없었다. 나는 언젠가 이 항해를 끝내면 우리의 비밀 유지 약속을 조건으로 우리를 풀어줄지도 모른다는 희망을 품었다. 그러나 네모 선장은 처음부터 단호하게 우리를 영구적으로 배에 가두겠다고 선언했기 때문에 그가 우리의 요구를 어떻게 받아들일지 확신할 수 없었다.

이 기간 동안 우리에게는 아무 일도 일어나지 않았다. 나는 네모 선장을 거의 만나지 못했다. 네모 선장은 연구에 몰두하고 있었는데, 가끔씩 도서관에 펼쳐져 있는 책과 자료를 발견했다.

그는 자연사와 관련된 서적들, 특히 심해 생물과 해양 지질에 대한 연구서를 펼쳐 두었으며 나의 연구에 대한 비평적인 메모를 남기기도 했다. 이러한 메모들은 나의 이론과 가설을 점검하는 데 큰 도움이 되었고, 때로는 내 연구의 일부를 다시 생각해 보게 했다. 하지만 그는 직접적으로 나와 의견을 교환하는 일은 거의 없었다. 오직 그의 생각이 적힌 메모를 통해서만 그의 과학적 견해를 엿볼 수 있었다.

때때로 나는 밤이 되면 들려오는 오르간 소리 속에서 그의 감정을 느낄 수 있었다. 그 선율은 때로는 슬프고 고독하며, 그가 지닌 심연을 표현하는 듯했다. 노틸러스호의 승무원들은 여전히 그를 존경과 두려움으로 바라보았으며 그의 명령 하나하나가 배의 모든 움직임을 좌우했다.

하루는 노틸러스호가 해수면 위로 떠오르자 멀리서 몇 척의 고래잡이 배들이 보였다. 그들은 노틸러스호를 거대한 고래로 착각했는지 쫓아오려는 기세를 보였다. 그러나 네모 선장은 잠수 명령을 내려 노틸러스호를 해저로 숨겼고, 이내 고래잡이 배들은 헛된 쫓음을 포기할 수밖에 없었다. 이 장면을 지켜본 네드 랜드는 실망을 감추지 못하고 그가 쫓을 수 없는 거대한 '고래'로부터 자유를 갈망하는 마음이 더욱 강해진 듯했다.

우리는 항해를 계속하면서 수중 생태계의 다양한 생물들을 관찰할 기회를 가졌다. 검은 줄무늬 상어, 페를론 상어 등 여러 상어들이 나타났다. 우리는 그들의 움직임을 유심히 지켜보았다. 또한 다양한 종류의 해파리와 산호들도 눈에 들어왔다. 이 모든 생물들이 이루는 장관은 깊은 감동을 자아냈다. 대양의 신비는 끝이 없었고, 매 순간 새로운 발견으로 가득 차 있었다.

3월 13일, 네모 선장은 나를 불러 흥미로운 수심 측정 실험을 진행한다고 알렸다.

노틸러스호는 강력한 수압을 견디며 점점 더 깊이 잠수하기 시작했다. 나는 이전에 경험하지 못했던 심해의 압력을 확실하게 느꼈다. 선체는 극심한 압력 속에서 진동하며 이음새가 떨리고 금속 막대가 휘어지기도 했다. 격벽에서 나는 신음 소리와 거실 창문이 안쪽으로 구부러질 듯한 느낌은 나에게 깊은 경외감을 주었다. 그러나 네모 선장이 말한 것처럼 노틸러스호의 강력한 구조는 마치 하나의 거대한 덩어리처럼 압력을 견뎌내고 이로 인해 붕괴되지 않고 안전을 유지할 수 있었다.

우리는 16,000m에 달하는 깊이로 내려갔고, 그곳에서는 1,600기압이라는 어마어마한 압력이 작용하고 있었다. 이는 각 평방 센티미터당 1,600킬로그램의 무게가 가해지는 수준이었다. 나는 이 깊이에 도달한 것만으로도 큰 성취감을 느끼며 인간이 한 번도 도전하지 않았던 깊이를 탐험하고 있다는 사실에 전율을 느꼈다. 그리고 이곳은 우리가 접할 수 있는 가장 원초적인 지구의 깊은 곳이었으며, 어둠 속에서 빛을 본 적 없는 바위와 동굴들이 펼쳐진 신비한 세계였다.

네모 선장은 나에게 "이곳의 장면을 사진으로 남기는 것이 좋지 않겠느냐"고 제안했다. 나는 그가 준비한 카메라를 통해 이 장면을 찍기로 했다. 완벽한 사진이 단 몇 초 만에 만들어졌다. 빛을 본 적 없는 암석들과 심층 화강암, 그리고 먼 산맥의 경계가 뚜렷이 드러나는 장면이 생생하게 기록되었다. 이 사진은 단순한 기록 이상의 가치를 지니고 있어 우리가 경험한 심해의 경이로움을 미래에도 전할 수 있는 중요한 자료가 되었다.

사진 촬영이 끝난 후 네모 선장은 "이제 떠나야 한다."고 말했다. 그는 깊은 수심에서 오랜 시간 머무르는 것은 위험할 수 있다고 설명했다. 노틸러스호는 그의 신호에 따라 다시 위로 상승하기 시작했다. 마치 하늘로 솟구치는 기구처럼 엄청난 속도로 상승하는 동안 나는 잠시 숨을 멈추고 압도적인 경험을 곱씹었다. 노틸러스호는 16,000m의 깊이를 단 4분 만에 올라와 수면 위로 날아오른 후 물속으로 다시 떨어지며 거대한 파도가 솟구치는 장관을 만들어냈다. 이렇게 우리는 대서양 한가운데에서의 깊은 탐사를 끝마쳤다. 네모 선장의 인도 아래 인류가 결코 접근할 수 없었던 장소들을 탐험하며 나는 새로운 경이로움과 과학적 성취의 감동을 경험했다. 이번 탐사에서 느꼈던 깊은 바다의 비밀은 마치 꿈처럼 가슴속에 남아 있었다. 그러나 현실로 곧 돌아와 네모 선장의 엄격한 지휘 하에 항해는 일정한 리듬을 되찾았다. 그동안 네모 선장은 나와는 거의 소통하지 않았지만, 그의 존재감은 강렬했다.

11장 향유고래와 수염고래

3월 13일 밤에서 14일로 넘어가는 동안, 노틸러스호는 남쪽을 향해 항로를 재개했다. 케이프 혼에 도달하자, 나는 서쪽으로 방향을 틀어 태평양으로 나아가 세계 일주를 완성할 것이라 예상했으나, 노틸러스호는 계속 남쪽으로 향해 갔다. 목적지가 어디일까? 혹시 남극을 향하는 것일까? 나는 점점 네드 랜드의 우려가 정당하다고 느끼기 시작했다.

오랫동안 캐나다인 네드 랜드는 탈출 계획에 관해 나와 말하지 않았다. 그는 말수가 적어졌고, 거의 음울한 상태로 지냈다. 이 길고 긴 감금 생활이 그에게 무거운 짐이 된 듯했다. 그의 분노가 점점 고조되는 것이 느껴졌다. 선장과 마주칠 때마다 그의 눈은 어두운 불꽃으로 번득였다. 나는 그의 격렬한 성격이 충동적인 행동을 유발할까 두려웠다.

3월 14일, 네드 랜드와 콩세이유가 내 방에 찾아왔다. 나는 그들의 방문 목적을 물었다.

"간단한 질문을 드리기 위해서 왔습니다. 선생님." 네드 랜드가 말했다.

"말해보게, 네드."

"노틸러스호에 몇 명의 승무원이 있다고 생각하십니까?"

"잘 모르겠네."

"제 생각에는 이런 배를 운항하는 데에는 많은 승무원이 필요하지 않을 것 같습니다."

"맞아" 내가 대답했다.

"현재의 조건에서는 열 명 정도면 충분할 걸세."

"좋습니다." 네드 랜드는 말했다.

"그렇다면 그 이상 있을 이유가 있습니까?"

나는 네드 랜드의 의도를 알아채고 그를 바라보며 말했다.

"내 생각이 맞는다면," 내가 말했다.

"노틸러스호는 단순한 배가 아니네. 이곳은 선장처럼 육지와의 모든 연을 끊은 사람들에게 피난처 역할을 하는 장소일 거야."

"그렇다면" 콩세이유가 끼어들었다.

"배 안에 수용할 수 있는 최대 인원을 추측할 수 있지 않을까요?"

"어떻게?" 내가 물었다.

"배의 용량을 알고 계시고, 사람 한 명이 호흡을 통해 소비하는 공기의 양을 아시니, 노틸러스호가 매일 24시간마다 수면으로 올라온다는 사실과 비교하여 계산할 수 있지 않습니까?"

콩세이유의 논리에 따라 나는 계산을 해보았다.

"사람 한 명이 한 시간에 100리터의 산소를 소비하네. 그러므로 24시간 동안에는 2,400리터가 필요하지."

"정확합니다." 콩세이유가 말했다.

"노틸러스호의 용량은 1,500미터톤, 즉 1,500,000리터의 공기를 담고 있으니, 이를 2,400으로 나누면……."

나는 빠르게 계산을 했다.

"625가 나오네. 이는 곧 노틸러스호에 담긴 공기가 625명이 하루 동안 사용할 수 있는 양이라는 뜻이야."

"625명!" 네드 랜드가 반복했다.

"하지만 안심하게" 내가 덧붙였다.

"승무원과 승객을 모두 합쳐도 그 수의 10분의 1도 되지 않을 걸세."

"그래도 우리 셋에게는 여전히 너무 많습니다." 콩세이유가 중얼거렸다.

"그러니, 네드 인내심을 가지게."

"더 나아가, 체념도 해야겠지요." 콩세이유가 말했다.

콩세이유가 맞는 말을 했다.

"그래도" 그는 계속 말했다.

"네모 선장이 영원히 남쪽으로 갈 수는 없을 겁니다! 언젠가는 문명 세계로 돌아가겠죠. 그때가 네드 랜드의 계획을 다시 꺼내볼 때입니다."

네드 랜드는 고개를 저으며, 이마를 스치듯이 만지고는 답을 하지 않은 채 우리를 떠났다.

"주인님이 허락하신다면, 제 소견을 말씀드리겠습니다."라고 콩세이유가 내게 말했다.

"우리 불쌍한 네드 씨가 그리워하는 건 모두 그가 가질 수 없는 것들입니다. 그는 과거의 삶에 사로잡혀 있으며, 우리가 누리지 못하는 모든 것을 그리워하는 것 같습니다. 그는 옛 추억에 사로잡혀 그것이 그의 마음을 무겁게 짓누르고 있습니다. 우리가 그를 이해해야 합니다. 여기서 그가 할 일이 무엇이겠습니까? 아무것도 없습니다. 그는 주인님처럼 과학자도 아니며, 우리와 같은 바다의 경이로움에 대한 열정도 없습니다. 그는 고국의 술집으로 돌아갈 수만 있다면 어떤 위험도 감수할 겁니다!"

분명히, 자유롭고 활기찬 생활에 익숙했던 네드 랜드에게는 배에서의 단조로운 생활이 견딜 수 없을 만큼 지루했을 것이다. 그를 흥분시키는 일은 거의 일어나지 않았다. 하지만 그날, 그에게 과거의 작살 잡이의 삶을 떠올리는 사건이 발생했다.

오전 11시경, 바다 표면에 떠오른 노틸러스호는 수염고래 무리를 마주쳤다. 이 만남은 나에게 놀라운 일이 아니었다. 고래들이 너무 혹독하게 사냥당해 고위도 해양분지로 피신하는 것을 알고 있었기 때문이다. 해양 세계와 지리적 탐험 분야에서 고래는 중요한 역할을 했다. 고래는 바스크인들, 아스투리아 출신 스페인 사람들, 영국인들, 그리고 네덜란드인들을 대양의 위험에 맞서 용기를 갖고 세계의 끝으로 이끌어준 동물이다. 수염고래들은 남극과 북극의 극지대 바다를 좋아한다. 오래된 전설에 따르면 이 고래들이 어부들을 북극점에서 겨우 7리그 떨어진 곳까지 이끌었다고도 한다. 비록 이 이야기들이 허구일지라도, 언젠가는 현실이 될 가능성이 크다. 인류는 고래를 사냥하러 북극이나 남극 지역에까지 쫓아감으로써 결국 지구의 미지의 지점까지 도달할 것이다. 우리는 잔잔한 바다 위 플랫폼에 앉아 있었다. 3월은 이 지역에서 10월과 같은 계절로, 우리에게 멋진 가을 날씨를 제공하고 있었다. 고래를 처음 발견한 사람은 다름 아닌 캐나다인 네드 랜드였다. 그는 이 주제에 있어서 결코 실수할 사람이 아니었다. 동쪽 지평선에서 파도 위로 오르락내리락하는 검은 등의 고래를 발견할 수 있었다. 그것은 노틸러스호에서 약 5마일 떨어진 곳이었다.

"와우!" 네드 랜드가 외쳤다.

"내가 고래잡이 배에 있었다면 정말 재밌었겠군! 저거 봐! 엄청나게 크다! 저 불쑥 솟는 고래의 분수구가 내뿜는 공기와 증기를 봐! 망할! 왜 내가 이 강철덩어리에 갇혀 있는 거지!"

"네드!" 내가 말했다.

"아직도 예전 작살 잡이의 본능에서 벗어나지 못했나?"

"어떻게 고래잡이가 옛 직업을 잊을 수 있겠습니까, 선생님? 그런 흥미진진한 사냥을 누가 싫어할 수 있겠습니까?"

"자네는 이 바다에서 고래잡이를 해본 적이 있나, 네드?"

"아니요, 선생님. 가장 북쪽 바다에서만 해봤지요. 베링 해협과 데이비스 해협 모두에서요."

"그렇다면 남방큰수염고래는 아직 모르는 셈이군. 자네는 지금까지는 북극고래만 사냥한거라네, 그녀석들은 적도 넘어 따뜻한 물로는 가지 않으니 말일세."

"오, 교수님, 무슨 말씀을 하시는 겁니까?" 네드 랜드는 다소 회의적인 톤으로 대답했다.

"사실을 알려주는 거네."

"들어보십시오! 1865년, 겨우 2년 반 전입니다. 저는 그린란드 근처에서 한 고래를 잡은 적 있는데 그 고래의 옆구리에는 베링 해에서 온 고래잡이배의 표식이 된 작살이 꽂혀 있었습니다. 교수님께 여쭤보지요. 만약 그 고래가 적도를 지나 케이프혼이나 희망봉을 돌지 않았다면 어떻게 미국의 서쪽 해에서 제 손에 잡힐 수 있었을까요?"

"저도 네드 씨의 의견에 동의합니다." 콩세이유가 말했다.

"주인님의 대답이 궁금합니다."

"내 대답은 말일세, 수염고래들은 종에 따라 특정 바다에 국한되어 있고 그곳을 떠나지 않는다는 거네. 그리고 만약 이 고래가 베링 해협에서 데이비스 해협으로 갔다면, 캐나다나 시베리아 연안을 따라 두 바다를 연결하는 통로가 있기 때문이지."

"그걸 믿으라고요?" 네드 랜드가 눈짓하며 물었다.

"주인님께서 말씀하신다면 믿어야지요." 콩세이유가 대답했다.

"그러니까" 네드 랜드가 이어서 말했다.

"저는 이런 수역에서 고래를 잡아본 적이 없으니 여기 고래들을 모르는 게 당연하겠군요?"

"내가 하고 싶었던 말이 그거라네, 네드"

"그렇다면 더 알아봐야할 이유가 생겼군요." 콩세이유가 대답했다.

"저기 봐! 저기 봐!" 네드 랜드가 외쳤다.

그의 목소리에 흥분이 가득했다.

"다가오고 있어! 우리 쪽으로 오고 있어! 나를 비웃는 것 같군! 저놈은 내가 아무것도 할 수 없다는 걸 알고 있나 봐!"

네드 랜드는 발을 구르며 상상의 작살을 휘둘렀고, 그의 손은 떨리고 있었다.

"이 고래들도 북쪽 바다의 고래들만큼 클까요?" 그가 물었다.

"거의 비슷할 걸세, 네드."

"저는 정말 큰 수염고래들을 본 적이 있습니다. 선생님. 무려 길이가 100피트에 달하는 고래들도요! 심지어 알류샨 열도 근처의 긴수염고래는 150피트를 넘는 경우도 있다 들었지요."

"그건 좀 과장된 것 같군." 내가 대답했다.

"그 동물들은 단지 등지느러미를 가진 긴수염고래속에 속한 종들이지, 향유고래와 마찬가지로 대체로 큰머리수염고래보다는 작은 편이네."

"오!" 네드 랜드는 눈을 떼지 않고 바다를 바라보며 외쳤다.

"더 가까이 오고 있어요. 노틸러스호 근처 물속으로 들어오고 있어요!" 그는 계속해서 말했다.

"교수님은 향유고래를 작은 동물처럼 말씀하시는 군요." 그가 말했다.

"하지만 거대한 향유고래에 대한 이야기도 있습니다. 이 동물들은 상당히 영리합니다. 어떤 고래는 해초와 후쿠스 식물로 자신을 덮고 다닌다고 합니다. 사람들은 그걸 작은 섬으로 착각하고 그 위에 캠프를 차리고 불을 피우곤 한다지요."

"집은 안 짓습니까?" 콩세이유가 말했다.

"맞아, 재밌는 친구." 네드 랜드가 대답했다.

"그러다 어느 날 고래가 잠수하면서 모두를 물속으로 끌고 가는 거지."

"신밧드의 항해 이야기 같군." 내가 웃으며 대답했다.

"오, 랜드 씨, 허풍쟁이 이야기 좀 그만하시지요! 정말 그런 향유고래가 있다고 믿는 건 아니겠죠?"

"자연 학자님" 네드 랜드는 진지하게 대답했다.

"고래에 대해서라면 뭐든 믿어도 좋습니다! (저거 보세요, 움직이는 거! 도망가려는 거예요!) 사람들은 이 동물들이 지구를 15일 만에 한 바퀴 돌 수 있다고 주장합니다."

"나도 부정하지 않겠네."

"하지만 분명히 모르시는 게 있죠. 아로낙스 교수님, 세상이 처음 만들어졌을 때 고래들은 더 빨리 이동했다고 합니다."

"정말인가, 네드? 왜 그랬을까?"

"그건 말이죠, 그때는 고래 꼬리가 좌우로 달려서 양쪽으로 흔들며 물을 휘젓고 다녔기 때문이죠. 우리 창조주께서는 고래들이 너무 빨리 헤엄친다는 걸 아시고 그들의 꼬리를 비틀어 버리셨습니다. 그때부터 고래들은 속도를 포기한 채, 꼬리를 위아래로 흔들며 파도를 헤엄치게 되었지요."

"좋네, 네드" 내가 말했다.

"그 말을 믿으라는 건가?"

"조금은요." 네드 랜드가 대답했다.

"마치 제가 길이 300피트, 무게 1백만 파운드의 고래가 있다고 말하는 것처럼 말이죠."

"그건 정말 대단하군." 내가 말했다.

"하지만 사실, 고래들은 우리가 생각하는 것 이상으로 꽤 커질 수 있다는 것을 인정해야 하네. 한 마리가 120톤 이상의 기름을 제공한다고 하니 말이야."

"그건 실제로 본 적이 있습니다." 네드 랜드가 말했다.

"그건 나도 믿을 수 있네, 네드. 어떤 수염고래는 100마리의 코끼리와 맞먹는 크기일 테니. 만약 그런 크기의 고래가 최고 속도로 돌진한다면 얼마나 강력할지 상상해 보게."

"배를 가라앉힐 수도 있다는 게 사실인가요?" 콩세이유가 물었다.

"배? 그건 모르겠군." 내가 대답했다.

"하지만 1820년에 남쪽 바다에서 수염고래가 '에식스호'를 들이받아 초당 4미터의 속도로 후퇴시켰다는 이야기가 있지. 결국 '에식스호'는 침몰했네."

네드 랜드는 약간 비꼬는 표정으로 나를 바라보았다.

"내 경험으로 말하자면," 그가 말했다.

"난 고래의 꼬리에 맞아 공중으로 6미터나 날아간 적이 있네. 물론 작은 보트에서 말이지. 하지만 교수님의 고래에 비하면 내 고래는 애송이였지."

"이 동물들은 오래 사나요?" 콩세이유가 물었다.

"천 년" 네드 랜드가 주저 없이 대답했다.

"그걸 어떻게 아는 거지, 네드?" 내가 물었다.

"사람들이 그렇게 말하니까요."

"왜 그렇게 말하는데?"

"그렇게 알고 있으니까 그렇지요."

"아닐세, 네드! 사람들은 알고 있는 게 아니라, 단지 추측하는 것일세. 사람들이 그렇게 믿는 이유는 과거에 고래가 지금보다 더 컸다고 하니까, 지금의 고래들은 아직 성장이 다 안 되었다고 생각하는 거지. 그래서 '뷔퐁 백과사전' 에서도 고래가 천년을 살 수 있다고 주장하는 거라네."

네드 랜드는 더 이상 내 말에 귀 기울이지 않았다. 그의 시선은 계속해서 다가오는 고래 떼에 고정되어 있었다.

"오!" 그가 외쳤다.

"한 마리가 아니라 열 마리, 스무 마리, 온통 고래 떼야! 하지만 나는 아무것도 할 수 없다니! 꼼짝없이 묶여 있다고!"

"그런데 네드," 콩세이유가 말했다.

"네모 선장에게 사냥 허락을 부탁해 보시죠."

콩세이유가 말을 마치기도 전에, 네드 랜드는 해치를 통해 아래로 뛰어 내려가 선장을 찾아 나섰다. 잠시 후 두 사람은 플랫폼에 나타났다.

네모 선장은 한 마일 거리에서 바다 위를 유유히 헤엄치는 고래 떼를 관찰했다.

"저건 남방 수염고래군요." 그가 말했다.

"고래잡이 함대의 저 재산이 떠있는 것과 같군요."

"선장님" 네드 랜드가 물었다.

"제가 저 고래를 사냥해도 되겠습니까? 제가 예전 작살 잡이의 기술을 잊지 않도록 말입니다."

"사냥? 무엇 때문이죠?" 네모 선장이 대답했다.

"단순히 파괴하기 위해서인가요? 우리 배에는 고래 기름이 필요 없습니다."

"그러나, 선장님." 네드 랜드가 말했다.

"홍해에서는 듀공을 잡을 수 있도록 허락하셨지 않습니까?"

"그때는 내 선원들에게 신선한 고기를 제공하기 위해서였네. 하지만 지금은 단지 죽이기 위한 살생일 뿐이야. 내가 잘 알고 있듯이 그런 살인은 인간에게만 허락된 특권이지. 하지만 난 그런 살인적인 오락을 허용할 수 없습니다. 인간들이 남방 수염고래나 큰머리수염고래 같은 무해한 생물을 살상하는 것은 용서할 수 없는 범죄를 저지르는 겁니다. 그들 때문에 벌써 바핀 만[60] 전체가 텅 비었고, 언젠가 유용한 동물의 한 부류를 완전히 멸종시킬 겁니다. 그러니 이 불쌍한 고래들을 내버려 두십시오. 그들은 이미 향유고래, 황새치, 톱상어 같은 자연의 적들로도 충분히 힘듭니다."

네드 랜드가 그 말을 듣고 어떤 표정을 지었을지는 독자에게 맡기겠다. 네모 선장이 프로 작살 잡이에게 이런 사냥 윤리를 설파한 건 헛수고에 불과했다. 선장을 바라보고 있는 네드 랜드는 분명 그의 말을 이해하지 못한 듯했다. 하지만 선장의 말은 옳았다. 어리석고 야만적인 어부들의 피에 굶주린 행위는 언젠가는 마지막 수염고래도 바다에서 사라지게 할 것이다.

60) 바핀 만(Baffin Bay)은 북대서양의 북쪽에 위치한 만으로, 캐나다의 바핀 섬과 그린란드 사이에 있다. 이 만은 북극해와 연결되어 있으며, 겨울에는 해빙으로 덮이는 경우가 많다. 이 지역은 다양한 북극 생태계와 함께 바다표범, 북극곰, 고래 같은 북극 동물들의 서식지로 유명하다.

네드 랜드는 이를 악물고 '양키 두들'을 휘파람으로 불며, 주머니에 손을 넣고 우리에게 등을 돌렸다. 한편, 네모 선장은 고래 무리를 관찰하다가 나에게 말했다.

"제가 말씀드렸듯이, 수염고래들은 인간을 제외하고도 충분한 천적을 가지고 있습니다. 저기 저 멀리, 아로낙스 교수님, 8마일 떨어진 곳에서 움직이는 검은 점들이 보이시나요?"

"네, 선장님."

"저것들은 향유고래입니다. 때로는 200에서 300마리의 떼로 움직이기도 하는 무서운 동물들이지요. 이들은 잔혹하고 파괴적인 존재들이고, 말 그대로 없애버릴 가치가 충분합니다."

이 마지막 말에 네드 랜드는 재빨리 고개를 돌렸다.

"선장님." 내가 말했다

"그렇다면 수염고래들을 위해서라도 서둘러야 하지 않겠습니까?"

"위험을 감수할 필요는 없습니다. 교수님. 노틸러스호는 이 향유고래들을 흩어 놓기에 충분하니까요. 노틸러스호에는 네드 랜드 씨의 작살에 버금가는 강철 박차가 장착되어 있습니다."

네드 랜드는 어깨를 으쓱할 생각조차 하지 않았다. 고래를 강철 박차로 공격하다니! 이런 터무니없는 이야기가 어디 있단 말인가!

"기다려보십시오. 아로낙스 교수님." 네모 선장은 말했다.

"지금까지 교수님이 아직 본 적 없는 사냥법을 보여드리겠습니다. 이 사나운 고래들에게 자비는 없습니다. 그들은 그저 입과 이빨 덩어리일 뿐입니다!"

입과 이빨! 이것이야말로 긴 두개골을 가진 향유고래를 설명하는 가장 적절한 표현이었다. 이 거대한 고래는 몸의 약 3분의 1을 차지하는 거대한 머리를 지녔으며, 상악에는 단지 고래수염만 달려 있는 수염고래와는 달리 향유고래는 25개의 커다란 이빨을 갖추고 있었다. 이 이빨들은 20센티미터 높이로, 원추형의 끝을 가지며, 각각 2파운드 무게를 가지고 있다. 이 거대한 머리의 상단에는 '경랍'이라 불리는 귀중한 기름이 300에서 400킬로그램 들어 있었다. 향유고래는 비정상적으로 생긴 동물로, 더구나 향유고래의 왼쪽 부분은 완전히 결함투성이이며, 오른쪽 눈으로만 제대로 볼 수 있다. 그 사이 무시무시한 무리는 점점 더 가까워지고 있었다. 그들은 이미 수염고래 무리를 발견해 공격할 준비를 하고 있었다. 향유고래는 체격적으로 싸우기에 더 적합했을 뿐 아니라 수염고래들보다 더 오래 잠수할 수 있었기 때문에 승리는 뻔해 보였다.

수염고래들을 구하기 위해 서둘러야 했다. 노틸러스호는 물속으로 들어갔다. 콩세이유, 네드 랜드, 그리고 나는 휴게실 창문 앞에 자리를 잡았다. 네모 선장은 조종석에 위치해 노틸러스호를 무기처럼 조작하고 있었다. 곧 우리의 프로펠러가 더 빠르게 움직이는 것을 느꼈고, 우리는 속력을 올렸다.

수염고래와 향유고래의 싸움은 이미 시작되고 있었다. 노틸러스호는 긴 두개골을 가진 포식자들 무리 속으로 진입했다. 처음에 고래들은 이 새로운 괴물이 전투에 끼어든 것에 크게 신경을 쓰지 않았지만, 곧 노틸러스호의 돌진을 피하려 애써야 했다.

엄청난 싸움이었다! 네드 랜드는 곧 흥분하여 박수를 치며 응원하기까지 했다. 선장의 손에 의해 조종되는 노틸러스호는 마치 날카로운 작살처럼 향유고래들에게 덤벼들었다. 그는 고래들의 살 덩어리를 두 갈래로 찢어 놓았고, 이내 다음 고래에게 돌진했다. 고래들의 꼬리가 우리 측면을 치는 강력한 타격도, 노틸러스호는 전혀 느끼지 못했다. 충돌도 마찬가지였다. 한 마리의 향유고래를 전멸시키고 나면, 곧바로 다음 목표로 향했다. 그들이 깊은 곳으로 잠수하면 뒤따라 잠수했고, 그들이 수면으로 올라오면 함께 떠올랐다. 정면에서 또는 측면에서 공격하며 어디서든 이 무시무시한 박차로 그들을 꿰뚫었다. 얼마나 많은 피가 흐르고 소음이 난무했는지! 공포에 질린 동물들 특유의 날카로운 비명과 숨소리로 평온하던 물 속이 실제 파도처럼 휘몰아치고 있었다.

이 전투는 한 시간 동안 계속되고 향유고래들은 도망칠 수 없었다. 10마리에서 12마리씩 무리를 지어 노틸러스호를 공격하려 했고, 창문을 통해 그들의 거대한 입과 소름끼치는 눈이 보였다. 네드 랜드는 자제력을 잃고 그들에게 모욕과 협박을 퍼부었다. 그들은 덤불 속의 멧돼지처럼 잠수함에 매달려 있었다. 그러나 노틸러스호는 프로펠러의 속도를 높여 그들을 떨어뜨리거나 물속으로 끌고 가거나 수면 위로 끌어올렸다. 그들의 무거운 몸이나 강력한 힘은 전혀 문제 되지 않았다. 마침내 이 향유고래 무리는 흩어졌고, 파도는 다시 고요해졌다. 나는 우리가 수면으로 올라가고 있음을 느꼈다. 해치가 열리자 우리는 플랫폼 위로 올라갔다.

바다는 잔혹하게 훼손된 시체들로 가득했다. 어떤 강력한 폭발도 이보다 더 심하게 이 육중한 덩어리들을 찢거나 가르지 못했을 것이다. 우리는 거대한 고래 시체들 사이에 떠 있었다. 등은 푸르스름하고 배는 하얀 거대한 몸들이 모두 찢어지거나 부서져 있었다. 두려움에 질린 향유고래 몇 마리가 수평선 너머로 달아났다. 그 파도는 몇 마일에 걸쳐 붉게 물들어 있었고, 노틸러스호는 피바다 한가운데 떠 있었다. 네모 선장이 우리에게 다가왔다.

"자, 랜드 씨?" 그가 물었다.

"음, 선장님." 흥분이 가라앉은 네드 랜드가 대답했다.

"정말로 무시무시한 광경이군요. 하지만 저는 사냥꾼이지, 도살자는 아닙니다. 이건 그냥 도살일 뿐이에요."

"파괴적인 동물들을 처단한 것일 뿐입니다." 네모 선장이 대답했다.

"노틸러스호는 도살용 칼이 아닙니다."

“저는 제 작살이 더 좋습니다.” 네드 랜드가 대답했다.

“사람마다 다르지요.” 선장이 랜드 씨를 뚫어지게 바라보며 대답했다.

나는 네드 랜드가 격노하여 어떤 폭력적인 행동을 할까 봐 두려웠다. 그러나 그의 분노는 바로 노틸러스호 곁으로 다가온 수염고래를 보고 사라져버렸다. 고래는 향유고래의 이빨을 피해 도망치지 못했다. 나는 남방긴수염고래라는 것을 알아보았다. 몸통이 짧고 전체적으로 어두운 색을 띠고 있었다. 이 고래는 해골의 일곱 목뼈가 융합되어 있고 다른 고래들보다 갈비뼈가 두 개 더 많다는 점에서 흰긴수염고래나 검은긴수염고래와 구별된다. 옆으로 떠있는 이빨 자국으로 가득한 가여운 고래는 죽어 있었다. 그 잘린 지느러미 끝에는 아직도 새끼 고래 한 마리가 매달려 있었다. 이 고래는 학살에서 새끼를 구하지 못한 것이다. 열린 입에서는 고래수염 사이로 잔잔한 파도 소리를 내며 물이 흐르고 있었다.

네모 선장은 노틸러스호를 고래 사체 옆으로 몰고 갔다. 그의 부하 두 명이 고래의 몸에 올라타더니 놀랍게도, 그들은 고래의 젖통에서 젖을 모두 짜내 두세 개의 통을 가득 채울 만큼의 양을 모았다. 선장은 나에게 따뜻한 고래 젖이 담긴 컵을 건넸다. 나는 고래 젖에 대해 거부감을 숨길 수 없었다. 그러나 네모 선장은 이 젖은 아주 맛이 훌륭하며, 소의 젖과 다를 바 없다고 나를 안심시켰다. 맛을 본 나는 그의 말에 동의할 수밖에 없었다.

이 젖은 염분이 있는 버터나 치즈 형태로 우리에게 새로운 식량 보충제가 되어 줄 것이 분명했다.

그날 이후 나는 네드 랜드가 네모 선장을 대하는 태도가 점점 나빠지는 것을 느꼈다. 그래서 나는 네드 랜드의 행동과 움직임을 주의 깊게 살펴보기로 마음먹었다.

빙산지대

노틸러스호는 변함없이 남쪽을 향해 조용히 항해를 계속했다. 이 배는 50도 경선을 따라 빠르게 남하하고 있었다. 이 배는 남극으로 향하는 것일까? 나는 그렇게 생각하지 않았다. 이전에도 남극에 도달하려는 시도는 모두 실패했기 때문이다. 게다가 이미 3월 13일로, 남극의 계절은 북반구의 9월과 같아 춘분기를 맞이하고 있었다.

3월 14일, 남위 55도 지점에서 나는 떠다니는 얼음 조각들을 발견했다. 20~25피트 길이의 옅은 빛을 띤 부서진 얼음들이 마치 산호초처럼 해변을 이뤘고, 파도가 그 위로 부서졌다. 노틸러스호는 해수면 위를 항해하고 있었다. 북극해에서 고래잡이를 한 경험이 있는 네드 랜드는 얼음산이 익숙했지만, 콩세이유와 나는 처음으로 그것을 보고 감탄했다.

남쪽 수평선 쪽 하늘에는 눈부신 흰색 띠가 펼쳐져 있었다. 영국의 고래잡이들은 이것을 '얼음 빛(ice blink)'이라 부르는데, 구름이 아무리 짙어도 이 현상을 가릴 수는 없다. 이는 얼음 덩어리 또는 빙산의 존재를 알리는 것이었다.

곧 더 큰 얼음 덩어리들이 나타났고, 안개가 걷히자 그 빛깔이 다양하게 드러났다. 어떤 덩어리들은 구리황산처럼 구불구불한 녹색 줄무늬를 띠었고, 또 다른 덩어리들은 거대한 자수정처럼 빛을 내부로 투과시켰다. 그 빛은 수천 개의 결정 표면에서 태양의 빛을 반사하고 있었다. 어떤 덩어리들은 밝은 석회석 광택을 띠고 있어 이 덩어리들로만 건설된 대리석 도시를 지을 수도 있을 것 같았다. 남쪽으로 갈수록 떠다니는 얼음 섬들이 점점 더 많아지고 크기가 커졌다. 북극 새들이 수천 마리씩 그 위에 둥지를 틀고 있었는데, 이들은 바다제비, 케이프비둘기, 펭귄들이었다. 그들의 울음소리는 귀가 먹먹할 정도로 컸다. 노틸러스호를 고래의 사체로 착각한 일부 새들이 착륙해 부리로 그 단단한 철판을 쪼았다. 얼음 속에서 항해를 계속하는 동안, 네모 선장은 종종 플랫폼에 머물렀다. 그는 이 황량한 수로를 주의 깊게 살폈다. 그의 차분한 눈빛이 때때로 번뜩이는 것을 보았다. 인간에게 금지된 이 극지의 바다에서 그는 마치 자신이 이곳의 주인처럼 느끼고 있는 것일까? 아마 그랬을 지도 모른다. 그러나 그는 아무 말도 하지 않았다. 오로지 조타사의 본능이 작동할 때에만 깨어나듯 그는 노틸러스호를 절묘한 솜씨로 조종하며 얼음 덩어리들을 피했다. 일부 얼음 덩어리는 몇 마일에 걸쳐 넓게 퍼져 있었고, 높이는 70에서 80미터에 달했다. 종종 수평선이 완전히 막혀 있는 것처럼 보이기도 했다. 남위 60도 부근에서 모든 길이 사라졌다. 신중히 빠져나갈 길을 찾던 네모 선장은 곧 좁은 통로를 발견했고, 과감하게 그 통로로 노틸러스호를 진입시켰다. 우리가 지나가고 나면 이 통로가 뒤에서 닫힐 것임을 알면서도 말이다.

네모 선장의 능숙한 조종으로 노틸러스호는 다양한 크기와 모양의 얼음 덩어리를 무사히 통과했다. 콩세이유는 감탄하며 얼음 덩어리들이 크기와 형태에 따라 정확하게 분류했다.

'빙산'은 산처럼 크고, '빙원'은 평평하고 무한히 넓은 얼음 지대이다. '유빙'은 떠다니는 얼음 조각, '빙붕'은 부서진 얼음이 넓게 펼쳐져 물위에 떠다니는 모양이다.

기온은 꽤 낮았다. 외부 공기에 노출된 온도계는 -2도에서 -3도 사이를 가리켰다. 그러나 우리는 물개와 바다표범 덕분에 모피로 만든 따뜻한 옷을 입었고 노틸러스호의 내부는 모든 전기 장비에 의해 균일하게 데워져 아무리 강한 추위도 문제되지 않았다. 게다가 노틸러스호는 바다 몇 미터만 가라앉으면 적당한 온도를 찾을 수 있었다. 두 달 전이라면 우리는 이 위도에서 백야를 즐길 수 있었겠지만, 지금은 이미 3~4시간 동안 밤이 찾아왔고, 얼마 후에는 이 극지방에 여섯 달 동안 그림자가 드리울 것이었다.

3월 15일, 우리는 남극 셰틀랜드와 사우스오크니 제도의 위도를 넘었다. 선장은 한때 많은 물개 무리들이 이 해안에 서식했으나 영국과 미국의 고래잡이들이 파괴의 광기로 모든 성체를 학살했다고 한다. 그중에는 임신한 암컷도 포함되었다고 말했다. 생명과 활기가 넘치던 곳은 이제 침묵과 죽음만이 남아 있었다.

55도 경선을 따라 남하하던 노틸러스호는 3월 16일 오전 8시경 남극권을 돌파했다. 얼음이 우리를 완전히 둘러싸고 수평선을 막았다. 그럼에도 네모 선장은 끊임없이 남쪽을 향해 길을 찾아 나아갔다.

"그는 도대체 어디로 가고 있는 걸까?" 내가 물었다.

"곧장 앞으로 가고 있는 것 같습니다." 콩세이유가 대답했다.

"결국, 더 이상 갈 수 없게 되면 멈출 겁니다."

"그렇지 않을 것 같네!" 내가 답했다.

솔직히 말하자면, 나는 이 모험적인 항해가 매우 흥미로웠다. 이 새로운 지역의 경이로움에 대한 나의 감탄을 표현할 수 없었다. 얼음은 장엄한 모습을 드러냈다. 어느 곳에서는 수많은 첨탑과 모스크가 있는 동양 도시를 연상시키기도 했다. 다른 곳에서는 지진으로 무너져 내린 폐허의 도시 같았다. 이러한 장면들은 태양의 비스듬한 광선에 의해 끊임없이 변하거나 회색 안개 속에서 눈보라와 함께 완전히 삼켜지기도 했다. 그때마다 거대한 빙산은 폭발, 붕괴, 그리고 전복되며 주변 경관을 디오라마처럼 바꾸었다.

노틸러스호가 해저로 잠수를 한 뒤에 이런 균형이 깨지는 때면 그 결과로 발생한 소리들이 물속에서 무서운 강도로 울려 퍼졌다. 거대한 얼음 덩어리의 붕괴는 해양의 깊은 층까지도 휘몰아치는 소용돌이를 일으켰다. 노틸러스호는 마치 자연의 분노에 떠밀린 배처럼 요동쳤다.

종종 탈출구가 보이지 않아 나는 몇 번이나 우리가 영원히 갇힌 줄 알았다. 그러나 네모 선장은 얼음 필드 사이로 스며드는 얇은 푸른 물줄기 같은 작은 징후들을 놓치지 않고 새로운 통로를 찾아냈다. 나는 네모 선장이 이미 남극 바다 한가운데를 노틸러스호로 탐험해 보았음을 확신했다.

그러나 3월 16일, 얼음 지대가 우리의 길을 완전히 막았다. 그것은 아직 빙산은 아니었지만 거대한 얼음 지대들이 서로 얼어붙어 있었다. 그러나 이러한 장애물도 네모 선장을 막을 수 없었다. 그는 엄청난 힘으로 노틸러스호를 얼음 덩어리에 처넣었다. 노틸러스호는 마치 쐐기처럼 이 부서지기 쉬운 얼음 덩어리를 가르고 무시무시한 굉음과 함께 나아갔다. 그것은 무한한 힘을 지닌 중세의 공성추(성벽이나 문을 부수기 위한 장비)와도 같았다. 높이 날아오른 얼음 파편은 우박처럼 우리 주위로 쏟아졌다. 순전히 힘으로만 통로를 뚫어낸 노틸러스호는 때로는 얼음 덩어리 위로 올라가 그 무게로 그것들을 으스러뜨렸고, 다른 때는 얼음 덩어리 아래로 잠수해 요동치며 넓은 구멍을 내고 길을 만들었다. 낮 동안 거센 폭풍이 우리를 덮쳤다. 짙은 안개로 인해 우리는 플랫폼의 한쪽 끝에서 다른 쪽 끝조차 볼 수 없었다. 바람은 갑자기 방향을 바꾸며 온 나침반을 휘저었다. 눈은 두껍게 쌓여 곡괭이로 때려쳐서 치워야 했다. 기온은 겨우 -5도에 불과했지만 노틸러스호의 외부는 얼음으로 덮여 있었다. 만약 우리가 돛을 단 배였다면, 모든 장비가 얼어붙어 사용할 수 없었을 것이다. 오직 석탄을 필요로 하지 않는 전기 모터로 움직이는 돛 없는 배만이 고위도를 항해할 수 있었다. 이러한 조건에서 기압계는 일반적으로 매우 낮게 유지되어 73.5cm까지 내려갔다. 남극 자기극에 가까워지자 나침반의 바늘이 혼란스럽게 동서남북을 가리키며 신뢰할 수 없게 되었다. 사실 천문학자 한스틴에 따르면 남극 자기극은 정확히 남극과 일치하지 않으며 남위 70도 근처와 동경 130도 지점에 위치한다고 한다. 그래서 우리는 여러 부분에 나침반을 옮겨 측정하고 평균값을 계산해야 했다. 자주 길을 예측하며 항로를 결정해야 했는데 끊임없이 바뀌는 굴곡진 통로 속에서 만족스럽지 못한 방법이었다.

마침내 3월 18일, 20번의 무의미한 충돌 끝에 노틸러스호는 단호하게 저지당했다. 이제 더 이상 유빙, 빙붕 또는 얼음 지대가 아닌 얼음산들이 서로 맞물려 형성된 끝이 보이지 않는 거대한 장벽이었던 것이다.

'빙산 벽이다!' 네드 랜드가 내게 말했다.

네드 랜드뿐만 아니라 우리보다 앞서 이곳을 항해했던 모든 항해자에게 이곳은 넘을 수 없었던 거대한 장벽이라는 것을 나는 알고 있었다. 정오쯤 잠시 모습을 드러낸 태양을 이용해 네모 선장이 위치를 측정한 결과 우리는 남위 67도 39분, 동경 51도 30분에 있었다. 이는 남극 지역에서도 상당히 남쪽으로 깊이 들어온 위치였다.

더 이상 바다나 물은 눈앞에 없었다. 노틸러스호의 뱃머리 앞에는 거대한 깨진 얼음 평원이 펼쳐져 있었고, 그 조각들은 서로 뒤엉켜 마치 해빙 직전 강의 표면과 같은 혼란스러운 모습이었다. 이곳의 얼음은 크기가 엄청났다. 여기저기 200피트 높이까지 솟은 날카로운 봉우리들이 우뚝 섰다. 멀리에는 가파르게 잘려진 절벽들이 회색빛을 띠고 있었다. 태양은 희미하게 안개 속에 가라앉은 상태에서 드문드문 빛을 반사하고 그 너머로는 황량한 자연 속에 엄숙한 고요함이 흐르고 있었다. 이 침묵은 오직 바닷새인 바다제비나 퍼핀(Puffin)의 날갯짓 소리로 간혹 깨질 뿐이었다. 이제 모든 것이 얼어붙었고, 소리마저도 얼어 있었다.

이렇게 노틸러스호는 얼음 지대 사이에서 더 이상 나아가지 못하고 멈춰야 했다.

"교수님" 그날 네드 랜드가 나에게 말했다.

"네모 선장이 이 이상 더 가려 한다면……."

"그렇다면?"

"그는 영웅이 될 겁니다."

"그게 무슨 뜻인가, 네드?"

"누구도 이 빙산 벽을 넘을 수 없으니까요. 선장은 강한 사람이지만 빌어먹을, 그는 자연보다 강할 수는 없지 않습니까? 자연이 경계선을 그어두면 그곳에서 멈춰야 하는 겁니다, 좋아하든 싫어하든 말입니다!"

"맞는 말일세, 네드 랜드. 하지만 나는 이 빙산 벽 뒤에 무엇이 있는지 알고 싶다네! 그것이 내 가장 화가 나는 원인이네, 장벽이란 말이지!"

"주인님이 옳습니다." 콩세이유가 말했다.

"과학자들을 좌절시키기 위해 벽이라는 것이 만들어졌으니까요. 모든 벽은 금지되어야 합니다."

"좋아!" 네드 랜드가 끼어들었다.

"그런데 우리는 이미 이 빙산 벽 뒤에 뭐가 있는지 알고 있잖아."

"뭐가 있는 거지?" 내가 물었다.

"얼음, 또 얼음, 더 많은 얼음."

"네드 자네는 그 점에 확신이 있겠지만, 나는 아닐세. 그래서 나는 직접 보고 싶은 거라네."

"글쎄요, 선생님." 네드 랜드가 대답했다.

"그 생각은 접으셔야겠습니다! 이미 이 빙산 벽까지 왔으니 그 정도면 충분하지 않습니까. 더 갈 수는 없습니다. 네모 선장이나 노틸러스호도 마찬가지입니다. 그리고 그는 원하든 원하지 않든 우리는 다시 북쪽으로 가게 될 것입니다. 상식적인 사람들의 땅으로 말입니다."

나는 네드 랜드의 말이 맞다고 인정할 수밖에 없었다. 배들이 얼음 지대를 넘나들 수 있는 것이 아니라면, 이들은 빙산 벽 앞에서 멈출 수밖에 없다.

사실, 노틸러스호는 아무리 애쓰고 강력한 방법으로 이 얼음을 갈라내려 해도 꼼짝달싹할 수 없었다. 일반적으로 더 나아갈 수 없을 때는 뒤 돌아가는 것이 맞지만, 여기서는 앞으로도 뒤로도 돌아갈 수가 없었다. 왜냐하면, 모든 통로가 뒤에서 닫혔기 때문이다. 노틸러스호가 조금이라도 멈추면 즉시 얼음 속에 갇히게 되기 때문이었다. 결국 오후 두 시쯤 그것이 현실이 되었다. 배의 옆면에 얼음이 빠른 속도로 생성되기 시작했다. 나는 네모 선장의 판단이 무모했다고 인정하지 않을 수 없었다. 그때 나는 플랫폼에 있었다. 상황을 한참 관찰하던 선장이 내게 말했다.

"교수님! 어떻게 생각하십니까?"

"우리는 갇혔군요. 선장님."

"갇혔다니요! 무슨 뜻입니까?"

"우리는 앞으로도 뒤로도 옆으로도 갈 수 없다는 뜻입니다. 그것이 '갇혔다'는 말의 기본 정의지요. 최소한 문명 세계에서는요."

"그래서 교수님께서는 노틸러스호가 자유롭게 뜨지 못할 거라고 생각하십니까?"

"아주 어려운 일이 될 겁니다. 선장님. 이미 여름시즌이 너무 지나서 얼음을 깰 수 있는 가능성은 없다고 봅니다."

"이런, 교수님." 네모 선장이 비꼬는 어조로 대답했다.

"교수님은 여전히 변함이 없으시군요! 교수님은 장애물과 방해물만 보시는군요! 노틸러스호는 분명히 떠오를 것이며, 더 멀리 갈 것입니다!"

"더 남쪽으로?" 내가 선장을 쳐다보며 물었다.

"그렇습니다, 교수님. 우리는 남극으로 갈 것입니다."

"남극으로!" 나는 놀라움을 감추지 못하고 소리쳤다.

"예." 선장이 차분히 대답했다.

"남극점으로 말입니다. 지구상의 모든 자오선이 교차하는 미지의 지점으로요. 아시다시피, 저는 노틸러스호로 무엇이든 할 수 있습니다."

나는 이 사람이 무모할 정도로 대담하다는 것을 알고 있었다. 그러나 남극점 주변의 모든 장애물을 넘어서려는 것, 그것도 아직 가장 용감한 항해자들이 도달하지 못한 북극보다 더 도달하기 어려운 곳을 목표로 삼는 것은 미친 사람의 머릿속에서만 나올 수 있는, 완전히 상식을 벗어난 계획이 아닌가?

그때 나는 네모 선장이 이미 남극점을 발견했는지 물어보아야겠다는 생각이 들었다. 그곳은 인간이 한 번도 밟아보지 못한 곳이었다.

"아니요. 선생님" 그가 대답했다.

"하지만 우리 둘이 함께 발견할 것입니다. 다른 이들은 모두 실패한 곳에서 저는 성공할 것입니다. 나의 노틸러스호로 이 남극의 바다 깊숙이까지 들어온 적이 없지만 나는 다시 한번 말합니다. 더 깊이 갈 것입니다."

"선장님을 믿고 싶군요." 나는 약간 비꼬는 어조로 대답했다.

"나는 선장을 믿습니다! 계속해서 나아갑시다! 우리에게는 장애물이 없군요! 이 빙산 벽을 부수고, 그래도 안 된다면 노틸러스호에 날개를 달아 하늘을 날아서라도 갑시다!"

"하늘을 난다고요. 교수님?" 네모 선장이 침착하게 대답했다.

"아니요. 하늘이 아니라, 물속으로 말입니다."

"물속으로!" 내가 외쳤다.

그 순간 나는 네모 선장의 계획에 대한 갑작스러운 깨달음을 얻었다. 노틸러스호의 놀라운 능력은 다시 한 번 선장의 초인적인 과업에 투입될 것 이었다!

"교수님, 이제야 우리가 서로를 이해하기 시작한 것 같군요." 네모 선장이 반쯤 웃으며 말했다.

"이 시도의 가능성, 아니, 나는 성공을 보고 있습니다. 보통의 배라면 불가능한 조작도 노틸러스호에게는 쉬운 일입니다. 만약 극지에 대륙이 존재한다면 우리는 그 대륙에 멈출 것이고,

반대로 남극을 씻어내는 열린 바다가 있다면 바로 그곳으로 갈 것입니다!"

"맞습니다." 나는 선장의 논리에 사로잡혀 말했다.

"바다 표면은 얼음으로 굳어져도 하부층은 여전히 열려 있습니다. 이는 소금물의 최대 밀도가 어는점보다 1도 높은 것에 따른 신의 공평함 덕분이죠. 그리고 틀림없다면 이 빙산의 잠긴 부분은 수면 위로 드러난 부분의 4배 비율로 존재할 겁니다."

"거의 정확합니다. 교수님, 빙산이 바다 위로 1피트 솟아 있다면 그 아래로는 3피트가 잠겨 있습니다. 이제, 이 얼음산들이 최대 100미터 높이에 불과하니 그 깊이는 겨우 300미터에 불과하죠. 300미터가 노틸러스호에게 의미가 있을까요?"

"아무것도 아니지요. 선장님."

"우리는 더 깊이 들어가서 모든 바다에 공통적으로 존재하는 온도 층에 도달할 수도 있습니다. 그곳에서는 수면 위의 -30도나 -40도의 추위는 아무런 문제없이 견딜 수 있을 것입니다."

"맞습니다. 정말 맞는 말입니다." 나는 점점 흥분해서 대답했다.

"우리의 유일한 어려움은." 네모 선장이 계속 말했다.

"공기를 새로 공급하지 않고 며칠 동안 잠수해야 한다는 점입니다."

"그게 다인가요?" 나는 대답했다.

"노틸러스호는 거대한 공기 탱크를 가지고 있으니 그 탱크를 가득 채우면 필요한 모든 산소를 공급할 수 있을 겁니다."

"좋은 생각이군요. 아로낙스 교수님." 선장이 미소 지으며 대답했다.

"하지만 교수님께 무모하다는 비난을 받고 싶지 않아서 미리 모든 반대 의견을 말씀드리는 것입니다."

"아직 더 있습니까?"

"단 한가지 있습니다. 만약 남극에 바다가 존재하고, 그 바다가 완전히 얼어 있어서 우리가 수면으로 나올 수 없게 될 가능성이 있다는 것입니다!"

"선장님, 노틸러스호가 무시무시한 뱃머리를 장착하고 있다는 사실을 잊으셨습니까? 이 얼음 지대를 대각선으로 밀어 부딪히면 그 충격으로 깨뜨릴 수 있지 않을까요?"

"아, 교수님. 아주 많은 생각을 가지고 계시는 군요!"

"게다가, 선장님." 나는 더욱 열정을 담아 덧붙였다.

"남극에도 북극처럼 열린 바다가 있을 수 있지 않겠습니까? 차가운 온도의 극과 지리적인 극은 북반구나 남반구 어디에서나 일치하지 않습니다. 반대의 증거가 없는 한 지구상의 이 두 지점에는 대륙이나 얼음 없는 바다가 존재할 수 있다고 가정할 수 있습니다."

"저도 그렇게 생각합니다." 네모 선장이 대답했다.

"아로낙스 교수님, 그동안 제 계획에 그렇게 많은 반론을 제기하시더니 오늘은 찬성하는 논리로 저를 누르시는군요."

네모 선장의 말이 옳았다. 나는 그를 넘어서 더 대담해지고 있었다! 진정 남극으로 향하고자 하는 것은 바로 나였다. 나는 그를 이끄는 것 같았지만……, 아니! 바보 같은 생각이었다. 네모 선장은 이미 이 탐험의 문제를 모두 알고 있었고, 내가 불가능한 상상에 빠져드는 모습을 보는 것을 즐기고 있었던 것이다. 그는 한순간도 낭비하지 않았다. 그의 신호에 따라 수석 장교가 나타났다. 두 사람은 알아들을 수 없는 언어로 짧은 대화를 나눴다. 수석 장교는 이미 경고를 받았는지, 아니면 계획이 실현 가능하다고 판단했는지 놀라지 않았다. 그러나 아무리 무덤덤해도 내가 남극까지 가겠다는 우리의 계획을 알렸을 때, 콩세이유보다 무관심 했던 사람은 없었을 것이다. 그는 늘 그렇듯 "주인님이 원하신다면요." 라고 말했을 뿐이다.

네드 랜드는 어깨를 높이 치켜 올렸다. 그보다 더 높이 올릴 수 있는 사람은 없을 것이다.

"솔직히 말씀드리자면, 교수님" 그가 내게 말했다.

"선생님과 네모 선장님 두 분이 딱하기 그지없군요!"

"그렇지만 우리는 남극으로 갈 겁니다. 네드 씨."

"그러시겠지요. 하지만, 돌아오지 못할 겁니다!"

네드 랜드는 "나도 모르게 내가 무모한 짓을 할까봐" 라는 말을 남기고 자신의 선실로 돌아갔다. 한편, 이 대담한 시도를 위한 준비가 착착 진행되었다. 노틸러스호의 강력한 펌프가 공기를 탱크에 고압으로 저장했다. 오후 4시쯤 네모 선장은 플랫폼 해치를 닫을 예정이라고 내게 알렸다. 나는 우리가 정복하려는 두터운 빙산 지대를 마지막으로 바라보았다. 날씨는 맑고 하늘도 비교적 청명했다. 기온은 영하 12도였지만 바람이 잦아들어 그리 견디기 힘든 추위는 아니었다. 곡괭이를 든 약 열 명의 선원이 노틸러스호의 옆면에 올라가 선체 하단에 묻혀 있던 얼음을 깨자 곧 선체는 자유로워졌다. 이 작업은 신속하게 진행되었는데 새로운 얼음이 아직 얇았기 때문이다. 우리는 모두 배 안으로 돌아갔다. 주요 탱크에 얼지 않은 해수를 채웠고, 노틸러스호는 지체 없이 잠수했다.

나는 콩세이유와 함께 휴게실에 자리를 잡았다. 열린 창을 통해 우리는 남극의 바다 속을 응시했다. 온도계가 다시 올라갔다. 압력계의 바늘이 다이얼 위를 빠르게 움직였다.

약 300미터 아래로, 네모 선장이 예상한 대로 우리는 빙산 지대의 물결치는 표면 아래를 유유히 항해했다. 그러나 노틸러스호는 더욱 깊이 잠수했다. 800미터 깊이에 이르렀다. 표면에서는 물의 온도가 -12도였지만 지금은 -10도에 불과했다. 이미 2도의 차이를 얻은 셈이었다.

노틸러스호는 난방 장치 덕분에 훨씬 더 높은 온도를 유지하고 있었다. 모든 조작이 매우 정밀하게 이루어졌다.

"주인님께 감히 제 의견을 말씀드리자면," 콩세이유가 말했다. "우리는 성공 할 것입니다."

"나도 그렇게 생각한다네!" 나는 확신에 찬 어조로 대답했다.

이제 열린 바다로 나온 노틸러스호는 52도 경도를 벗어나지 않고 남극점을 향해 달렸다. 67도 30분에서 90도까지는 22도 반의 위도가 남아 있었다. 이는 약 500해리 조금 넘는 거리였다. 노틸러스호는 시속 26마일, 급행 열차와 같은 속도로 항해를 이어갔다. 이 속도를 유지한다면 40시간 안에 극지에 도달할 수 있었다.

밤이 되자 콩세이유와 나는 새로운 환경에 대한 흥미로움으로 휴게실 창가에 머물렀다. 바다는 우리의 전등에서 뿜어내는 빛으로 밝게 비쳤으나 깊은 바다에는 아무런 생명체도 없었다. 이곳의 물고기들은 갇혀 있는 물속에서 오랫동안 머물지 않았다. 이들은 남극해에서 극지로 나아가기 위한 통로만 찾으려 했다. 우리의 항해는 매우 빨라 긴 강철 선체의 진동을 통해 그 속도가 느껴졌다. 새벽 2시쯤, 나는 잠시 눈을 붙이기로 했다. 콩세이유도 마찬가지였다. 나는 통로에서 네모 선장을 만나지 못했는데, 그는 조타실에 있을 것이라고 생각했다.

다음 날, 3월 19일, 새벽 5시에 나는 다시 휴게실로 돌아왔다. 전자 기록기에 따르면 노틸러스호의 속도가 줄어들었음을 알 수 있었다. 이 시점에서 노틸러스호는 조심스럽게 부상하면서 저수탱크를 서서히 비우고 있었다. 내 심장은 두근거렸다. 과연 우리는 밖으로 나가 극지의 공기를 다시 마실 수 있을까? 아니었다. 노틸러스호가 얼음 지대의 아래 부분을 쳤을 때 두꺼운 얼음에 부딪히며 들려오는 깊은 울림소리를 통해 그 두께를 짐작할 수 있었다. 우리가 "밑바닥에 닿았다."고 표현할 수 있지만 여기서의 밑바닥은 바닥이 아니라 3,000피트 아래였다. 이는 우리 위에 4,000피트의 얼음이 있다는 뜻이다. 그 중 1,000피트는 수면 위로 솟아 있었다. 이 지점의 얼음 지대는 우리가 외곽에서 본 것보다 훨씬 높아 우리가 가야 할 길을 막는 또 하나의 장애물이었다.

그날 여러 차례 노틸러스호는 같은 실험을 반복했지만 매번 상부에 있는 얼음 층에 부딪혔다.

몇몇 경우에는 얼음이 수심 900미터 지점에까지 있었다. 이는 1,200미터 두께의 얼음이 존재하고 그 중 300미터는 해수면 위로 솟아 있다는 말이었다. 노틸러스호가 잠수한 순간부터 얼음의 높이가 세 배나 증가한 셈이었다. 나는 이 다양한 깊이를 세밀하게 기록해 바다 밑에 거꾸로 뻗어 있는 이 산맥의 수중 프로필을 얻었다. 저녁이 되었으나 상황은 개선되지 않았다. 얼음의 깊이는 여전히 400에서 500미터 사이로 분명히 줄어들고 있었으나 우리와 바다 표면 사이에는 여전히 장대한 장벽이 남아 있었다.

이때가 밤 8시였다. 노틸러스호 내부의 공기는 평소의 일과에 따라 네 시간 전에는 이미 새롭게 교체되어야 했다. 그러나 네모 선장이 아직 산소 탱크를 사용하지 않았음에도 나는 큰 불편을 느끼지 않았다. 그날 밤 나는 불편한 잠을 잤다. 희망과 두려움이 번갈아 나를 괴롭혔다. 몇 번이고 잠에서 깼다. 노틸러스호는 계속 탐색하고 있었다. 새벽 3시경, 빙산의 바닥 부분이 수심 50미터밖에 되지 않는 곳에 이르렀음을 알았다. 이제 150피트만 올라가면 수면에 닿을 수 있었다. 빙산은 점차 얼음 평원으로 변하고 산들은 다시 평지로 바뀌어 가고 있었다. 내 시선은 압력계에서 벗어나지 않았다. 우리는 전기 불빛 아래 반짝이는 표면을 따라 대각선으로 올라가고 있었다. 위와 아래에서 얼음 지대는 긴 경사를 이루며 얕아지고 있었다. 마일마다 점점 얇아지고 있었다.

마침내, 3월 19일 아침 6시, 그 기념비적인 아침에 휴게실 문이 열렸다. 네모 선장이 나타났다.

"열린 바다입니다!"

바닥에 닿는 것을 피하기 위해 노틸러스호는 훌륭한 바위 더미들로 장식된 해변으로부터 세 케이블 거리에서 멈췄다. 구명보트가 바다로 내려졌다. 두 명의 선원이 장비를 들고 탑승했다.

선장과 콩세이유, 그리고 내가 함께했다. 오전 10시였다. 나는 네드 랜드를 볼 수 없었다. 아마 남극을 마주한 순간 네드 랜드는 자신의 말을 취소해야 하는 상황이 싫었을 것이다. 몇 번의 노질로 보트는 모래 바닥에 배를 대었다. 콩세이유가 해안에 뛰어내리려는 순간, 나는 그를 저지했다.

"선장님" 내가 네모 선장에게 말했다.

"이 해안에 처음 발을 디딜 영광은 선장님의 것입니다."

"맞습니다. 교수님," 선장은 대답하며,

"지금까지 어떤 인간도 발자국을 남기지 않은 이곳을 저는 주저하지 않고 밟을 것입니다." 라고 말했다.

그렇게 말하고 그는 가볍게 모래 위로 뛰어내렸다. 그의 심장은 격렬한 흥분으로 뛰고 있었을 것이다. 그는 작은 곶으로 이어지는 바위 위로 올라갔다. 그곳에서 팔짱을 낀 채 눈을 번뜩이며 남극 지역에 대한 소유를 선언하듯 조용히 서 있었다. 5분 정도 그렇게 도취된 상태에 있던 그는 조금 뒤 우리를 향해 돌아섰다.

"준비가 되었으면 내리시지요." 그가 나에게 소리쳤다.

나는 콩세이유와 함께 배에서 내렸다. 두 명의 선원은 보트에 남아 있었다.

넓은 지역에 걸쳐 땅은 벽돌을 부순 것처럼 붉은색을 띤 화산성 자갈인 '응회암'으로 이루어져 있었다. 바닥에는 화산암, 용암, 그리고 부석이 덮여 있었다. 화산 기반이 것이 분명했다. 일부 지역에서는 얇은 연기 구멍에서 유황 냄새와 함께 연기가 뿜어져 나와 내부의 불길이 아직도 강력하게 타오르고 있음을 보여주었다. 나는 가파른 언덕을 올라가 보았지만 몇 마일 반경 안에는 화산이 보이지 않았다. 잘 알려진 바와 같이 남극 지역에서는 제임스 클라크 로스 경이 77도 32분 위도의 167도 경도에서 활발히 활동하고 있는 에레버스 산과 테러 산의 분화구를 발견했었다.

이 황량한 대륙의 식생은 매우 제한적인 것으로 보였다. 몇몇 지의류가 검은 바위 위에 퍼져 있었다. 이 지역의 빈약한 식물군은 미세한 새싹 몇 개와 두 개의 석영이 풍부한 껍질 사이에 올라와 있는 미세한 규조류들과 작은 기포에 의해 떠 있는 길고 자주색과 진홍색의 해조류가 해변에 밀려온 것이 전부였다. 해변에는 작은 홍합과 따개비, 매끈한 하트 모양의 조개껍질, 특히 긴 타원형의 막을 가진 바다 나비들이 무수히 흩어져 있었다. 나는 또한 북극에서 볼 수 있는 한 번에 수천 마리씩 고래가 한입에 삼킬 수 있는 3cm 길이의 바다 나비들을 무수히 발견했다. 해안의 바다 속은 매력적인 익족류(수중에서 사는 동물)들로 가득 차 있었다. 진정한 바다의 나비들이었다.

이 얕은 바다 속에 있는 다른 동물들 중에는 제임스 클라크 로스 경이 남극 바다에서 1,000미터 깊이까지 서식한다고 언급한 산호 나무 형태의 생물들이 있었다. 그 외에도 폭풍제비 종의 작은 물총새들과 이 기후에서 생존 가능한 독특한 별 모양의 불가사리들도 있었다. 그러나 공기 중에 생명체가 더욱 넘쳐났다. 수천 마리의 다양한 종류의 새들이 날아다니며 시끄러운 울음소리로 우리의 귀를 먹먹하게 만들었다. 바위 위에 무리를 지은 새들은 우리가 지나가도 두려워하지 않고 오히려 친근하게 우리 발치에 바싹 붙어 있었다. 이들은 팽귄들로 물속에서는 빠르게 헤엄치며 물고기로 오해될 만큼 유연하고 민첩했지만 육지에서는 어설프고 무거웠다.

이들은 기괴한 울음소리를 내며 바위 위에 모여 있었다. 마치 회의를 하는 듯, 떠들기만 하고 좀처럼 움직이지 않았다. 다른 새 중에서 나는 짧고 원뿔 모양의 부리를 가진 비둘기만한 크기의 흰 깃털을 가진 물새 떼를 발견했다. 콩세이유는 이 새들을 잡아 모아 제대로 조리하면 맛이 괜찮은 요리가 된다고 말하며 이들을 몇 마리 잡았다.

공중에는 날개 길이가 4미터나 되는 '바다의 독수리'로 불리는 검은색 알바트로스와 여러 물범 고기를 먹는 케브란타우에소스(스페인어로 '독수리'를 의미)로 알려진 거대한 페트렐들이 지나갔다. 그 외에도 몸이 검고 흰색인 케이프 피죤, 크기가 작은 오리 같은 페트렐들이 있었다.

나는 콩세이유에게

"이 새들은 지방이 많아서 페로 제도에서는 심지어 새의 몸에 심지를 꽂아 불을 켠다."라고 말했다.

"그 약간의 보완이 된다면" 콩세이유는 말했다.

"이 새들은 완벽한 등불이 되겠네요! 앞으로는 자연이 미리 심지를 장착해 주면 좋겠습니다."

반 마일쯤 더 가니 땅이 도요새 둥지로 가득 차 있었다. 알을 품고 있는 둥지에서 수 많은 새들이 나와 있었다. 나중에 네모 선장은 수백 마리의 도요새를 사냥하게 했다. 그들의 검은 살은 식용 가치가 높았다. 그들은 당나귀처럼 울었고 거위만 한 크기로 몸은 슬레이트 색깔에 배는 흰색과 목에는 레몬색 띠가 둘러져 있었다. 이 동물들은 달아날 생각도 없이 돌에 맞아 죽었다. 그러는 동안에도 안개는 걷히지 않았다. 11시가 되어도 태양은 모습을 드러내지 않았다. 태양이 없으면 우리가 극지에 도달했는지 확인할 수 없었다. 네모 선장에게 돌아왔을 때 그는 조용히 바위에 기대어 하늘을 바라보고 있었다. 그는 초조하고 당혹스러운 것 같았다. 하지만 어쩔 수 없었다. 이 강하고 대담한 인물도 태양을 조종할 수는 없었다. 정오가 되었지만 태양은 안개 뒤에 감춰져 잠시도 모습을 드러내지 않았다. 그리고 이내 안개는 눈으로 응결되기 시작했다.

"내일 다시 시도하겠습니다." 선장이 간단히 말했다.

우리는 바람에 휘날리는 눈발을 헤치며 노틸러스호로 돌아갔다.

우리가 없는 동안 그물이 펼쳐져 있었다. 나는 막 잡혀온 물고기들을 흥미롭게 관찰했다. 남극해는 저위도의 폭풍을 피해 이동해온 많은 물고기의 안식처로 결국 이들은 돌고래와 물개들의 먹이가 된다. 나는 파란색과 회색 줄무늬가 있는 흰색 연골어류로 바늘처럼 가시가 달린 남극 의 물고기와 길이가 3피트에 이르고 아주 가늘고 은빛의 매끄러운 몸체에 둥근 머리와 위쪽에 세 개의 지느러미가 있으며 주둥이 끝은 휘어진 남극 은상어를 보았다. 나는 그 고기를 맛보았지만 콩세이유의 긍정적인 평가와 달리 맛이 없었다. 다음 날까지 눈보라가 지속되었다. 플랫폼에 머무르는 것은 불가능했다. 극지 대륙의 여행 사건들을 기록하고 있던 휴게실에서 나는 폭풍 속에서 놀고 있는 바다제비와 알바트로스의 울음소리를 들을 수 있었다. 노틸러스호는 가만히 있지 않았고 해가 지평선 끝을 스치며 희미하게 남긴 빛 속에서 해안을 따라 순항하며 남쪽으로 약 10마일 더 나아갔다.

다음 날, 3월 20일, 눈이 그쳤다. 추위는 조금 더 매서워졌다. 온도계는 영하 2도를 가리켰다. 안개가 걷혔고, 그날 정오의 위치를 측정할 수 있기를 희망했다.

네모 선장이 아직 나타나지 않자 콩세이유와 나만 보트를 타고 해안으로 나갔다. 땅의 성질은 여전히 같았다. 화산암과 용암, 현무암 암석의 흔적이 사방에 있었지만, 이들을 토해낸 분화구는 찾을 수 없었다. 이곳에서도 새들은 남극 대륙을 생기로 채우고 있었다. 그러나 그들은 부드러운 눈으로 우리를 바라보는 거대한 해양 포유류 떼와 함께 그들의 지배권을 공유해야 했다. 이들은 여러 종의 물범들과 몇몇은 땅 위에 누워 있었고, 다른 몇몇은 떠다니는 얼음 덩어리에 누워 있었다. 여러 마리는 바다로 나가거나 바다로 돌아오고 있었다. 인간과 접촉한 적이 없는 이들은 우리가 다가가도 도망가지 않았다. 나는 이곳에 적어도 수백 척의 배에 공급할 수 있는 물범들이 있다고 계산했다.

"신이시여" 콩세이유가 말했다.

"네드 랜드가 우리와 함께 오지 않은 것이 다행이군요!"

"왜 그런가, 콩세이유?"

"저 사나운 사냥꾼은 이곳의 모든 동물을 죽여 버렸을 것이기 때문입니다."

"모든 동물이라는 표현은 과장이네, 하지만 우리 캐나다 친구가 아름다운 해양 포유류 중 몇 마리를 작살로 잡으려는 것을 막을 수는 없었을 거네, 이는 네모 선장에게 거슬리는 일이었을 테니, 그는 무해 한 동물을 불필요하게 죽이는 것을 싫어하니까."

"그가 옳습니다."

"물론이지, 콩세이유. 그런데, 이제 이 훌륭한 해양 생물들을 분류해 보지 않았나?"

"주인님께서도 잘 아시겠지만" 콩세이유는 대답했다.

"저는 실전 적용에는 능숙하지 않습니다. 선생님께서 이 동물들의 이름을 알려 주시는 게 좋을 듯합니다."

"이들은 바다표범과 바다코끼리라네."

"기각아목 속하는 두 속입니다." 학구적인 콩세이유가 서둘러 말했다.

"이는 피니페디아(Pinnipedia) 과에 속하고, 카르니보라(Carnivora) 목, 운구이쿨라타(Unguiculata) 그룹, 모노델피아(Monodelphia) 아강, 매멀리아(Mammalia) 강, 버터브레이터(Vertebrata) 문에 속합니다.[61]"

"잘했네, 콩세이유" 내가 대답했다.

"그러나 이 두 속의 물범과 바다코끼리는 각각 여러 종으로 나뉜다네, 지금 실제로 그들을 볼 기회가 있으니. 보러 가세."

오전 8시였다. 우리는 정오의 태양을 관찰하기 전에 네 시간의 자유 시간이 있었다. 나는 우리를 해변의 화강암 절벽을 따라 초승달 모양으로 파인 거대한 만으로 향했다. 그곳에는 시선이 닿는 모든 곳에 해양 포유류로 가득했다. 나는 무심코 신화 속의 왕 넵튠[62]의 거대한 가축 떼를 지키던 목자 프로테우스를 떠올리게 되었다. 이들은 바다표범들이었다. 그들은 수컷과 암컷 그룹을 따로 형성하고 있었으며 수컷은 가족을 지키고 암컷은 새끼를 젖 먹이고 있었다. 강한 새끼들은 몇 걸음 떨어진 곳에서 자유롭게 행동하고 있었다. 이 포유류들은 몸을 움츠렸다가 피면서 작은 점프를 하면서 이동했다. 이들의 친척뻘인 해우들이 실제로 앞다리로 사용하는 지느러미를 이들은 불완전

61) Pinnipedia 과(피니페디아과) 기각류로, 물개, 바다사자, 물범처럼 지느러미발을 가진 해양 포유류. Carnivora 목(카르니보라목) 식육목으로, 고기를 먹는 동물들이 속한 목으로. 육식동물뿐 아니라 일부 잡식성 동물Unguiculata 그룹(운구이쿨라타그룹) 발톱을 가진 동물들로 구성된 그룹이다. Monodelphia 아강(모노델피아아강) 자궁을 통해 태아를 기르는 유대류가 아닌 포유류를 포함하는 아강이다. Mammalia 강(매멀리아강) 포유강으로, 젖을 먹여 새끼를 키우는 동물들이 속하는 강이다. Vertebrata 문(버터브레이터문) 척삭동물로, 척추를 가진 동물들로 구성된 문이다.

62) 넵튠과 프로테우스는 신화에서 바다 생물들을 돌보는 바다의 왕과 그의 목자로 묘사된다.

하게 발달시켜 도움을 받아 사용하고 있는 것이었다. 그러나 그들의 진짜 세계인 물속에서는 그들은 유연한 척추와 좁은 골반, 짧은 털, 그리고 물갈퀴로 훌륭한 수영 솜씨를 뽐냈다. 해안에서 휴식을 취할 때는 매우 우아한 자세를 취했다. 이들의 부드러운 표정은 감성적이며, 맑고 온화한 눈과 매력적인 자세 덕분에 고대인들은 남성은 바다의 신으로, 여성을 인어로 찬양했다. 나는 콩세이유에게 지능적인 해양 포유류는 대뇌엽이 상당히 발달해 있다는 사실을 알려주었다. 인간 외에 어떤 포유류도 이처럼 풍부한 대뇌 물질을 가지고 있지 않았다. 따라서 물개들은 충분히 교육될 수 있어 애완동물로도 훌륭한 존재이다. 나를 포함한 몇몇 자연학자들은 이 동물들이 어부를 위한 사냥견으로 충분히 훈련될 수 있다고 생각한다. 이들 물개 대부분은 바위나 모래 위에서 자고 있었다. 바다사자와는 달리 귀가 밖으로 튀어나오지 않은 물개들 중에는 '스테노린쿠스' 종의 다양한 물개들이 있었다. 이들은 길이 3미터, 흰 털, 불독 같은 머리를 가지고 있고, 위아래 턱에 각각 네 개의 앞니와 꽃 모양의 송곳니가 두 개씩 장착된 열 개의 이빨을 가지고 있었다. 그들 사이로는 바다코끼리가 슬그머니 움직이고 있었다. 이들은 짧고 유연한 코를 가진 물개의 일종으로 둘레가 20피트, 길이는 10미터에 달하는 종의 거인이었다. 우리가 다가가도 이들은 움직이지 않았다.

"이 동물들이 위험합니까?" 콩세이유가 내게 물었다.

"공격당하지 않는 한 위험하지 않다네." 나는 대답했다.

"하지만 거대한 물개들이 새끼를 지킬 때 그들의 분노는 무섭고, 어부의 작은 배를 부수는 일도 종종 일어난다네."

"그럴만하군요." 콩세이유가 대답했다.

"부정하지 않겠네."

우리는 2마일을 더 걸었고 남쪽으로부터 바람을 막아주는 곶에 다다랐다. 이 곶은 바다 쪽으로 수직으로 내려앉아 파도가 거품을 일으키며 부딪히고 있었다. 절벽 너머에서는 마치 소 떼가 울부짖는 듯한 무시무시한 소리가 들려왔다.

"맙소사" 콩세이유가 말했다.

"황소들의 합창인가요?"

"아니, 바다코끼리들의 소리라네."

"서로 싸우고 있는 걸까요?"

"싸우고 있거나 놀고 있는 중이겠지."

"주인님이 괜찮으시다면 꼭 보러 가고 싶습니다."

"그렇다면 가서 보세. 콩세이유"

우리는 미끄러운 얼음이 낀 돌들 위로 가파른 검은 바위를 오르기 시작했다. 나는 몇 차례 미끄러졌다. 미끄러지지 않고 신중하게 걷던 콩세이유는 나를 일으켜 세우며 말했다.

"주인님 다리를 넓게 벌리면 균형을 유지하기 쉽습니다."

곶의 가장 높은 능선에 도달하자, 나는 하얀 평원들이 바다코끼리들로 가득한 것을 볼 수 있었다. 이 동물들은 서로 어울려 놀면서 분노가 아닌 즐거움으로 울부짖고 있었다.

바다코끼리는 몸의 형태나 사지의 배치에서 물개와 비슷하지만 아래턱에는 송곳니와 앞니가 없고 위턱에는 길이 80센티미터, 둘레 33센티미터의 두 개의 엄니(밖으로 길게 뻗은 큰 이빨)가 있다. 이들은 단단한 상아로 만들어져 있으며 줄무늬가 없고 코끼리의 엄니보다 더 단단하며 변색도 덜하다. 이에 따라 바다코끼리들은 사냥꾼들의 무자비한 포획 대상으로 그들은 새끼를 가진 암컷이나 새끼 바다사자도 구분 없이 사냥하여 매년 4,000마리 이상이 무분별하게 도살되고 있다. 이 독특한 동물들은 거의 움직이지 않았기에 우리는 가까이에서 여유롭게 관찰할 수 있었다. 그들의 가죽은 거칠고 무거웠으며 색깔은 적갈색에 가까운 황갈색이었다. 그들의 털은 짧고 드문드문 나 있었다. 어떤 것들은 길이가 4미터였다. 북쪽 친척들보다 평온하고 두려움이 없는 이 바다코끼리들은 서식지 주변에 보초를 세우지도 않았다.

이 바다코끼리 무리를 관찰한 후 나는 돌아가기로 결정했다. 이때는 오전 11시였다. 만약 네모 선장이 관측에 유리한 환경을 맞이하고 있다면 나는 그 작업에 참석하고 싶었다. 그러나 나는 그날 태양이 모습을 드러낼 것이라는 기대를 거의 하지 않았다. 태양은 지평선에 밀려든 구름에 가려 우리 눈에 보이지 않았다. 질투 많은 태양은 지구의 접근 불가능한 지점에 와있는 인간을 원하지 않는 듯했다. 그래도 나는 노틸러스호로 돌아가기로 했다. 우리는 절벽의 꼭대기를 따라 난 가파르고 좁은 길을 따라갔다. 11시 30분쯤 우리는 상륙 지점에 도착했다. 모래에 정박한 작은 보트가 선장을 데려왔다. 나는 그가 커다란 현무암 조각 위에 서 있는 것을 보았다. 그의 장비들은 옆에 놓여 있었으며 그의 시선은 북쪽 지평선을 향하고 그 위로는 태양이 넓게 펼쳐져 움직이고 있었다. 나는 그에게 가까이 다가가 아무 말 없이 기다렸다. 정오가 되었고 전날과 마찬가지로 태양은 모습을 드러내지 않았다.

그것은 완전한 불운이었다. 정오 관측은 여전히 이루어지지 않았으며, 만약 내일도 태양이 나타나지 않는다면 우리는 위치를 확인하는 희망을 완전히 포기해야 할 것이다.

사실, 이날은 3월 20일로 정확히 내일 21이면 춘분이었다. 내일이 되면 태양은 6개월 동안 지평선 아래로 사라지며 긴 극야가 시작될 것이다. 9월의 추분 이후 태양은 북쪽 지평선 위로 다시 모습을 드러내며 12월 21일까지 긴 나선으로 상승하여 북극 지역의 하지 때 다시 하강할 것이었다. 내일이 마지막 광선을 비추는 날이 될 것이다. 나는 내 생각과 두려움을 네모 선장에게 말했다.

"정확합니다. 아로낙스 교수님" 그가 내게 말했다.

"내일 태양의 고도를 측정하지 못한다면 6개월 동안 다시 시도할 수 없을 것입니다. 그러나 제 운명이 나를 3월 21일에 이 바다로 이끌어 왔기 때문에 정오의 태양이 우리의 눈앞에 나타나기만 하면 방향을 찾는 것은 쉬울 것입니다."

"왜 쉬운가요. 선장님?"

"태양이 이렇게 긴 나선을 그리며 움직일 때는 지평선 위의 정확한 고도를 측정하는 것이 어려워지고, 장비들이 심각한 오류를 범하기 쉽습니다."

"그럼, 어떻게 하실 건가요?"

"저는 크로노미터만 사용할 겁니다." 네모 선장이 대답했다.

"내일, 3월 21일 정오에, 굴절을 고려한 후 태양의 원반이 북쪽 지평선에서 정확히 반으로 잘리면 우리가 남극에 있다는 의미일 것입니다."

"맞습니다." 내가 말했다.

"하지만 그렇다고 해도 수학적으로 완벽하지는 않습니다. 춘분이 꼭 정오에 맞지 않을 수도 있기 때문이지요."

"물론입니다. 그러나 오차는 100미터 이내일 것이고, 그 정도면 충분합니다. 그럼, 내일 보도록 하지요." 네모 선장은 노틸러스호로 돌아갔다.

콩세이유와 나는 해변을 조사하고 관찰하면서 오후 다섯 시까지 머물렀다. 나는 대단히 희귀한 것을 발견했는데 수집가라면 1,000프랑 이상은 지불했을 법한 놀라운 크기의 바다 오리의 알이었다. 이 크림색의 알에는 여러 기호처럼 장식된 줄무늬와 표식이 있어 아주 독특한 것이었다. 나는 그것을 콩세이유에게 건네주었다. 조심성 많고 튼튼한 그는 마치 중국의 귀한 도자기를 다루듯 조심스럽게 노틸러스호로 가지고 돌아갔다. 나는 이 희귀한 알을 박물관의 유리 상자 중 하나에 보관했다. 이후 훌륭한 돼지고기 맛이 나는 바다사자 간으로 저녁 식사를 마친 후, 나는 신실한 힌두교인처럼 빛나는 태양의 은혜를 기도한 후 잠자리에 들었다.

다음 날 3월 21일, 아침 다섯 시에 나는 플랫폼 위로 올라갔다. 네모 선장이 그곳에 있었다.

"날씨가 조금 개기 시작했습니다." 그가 내게 말했다.

"희망이 보이는군요. 아침 식사를 마치면 해안으로 나가 관측 지점을 찾아보시죠."

네모 선장과 약속을 한 후, 나는 네드 랜드를 찾아갔다. 그와 함께 가고 싶었기 때문이다. 그러나 고집 센 네드 랜드는 거부했다. 나는 그의 무뚝뚝한 태도와 기분 나쁜 날이 갈수록 많아지고 있다는 것을 확실히 알 수 있었다. 이런 상황에서 그의 거절은 결국 나쁘지 않았다. 사실, 해안에 바다표범이 너무 많았고 이 충동적인 어부를 그런 유혹에 노출하는 것은 좋지 않았다.

아침 식사가 끝난 후 나는 해안으로 나갔다. 밤사이 노틸러스호는 몇 마일 더 이동하여 해안에서 약 한 리가량 떨어진 곳에 위치하고 있었다. 해안에는 높이 400에서 500미터에 이르는 날카로운 봉우리가 솟아 있었다. 보트에는 나와 함께 네모 선장과 두 명의 승무원, 그리고 크로노미터, 망원경, 기압계 같은 기구들이 실려 있었다.

바다를 건너는 동안 남극해에 서식하는 세 가지 고유종의 수염고래들을 보았다. 등지느러미가 없는 '보헤드 고래'(영국식으로는 '참고래'), 배에 주름이 잡히고 크고 하얀 지느러미를 가진 '혹등고래', 그리고 모든 고래 중에서 가장 빠른 황갈색 '긴수염고래'였다. 이 강력한 동물의 공기와 증기의 기둥 같은 분출은 멀리서도 들을 수 있다. 여러 마리의 이 다양한 포유동물들이 평온한 바다에서 뛰노는 모습을 보고, 남극 극지 해역이 사냥꾼들에게 무자비하게 쫓기던 이 고래들에게 피난처가 되었음을 쉽게 알 수 있었다. 또 흰색의 긴 실 모양을 한 연쇄상조개류인 살프류와 큰 해파리가 파도의 소용돌이 속에서 흔들리는 것을 관찰했다. 아홉 시경에 우리는 해안에 도착했다. 하늘은 점점 밝아졌다. 구름은 남쪽으로 물러가고 있었으며 물의 차가운 표면에서 안개가 일고 있었다. 네모 선장은 관측 장소로 사용할 계획이었던 봉우리로 향했다.

화산 가스와 유황 연기로 뒤덮인 이곳은 날카로운 용암과 돌조각들을 밟고 오르는 험난한 등반이었다. 육지에 발을 잘 디디지 않는 사람치고는, 선장은 나보다 더 유연하게 가장 가파른 경사를 올라갔다. 선장은 피레네 산의 염소 사냥꾼들이 부러워할 만큼의 민첩함을 가지고 있었다. 반암과 현무암으로 이루어진 봉우리 정상에 도달하는 데는 두 시간이 걸렸다. 거기서 우리의 북쪽 하늘의 배경을 따라 뚜렷한 경계선을 그리고 있는 광활한 바다를 내려다 볼 수 있었다. 발아래는 눈부신 백색 대지들이 펼쳐져 있고 머리 위는 안개가 걷힌 옅은 푸른 하늘이었다.

봉우리 정상에 도착한 네모 선장은 정오 관측에 필요한 요소를 고려하기 위해 기압계를 사용하여 고도를 신중히 측정했다. 11시 45분, 굴절에 의해 겨우 보이는 태양은 금빛 원반처럼 보여 인적 없는 대륙과 아직 인간의 배가 닿지 않은 바다 위로 마지막 광선을 퍼뜨리고 있었다. 네모 선장은 굴절을 거울로 조정하는 격자 눈금이 달린 망원경을 가져와 태양이 지평선 아래로 서서히 내려가는 것을 관찰했다. 내 심장은 세차게 뛰었다. 만약 태양 원반과 크로미터의 하단이 정오와 동시에 사라진다면 우리가 남극에 정확히 도달했다는 뜻이었다.

"정오다!" 내가 외쳤다.

"남극이다!"

네모 선장이 엄숙한 목소리로 대답하며 망원경을 나에게 건네주었다. 망원경으로 본 태양은 지평선에서 정확히 반으로 잘려있었다. 나는 이 봉우리를 감싸는 마지막 광선을 바라보며 점점 그림자가 가파르게 올라오는 것을 보았다. 그 순간, 네모 선장은 내 어깨에 손을 얹고 말했다.

"1600년에 네덜란드 사람 게리크가 폭풍과 해류에 떠밀려 남위 64도에 도달해 남셔틀랜드 제도[63]를 발견했습니다. 1773년 1월 17일, 유명한 쿡 선장은 38도 자오선을 따라 남위 67도 30

63) 남셔틀랜드 제도는 남극 반도 북쪽에 위치한 군도다. 1819년에 발견된 이곳은 약 11개의

분에 도달했으며, 1774년 1월 30일에는 109도 자오선에서 남위 71도 15분까지 갔습니다. 1819년, 러시아인 벨링가우젠은 69도에 도착했고, 1821년에는 111도 서쪽 경도에서 66도까지 도달했습니다. 1820년에 영국인 브랜스필드는 남위 65도에서 멈췄고, 그해, 완전히 믿을 수는 없지만, 미국인 모렐은 42도 자오선을 따라 남위 70도 14분에 도달해 열린 바다를 발견했습니다. 1825년 영국인 파웰은 남위 62도 이상으로 갈 수 없었고, 그해, 일반 바다표범 사냥꾼이었던 영국인 웨델은 35도 자오선에서 남위 72도 14분, 36도 자오선에서 남위 74도 15분까지 갔습니다. 1829년 샹트클리어호의 사령관 영국인 포스터는 남위 63도 26분, 경도 66도 26분에서 남극 대륙에 대한 권리를 주장했습니다. 1831년 2월 1일, 영국인 비스코는 남위 68도 50분에서 엔더비 지역을 발견했고, 1832년 2월 5일 남위 67도에서 아델레이드 지역, 2월 21일 남위 64도 45분에서 그레이엄 지역을 발견했습니다. 1838년, 프랑스인 뒤몽 드르빌은 남위 62도 57분에서 얼음 지대를 만나 멈추며 루이 필립 반도를 보았고, 2년 후인 1월 21일, 남위 66도 30분에서 아델리 해안을 명명하고, 8일 후에는 남위 64도 40분에서 클라리 해안을 명명했습니다. 1838년 미국인 윌크스는 100번째 자오선에서 69도 평행선까

주요 섬으로 이루어져 대부분이 눈과 얼음으로 덮여 있으며, 다양한 나라의 연구 기지가 위치해 있다. 남극 연구와 기후 관측의 중요한 거점 역할을 하고 있다.

지 전진했고, 1839년 영국인 발레니는 남극권의 가장자리에서 사브리나 해안을 발견했습니다. 마지막으로, 1842년 1월 12일, 영국인 제임스 클라크 로스 경은 에레버스호와 테러호를 이끌고 남위 70도 56분, 동경 171도 7분에서 빅토리아 지역을 발견했습니다. 같은 달 23일에 그가 도달한 남위 74도는 당시까지 인간이 남극에서 도달한 가장 남쪽이었습니다. 27일에는 남위 76도 8분, 28일에는 남위 77도 32분, 2월 2일에는 남위 78도 4분에 도달했고, 1842년 말에는 남위 71도까지 도달했으나 그 이상을 넘지 못했지요. 그런데 지금! 1868년 3월 21일인 오늘, 나, 네모 선장은 남위 90도에 도달했으며, 이제 나는 지구상의 6분에 1에 해당하는 이 일부분을 소유할 것을 선언합니다."

"어느 군주의 이름으로 선언할 겁니까?"

"제 이름으로 선언합니다. 교수님!"

이 말을 마친 네모 선장은 금색 "N"이 새겨진 검은 깃발을 펼쳤다. 그런 다음, 바다 지평선을 빛내고 있는 태양의 마지막 광선을 향해 몸을 돌리며 소리쳤다.

"잘 가라, 태양아!" 그가 외쳤다.

"사라져라, 오! 빛나는 별들아! 이 열린 바다 아래로 물러가라, 그리고 내 새로운 영토 위에 6개월 동안 밤의 그림자를 드리우거라!"

13장 사고인가, 사건인가?

다음 날, 3월 22일 오전 여섯 시에 출발 준비가 시작되었다. 마지막 여명의 빛이 밤으로 녹아들고 있었다. 차가운 바람이 날카롭게 불고 별자리들은 눈부시게 반짝였다. 남극 지방의 극성인 남십자성이 하늘의 정점에서 빛나고 있었다.

온도계는 섭씨 -12도를 가리켰다. 신선한 바람이 공기를 차갑게 만들었다. 떠다니는 얼음 덩어리들이 열린 바다 위로 점점 더 많아져 바다는 모든 곳에서 얼어붙기 시작했다. 수면에 검은 얼음 조각들이 넓게 퍼져나가며 새로운 얼음이 곧 형성될 것을 알리고 있었다. 분명, 이 남극의 가장 남쪽에 있는 바다도 여섯 달의 겨울 동안 완전히 얼어 접근이 불가능해질 터였다. 이 기간 동안 고래들은 어디로 가는 것일까? 틀림없이 빙산 아래 깊은 수면으로 내려가 수영이 가능한 바다를 찾았을 것이다. 바다표범과 바다코끼리 같은 동물들은 가장 혹독한 기후 속에서 살아가며 이 얼어붙은 수로에 남아 있었다. 이 동물들은 본능적으로 얼음 표면에 숨구멍을 뚫어 두고, 이를 계속 열어 두는 법을 알고 있다. 이 숨구멍에 가서 호흡을 한다. 새들이 추위를 피해 북쪽으로 이동해 버리면 이 해양 포유류들이 극지방의 유일한 지배자로 남는다.

그동안 노틸러스호의 탱크는 물로 채워졌고, 잠수함은 천천히 가라앉았다. 1,000피트 깊이에서 멈춘 뒤 프로펠러는 물살을 가르며 시속 15마일로 북쪽을 향해 나아갔다. 오후가 되자 거대한 빙산 아래를 이미 항해하고 있었다.

혹시 모를 예방 조치로 인해 휴게실의 패널은 닫힌 상태를 유지했는데 노틸러스호의 선체가 물속 얼음 덩어리에 부딪힐 수도 있었기 때문이다. 그래서 하루 종일 나는 자료를 정리하는 데 몰두했다. 내 마음은 완전히 극지방에서의 기억에 빠져 있었다. 우리는 지치거나 위험을 마주하지 않고도 도달하기 어려운 그곳에 도착했던 것이다. 이제 우리의 진정한 귀환 여정이 시작된 것이었다. 과연 나에게 얼마나 더 놀라운 경험들이 남아 있을까? 나는 그럴 것이라고 확신했다. 그만큼 바닷속에서 펼쳐지는 이 무궁무진한 경이로움의 연속은 끝이 없기 때문이다! 사실, 운명처럼 우리가 노틸러스호에 탑승한 지 5개월 반 동안 우리는 14,000해리를 항해했고, 지구의 적도를 넘어서는 이 긴 여정은 너무나 흥미롭고, 두려운 사건들로 우리의 항해를 즐겁게 했다. 크레스포 숲에서의 사냥이나 토레스 해협에서의 좌초,

산호 무덤, 실론의 진주 어장, 아라비아 터널, 산토리니의 화산, 비고 만의 수많은 보물, 아틀란티스, 그리고 남극점까지! 밤이 되자 이러한 모든 기억이 꿈에서 꿈으로 이어지며 나의 뇌를 쉬지 못하게 했다.

새벽 세 시, 나는 강한 충격 소리에 잠에서 깨어났다. 어둠 속에서 귀를 기울이며 침대에 앉아 있던 나는 갑자기 객실 중앙으로 나동그라졌다. 노틸러스호가 좌초된 듯 심하게 기울어져 있었다. 나는 복도를 따라 벽에 몸을 지탱하고 휴게실로 갔다. 천장 조명은 켜져 있었고, 가구는 넘어져 있었다. 다행히 유리 진열장은 튼튼하게 고정되어 제자리에 있었다. 더 이상 수직이 아니어서 우현 쪽 그림들은 벽에 붙어 있고 좌현 쪽 그림들은 벽에서 30cm 정도 떨어져 있었다. 결론적으로 노틸러스호는 우현으로 기울어져 꼼짝도 하지 않고 있었다.

안쪽에서는 발소리와 낮게 깔린 목소리가 들렸지만, 네모 선장은 보이지 않았다. 내가 휴게실을 떠나려는 순간, 네드 랜드와 콩세이유가 들어왔다.

"무슨 일인가?" 나는 곧바로 물었다.

"제가 주인님께 그걸 묻고 싶었습니다." 콩세이유가 대답했다.

"맙소사!" 네드 랜드가 외쳤다.

"뭔 일이 일어난 건지 확실히 알겠어요! 노틸러스호가 좌초된 겁니다. 이 정도로 기울다니, 토레스 해협 때처럼 쉽게 빠져

나가진 못할 것 같군요."

"그런데" 나는 물었다.

"우리가 물 위에 떠있기는 한 건가?"

"그건 아직 모르겠습니다." 콩세이유가 답했다.

"그걸 알아내기는 쉽지." 내가 말했다.

나는 즉시 압력계를 확인했다. 놀랍게도, 수심 360미터를 가리키고 있었다.

"이게 무슨 일이지" 내가 소리쳤다.

"네모 선장과 상의해야 합니다." 콩세이유가 말했다.

"그를 어디서 찾을 수 있을까요?" 네드 랜드가 물었다.

"나를 따라오게" 내가 두 동료에게 말했다.

우리는 휴게실을 나섰다. 도서관에도 중앙 통로에도, 승무원 구역에도 아무도 없었다. 나는 네모 선장이 조타실에 있을 거라 생각했다. 이럴 때는 기다리는 것이 상책이었다. 셋은 휴게실로 돌아왔다. 나는 네드 랜드의 불만은 무시하고 넘기려했다. 그는 분노할 만한 충분한 이유가 있었고, 나는 그가 마음껏 화를 내도록 두었다.

우리는 노틸러스호 내부의 작은 소리 하나까지 놓치지 않으려 애쓰면서 휴게실에 있었다. 20분 정도 지났을 때 네모 선장이 들어왔다. 그는 우리를 못 본 듯했다. 감정이 드러나지 않는 그의 얼굴에 약간의 불안감이 스쳐 지나갔다. 그는 나침반과 압력계를 묵묵히 살펴본 후 세계 지도에서 남극해를 가리키며 손가락을 올려놓았다.

나는 그를 방해하는 것이 망설여졌다. 그러나 그가 얼마 후 나를 돌아보자, 나는 그가 토레스 해협에서 썼던 말을 되받아 던졌다.

"사건인가요, 선장님?"

"아니오. 이번엔 사고입니다." 그가 답했다.

"심각한가요?"

"어쩌면요."

"즉각적인 위험은 없나요?"

"없습니다."

"노틸러스호가 좌초한 겁니까?"

"그렇습니다."

"사고의 원인이 뭡니까?"

"인간의 실수가 아닌, 자연의 변덕 때문입니다. 우리의 항해에는 아무 오류도 없었지만, 균형을 이루려는 자연의 법칙을 막을 순 없었습니다. 인간의 법칙을 거스를 수는 있지만, 자연의 법칙에는 누구도 저항할 수 없습니다."

네모 선장은 철학적 대답을 했다. 그러기에는 좋지 않은 타이밍이었다. 결국 나는 그의 답변에서 아무런 정보도 얻을 수 없었다.

"선장님, 이 사고의 원인을 알 수 있을까요?" 내가 그에게 물었다.

"거대한 얼음 덩어리로 된 산 전체가 무너져 내렸소." 그가 대답했다.

"빙산이 따뜻한 물에 의해 또는 반복된 충돌로 인해 하부가 침식되면 중심이 위로 올라가게 되지. 그러면 빙산은 완전히 뒤집히며 전복됩니다. 여기에서 그런 일이 일어났습니다. 빙산이 뒤집히면서 그 덩어리 중 하나가 항해 중이던 노틸러스호를 쳤습니다. 그리고는 이 덩어리가 우리 선체 아래로 미끄러지며 엄청난 힘으로 우리를 밀어 올려 얕은 얼음 층으로 이동시킨 겁니다."

"그렇다면, 적수탱크를 비워 균형을 되찾아 노틸러스호를 띄울 수는 없을까요?"

"지금 그 작업을 하고 있습니다. 펌프 작동 소리가 들릴 겁니다. 압력계의 바늘을 보십시오. 노틸러스호는 상승 중이지만 이 얼음 덩어리도 함께 올라가고 있습니다. 이 얼음 덩어리가 상승을 멈추기 전까진 우리의 위치는 바뀌지 않을 겁니다."

실제로 노틸러스호는 계속 우현 쪽으로 기울어져 있었다. 그 덩어리가 멈추면 똑바로 설 것이 분명했다. 그러나 그 전에 혹시나 수면 위에 떠 있는 또 다른 얼음 덩어리 밑면과 부딪혀 두 얼음 덩어리 사이에 끼이게 될 위험도 있었다. 나는 이 상황이 초래할 결과를 곰곰이 생각해 보았다. 네모 선장은 압력계를 계속 주시했다. 빙산이 전복된 이후, 노틸러스호는 약 150피트 정도 상승했지만 여전히 수직에서 비껴져 있었다. 갑자기 선체 전체에서 약간의 움직임이 느껴졌다. 노틸러스호가 분명히 조금씩 똑바로 서고 있었다. 휴게실에 걸린 물건들이 원래 위치로 돌아오는 것이 보였다. 벽은 점점 수직으로 돌아오고 있었다. 우리는 아무도 말이 없었다. 가슴이 두근거리는 가운데 우리는 배가 바로 서는 것을 보고 느꼈다. 발 아래 바닥이 수평으로 돌아왔다. 10분이 지나고 내가 외쳤다.

"드디어 똑바로 섰군요!"

"그렇소" 네모 선장이 휴게실 문 쪽으로 향하며 말했다.

"그러면 이젠 떠오르겠지요?" 내가 물었다.

"물론입니다." 그가 답했다.

"저수 탱크가 아직 비워지지 않았으니, 비워지면 노틸러스호는 반드시 해수면 위로 올라가게 될 겁니다."

네모 선장은 나가고, 곧 그의 명령에 따라 노틸러스호의 상승이 멈춘 것을 알 수 있었다. 실로 얼음 덩어리 밑면에 부딪힐 뻔했으나 제때 멈춰서 물속에 떠 있는 상태였다.

"아슬아슬했군요!" 콩세이유가 말했다.

"그렇다네, 이 두 얼음 덩어리 사이에서 눌려 죽거나 적어도 갇힐 뻔했네, 만약 그랬다면 공기를 보충할 방법도 없었을 거네……. 정말 아찔한 순간이었군!"

"그렇게 끝났다면 좋겠지만요!" 네드 랜드가 중얼거렸다.

나는 네드 랜드와 불필요한 논쟁을 벌이고 싶지 않았기에 대답하지 않았다. 게다가 마침 그때 벽면의 패널이 열리며 외부의 빛이 창문을 통해 쏟아져 들어왔다.

내가 말했듯이 우리는 완전히 떠 있었지만 노틸러스호 양쪽으로 약 10미터 떨어진 곳에 눈부신 얼음벽이 솟아 있었다. 위와 아래에도 벽이 있었다. 위에는 얼음 덩어리의 밑면이 거대한 천장처럼 우리 위에 펼쳐져 있었고 아래에는 전복된 얼음 덩어리가 양쪽 벽에 걸려서 그 사이에 갇힌 상태였다. 노틸러스호는 폭 약 20미터의 얼음물이 가득한 통로 속에 갇혀 있는 것이었다. 따라서 배는 전진하거나 후진하여 약간 더 깊은 곳으로 내려가 얼음 덩어리 아래의 열린 통로를 따라 나갈 수 있었다.

천장 조명은 꺼져 있었지만 휴게실은 여전히 밝게 빛났다. 이는 얼음벽의 반사 덕분이었다. 빛은 광선처럼 반사되어 우리의 시야에 비쳤다. 거대한 얼음 덩어리의 각 모서리, 능선, 면마다 내부의 결에 따라 서로 다른 빛을 내며 말로 표현할 수 없는 장관을 연출했다.

사파이어와 에메랄드 빛의 파란색과 녹색 줄무늬가 교차하며 오팔 색의 미묘한 빛깔이 다이아몬드 같은 불꽃 속에서 빛났다. 노틸러스호의 전조등 빛은 마치 최상급 등대의 이중 볼록 렌즈를 통과한 듯 백 배나 강렬하게 증폭되었다.

"참 아름답군요!" 콩세이유가 감탄했다.

"그래, 멋진 광경이군!" 내가 말했다.

"그렇지 않나, 네드?"

"젠장, 그렇습니다." 네드 랜드가 쏘아붙였다.

“정말 훌륭합니다. 분하지만 인정합니다. 솔직히 말하자면 이런 건 본 적이 없습니다. 그 누구도 없을 겁니다. 이게 얼마나 큰 대가를 치러야 하는 건지 모르지요. 솔직히 말해, 이건 인간의 눈에 보이도록 만들어진 게 아니라고 생각합니다.”

네드 랜드의 말이 옳았다. 그 광경은 너무나도 아름다웠다. 그 순간, 콩세이유가 비명을 지르며 나를 돌아보게 만들었다.

“무슨 일인가?” 내가 물었다.

“주인님 눈을 감으십시오! 절대 보시면 안 됩니다!” 콩세이유는 두 손으로 눈을 가렸다.

“무슨 일인데 그러나?”

“눈이 부셔서, 장님이 될 뻔했습니다!”

본능적으로 창밖을 봤지만 불타오르는 빛을 견딜 수가 없었다. 무슨 일이 일어났는지 나는 깨달았다. 노틸러스호가 엄청난 속도로 출발한 것이었다. 얼음벽의 잔잔한 빛들이 이제 타오르는 불빛처럼 변해 있었다. 수많은 다이아몬드에서 뿜어져 나오는 반짝임이 하나로 합쳐지고 있었다. 스크류의 힘에 의해 노틸러스호는 번쩍이는 빛의 바다를 질주하고 있었다. 그때 휴게실의 패널이 닫혔다. 우리는 눈을 감고 있었지만, 태양빛이 강렬하게 눈에 비칠 때처럼 망막에 맴도는 빛나는 구들로 눈이 완전히 꽉차버린 상태가 된 것을 느꼈다. 시력을 다시 찾기까지는 시간이 좀 걸렸다.

마침내 우리는 눈을 뜰 수 있었다.

"신이시여, 믿을 수가 없군요." 콩세이유가 말했다.

"난 아직도 못 믿겠어!" 네드 랜드가 쏘아붙였다.

"이 자연의 경이로움을 모두 본 뒤 육지로 돌아간다면 그 보잘 것 없는 육지와 인간들의 작은 창조물들이 어떻게 보일까요? 더 이상 문명세계는 우리를 만족 시킬 수 없을 겁니다."

언제나 무감각한 플랑드르 소년의 입에서 이런 감탄사가 나오다니, 우리의 열정이 한껏 고조된 상태임을 보여주었다. 그러나 네드 랜드는 냉소적인 반응으로 우리에게 찬물을 끼얹었다.

"문명 세계라니!" 그가 고개를 저으며 말했다.

"걱정 말게, 콩세이유. 우리는 그 세계로 돌아가지 못할 테니 말이야!"

이때가 새벽 다섯 시였다.

그 순간 노틸러스호의 앞머리에서 충돌음이 들려왔다. 나는 선체의 뿔이 얼음 덩어리를 건드린 것을 알았다. 아마 조작을 잘못한 것이리라. 이 수중 터널은 얼음 덩어리들로 막혀 있어 쉽게 항해하기가 어려웠다. 그래서 나는 네모 선장이 항로를 조정하며 각 장애물을 피하거나 터널의 굴곡을 따라갈 거라 예상했다. 어느 경우든 전진 할 수 있을 것이었다. 그러나 예상과 달리 노틸러스호는 후진하기 시작했다.

"우리가 후진하고 있나요?" 콩세이유가 물었다.

"그래" 내가 대답했다.

"아마도 이쪽 끝엔 출구가 없는 것 같네."

"그렇다면……?"

"우리가 할 일은 아주 간단하다네. 왔던 길로 돌아가 남쪽 출구로 나가면 되지. 그게 전부야."

나는 아무렇지 않은 척 하며 말했지만 솔직히 마음속으로는 불안했다. 그동안 노틸러스호는 후진 속도를 높이며 프로펠러를 반대로 돌려 빠르게 이동하고 있었다.

"시간이 더 걸리겠군." 네드 랜드가 말했다.

"몇 시간이 더 걸리든 나갈 수만 있다면 상관없지."

"그래, 나갈 수만 있다면!" 네드 랜드가 반복했다.

나는 휴게실에서 도서관으로 잠시 거닐었다. 내 동료들은 제자리에 앉아 움직이지 않았다. 곧 나는 소파에 누워 책을 집어 들고 기계적으로 눈으로 훑었다.

15분 후, 콩세이유가 내게 다가와 말했다.

"주인님께서 보고 계신 책은 정말 재미있나요?"

"대단히 재미있다네." 내가 대답했다.

"그럴 거라고 생각합니다. 주인님께서 쓰신 책인걸요."

"내 책이라고?"

정말로, 내 손엔 내가 쓴 심연의 미스터리 책이 들려 있었다. 나는 전혀 모르고 있었다. 책을 덮고 다시 서성거리기 시작했다. 네드 랜드와 콩세이유는 객실로 돌아가려했다.

"여기 있게나, 친구들" 내가 그들을 불러 세우며 말했다.

"이곳에서 빠져 나갈때 까지 함께 있는 게 좋겠네."

"주인님이 원하시는 데로 하지요." 콩세이유가 대답했다.

시간이 흘렀다. 나는 휴게실 벽에 걸린 계기들을 자주 살펴보았다. 압력계는 노틸러스호가 수심 300미터를 유지하고 있음을 나타내고, 나침반은 남쪽 방향을 가리켰다. 속도계는 시속 20마일로 이동 중임을 보여주고 있었다. 이런 좁은 공간에서 너무 빠른 속도였지만 네모 선장은 이 시점에서 신속함이 가장 중요하다는 것을 알고 있었다. 지금 우리에게 1분은 1세기와 같았다. 8시 25분, 두 번째 충돌이 발생했다. 이번에는 배의 뒷부분에서였다.

내 얼굴은 창백해졌다. 동료들이 다가왔다. 나는 콩세이유의 손을 꽉 잡았다. 우리는 서로의 눈을 바라보며 말하지 않아도 알 수 있는 대화를 나누었다.

그 순간, 선장이 휴게실로 들어왔다.

나는 그에게 다가가 물었다.

"우리의 남쪽 통로가 막혔나요?"

"그렇습니다. 교수님. 빙산이 전복될 때 모든 출구를 막아버렸습니다."

"그럼, 우리는 갇힌 건가요?"

"네"

14장

공기 부족

이렇게 노틸러스호는 빙산으로 사방이 가로막혀 빠져나갈 수 없는 상태에 빠져버렸다.

우리는 빙산의 포로가 되어버린 것이다! 네드 랜드는 무서운 주먹으로 탁자를 내리쳤다. 콩세이유는 조용히 있었다. 나는 선장을 바라보았다. 그의 얼굴은 다시 무표정으로 돌아가 있었다. 그는 팔짱을 끼고 생각에 잠겼다. 노틸러스호는 움직이지 않았다.

그때 선장이 입을 열었다.

"여러분" 그는 차분한 목소리로 말했다.

"지금 우리가 처한 상황에서 죽음에 이르는 두 가지 방법이 있습니다."

이 미스터리한 남자는 마치 수학 교수가 문제를 풀어내듯 말했다.

"첫 번째 방법은 압사이고, 두 번째 방법은 질식사입니다. 굶어 죽는 가능성은 언급하지 않겠습니다. 노틸러스호의 식량이 우리보다 오래 버틸 테니까요. 그러니 압사와 질식사에 집중합시다."

"질식 문제라면 걱정할 것 없지 않나요. 선장님? 공기 탱크가 가득 차 있으니까요." 내가 말했다.

"맞습니다." 네모 선장이 계속 말했다.

"하지만 공기는 이틀 정도만 버틸 수 있는 양입니다. 우리는 이미 36시간을 물속에 있었습니다. 앞으로 48시간 후면 비축된 공기도 모두 소진될 것입니다."

"그렇다면, 선장님. 48시간 내에 탈출합시다!"

"최선을 다해서 우리를 막고 있는 벽 중 하나를 뚫어볼 것입니다."

"어느 쪽 벽인가요?" 내가 물었다.

"굴착 작업을 해보고 알려드리겠습니다. 우선 노틸러스호를 아래 얼음 위로 안착시킬 겁니다. 제 선원들이 잠수복을 입고 가장 얇은 얼음벽을 뚫기 시작할 겁니다."

"휴게실의 패널은 열어둬도 괜찮을까요?"

"괜찮습니다. 우리는 더 이상 이동하지 않습니다."

네모 선장은 나갔다.

곧 저수 탱크에 물이 들어가는 소리가 들렸다. 노틸러스호는 천천히 가라앉아 350미터 깊이에 있는 얼음 바닥 위에 멈췄다.

"친구들" 내가 말했다.

"우리는 심각한 상황에 처해 있지만, 여러분의 용기와 노력을 믿고 있네."

"교수님" 네드 랜드가 대답했다.

"지금은 제가 불만이나 토로하고 있을 때가 아닙니다. 저는 우리 모두를 위해 할 수 있는 모든 것을 할 준비가 되어 있습니다."

"훌륭하군, 네드" 나는 그에게 손을 내밀며 말했다.

"게다가" 그가 말했다.

"저는 작살뿐만 아니라 곡괭이질도 꽤 잘합니다. 선장이 원한다면 제 도움이 필요할 때마다 써먹으셔도 됩니다."

"선장은 자네의 도움을 거절하지 않을 걸세. 네드."

나는 네드 랜드를 노틸러스호 승무원들이 잠수복을 갈아입는 방으로 데려갔다. 나는 네드 랜드의 의견을 선장에게 전달했고 그는 이를 즉시 받아들였다. 네드 랜드는 잠수복을 입고 다른 작업자들만큼 신속히 준비를 마쳤다. 모두가 등을 신선한 산소를 공급받는 루케롤 장치를 메고 있었다. 이는 노틸러스호의 공기 비축량에서 상당량을 필요로 했으나 필수적인 조치였다.

램프는 필요 없었다. 주변이 우리 전기불로 가득 찬 밝은 물속이었기 때문이다. 네드 랜드가 준비를 마친 후, 나는 휴게실로 돌아와 콩세이유 옆에 자리를 잡고 노틸러스호를 둘러싼 얼음 지층을 관찰했다.

잠시 후, 우리는 12명의 승무원이 얼음 위에 발을 디디는 것을 보았다. 그들 중 키가 큰 네드 랜드를 쉽게 알아볼 수 있었다. 네모 선장도 그들과 함께였다.

얼음 뚫기 작업에 앞서 선장은 올바른 방향을 정하기 위해 측정을 해야 했다. 기다란 천공기가 옆 벽을 향해 꽂혔으나 15미터를 지나도 두꺼운 얼음벽이 가로막았다. 천장은 공격해봐야 소용없었다. 그 표면은 400미터 이상 높이의 얼음 덩어리 자체였기 때문이다. 네모 선장은 하부 표면을 뚫었다. 우리는 바다와 10미터 두께의 장벽으로 막혀 있었다. 이것이 우리가 뚫어야 할 빙산의 두께였다. 이 지점부터는 노틸러스호의 크기에 맞는 넓이만큼의 구멍을 뚫어야 했다. 이는 배가 이 얼음 층 아래로 내려갈 수 있도록 약 6,500세제곱미터를 절단해야 한다는 뜻이었다.

작업은 즉시 시작되었고, 지칠 줄 모르는 끈기로 계속 진행되었다. 노틸러스호 주위 전체를 뚫는 대신 네모 선장은 좌현에서 8미터 떨어진 얼음 위에 거대한 도랑을 그리도록 했다. 그의 선원들은 그 둘레의 여러 지점에 표시를 해 놓고, 곧 곡괭이로 이 단단한 얼음을 강력히 부수기 시작했다. 거대한 얼음 덩어리들이 떨어져나갔다. 물보다 가벼운 이 덩어리들은 바닥에서 떨어져 천정으로 올라가 붙었다. 이로 인해 터널의 천장은 점점 두꺼워졌고 하부는 얇아져 가고 있었다. 두 시간의 열정적인 작업 후 지친 네드 랜드가 돌아왔다. 그는 동료들과 교대를 했고 새로운 작업자 중에는 콩세이유와 나도 있었다. 노틸러스호의 책임자가 우리 작업을 감독했다.

물이 유난히 차갑게 느껴졌다. 곡괭이를 휘두르자 곧 몸이 따뜻해졌다. 비록 30기압의 압력 아래 있었지만 움직임은 비교적 자유로웠다.

두 시간의 작업 후 잠시 식사를 하러 돌아왔을 때 루케롤 장치에서 공급받은 깨끗하고 탄력 있는 공기와 노틸러스호 내부의 대기를 비교할 수 있었다. 노틸러스호의 공기는 이미 이산화탄소로 포화 상태에 가까워져 있었다. 공기는 48시간 동안 환기되지 않고 생명 유지 능력이 상당히 약해져 있었다. 그동안 12시간이 지나갔고 우리가 뚫은 얼음은 두께는 1미터 정도에 불과했으며 대략 600세제곱미터가 제거되었다. 같은 속도로 작업을 계속한다면 목표를 완료하는 데는 5박 4일이 걸릴 것이다.

"5박 4일이라고요!" 내가 동료들에게 말했다.

"그런데 공기 탱크는 이틀 분량밖에 없어요."

"게다가" 네드 랜드가 말했다.

"이 얼음 덩어리에서 벗어나더라도 빙산 밑에 갇힌 채로는 공기와 접촉할 수 없을 거란 점도 잊지 마세요!"

적절한 지적이었다. 탈출하는 데 필요한 최소한의 시간을 예측할 수 있을까? 노틸러스호가 다시 해수면으로 떠오르기 전까지 우리 모두 질식으로 죽을 수도 있는 상황이었다. 우리는 얼음의 무덤에서 모두 죽음에 이를 운명인가? 끔찍한 상황이었지만, 끝까지 최선을 다하겠다고 각오를 다졌다.

밤사이, 내 예측대로 또 1미터 두께의 얼음이 제거되었다. 그러나 아침에 다이빙 수트를 입고 영하 6도에서 7도 사이의 차가운 물을 돌아다니던 나는 양쪽의 벽이 조금씩 서로 가까워지는 것을 관찰했다. 작업하는 사람들과 멀릴 떨어져있는 곳의 물이 얼기 시작한 것이었다.

이 새롭게 닥친 긴박한 상황 속에서 우리의 구원을 위한 가능성은 점점 줄어들고 있었다. 이 얼음물이 얼어붙고 노틸러스호의 선체가 유리처럼 깨져 버린다면 우리는 어떻게 될 것인가?

나는 이 새로운 위험을 동료들에게 알리지 않았다. 그들의 사기를 꺾을 이유가 없었다. 그러나 배로 돌아왔을 때 이 심각한 문제를 네모 선장에게 말했다.

"알고 있습니다." 그는 가장 끔찍한 전망에도 흔들리지 않는 침착한 목소리로 말했다.

"또 다른 위험일 뿐입니다. 이를 피할 방법은 모르겠습니다만, 우리를 구할 유일한 방법은 물이 얼기 전에 빨리 작업을 끝내는 것입니다. 우리가 먼저 그곳에 도달해야 합니다. 그게 전부입니다."

'우리가 먼저 그곳에 도달해야 한다!' 나는 이 말에 익숙해져야 했다.

그날 나는 곡괭이를 집요하게 휘두르며 작업에 몰두했다. 일에 몰두하는 것이 나를 지탱해 주고 있었다. 이러한 작업은 노틸러스호를 떠나는 것이며 이는 공기 탱크에서 가져온 신선한 산소를 마시는 것과 같고 배의 탁한 공기에서 벗어나는 일이었다.

저녁 무렵 또 1 미터가 제거되었다. 배로 돌아왔을 때 나는 이산화탄소로 포화된 공기 때문에 거의 질식할 뻔했다. 아, 화학적인 방법으로 유독한 가스를 제거할 수만 있다면! 산소가 부족한 것은 아니었다. 이 물에는 상당량의 산소가 포함되어 있어 강력한 배터리로 물을 분해한다면 생명 유지에 필요한 신선한 공기를 다시 확보할 수 있었다. 그러나 이산화탄소는 배의 모든 부분을 오염시키고 있었다. 이를 흡수하려면 수산화칼륨이 담긴 용기를 흔들어야 했다. 배안에는 그 물질이 없었고, 다른 대체재도 없었다.

그날 밤 네모 선장은 어쩔 수 없이 공기 탱크의 밸브를 열어 노틸러스호 내부로 신선한 산소를 조금씩 주입해야 했다. 그렇지 않았다면 다음 날 아침에 우리는 깨어날 수 없었을 것이다.

다음 날 3월 26일, 나는 다시 광부로 돌아가 다섯 번째 미터를 제거하기 위한 작업을 했다. 얼음 덩어리의 측벽과 하부는 눈에 띄게 두꺼워졌다. 명백히 노틸러스호가 탈출하기 전에 이 벽들이 서로 맞닿을 것이었다. 순간 절망감이 밀려왔다. 곡괭이를 놓칠 뻔했다. 이 물이 돌로 굳어 나를 질식시키고 압사시키려 한다면 이 삽질은 무슨 의미가 있는가? 이것은 어떤 야만인들도 생각하지 못한 고문이었다. 나는 마치 두렵고 거대한 괴물의 턱 앞에 놓인 채 저항할 수 없는 신세가 된 기분이었다. 그때 작업을 감독하며 함께 일하던 네모 선장이 내 옆을 지나갔다. 나는 그에게 손으로 가리키며 감옥과도 같은 벽을 보여주었다. 우현 쪽 벽이 노틸러스호의 선체에서 4미터 미만의 거리까지 다가와 있었다.

선장은 이해했다며, 나에게 따라오라는 신호를 보냈다. 우리는 배로 돌아와 나는 잠수복을 벗은 후 그와 함께 휴게실로 갔다.

"아로낙스 교수님" 선장이 말했다.

"무언가 특단의 조치를 취하지 않으면 우리는 얼음 물 속에 시멘트처럼 봉인될 것입니다."

"그렇습니다!" 내가 답했다.

"하지만 어떻게 할 수 있겠습니까?"

"아," 그가 외쳤다.

"나의 노틸러스호가 부셔지지 않고 이 압력을 견딜 만큼 강하다면?"

"무슨 뜻이지요?" 나는 선장의 말을 이해하지 못하고 되물었다.

"이해하지 못하시겠습니까? 이 물이 얼어붙는 것이 우리를 구할 수 있지 않을까요? 물이 얼어붙으면서 가장 단단한 돌까지 깨뜨려 버리는 것처럼 노틸러스호가 얼음 덩어리를 깨뜨릴 수 있지 않을까요? 이 힘이 우리를 파괴하는 것이 아니라 구원의 도구가 될 수도 있습니다."

"선장님, 그럴 수도 있습니다. 하지만, 노틸러스호가 아무리 압력을 견딜 만큼 강하더라도 그렇게 엄청난 압력을 견디지 못할 것이고, 얇은 철판처럼 찌그러지고 말 겁니다."

"알고 있습니다. 그러나 자연의 힘에 맡겨두고 있을 수만은 없습니다. 무엇이라도 시도해봐야 합니다. 우리는 이 응고 현상을 막아야합니다. 양쪽의 벽이 점점 좁아지고 있을 뿐 아니라, 노틸러스호의 앞과 뒤 공간도 줄어 들고 있습니다. 사방이 빠르게 얼어붙고 있습니다."

"공기 탱크의 산소는 얼마나 남았습니까?" 내가 물었다.

선장은 나를 똑바로 바라보았다.

"내일 모레면 공기 탱크가 비게 될 것이오!"

식은땀이 났다. 그러나 왜 이 대답에 놀랐어야 했을까?

3월 22일, 노틸러스호는 남극의 열린 바다 아래로 잠수했다. 지금은 26일이었다. 우리는 5일 동안 노틸러스호의 저장 공기에 의존하고 있었다. 남은 모든 숨 쉴 수 있는 공기는 작업자들을 위해 아껴야 했다. 지금 이 글을 쓰는 순간에도 그때의 느낌이 너무 생생해서 공포가 다시 밀려와 여전히 숨이 막히는 것 같다!

한편, 가만히 서서 아무 말 없이 생각에 잠긴 네모 선장은 무언가 아이디어가 떠오르는 듯했다. 마침내 이런 말이 그의 입에서 흘러나왔다.

"끓는 물!" 그가 중얼거렸다.

"끓는 물?" 내가 외쳤다.

"그렇습니다. 교수님, 우리는 상대적으로 밀폐된 공간에 갇혀 있습니다. 하지만 만약 노틸러스호의 펌프가 이 공간에 끓는 물을 지속적으로 뿜어낸다면 온도가 올라가고 얼음이 얼어붙는 것을 지연시킬 수 있지 않을까요?"

"시도해볼 가치가 있습니다!" 내가 큰소리로 말했다.

"그렇다면 해봅시다. 교수님."

그때 바깥 온도계는 -7도를 가리키고 있었다. 네모 선장은 나를 주방으로 이끌었다. 그곳에는 증발을 이용해 식수를 공급하는 대형 증류 장치가 가동 중이었다. 이 장치는 물로 가득 찼다. 우리의 전기 배터리에서 나오는 최대의 열이 코일에 쏟아졌다. 몇 분 만에 물은 100도에 도달했다. 그것은 펌프에 보내졌고, 그에 따라 즉시 새로운 물이 공급되었다. 배터리가 발생시키는 열은 매우 강력해서 차가운 바닷물조차도 이 장치를 통과하면서 끓는 물이 되어 펌프 본체로 흘러 들어갔다. 뜨거운 물이 바깥 얼음물에 주입되고 세 시간이 지나자 온도계는 외부 온도가 -6도로 상승했음을 나타냈다. 1도 상승한 셈이었다. 두 시간 후 온도는 -4도로 올랐다. 나는 여러 차례 점검하며 작업 진행을 확인하고, 선장에게 말했다.

"효과가 있습니다."

"그런 것 같습니다." 그가 답했다.

"압사 위협에서는 벗어난 것 같습니다. 이제는 질식문제만 남았군요."

밤새 물 온도는 -1도까지 상승했다. 더 이상 물의 온도는 상승하지는 않았지만, 소금물은 -2도에서만 얼어붙기에 이제 얼어붙을 위험은 없다는 확신을 가졌다.

다음 날, 3월 27일, 6미터의 얼음이 제거되었다. 이제 4미터만 남아 있었다. 하지만 그 작업에도 48시간이 더 필요했다. 노틸러스호 내부의 공기를 환기 시킬 수 없었기에 그날의 상황은 점점 더 악화되었다. 견딜 수 없는 중압감이 나를 짓눌렀다.

오후 3시쯤, 그 고통이 점점 심해졌다. 턱이 아플 정도로 하품이 터져 나왔고, 내 폐는 숨을 쉬기 위해 필수적인 신선한 공기를 갈망하며 가쁜 숨을 내쉬었다. 정신은 혼미해졌고 나는 기진맥진해 거의 의식을 잃은 채 바닥에 누웠다. 용감한 콩세이유는 같은 증상을 겪으면서도 내 손을 잡고 나를 격려하며 이렇게 중얼거리는 소리가 들렸다.

"아, 내가 숨 쉬지 않으면, 주인님을 위해 더 많은 공기를 남길 수 있을 텐데!"

그 말을 듣자 눈물이 나왔다.

노틸러스호 내부의 환경이 너무 열악해져서 참을 수 없었기에 우리는 잠수복을 입고 작업에 나서는 것을 기쁘게 기다렸다. 곡괭이는 얼음층 위에서 쨍그랑거렸다. 팔은 지쳐갔으며 손은 물집이 생겼 터졌지만, 누구도 신경 쓰지 않았다. 우리는 숨을 쉴 수 있었다! 하지만 작업 시간이 끝나면, 공기 탱크를 가쁜 숨을 쉬는 동료에게 건네주고 다른 동료에게 자리를 양보했다. 네모 선장은 이 엄격한 규율을 가장 먼저 지켰다. 시간이 되면 장비를 다른 사람에게 양보하고 배로 돌아왔다. 그는 항상 침착하며 흔들림 없었고, 불평하지 않았다.

그날 우리는 이전보다 더 열심히 작업을 완료했다. 이제 단 2미터만이 우리를 열린 바다와 갈라놓고 있었다. 그러나 배의 공기탱크는 거의 비어 있었다. 남은 소량의 공기는 작업자들을 위해 남겨야 했다. 노틸러스호를 위한 공기는 전혀 남지 않았다. 내가 배로 돌아왔을 때 거의 질식할 지경이었다. 그 밤이 얼마나 끔찍했던지 묘사할 수 없다. 그 고통은 말로 표현할 수 없는 것이었다. 다음 날, 숨이 차고 두통과 어지러움이 심해져 마치 술 취한 사람처럼 비틀거렸다. 내 동료들도 같은 증상을 겪고 있었다. 일부 승무원들은 거의 숨이 넘어가는 상태였다.

우리가 갇힌 지 6일째 되는 날, 네모 선장은 아직 남은 얼음층을 뚫기엔 곡괭이와 도끼로는 너무 느리다는 결론을 내렸고 노틸러스의 힘으로 얼음층을 깨뜨리기로 결정했다. 그는 여전히 힘과 침착함을 유지하며 육체적 고통을 정신력으로 이겨냈다. 그는 여전히 생각하고 계획하며 행동할 수 있었다. 그의 명령에 따라 노틸러스호의 부력을 조정하여 얼음 바닥에서 떠올랐다. 떠오른 배는 승무원들이 끌어가며 배의 수선에 맞춘 거대한 도랑 위에 위치시켰다. 그런 다음 탱크에 물을 채우자 배는 가라앉아 구덩이에 맞춰 자리 잡았다.

모든 승무원은 노틸러스호로 돌아왔고, 외부와 통하는 이중문이 닫혔다. 노틸러스호는 두께가 단 1미터에 불과하고 천 곳 이상이 구멍이 뚫린 얼음 위에 놓여 있었다.

그 후 탱크의 밸브가 활짝 열리며 100세제곱미터의 물이 쏟아져 들어오자 노틸러스호의 무게는 순식간에를 10만 킬로그램이나 증가되었다. 우리는 괴로움 속에서도 희망을 가지고 귀를 기울이고 있었다. 우리의 구원은 이 마지막 도전에 달려 있었다. 머리가 어지러웠지만 노틸러스호의 선체 아래에서 진동이 느껴지기 시작했다. 얼음은 종이 찢어지는 듯한 소리를 내며 갈라지기 시작했다. 노틸러스호는 서서히 아래로 가라앉기 시작했다.

"통과했습니다." 콩세이유가 내 귀에 속삭였다.

나는 그에게 대답할 수 없었다. 그의 손을 움켜쥐고 무의식적으로 강하게 잡았다.

순간, 엄청난 중량에 이끌려 노틸러스호는 대포알처럼 물속으로 가라앉기 시작했다. 마치 진공 상태에서 떨어지는 듯 빠르게 가라앉았다.

모든 전력이 펌프에 가해졌다. 펌프는 바로 탱크에서 물을 배출하기 시작했다. 몇 분 후 우리는 하강을 멈출 수 있었다. 압력계는 곧 상승을 나타냈다. 최대 속도로 가동된 프로펠러는 강철판 선체의 볼트까지 떨리게 만들며 북쪽을 향해 질주했다. 이 빙산 지대를 지나 바다로 나가려면 얼마나 걸릴 것인가? 또 하루? 그 전에 나는 죽고 말 것이다!

도서관의 소파에 반쯤 누운 채 나는 질식하고 있었다. 얼굴은 자주색이 되고 입술은 파랗게 변하며 모든 감각이 흐려졌다. 나는 아무것도 볼 수도 들을 수도 없었다. 시간이 흐르는 것도 알 수 없었다. 근육은 더 이상 수축할 힘이 없었다. 얼마나 시간이 흘렀는지 가늠할 수 없었다. 나는 내 죽음의 고통이 시작되었음을 알았다. 나는 죽음을 앞두고 있음을 깨달았다…….

갑자기 의식이 돌아왔다. 폐에 약간의 공기가 들어왔다. 우리가 수면 위로 떠올랐는가? 얼음 지대를 벗어난 것인가? 아니었다! 네드 랜드와 콩세이유 두 명의 용감한 친구들이 나를 구하기 위해 자신을 희생하고 있었다. 루케롤 장치에 남아있는 약간의 공기를 나에게 주고 있었다. 그들은 그것을 자신이 마시는 대신 나에게 양보했고 숨이 막히는 동안 내게 한 방울씩 생명을 불어넣어 주고 있었다. 나는 장치를 뿌리치려 했지만, 그들은 내 손을 붙잡고 그 잠깐 동안이라도 내가 편히 숨을 쉴 수 있도록 했다.

눈을 시계로 돌렸다. 오전 11시였다. 3월 28일일 것이다. 노틸러스호는 시속 40마일의 엄청난 속도로 항해하고 있었다. 선체가 물속에서 비틀거렸다.

네모 선장은 어디에 있는가? 그도 죽었는가? 그의 동료들도 함께 사라졌는가?

그때 압력계는 우리가 수면에서 20피트밖에 떨어져 있지 않음을 나타냈다. 열린 바다와 우리 사이에는 단지 얇은 얼음층만이 남아 있었다. 그걸 뚫을 수 있을까? 어쩌면 가능할지도! 어쨌든 노틸러스호는 시도할 것이었다. 실제로 선체는 기울어져 선미를 낮추고 뱃머리를 들어 올리고 있었다. 추가적인 물의 유입이 균형을 바꿔 놓았다. 그리고 강력한 프로펠러의 추진력으로 인해 어마어마한 힘으로 노틸러스호는 얼음층을 치기 시작했다. 노틸러스호는 방벽을 조금씩 부수고, 뒤로 물러난 후 다시 최대 속도로 얼음층을 쳐댔다. 마침내, 온 힘을 다해 얼음층을 뚫고 수면 위로 솟아올랐다.

전속력으로 해치를 열고, 아니, 잡아 뜯어냈다는 표현이 더 맞을 것이다. 차갑고 맑은 공기가 노틸러스호의 모든 공간으로 쏟아져 들어왔다.

15장 케이프 혼에서 아마존까지

내가 어떻게 플랫폼으로 올라왔는지는 알 수 없었다. 아마도 네드 랜드가 나를 옮겼을 것이다.

나는 숨을 쉴 수 있고 바다의 신선한 공기를 들이마실 수 있었다. 내 옆에서 두 동료도 신선한 산소를 들이마시며 기운을 차리고 있었다. 굶주린 사람은 첫 음식을 함부로 마구 먹어서는 안 된다. 하지만 우리는 공기 중의 원자를 폐에 가득 빨아들였다. 이 신선한 공기, 바로 이 산소가 우리에게 풍요로운 해방감을 선사하고 있었다.

"아!" 콩세이유가 감탄했다.

"정말 상쾌한 산소군요! 주인님, 숨 쉴 걱정은 하지 않으셔도 됩니다. 모두에게 충분하니까요."

네드 랜드는 한마디도 하지 않았다. 그의 활짝 벌어진 입은 상어조차도 무서울 정도였다. 그는 강력하게 가동되고 있는 화로와 같이 산소를 빨아들이고 있었다.

우리의 기운은 금방 회복되었고, 주위를 둘러보니 플랫폼 위에는 우리뿐이었다. 선원들도 네모 선장도 보이지 않았다. 노틸러스호의 신비한 선원들은 내부의 순환하는 산소만으로 만족하고 있었다. 누구도 우리처럼 밖으로 나와 신선한 공기를 즐기려 하지 않았다.

내가 처음 꺼낸 말은 동료들에게 대한 감사의 말이었다. 네드 랜드와 콩세이유는 긴 죽음의 문턱에서 나를 살아남게 해주었다. 그 어떤 감사의 표현도 그들의 헌신에 충분히 보답할 수 없었다.

"어이쿠, 교수님." 네드 랜드가 대답했다.

"그런 말씀 하지 마세요! 우리는 그렇게 칭찬받을 일을 한 게 아닙니다. 당연한 일을 한 겁니다. 그건 단순한 산수 문제였습니다. 교수님의 생명이 우리보다 더 가치가 있으니 당연히 구해야 했죠."

"아니네, 네드." 내가 답했다.

"내 생명이 더 귀중한 게 아니야. 자네처럼 친절하고 관대한 사람이 더 소중하지!"

"좋습니다. 좋아요!" 네드 랜드는 당황한 듯 말했다.

"그리고 자네, 용감한 콩세이유, 자네가 많이 힘들었을 거네."

"솔직히 말씀드리자면 주인님, 그렇게 힘들지는 않았습니다.

약간 숨이 가빠지긴 했지만, 잘 버틸 수 있었을 겁니다. 다만 주인님이 기절하시는 걸 보니, 저도 숨 쉴 필요를 전혀 느끼지 못했습니다. 어찌 보면 숨이 막혔다고 할까요…….”

콩세이유는 자신의 평소와 다른 표현에 당황하며 말을 흐렸다.

“친구들” 나는 깊이 감동하며 말했다.

“우리는 영원히 서로에게 맺어졌네. 나는 정말 여러분에게 큰 빚을 졌어.”

“그 점을 잘 이용해 보겠습니다.” 네드 랜드가 재빨리 받아쳤다.

“뭐라고요?” 콩세이유가 어이없어 하면 물었다.

“그래요.” 네드 랜드가 계속 말했다.

“그 빚을 갚는 방법은, 이 지옥 같은 노틸러스호를 떠날 때 저와 함께 가는 겁니다.”

“그렇다면” 콩세이유가 말했다.

“우리가 지금 탈출에 유리한 방향으로 가고 있다는 건가요?”

“그렇다네,” 내가 대답했다.

“왜냐하면, 우리는 태양을 향해 가고 있고 여기선 태양이 북쪽에 있기 때문이지.”

“좋습니다.” 네드 랜드가 말했다.

“하지만 우리가 대서양으로 가는지 아니면 태평양으로 가는지 알아야 합니다. 인적이 드문 바다일지 항로가 있는 바다인지 말이죠.”

나는 이 질문에 답할 수 없었다. 네모 선장이 우리를 집으로 돌려보내기보다는 아시아와 아메리카 해안을 씻어 내리는 거대한 태평양으로 데려갈까 두려웠다. 이렇게 함으로써 그는 노틸러스호의 바닷속 세계 일주를 완성하고, 노틸러스호가 가장 자유롭게 움직일 수 있는 바다로 돌아가려 할지도 몰랐다. 그러나 인적이 드문 태평양의 한가운데로 다시 돌아간다면, 네드 랜드의 계획은 어떻게 될 것인가? 이 중요한 문제는 곧 해결될 것이다. 노틸러스호는 빠르게 항해하며 남극권과 케이프 혼 곶을 지나갔다. 3월 31일 저녁 7시, 우리는 남아메리카 최남단을 향하고 있었다.

이제 우리의 지난 고통은 모두 잊혀졌다. 얼음 속에 갇혀 있던 기억도 희미해졌다. 우리는 오직 미래에 대해 생각하고 있었다. 네모 선장은 더 이상 휴게실이나 플랫폼에 나타나지 않았다. 매일 부관이 세계 지도에 표시되는 위치를 보고 노틸러스호의 정확한 항로를 확인할 수 있었다. 그날 저녁, 노틸러스호가 대서양 항로를 따라 북쪽으로 이동 중이라는 것이 분명이 보였다.

나는 내 관찰 결과를 네드 랜드와 콩세이유에게 전했다.

"좋은 소식이군요." 네드 랜드가 대답했다.

"그런데 노틸러스호는 어디로 가고 있는 걸까?"

"그건 알 수 없네, 네드."

"남극에 이어 이제 북극을 가려는 건가? 그리고 악명 높은 북서 항로를 통해 태평양으로 돌아가려는 걸까요?"

"그걸 두 번 다시 감히 도전할 생각은 하지 않겠죠." 콩세이유가 대답했다.

"그래, 좋아." 네드 랜드가 말했다.

"우린 그 전에 슬그머니 빠져나갈 거야."

"어쨌든" 콩세이유가 덧붙였다.

"네모 선장은 정말 대단한 사람입니다. 그를 알게 된 걸 후회할 일은 없을 겁니다."

"특히, 그와 헤어진 후에는 더더욱 그렇겠지." 네드 랜드가 말을 받았다.

다음 날, 4월 1일. 노틸러스호가 정오 직전에 수면 위로 떠오르자 서쪽에 육지가 나타났다. 그곳은 티에라 델 푸에고, 즉 불의 땅으로 초창기 탐험가들이 원주민의 오두막에서 나오는 연기를 보고 붙인 이름이다. 이 불의 땅은 길이 30리그, 폭 80리그에 이르는 거대한 섬들로 이루어져 있으며, 남위 53도에서 56도, 서경 67도 50분에서 77도 15분 사이에 위치해 있다. 해안은 평평해 보였지만 멀리에는 높은 산들이 솟아 있었다. 나는 해발 2,070미터의 피라미드형 바위산 사르미엔토 산을 본 듯했다. 그 산은 정상부가 매우 날카로운 암석으로 이루어져 있어, 안개가 끼거나 맑은지를 보고 날씨를 예측한다고 네드 랜드가 내게 말했다.

"최고의 자연 바로미터군."

"맞습니다. 선생님. 제가 마젤란 해협을 지날 때마다 그 자연 바로미터는 절대 틀린 적이 없었습니다."

그 순간 산봉우리가 하늘을 배경으로 뚜렷이 나타났다. 이는 맑은 날씨를 예고했고, 실제로 날씨는 맑았다.

노틸러스호는 다시 물속으로 들어가 해안을 따라 몇 마일을 항해했다. 휴게실 창을 통해 길게 자라는 해초들과 거대한 다시마 식물을 볼 수 있었다. 이는 극지방의 열린 바다에서 본 몇몇 표본과 같았다. 부드럽고 끈적이는 줄기는 길이가 300미터에 달했으며 두께가 1인치 이상 되는 진짜 밧줄처럼 튼튼해서 종종 배의 케이블로 사용되기도 했다. 또 다른 해초, 벨프는 길이가 4피트나 되는 잎을 자랑하며 산호층 사이를 메우고 바다 바닥을 덮었다. 이 해초는 수많은 갑각류와 연체동물, 게와 오징어들에게 둥지이자 먹이가 되었다. 이곳에서 물개와 수달들은 물고기와 해초로 성대한 식사를 할 수 있었다. 마치 영국인들이 아일랜드 스튜를 먹는 것처럼 말이다. 노틸러스호는 울창한 수중 정원을 엄청난 속도로 통과했다.

저녁 무렵에는 험준한 포클랜드 제도에 접근했다. 바다는 그리 깊지 않았다. 그로 인해 나는 주변의 많은 작은 섬들이 과거 마젤란 해안의 일부였을 것이라 생각하게 했다. 포클랜드 제도는 아마 유명한 탐험가 존 데이비스가 발견해 그가 이곳을 '데이비스 남부 제도'라 부른 것으로 보인다. 이후 리처드 호킨스 경이 이곳을 '메이든 랜드'라 불렀다.

18세기 초 브리타니의 생 말로에서 온 어부들이 '말루인 제도'라 부른 후, 마침내 현재 이 지역을 차지하고 있는 영국인들이 '포클랜드 제도'라 부르게 되었다. 이 수로에서 우리의 그물은 여러 해조류 표본을 끌어올렸는데 해초류의 뿌리에는 최고의 홍합들이 달라붙어 있었다. 수십 마리의 거위와 오리가 플랫폼 위로 내려앉아 노틸러스호의 식량 창고에 자리하게 되었다. 물고기 중에는 주로 망둥어 속하는 어류들이 눈에 띄었다. 그중 20센티미터 정도 길이의 흰색과 노란색 점이 있는 그리거라는 물고기가 있었다. 나는 또 다양한 해파리들에 경탄했다. 이는 특히 포클랜드[64] 해역에서만 볼 수 있는 '나침반 해파리'가 눈길을 끌었다. 일부 해파리는 매끄러운 반구형 우산 모양으로 적갈색 줄무늬와 깔끔하게 정리된 12개의 주름이 있었다. 다른 해파리는 뒤집힌 바구니 모양으로 넓은 잎과 긴 붉은 가지들이 우아하게 드리워져 있었다. 이 해파리들은 나뭇잎처럼 생긴 네 개의 팔을 흔들며 유영했고 풍성한 촉수가 물살에 따라 흩어졌다. 나는 이 섬세한 조류동물을 보존하고 싶었으나 그들은 단지 구름처럼, 그림자처럼 고유의 서식지를 벗어나면 금세 녹아 사라졌다.

64) 파클랜드 제도는 남대서양에 위치한 영국령 섬들로, 동파클랜드와 서파클랜드로 구성된 한랭한 해양성 기후 지역이다. 1982년 영국과 아르헨티나는 이 섬의 영유권을 두고 파클랜드 전쟁을 벌였으며, 현재는 영국의 자치령이지만 아르헨티나도 여전히 영유권을 주장하고 있다.

포클랜드 제도의 마지막 모습이 수평선 아래로 사라지자 노틸러스호는 20~25미터의 깊이로 잠수하여 남아메리카 해안을 따라 항해했다. 그때까지도 네모 선장은 모습을 드러내지 않았다.

4월 3일까지 우리는 파타고니아 해안을 벗어나지 않았다. 노틸러스호는 바다 아래와 수면 위를 번갈아 오가며 이동했다. 라플라타 강 하구에 형성된 넓은 하구를 지나 4월 4일에 우루과이 인근까지 다다랐으나, 육지에서 50마일 정도 떨어져 있었다. 노틸러스호는 남아메리카의 길고 구불구불한 해안을 따라 북쪽으로 항해했다. 그때까지 우리는 일본 해역에서 승선한 이후 16,000리그를 이동한 상태였다.

오전 11시쯤 우리는 남회귀선 37도 자오선을 지나 프리우 곶에서 멀리 떨어져 있었다. 네드 랜드는 브라질의 인구가 많은 해안 지역 근처를 피하며 굉장히 빠른 속도로 나아가는 네모 선장에게 불만을 품었다. 우리가 너무 빠르게 이동 중이라 가장 빠른 물고기나 새조차 우리를 따라잡을 수 없어 해역의 신기한 자연을 전혀 관찰할 수 없었다.

며칠 빠른 속도를 유지하면서 우리는 4월 9일 저녁 남아메리카 최동단인 상로케 곶에 도착했다. 그러나 노틸러스호는 다시 방향을 틀어 이 곶과 아프리카 시에라리온 해안 사이의 해저 계곡 중 가장 깊은 부분을 찾아갔다. 서인도 제도와 마주한 이 계곡은 두 개로 갈라지며, 북쪽에는 9,000미터 깊이의 거대한 함몰 지형이 있다. 이곳에서부터 소앤틸리스 제도까지 해저 지형은 6킬로미터 높이의 가파른 절벽을 이루고 케이프베르데 제도 인근에서도 마찬가지로 거대한 절벽으로 이어져 이 두 장벽은 침몰한 아틀란티스 대륙 전체를 둘러싼다. 이 거대한 계곡 바닥에는 해저의 경관을 만들어내는 산들이 자리해 있었다. 이 설명은 대부분 노틸러스호 도서관에 보관된 네모 선장이 손수 그린 지도에서 비롯되었다. 이는 네모 선장이 개인적으로 관찰한 내용을 바탕으로 제작한 것이었다.

우리는 깊고 인적이 드문 바다를 이틀 동안 탐험했다. 노틸러스호는 대각선으로 길게 잠수하며 모든 깊이의 수위를 탐사했다. 그러나 4월 11일에 갑자기 수면으로 떠올라 아마존 강 하구를 만났다. 이 거대한 하구는 엄청난 양의 담수를 바다에 흘려보내어 수 마일에 걸쳐 바닷물을 담수화했다.

우리는 적도를 횡단했다. 서쪽으로 20마일 떨어진 곳에는 프랑스령 기아나가 있어 쉽게 피신할 수 있는 곳이었으나 바람이 강하게 불어오고 파도가 거칠게 일어 소형 보트로는 맞서기 어려웠다. 네드 랜드도 이를 이해했는지 아무 말도 하지 않았다. 나 또한 그의 탈출 계획에 대해 아무 언급을 하지 않았다. 그가 실패가 뻔한 시도를 하게 만들고 싶지 않았기 때문이다.

나는 이 지연된 탈출을 매력적인 연구로 보상받았다. 4월 11일부터 12일까지 이틀간 노틸러스호는 해수면을 벗어나지 않았기에 나는 그물로 조류, 어류, 파충류의 기적 같은 수확을 얻을 수 있었다.

조류동물 중에는 저인망 그물이 걸러낸 아네모네속의 아름다운 바다말미잘들이 포함되어 있었다. 특히, 이 해역 고유의 해엄해변말미잘이라는 종은 붉은 점들이 무늬로 박힌 작은 원통형 줄기와 화려하게 펼쳐진 촉수 꽃잎으로 장식되어 있었다. 연체동물로는 내가 이미 관찰한 터릿 달팽이와 살구색 배경 위로 교차하는 갈색 반점이 선명하게 나타난 올리브 껍질 모양의 '텐트 올리브' 종이 있었다. 고정된 전갈처럼 보이는 기묘한 거미고둥, 투명한 유리 달팽이, 바다의 식용 문어들, 그리고 고대의 자연학자들이 비행 어류와 같은 분류로 여긴 특정 오징어 종류도 있었다.

어류의 경우 일부는 아직 연구해본 적이 없는 다양한 종을 관찰할 수 있었다. 그중 연골 어류 중에는 아마존 강의 흐름에 의해 바다로 떠내려 온 것으로 보이는 특이한 민물 고기인 15인치 길이의 브룩 램프리, 즉 일종의 장어가 있었다. 이 생물은 녹색 빛 머리, 보라색 지느러미, 파란색 등 은갈색 배와 황금빛으로 둘러싸인 눈의 홍채를 지니고 있었다. 그 외에도 길고 뾰족한 코와 이빨이 안으로 휘어진 여러 줄로 배열된 1미터 길이의 회백색 카펫 상어, 박쥐 모양을 한 붉은 삼각형의 박쥐고기, 구멍가리비, 금빛으로 반짝이는 꼬쿠요, 비둘기의 목처럼 빛나는 보라색 가죽재킷을 가진 트리거 피쉬 등이 있었다.

여기서 간단한 설명을 붙여 내가 관찰한 경골어류 몇 종을 소개하고 마무리 하겠다. 우선, 아프테로노투스 속에 속하는 뱀장어로 코는 눈처럼 희고 무딘 모양이며 몸체는 아름다운 검은색으로 칠해져 길고 가늘며 유연한 채찍 같은 꼬리를 가진 종이다. 또한, 오돈토그나투스 속의 긴 정어리는 30센티미터 길이의 은빛을 띠는 종이다. 두 개의 꼬리 지느러미가 달린 가라니안 고등어, 검은색으로 물든 키잡이 물고기는 횃불을 사용해 잡을 수 있는 종으로 길이가 2미터에 달해 신선할 때는 장어 맛이 나고 말리면 훈제 연어 맛이 난다. 반쯤 붉은색을 띠며 등지느러미와 뒷지느러미의 부분에만 비늘이 있는 놀래기류, 여기에 금과 은의 빛이 루비와 토파즈의 광채와 섞인 크리테라, 황색 꼬리를 가진 참돔, 중간 수역에서 인광성을 발산하여 쉽게 발견되는 종이었다. 그리고 오렌지빛 참돔과 날씬한 혀를 가진 금눈돔, 꼬리가 황금빛인 크로커, 검은색 가시 물고기, 수리남의 네 개의 눈을 가진 물고기 등이 포함되었다. 이 목록의 "기타"에는 콩세이유가 오랫동안 기억에 남길 만한 물고기가 하나 더 있었다. 우리 그물 중 하나에 매우 납작한 종류의 가오리가 잡혔는데, 무게가 약 20킬로그램에 달했다. 이 가오리는 꼬리를 잘라내면 완벽한 원반 모양을 이룰 것 같았다. 아랫면은 흰색이고, 윗면은 붉은색을 띠며, 크고 둥근 짙은 파란색 점들이 검은색으로 둘러싸여 있었다. 피부는 매우 매끄러웠고, 두겹의 지느러미로 끝나 있었다. 플랫폼에 놓인 이 물고기는 경련하듯 몸을 뒤집으려 노력했다. 결국, 마지막 몸부림으로 바다로 다시 뛰어들려 할 때 소유욕에 사로잡힌 콩세이유가 달려들었고, 내가 막기도 전에 두 손으로 가오리를 잡아챘다. 그러자 콩세이유는 뒤로 넘어져 두 다리는 공중으로 치솟았고, 몸은 반쯤 마비된 채로 외쳤다.

"아, 주인님! 도와주세요!"

그 불쌍한 청년이 평소와 달리 나를 3인칭으로 부르지 않은 것은 처음이었다.

네드 랜드와 나는 콩세이유를 일으켜 세워 그의 경직된 팔을 주물렀다. 정신을 차린 이 뼛속까지 분류 학자는 흐릿한 목소리로 계속해서 중얼거렸다.

"연골어류, 견고한 아가미를 가진 연골어류, 하위 목은 셀라키아, 가오리과, 속은 전기 가오리."

"그래, 콩세이유" 내가 답했다.

"자네를 이 상태로 만든 게 바로 그 전기가오리라네."

"아, 주인님께서 믿어주신다면 저는 이 동물에게 복수할 겁니다!"

"어떻게?"

"먹어치우겠습니다."

그리고 그는 그날 저녁 복수심에 차서 전기가오리를 먹어 치웠지만 맛은 질긴 가죽 같았다.

가엾은 콩세이유는 가장 위험한 종인 쿠마나 전기가오리에게 당한 것이다. 물이라는 전도성 물질 안에서 이 기묘한 동물은 몇 미터나 떨어진 거리의 다른 물고기들을 전기로 감전시킬 수 있다. 이 동물의 전기 기관은 두 개의 주요 표면은 최소 27평방피트를 차지할 정도로 강력하다.

다음 날, 4월 12일, 노틸러스호는 마로니 강 하구 근처의 네덜란드령 해안으로 다가갔다. 그곳에서는 여러 무리의 해우가 가족 단위로 살고 있었다. 이들은 듀공이나 스텔러 바다소와 마찬가지로 시레니아 목에 속하는 매너티(바다소)였다. 온순하고 공격적이지 않은 이 멋진 동물들은 길이가 6~7미터에 달하며, 각각 최소 4,000킬로그램은 나가 보였다. 나는 네드 랜드와 콩세이유에게 이 동물들이 자연에서 아주 중요한 역할을 맡고 있다고 설명했다. 본질적으로 매너티는 물속 초원을 뜯어먹으면서 열대 강 하구를 막고 있는 해초 더미를 제거하는 역할을 한다.

"인간이 이 유익한 종을 거의 전멸시키고 나서 어떤 일이 일어났는지 아는가? 썩어가는 해초들이 공기를 오염시켜 독성 공기가 황열병을 발생시켜 아름다운 나라들을 황폐화시켰다네. 이 독성 해조류는 열대 지역의 바다 밑에 더 많이 퍼져 리오데라플라타 강 하구에서 플로리다까지 병이 무분별하게 퍼지고 있는 거라네!"

그리고 투센넬 교수의 말이 옳다면, 앞으로 고래와 물개가 사라지면 이 질병은 우리 후손에게 더 큰 재앙이 될 것이었다. 그때는 해파리, 오징어, 그리고 다른 해양 생물들이 가득한 바다가 거대한 감염 중심지가 될 것이다. 바다의 파도는 더 이상 "하느님이 바다 표면을 정화하기 위해 맡기신 거대한 위장" 역할을 하지 못하게 될 것이다. 그렇지만, 이러한 이론을 무시하지 않으면서도 노틸러스호의 선원들은 매너티 여섯 마리를 잡아 훌륭한 붉은 고기를 비축했다. 이 고기는 쇠고기나 송아지 고기보다 훨씬 맛이 좋았다. 매너티 사냥은 흥미로운 스포츠는 아니었다. 매너티들은 저항하지 않고 순순히 쓰러졌다. 몇 천 킬로그램의 고기는 말려서 저장하기 위해 배 안으로 운반되었다.

같은 날, 또 다른 특이한 어업 방식으로 노틸러스호의 식량 비축은 더 늘어났다. 저인망 그물은 머리 위에 작은 타원형 흡착판을 가진 여러 물고기를 끌어올렸다. 이는 제3아과 연골어류에 속하는 흡반어였다. 이 평평한 원반은 연골판으로 이루어져 있어 물고기들이 진공을 형성하여 사물에 달라붙을 수 있도록 해준다. 지중해에서 관찰한 빨판상어는 흡반어 종과 관련이 있었지만 여기 잡힌 생물은 이 지역에만 서식하는 종이었다. 선원들은 이 물고기들을 물이 담긴 양동이에 넣어 보관했다.

고기잡이가 끝난 뒤 노틸러스호는 해안으로 더 다가갔다. 그곳에는 여러 바다거북들이 수면 위에서 잠을 자고 있었다. 귀중한 파충류들을 잡기란 어려웠다. 작은 소리에도 깨어날 뿐 아니라 단단한 껍질이 작살을 막아주기 때문이다. 그러나 우리의 흡반어를 사용하여 정확하고 확실하게 포획할 수 있었다. 사실상

이 생물은 살아 있는 낚싯바늘로서 가장 초보적인 어부에게조차 성공을 보장하는 역할을 했다.

노틸러스호의 승무원들은 각 흡반어의 꼬리에 움직임에 방해되지 않도록 큰 고리를 달았다. 그리고 이 고리에 길다란 밧줄을 매어 배에 연결해 두었다. 흡반어는 바다에 던져지자마자 곧바로 자신의 역할을 수행하며 거북의 단단한 껍질에 달라붙었다. 이들의 접착력은 엄청나서 거북을 놓치기보다는 오히려 몸이 찢어질 정도였다. 흡반어가 달라붙은 채로 거북이 배 위로 끌어올려졌다. 이렇게 우리는 폭이 1m, 무게가 200km에 달하는 대형 바다거북 몇 마리를 잡았다. 이들은 껍질에 얇고 투명한 갈색 판이 붙어 있는 거북의 등껍질은 하얀색과 노란색 무늬가 찍혀 있어 매우 귀하게 여겨졌다. 게다가 식용으로도 훌륭한 초록 바다거북에 견줄 만한 섬세한 맛을 가지고 있었다.

이렇게 아마존 수로에서의 어획을 마친 우리는 그날 저녁 다시 바다로 나아갔다.

16장 대왕 오징어

며칠 동안 노틸러스호는 계속해서 아메리카 해안에서 멀어졌다. 멕시코만이나 카리브해의 물결을 피하려는 듯 보였다. 사실 이 해역의 평균 깊이는 1,800미터로 노틸러스호가 다니기에는 충분한 수심이었다. 그러나 이 지역은 작은 섬들이 흩어져 있어 증기선이 자주 다니므로 네모 선장에게는 그리 매력적이지 않았던 것 같다.

4월 16일, 우리는 약 30마일 떨어진 곳에서 마르티니크와 과들루프섬의 높은 산봉우리를 볼 수 있었다. 네드 랜드는 매우 낙담했다. 그는 이 해역에서 상륙하거나 섬들 사이를 오가는 무역선 중 하나에 접근할 기회를 잡으려고 계획하고 있었기 때문이다. 네드 랜드가 선장의 눈을 피해 소형 보트를 탈취하는 데 성공했다면 탈출 시도는 충분히 가능했을 것이다. 하지만 대양

한가운데에서는 불가능한 일이었다.

네드 랜드, 콩세이유, 그리고 나는 이 문제에 대해 긴 대화를 나누었다. 우리는 노틸러스호에서 여섯 달간 포로 생활로 17,000리그를 항해했지만, 네드 랜드의 말대로 그 끝이 보이지 않았다. 그러자 그는 내가 예상치 못한 제안을 했다. 그것은 네모 선장에게 직접 물어보자는 것이었다. 그에게 우리를 영구적으로 이 배에 붙들어 놓을 의도가 있는 것인가?

나는 이 방법이 마음에 들지 않았다. 내 생각에 이는 아무런 성과를 거두지 못할 것이었다. 노틸러스호의 선장에게는 아무것도 바라서는 안 된다. 모든 것은 우리에게 달려있었다. 게다가 최근 네모 선장은 더욱 우울하고 고립적이며 비사교적인 모습을 보였다. 그는 나를 피하는 듯했다. 나는 그와 거의 만나지 못했다. 그는 더 이상 바다의 경이로움을 설명하며 나와 이야기하지 않았다. 그에게 무슨 변화가 있었던 걸까? 어떤 이유때문일까? 나는 그를 원망할 만한 이유가 없었다. 우리의 존재가 그에게 짐이 되었던 것일까? 그렇다고 해도 나는 그가 우리를 풀어줄 거라는 희망은 품지 않았다. 그래서 나는 네드 랜드에게 조치를 취하기 전에 생각할 시간을 달라고 요청했다. 만약 이 시도가 성과가 없을 경우 선장의 의심을 불러일으킬 수 있으며 우리의 상황이 더욱 어려워질 수도 있고 네드 랜드의 계획도 위험해질 수 있었다. 또한 건강 상태를 이유로 삼기에도 어려웠다. 남극의 얼음 밑에서의 가혹한 고비를 넘긴 네드 랜드나 콩세이유, 나 모두 어느 때보다 건강했다. 영양가 있는 식사와 신선한 공기, 규칙적인 일과, 일정한 온도는 병을 막아 주었다. 그리고 네모 선장처럼 육지를 그리워하지 않고, 아무런 미련도 없는 사람이 마음대로 가고 싶은 곳을 다니며, 자신만의 길을 개척하는 삶은 이해할 수 있는 것이었다. 그러나 우리는 인간 세상과 모든 인연을 끊지는 못했다. 나로서는 새로운 연구가 내 뼈와 함께 묻히는 것을 원치 않았다. 나는 이제 이 신비로운 바다에 관한 확고한 저서를 쓸 능력을 얻었으며, 언젠가 그 책이 세상에 나오기를 바랐다.

이곳 카리브해 10미터 아래 바다 속에서 열려 있는 창을 통해 나는 아직도 얼마나 많은 매혹적인 전시물들을 발견고 있는가! 여러 조류 동물 중에서, 피살리아 펠라기카라 불리는 포르투갈 전함 해파리가 있었다. 그 해파리는 큰 타원형의 진주색 광택이 나는 막을 펼치며, 푸른 촉수를 비단 실처럼 드리우고 있었다. 눈으로 보기에는 아름다운 해파리이지만 만지면 부식성 액체를 분비하는 진짜 쐐기풀 같았다. 절지동물 중에는 1.5미터 길이의 분홍색 주둥이와 1,700개의 이동 기관을 가진 환형동물이 있었다. 이들은 물을 따라 구불구불하게 움직이며 태양 스펙트럼의 모든 색을 반사했다. 어류 중에는 10피트 길이에 몸무게는 600파운드였고, 삼각형의 가슴지느러미와 약간 아치형의 등, 얼굴 가장자리에 부착된 눈을 가지고 있는 가오리도 있었다. 이들은 마치 난파된 선체처럼 떠다니며 때로는 우리 창문에 불투명한 덧창처럼 달라붙기도 했다. 또 검은색과 흰색만으로 자연이 색칠한 아메리카산 트리거피쉬, 노란색 지느러미와 튀어나온 턱을 가진 깃털 모양의 망둥어, 짧고 날카로운 이빨과 작은 비늘로 덮인 16센티미터 길이의 다랑어 종의 고등어, 그리고 금색 줄무늬가 머리에서 꼬리까지 감긴 붉은 황어들이 때지어 지나갔다. 반짝이는 지느러미가 떨리며 진정한 걸작 보석처럼 빛났다. 이 물고기들은 과거 다이아나 여신에게 신성시되었고 부유한 로마인들에게 인기가 많아 “잡는 자는 먹지 않는 물고기”라는 옛말로도 유명했다. 마지막으로, 에메랄드 리본과 벨벳, 비단을 입은 듯한 금빛 천사고기인 포마칸테도레스는 마치 베로나의 그림 속 인물들처럼 우리 눈앞을 지나갔다. 날카로운 흉부 지느러미로 빠르게 이동하는 황돔은 빠른 가슴지느러미로 몸을 숨기고 있었고, 몸길이 15인치 길이의 실청어는 온몸을 인광으로 번쩍이고 있었다. 큰 살진 꼬리로 바다를 두드리는 회색 숭어, 날렵한 가슴지느러미로 물결을 가르는 붉은 연어, 그리고 이름에 걸맞게 달빛처럼 수면 위로 떠오른 은빛 보름달 물고기들이 우리 시야를 가득 채웠다.

만약 노틸러스호가 서서히 더 낮은 층으로 가라앉지 않았다면 나는 얼마나 더 많은 경이롭고 새로운 표본을 관찰할 수 있었을까! 그 비스듬하게 날개를 기울인 노틸러스호는 2,000미터, 3,500미터로 점점 더 깊은 곳을 향해 나아갔다. 그곳의 동물 생명체로 해백합과 불가사리, 작은 칼리스 모양의 머리를 가진 사랑스러운 연체동물, 직립한 줄기를 가진 크리노이드, 상어껍질 달팽이, 피처럼 붉은 이빨껍질 달팽이, 큰 종의 해안 연체동물인 피슈렐라 달팽이만이 존재했다.

4월 20일쯤 우리는 평균 수심 1,500미터 지점으로 상승했다. 가장 가까운 육지는 바하마 제도로, 육지는 수면에 자갈밭을 흩뿌려 놓은 것 같았다. 그곳에서는 거대한 해저 절벽이 우뚝 솟아 있었고, 크고 거친 암석 덩어리로 이루어진 깍아지른 벽은 큰 석재 덩어리처럼 배치되어 있었으며, 그 사이엔 우리 전기불빛으로도 끝까지 비추지 못하는 깊고 검은 동굴들이 뚫려있었다.

이 바위들에는 거대한 해초들이 매달려 있었는데, 거대한 바다덩굴과 커다란 다시마는 마치 거인의 세상을 위한 진정한 수중 정원이었다.

이 거대한 식물들을 이야기하면서 콩세이유와 네드 랜드, 그리고 나는 자연스럽게 바다의 거대한 동물들에 대해 언급하게 되었다. 이들 식물은 분명히 그러한 거대한 동물들의 먹이일 것이다. 거의 움직이지 않는 노틸러스호의 창문을 보며 나는 긴 해초들 사이에서 절지동물의 일종인 브라키우라 분류의 주요종인 장다리 거미게, 보라색 게, 그리고 카리브 해 고유의 해면게등을 보고 있었다. 11시쯤 네드 랜드가 저 멀리 거대한 해초속에서 일어나는 엄청난 소란을 가리키며 내 주의를 끌었다.

"저기" 내가 말했다.

"이곳이 진짜 악마 물고기인 오징어들의 동굴이라면 그 괴물들이 나타나는 것도 이상하지 않을 거라네."

"네?" 콩세이유가 끼어들었다.

"오징어들, 흔히 알려진 두족류에서 나오는 일반 오징어 아닌가요?"

"아니라네." 내가 대답했다.

"어마어마한 크기의 대형 종들일세. 하지만 네드 랜드가 착각했나 보군. 아무것도 보이지 않는걸."

"안타깝군요." 콩세이유가 대답했다.

"저는 그 유명한 대왕 오징어와 만나보고 싶었는걸요. 그 크…… 뭐라고 불리며 배도 침몰 시킬 수 있다는 그 괴물들 말입니다."

"허풍일세" 네드 랜드가 냉소적으로 대꾸했다.

"크라켄!" 콩세이유가 네드 랜드의 조롱에 아랑곳하지 않고 말을 끝냈다.

"난 절대 그런 생물이 존재한다고 믿지 않아." 네드 랜드가 말했다.

"왜 안 믿으시죠?" 콩세이유가 대답했다.

"우리는 주인님의 괴물 일각고래도 진심으로 믿었습니다."

"우리는 틀렸었지, 콩세이유."

"그럴지도 모르지만, 여전히 믿고 있는 사람들이 있습니다."

"아마 그렇겠지, 콩세이유. 하지만 나는 그런 괴물이 존재한다는 걸 내 두 손으로 해부해서 보기 전까지는 이제 믿지 않기로 했다네."

"그렇지만" 콩세이유가 나에게 물었다.

"교수님께서는 거대한 오징어가 존재한다고 믿지 않으십니까?"

"맙소사! 도대체 누가 그런 걸 믿는다는 말이야?" 네드 랜드가 외쳤다.

"많은 사람이 믿고 있다네." 내가 말했다.

"어부들은 아니겠지요. 과학자들이나 믿고 있겠지요."

"미안하지만, 네드. 어부들과 과학자들 모두 믿고 있다네!"

"제가 드릴 말씀이 있습니다." 콩세이유가 세상에서 가장 진지한 얼굴로 말했다.

"저는 두족류의 팔에 의해 큰 배가 바다 속으로 끌려가는 장면을 본 적이 있죠."

"그걸 봤다고?" 네드 랜드가 물었다.

"그렇습니다. 네드 씨."

"자네 두 눈으로 봤다고?"

"네, 제 두 눈으로요."

"어디서 봤는데?" 네드 랜드가 물었다.

"생 말로에서요." 콩세이유가 태연하게 대답했다.

"항구에서?" 네드 랜드가 비꼬듯이 말했다.

"아니요. 교회에서요." 콩세이유가 대답했다.

"교회에서!" 네드 랜드가 외쳤다.

"네, 네드 씨. 그 문어를 묘사한 그림이 걸려 있더군요."

"아, 그만하게. 콩세이유!" 네드 랜드가 폭소를 터뜨리며 외쳤다.

"자네가 나를 속였군!"

"사실, 콩세이유 말은 맞다네." 내가 말했다.

"나도 그 그림에 대한 이야기를 들은 적이 있다네. 하지만 그 그림이 묘사하는 주제는 전설에서 가져온 것이고, 자연사에 관한 전설이 얼마나 신뢰할 수 있는지 우리는 알고 있지 않은가? 괴물 이야기가 나오면 인간의 상상력은 언제나 폭주하는 법이지. 사람들은 이 대형 오징어들이 배를 침몰 시킨다고 주장했을 뿐만 아니라, 올라우스 마그누스라는 사람은 길이가 1마일이나 되는 섬처럼 보이는 두족류에 관해 말했다네. 또 트론헤임의 주교는 어느 날, 거대한 바위 위에 제단을 세우고 미사를 올리자 그 바위가 움직여 바다로 돌아갔다고도 하네, 그 바위가 바로 거대한 오징어였다는군."

"그게 전부입니까?" 네드 랜드가 물었다.

"아니라네" 내가 대답했다.

"베르겐의 또 다른 주교, 폰토피단은 전체 기병대가 그 위에서 움직일 수 있을 만큼 거대한 오징어에 관해 이야기 했다네."

"옛날 주교들 정말 대단하군요!" 네드 랜드가 말했다.

"마지막으로, 고대의 자연학자들은 엄청나게 큰 덩치만큼이나 큰 입을 가진 괴물들을 언급했다네. 그들은 지브롤터 해협을 통과할 수 없을 정도로 컸다고 하지."

"잘했군, 옛날 사람들!" 네드 랜드가 끼어들었다.

"그렇다면 이 이야기들 중에 사실은 없나요?" 콩세이유가 물었다.

"없다고 봐야 해, 친구들. 적어도 믿기 어려운 이야기를 넘어 신화나 전설로 치부되는 것들이지. 그렇지만 이러한 이야기꾼들의 상상력에는 적어도 이유는 있었던 것 같아. 아주 큰 두족류나 대형 문어들이 있다는 점은 부인할 수 없지. 비록 고래만큼 크지는 않더라도 아리스토텔레스는 한 오징어의 크기를 다섯 큐빗, 즉 3.1미터로 기록했지. 우리 어부들은 1.8미터가 넘는 오징어를 자주 본다네. 트리에스테와 몽펠리에의 박물관에는 길이가 2미터에 달하는 문어의 박제가 보존되어 있다네. 게다가, 자연학자들의 계산에 따르면 길이 6피트의 이 생물은 27피트에 달하는 촉수를 가질 수 있다네. 그것만으로도 충분히 무시무시한 괴물이 될 수 있지."

"요즘도 그런 것들을 잡는 사람이 있나요?" 네드 랜드가 물었다.

"그들을 잡지는 않더라도 적어도 목격한 선원들은 있다네. 내 친구 르 아브르의 폴 보스 선장도 동양의 바다에서 거대한 크기의 괴물을 만났다고 나에게 자주 이야기 했다네. 하지만 이러한 거대한 동물의 존재를 부정할 수 없는 가장 놀라운 사건은

1861년에 일어났다네.”

“어떤 사건인가요?” 네드 랜드가 물었다.

“바로 이거라네. 1861년에 테네리페 북동쪽에서 우리가 지금 있는 위도 근처에서 군함 알렉토호의 선원들은 물속에서 거대한 오징어를 발견했어. 부게르 함장은 그 생물에 접근해 작살과 총으로 공격했지만 별 성과가 없었지. 총알과 작살이 반쯤 액체 같은 젤리처럼 부드러운 살을 통과해 버렸거든. 몇 번의 헛된 시도 끝에 승무원들은 이 연체동물의 몸에 올가미를 걸어 꼬리지느러미에 걸리도록 했다네. 그들이 그 괴물을 끌어올리려고 했을 때 그 무게가 너무 커서 줄을 당기자 꼬리만 잘려나갔지. 꼬리가 떨어진 괴물은 물속으로 사라져 버렸어.”

“마침내 실제 사건이군요.” 네드 랜드가 말했다.

“의심할 여지없는 사건이지, 용감한 네드. 그래서 사람들은 이 대형 오징어를 ‘부게르 오징어’라고 이름 붙이자는 제안을 했어.”

“그게 얼마나 컸나요?” 네드 랜드가 물었다.

“길이가 약 6미터였던가?”

창가에 서서 절벽의 틈새를 다시 살펴보던 콩세이유가 말했다.

“맞았네, 콩세이유” 내가 대답했다.

“그리고 머리에는 물속에서 뱀 둥지처럼 휘감기는 여덟 개의 촉수가 달려 있지 않았나요?” 콩세이유가 계속 물었다.

“정확해.”

"그리고 눈은 매우 도드라지고, 엄청나게 컸지 않나요?"

"그래, 콩세이유"

"그리고 입은 진짜 앵무새의 부리처럼 생겼지만, 아주 무시무시하게 컸지요?"

"맞아, 콩세이유."

"이럴수가, 주인님 여기 부게르 오징어가아니라면 적어도 그 친척뻘 되는 친구가 있습니다."

언제나 냉정한 콩세이유가 말했다.

나는 콩세이유를 쳐다보았다. 이때 네드 랜드는 창문으로 달려갔다.

"정말 무시무시한 괴물이다!" 그가 외쳤다.

나도 그 동물을 바라보는 순간 공포에 질릴지 않을 수 없었다. 내 눈앞에는 가장 기괴한 괴물, 전설 속에 등장할만한 끔찍한 생물이 꿈틀거리고 있었다. 그것은 무려 8미터에 달하는 거대한 오징어였다.

엄청난 속도로 노틸러스호를 따라 헤엄치며 아니, 정확히는 후진하고 있었다. 초록빛 눈으로 우리를 노려보고 있었다.

여덟 개의 다리가 머리에 붙어 있어 두족류라는 이름이 붙여진 것이다. 그 팔들은 몸길이의 두 배나 되었고 복수의 여신 퓨리의 뱀 같은 머리카락처럼 꿈틀거렸다. 다리 안쪽에는 반구형의 흡반 250개가 배열되어 있었으며 가끔씩 강한 흡착력으로 창문에 진공 상태를 만들면서 달라붙었다. 이 괴물의 입은 앵무새 부리처럼 뿔로 이루어져 수직으로 열리고 닫혔다. 각질로 이루어진 혀에는 날카로운 이빨이 여러 줄로 늘어서 실제 가위처럼 윙윙거렸다. 정말 자연이 만들어낸 괴물이 아닐 수 없었다. 연체동물에게 새의 부리라니! 몸은 방추형으로 가운데가 부풀어 오른 살 덩어리는 무게가 20,000에서 25,000킬로그램에 달할 것 같았다. 짧은 시간 내에 색이 불안정하게 변하는 이 생물이 짜증이 날 때마다 푸르스름한 회색에서 붉은 갈색으로 순차적으로 변했다. 이 연체동물을 자극한 것은 무엇일까? 분명 노틸러스호의 존재가 괴물을 짜증나게 한 것이다. 이 오징어는 자신의 입이나 팔에 달린 흡반으로 노틸러스호를 붙잡을 수 없었다. 그러니 노틸러스호는 그보다 더 무서운 존재였다. 그러나 이런 괴물들이 얼마나 강력한가! 창조주께서 그들에게 얼마나 강한 생명력을 부여하셨는가! 이 괴물은 세 개의 심장을 지닌 덕분에 엄청난 힘을 발휘했다. 우리는 우연히 오징어와 마주치게 되었지만, 나는 이 기회를 놓치지 않고 두족류 표본을 세밀하게 연구하고 싶었다. 그 끔찍한 모습에서 느껴지는 공포를 억누르며 나는 연필을 들어 스케치하기 시작했다.

"어쩌면 이것이 알렉토호에서 목격한 것과 같은 녀석일지도 모릅니다." 콩세이유가 말했다.

"그럴 리가 없어" 네드 랜드가 대답했다.

"저 녀석은 온전한 상태이고 그 녀석은 꼬리가 잘렸다고 했잖아!"

"그건 꼭 그런 것만은 아닐 걸세" 내가 말했다.

"이 생물들의 팔이나 꼬리는 재생이 가능해서 7년이면 부게르 오징어의 꼬리가 다시 자랐을 수도 있다네."

"어쨌든" 네드 랜드가 대꾸했다.

"만약 이 녀석이 아니면 다른 녀석들 중 하나일 수도 있겠지요!"

실제로 다른 오징어들이 우현 창문에 나타났다. 나는 일곱 마리까지 세었다. 그들은 노틸러스호를 호위하듯 따라붙었다. 오징어 부리가 철판 선체를 갉아대는 소리가 들렸다. 이보다 더 적극적인 구애자는 없을 것 같았다. 나는 계속 스케치를 이어갔다. 이 괴물들은 물속에서 우리와 함께 아주 정확하게 움직여 마치 멈춰 있는 것처럼 보였다. 나는 그 윤곽을 창문에 미니어처로 그릴 수도 있었을 것이다. 우리는 그때 느린 속도로 이동 중이었다. 갑자기 노틸러스호가 멈췄다. 충격으로 배 전체가 떨렸다.

"바닥에 부딪힌 건가?" 내가 물었다.

"어쨌든 우리는 이미 벗어났으니, 물 위에 떠 있는 게 분명합니다." 네드 랜드가 대답했다.

노틸러스호는 분명 물 위에 떠있었지만 더 이상 움직이지 않았다. 프로펠러 날개는 더 이상 돌아가지 않고 있었다. 1분이 흘렀다. 부관을 동반한 네모 선장이 휴게실로 들어왔다.

오랜만에 그를 보는 것이었다. 그의 표정은 어두웠다. 그는 우리에게 아무 말도 하지 않았고 우리를 쳐다보지도 않은 채 창쪽으로 다가가 대왕 오징어를 보며 부관에게 몇 마디를 건넸다.

부관이 밖으로 나가자 곧 창이 닫히며 천장이 밝아졌다. 나는 선장에게 다가갔다.

"신기한 대왕 오징어 무리군요." 내가 말했다.

마치 수족관 앞에 선 수집가처럼 태연하게 말했다.

"맞습니다. 교수님" 그가 대답했다.

"우리는 그들과 근접 전투를 벌일 겁니다."

나는 선장을 쳐다보며 놀라움을 감출 수 없었다.

"근접 전투를 한다고요?" 내가 되물었다.

"네 맞습니다. 우리 프로펠러가 저 녀석들 중 한 놈의 부리에 걸린 것 같습니다. 그래서 우리가 움직일 수 없는 겁니다."

"그래서 어떻게 할 생각이신가요?"

"물 위로 올라가 이 해충들을 전부 처치하려 합니다."

"어려운 임무군요."

"맞습니다. 우리가 가지고 있는 전기 탄환은 연체동물의 물렁한 살에는 효과가 없습니다. 저항이 없어서 폭발하지 않거든요. 그래서 우리는 도끼로 이 괴물들을 공격할 것입니다."

"그리고 작살도 있습니다. 선장님, 제가 돕는 걸 허락해 주십시오." 네드 랜드가 말했다.

"네, 도와주십시오. 랜드 씨."

"저희도 함께 가겠습니다." 내가 말했다.

우리는 즉시 네모 선장을 따라 중앙 통로로 향했다. 그곳에는 약 열 명의 선원이 도끼를 들고 공격을 준비하고 있었다. 콩세이유와 나는 도끼를 두 개 더 집어 들었고, 네드 랜드는 작살을 들었다.

그때 노틸러스호는 파도 위에 떠 있었다. 꼭대기 계단에 선원 한 명이 해치를 열기 위해 볼트를 풀었다. 그가 볼트를 풀기가 무섭게 해치가 엄청난 힘으로 날아 올라갔다. 분명 대왕 오징어의 빨판이 해치를 잡아당긴 것이었다. 순간 긴 팔 하나가 뱀처럼 입구로 미끄러져 들어왔고 그 뒤로 스무 개의 팔이 공중에서 흔들리고 있었다. 네모 선장이 도끼로 한 팔을 내리쳐 잘라내자, 그 끔찍한 촉수가 계단을 따라 미끄러져 내려갔다.

우리가 플랫폼에 올라가려고 서로 뒤엉키던 상황에 두 개의 팔이 공중을 휘감더니, 네모 선장 앞에 있던 선원을 잡아챈 후 강한 힘으로 끌고 나가버렸다.

네모 선장은 큰 소리를 외치며 바깥으로 뛰어나갔다. 우리는 그의 뒤를 따랐다.

이 얼마나 무시무시한 광경인가! 촉수에 붙잡혀 빨판에 붙은 불쌍한 남자는 이 거대한 다리가 휘젓는 대로 공중에서 흔들리고 있었다. 그는 숨을 헐떡거렸고, “살려줘! 살려줘!”라고 외쳤다. 분명한 프랑스어였다. 그의 명확한 외침은 나를 깊이 충격에 빠뜨렸다! 나와 같은 국적의 동포가 이 배에 있었던 것인가, 어쩌면 여러 명이 있을지도! 그 절박한 외침은 평생 내 귀에 남을 것이다!

그 불쌍한 사람은 이미 끝장이었다. 누가 그를 강력한 손아귀에서 구할 수 있겠는가? 그럼에도 네모 선장은 대왕 오징어를 향해 달려들어 도끼를 휘둘러 또 다른 팔 하나를 잘라냈다. 부관은 노틸러스호의 측면을 기어오르는 다른 괴물들과 격렬하게 싸웠다. 선원들은 도끼를 휘두르며 싸웠고, 네드 랜드, 콩세이유, 그리고 나도 우리의 무기를 이 물컹한 괴물의 살에 꼽았다. 강렬하고 역겨운 냄새가 공기를 채웠다. 끔찍했다. 한순간 나는 대왕 오징어의 손아귀에 잡힌 이 사람을 구해 낼 수 있을 거라 생각했다. 여덟 개의 팔 중 일곱 개가 잘려나가고 그를 휘감고 있는 마지막 팔이 흔들리고 있었다.

그러나 네모 선장과 부관이 그에게 달려들자마자, 그 괴물은 복부에 위치한 주머니에서 나온 검은 액체를 뿜어내 우리 시야를 가렸다. 그 검은 구름이 흩어졌을 때 대왕 오징어는 이미 사라졌었다. 내 불쌍한 동포도 함께 사라졌다!

우리는 그때 분노로 이 괴물들에게 달려들었다! 모든 자제력을 잃었다. 열두 마리의 대왕 오징어들이 노틸러스호의 플랫폼과 측면을 점령했다.

우리는 이 뱀 같은 생물들의 피와 검은 먹물, 물보라가 튀기는 플랫폼 위로 뛰어들었다. 끈적끈적한 촉수들은 히드라의 많은 머리처럼 계속해서 다시 자라는 것 같았다. 네드 랜드의 작살은 오징어의 바다색 눈을 번번이 꿰뚫어 그것을 터뜨렸다. 그러나 용감한 네드 랜드 역시 피할 수 없는 괴물의 촉수에 갑자기 넘어지고 말았다.

아, 내 심장은 흥분과 공포로 터질 것 같았다! 오징어의 무시무시한 부리가 네드 랜드를 노리고 활짝 열려 있었다. 이 불쌍한 사람은 반으로 갈릴 위기에 처해 있었다. 나는 그의 구출하기 위해 달려갔다. 그러나 네모 선장이 먼저 도착했다. 그의 도끼가 그 거대한 이빨 사이로 사라졌고, 기적적으로 구출된 네드 랜드는 작살을 던져 대왕 오징어의 세 개의 심장 깊숙이 박아 넣었다.

"빚은 갚았네." 네모 선장이 네드 랜드에게 말했다.

네드 랜드는 아무 말 없이 고개를 숙였다. 이 싸움은 15분간 지속되었고, 패배하고 찢겨 죽음을 맞은 괴물들은 마침내 우리에게 굴복하고 물 아래로 사라졌다.

피투성이가 된 채 등대 옆에서 움직이지 않고 서 있던 네모 선장은 자신의 동료 한 명을 삼킨 바다를 응시하며 눈에서 굵은 눈물이 흘러내렸다.

17장 멕시코 만류

그날의 끔찍한 장면을 우리는 결코 잊을 수 없을 것이다. 나는 흥분한 상태에서 내용을 기록했다. 나중에 기록을 다시 읽어보고, 콩세이유와 네드 랜드에게도 읽어주었다. 그들은 사실은 정확하지만 감정은 충분하지 못하다고 말했다. 이런 광경의 느낌을 제대로 전달하려면 바다 일꾼들의 저자인 빅토르 위고와 같은 시인이 필요할 것이다.

네모 선장은 바다를 응시하며 눈물을 흘렸다. 그의 슬픔은 엄청난 것이었다. 우리가 이 배에 탄 이후 두 번째로 동료를 잃은 것이다. 그것도 이런 죽음이라니! 대왕 오징어의 무시무시한 팔에 휘감겨 목 졸리고 강철 같은 턱에 으깨져 죽다니 이 친구는 산호 무덤의 고요한 바다 속에서 동료들과 함께 영면할 수도 없을 것이다! 이 치열한 싸움 속에서 나의 가슴을 가장 깊게 아프게 한 것은 그 불운한 남자의 절망에 찬 외침이었다. 이 불쌍한 프랑스 인은 규율에 따른 언어를 잊고 본능에 따라 마지막으로 자신의 모국어로 간절한 도움을 외쳤다! 노틸러스호의 승무원 중에 네모 선장과 몸과 마음을 함께하며 인간과의 접촉을 피하는 사람들 중에 내 동포가 있었던 것이다! 이 신비로운 연합 속에 프랑스인은 그가 유일했을까? 여러 국적이 모인 선원들 중에 프랑스인이 또 있을지도 모른다는 생각이 해결되지 않는 마음속 의문으로 남았다.

네모 선장이 그의 방으로 돌아간 후 한동안 나는 그를 볼 수 없었다. 그러나 배의 영혼인 그가 얼마나 슬프고 절망적인 상태인지, 그의 기분을 반영하는 노틸러스호의 모습으로 나는 충분히 알 수 있었다. 배는 더 이상 방향을 잡지 않고 마치 파도 위에 떠 있는 시체처럼 이리저리 떠돌았다. 프로펠러는 다시 움직일 수 있었으나 거의 사용되지 않았다. 배는 무작위로 항해하며 마지막 싸움이 벌어진 그 자리, 동료를 삼켜버린 바다에서 떠나지 못했다. 이렇게 열흘이 지났다.

마침내 5월 1일, 노틸러스호는 바하마 수로 입구에서 북쪽으로 향하기 시작했다. 우리는 그때 바다의 위대한 강, 멕시코 만류를 타고 가게 되었다. 이 해류는 바다 한가운데서도 독립적으로 흐르는 강과 같았다. 바다와 섞이지 않는 염도가 높은 강은 주변의 바다보다 짜고, 평균 깊이는 3,000피트, 너비는 60마일에 달한다. 일부 지역에서는 1시간에 4킬로미터의 속도로 흐른다.

이 강의 유량은 세계 모든 강의 유량을 합친 것보다 더 크다. 모리 사령관이 발견한 바에 따르면 멕시코 만류의 실제 발원지는 비스케[65]만에 있다. 그곳에서 온도가 낮고 탁한 물이 처음 형성되어 남쪽으로 내려가며 적도 아프리카를 따라 흐른다. 이후 태양의 뜨거운 열을 흡수하며 대서양을 가로질러 브라질 해안의 상로키 곶에 도달하여 두 갈래로 나뉜다. 한쪽은 카리브해로 들어가 더 많은 열을 흡수하여 온도의 균형을 잡는다. 다른 한쪽은 열대와 북쪽 바다를 혼합하는 역할을 한다. 멕시코 만에서 뜨겁게 달궈진 물은 아메리카 해안을 따라 북쪽으로 이동하여 뉴펀들랜드에 이르며 데이비스 해협에서 찬 해류와 만나며 방향을 바꾼다. 다시 대서양으로 나온 해류는 넓은 원을 그리며 하나는 북동 지역의 바람을 타고 비스케 만과 아조레스 제도로 되돌아가며, 다른 하나의 갈래는 아일랜드와 노르웨이 해안을 따뜻하게 적시고 스피츠베르겐[66]을 지나 북극해에 도달하여 결국 북극에 열려 있는 바다를 형성한다. 노틸러스호는 바로 이 거대한 바다의 강을 따라 항해했다. 폭 14리그, 깊이 350미터인 바하마 채널을 지나 멕시코 만류는 시속 8킬로미터의 속도로 움직였다. 북쪽으로 갈수록 점점 속도가 줄어들었다. 전문가

65) 비스케는 스페인 북부와 프랑스 서부 해안 사이에 위치한 비스케이 만을 의미한다. 대서양에 있는 이 만은 거친 파도와 악천후로 인해 항해가 어려운 곳이다. 해저 2만 리에서 노틸러스호가 지나가는 위험한 바다 중 하나로 등장한다.

66) 스피츠베르겐은 노르웨이 영토에 속하는 북극해의 스발바르 제도에서 가장 큰 섬이다. 극지방에 위치해 혹독한 기후와 빙하로 유명하며, 다양한 북극 동물이 서식한다

들에 따르면 멕시코 만류의 속도와 방향이 변하면 유럽의 기후에 계산할 수 없을 정도의 큰 영향을 미치게 될 것이라고 했다.

정오 무렵 나는 콩세이유와 함께 플랫폼에 있었다. 멕시코 만류에 대한 정보를 그와 공유한 후 나는 그에게 손을 물속에 담가 보라고 권했다. 콩세이유는 손을 담가보고는 온도가 뜨겁지도 차갑지도 않다는 사실에 놀랐다.

"멕시코 만류의 온도 덕분이지" 내가 말했다.

"멕시코 만류는 멕시코 만에서 나올 때 체온과 거의 같은 온도를 지니고 있다네. 이 강은 유럽 해안이 푸르른 풍경을 유지하게 만드는 거대한 열원이지. 모리 사령관이 맞는다면, 이 강의 열을 완전히 이용하면 아마존이나 미주리 강을 녹인 철로 가득 채워 흐르게 유지할 수 있을 정도라고 하네."

그때 멕시코 만류의 속도는 초속 2.25미터였다. 그 주변 바다와는 뚜렷이 구분되는 물줄기는 바다와 섞이지 않으며 물은 짙은 남빛을 띠어 주변의 초록 물결과는 뚜렷이 대비되었다. 이 경계선의 구분은 아주 명확해서 캐롤라이나 제도 근처에서는 노틸러스호의 뱃머리가 멕시코 만류의 물결을 가를 때, 꼬리의 스크류는 아직도 대양의 물을 휘젓고 있었다.

이 물줄기에는 생명체들이 함께 이동하고 있었다. 지중해에서 흔히 볼 수 있는 앵무조개들이 큰 무리를 이루며 여기서도 항해 중이었다. 연골어류 중 가장 눈에 띄는 것은 아주 가는 꼬리가 몸의 3분의 1을 차지하고 몸길이가 25피트에 달하는 가진 거대한 다이아몬드 모양의 가오리였다. 그 외에도 큰 머리와 짧고 둥근 주둥이와 날카롭고 여러 줄로 배열된 이빨을 가진 작은 상어들이 있었다. 뼈 있는 어류 중에서는 바다에서만 볼 수 있는 회색빛 래스, 홍채가 불타는 듯한 깊은 바다의 길태드(도미과 Sparidae에 속하는 바닷물고기)다. 커다란 입에 작은 이빨들이 나있고 얇은 울음소리를 내며 길이 1M에 달하는 크로커, 금빛과 은빛으로 장식된 파란 만세기, 무지개빛 앵무고기, 줄무늬 블레니, 은빛 머리의 폐어, 그리고 훈장처럼 장식된 미국 농어 등이 있었다. 이 물고기들은 각양각색의 색과 무늬로 열대 해역을 밝히며 해안을 오갔다.

밤이 되면, 종종 우리를 괴롭히던 폭풍이 몰아치는 악천후의 날씨 속에서 멕시코 만류의 빛나는 물이 우리 등대의 전등 빛과 맞먹을 정도로 강렬해졌다.

5월 8일, 북 캐롤라이나 제도를 지날 때 우리는 다시 케이프 하테라스 곶 근처에 있었다. 그곳에서 멕시코 만류의 너비는 75마일, 깊이는 210미터에 달했다. 노틸러스호는 계속해서 무작위로 떠돌고 있었다. 아무도 관리를 하지 않는 버려진 듯한 상태였다. 이 상황에서 우리는 쉽게 탈출할 수 있었을 것이다. 이 바다에는 연안 무역과 여러 미국 해안 지점을 오가는 작은 보트들이 밤낮으로 지나다녀, 구출될 가능성도 충분했다. 노틸러스호와 가까운 해안이 30마일이나 떨어져 있었지만 충분히 시도해 볼만한 기회였다.

그러나 다른 문제가 네드 랜드의 탈출 계획을 가로 막고 있었다.

바로 날씨가 너무 나빴다는 것이다. 우리는 멕시코 난류가 만들어내는 허리케인과 태풍의 발생 해역으로 접근하고 있었다. 폭풍이 치는 바다에서 작은 보트를 타고 탈출한다는 것은 재앙으로 가는 길이었다. 네드 랜드조차 이 점을 인정하며 강한 향수병에 시달렸다.

“교수님” 그가 그날 말했다.

“이젠 더 이상 참을 수 없습니다. 이걸 끝내야겠어요. 네모 선장은 해안에서 멀어지며 북쪽으로 향하는데, 저는 남극에서 이미 충분히 겪었고 북극까지 따라갈 생각은 없습니다.”

“지금은 탈출이 불가능하니 어쩔 수 없지 않나, 네드?”

“제 생각은 하나입니다. 선장에게 직접 말해야 합니다. 우리가 교수님 나라 바다에 있을 땐 아무 말도 하지 않으셨잖아요. 하지만 이제 제 고향 바다에 왔으니 말하겠습니다. 며칠 안에 노틸러스호는 노바스코샤 근처에 도착할 겁니다. 거기서 뉴펀들랜드로 가면 제 고향 퀘벡의 강, 세인트로렌스 강의 입구가 나옵니다. 생각할수록 답답하고 미칠 것 같습니다. 솔직히 말해 교수님, 그냥 뛰어내리고 싶은 심정입니다! 숨이 막힙니다!”

네드 랜드는 확실히 인내의 끝에 도달한 듯했다.

그의 강한 성격은 지루한 감금 생활에 적응할 수 없었다. 그의 모습은 하루하루 변해가고 있었다. 그의 성격은 점점 더 어두워졌다. 나는 그의 고통을 충분히 이해할 수 있었다. 왜냐하면, 나 역시도 고향에 대한 그리움에 사로잡혀 있었기 때문이다. 게다가 네모 선장은 오징어들과 싸운 이후로는 완전히 침묵에 빠져 그의 은둔적인 태도와 변화된 성격은 모든 것을 다르게 보이게 만들었다. 첫날의 열정은 이제 거의 남아 있지 않았다. 플랑드르 사람인 콩세이유처럼 이 환경을 견디는 것은 쉽지 않았다.

"어떻게 하시겠습니까, 교수님?" 네드 랜드가 대답을 기다리며 물었다.

"네드, 자네가 원한다면 네모 선장에게 우리의 처리 방침을 물어보겠네."

"그렇습니다. 교수님."

"하지만, 이미 한 번 대답을 들었는데도?"

"그래도 한 번 더, 확실히 하고 싶습니다. 제 이름을 대고 물어봐 주셔도 됩니다."

"하지만 그를 만난 지 오래되었네, 그가 나를 피하는 듯 해."

"그렇기 때문에 더욱 찾아가야 합니다."

"내일 그와 이야기해 보겠네."

"오늘입니다." 네드 랜드가 단호히 말했다.

"좋아, 오늘 그를 만나 보겠네."

혼자 남겨진 나는 곧바로 이 일을 해결하기로 결심했다. 일을 빨리 끝내는 것을 좋아하기 때문이다. 내 선실로 돌아갔을 때 나는 네모 선장의 방에서 소리가 나는 것을 들을 수 있었다. 이 기회를 놓칠 수 없어 그의 문을 두드렸으나 대답이 없었다. 다시 문을 두드린 후 손잡이를 돌려보니 문이 열렸다. 안으로 들어가자, 선장은 작업대에 몸을 구부리고 내가 들어온 소리를 듣지 못했다. 반드시 대화를 나누고야 말겠다는 결심으로 가까이 다가가자, 그가 고개를 들며 찌푸린 눈썹으로 나를 보더니 꽤나 단호한 목소리로 말했다.

"아, 교수님이시군요! 무슨 일이신가요?"

"선장님과 이야기하고 싶습니다."

"하지만 저는 일하는 중이라 바쁩니다. 제가 당신의 사생활을 존중해주듯, 제 사생활도 존중해 주시겠습니까?"

환영받지 못하는 태도였지만, 나는 결심을 굽히지 않고 말했다.

"선장님" 나는 차분히 말했다.

"도저히 기다릴 수 없는 문제에 대해 말씀드려야 할 것 같습니다." 그가 비꼬는 듯 말했다.

"도대체 어떤 문제인가요? 혹시 나도 모르던 바다의 새로운 비밀이라도 발견하셨나요?"

우리는 서로 다른 생각을 하고 있었다. 그러나 내가 대답하기도 전에 그는 작업대 위에 펼쳐진 원고를 가리키며 훨씬 심각한 목소리로 말했다.

"아로낙스 교수님, 여기에는 여러 언어로 기록된 제 연구 요약이 있습니다. 이 원고는 제 이름과 함께, 내 삶의 이야기를 담고 있습니다. 이 내용이 나와 함께 사라지지 않도록, 작은 부력 장치를 만들어 그것에 담아 둘 생각입니다. 노틸러스호의 마지막 생존자가 이를 바다에 던져, 파도가 이끄는 대로 어디로든 갈 수 있도록 할 것입니다."

그의 이름이 적힌 원고, 그의 삶의 이야기! 언젠가 그의 정체가 밝혀질 수 있다는 생각이 내게 강하게 다가왔다. 이것이야말로 내가 하고 싶은 이야기에 적절한 전환점이었다.

"선장님" 내가 대답했다.

"당신의 생각은 칭찬받아 마땅합니다. 당신의 연구 성과가 사라지지 않도록 하는 일은 매우 중요합니다. 하지만 그 방법은 효과적으로 보이지 않는군요. 바람이 그 장치를 어디로 끌고 갈지, 혹은 그것이 누구 손에 떨어질지 알 수 없습니다. 더 나은 방법이 있지 않을까요? 저희가 그 원고를 안전하게 보호할 수 있습니다. 자유를 허락해 주신다면……."

"자유라고?" 네모 선장은 빠르게 내 말을 잘랐다.

"그렇습니다. 선장님, 그게 바로 제가 논의하고자 하는 주제입니다. 저희는 7개월 동안 이 배에 머물렀습니다. 오늘, 저와 제 동료를 대신해 묻습니다. 선장님께서는 저희를 여기서 영원히 붙잡아 두실 생각이십니까?"

"아로낙스 교수님" 네모 선장은 대답했다.

"7개월 전과 마찬가지로 오늘도 동일한 답을 드립니다. 노틸러스호에 오른 사람은 절대 떠날 수 없습니다."

"선장님께서 우리에게 가하는 것은 노예 상태나 다름없습니다!"

"뭐라 부르든 상관없습니다."

"하지만 모든 노예는 자유를 되찾을 권리가 있습니다! 어떤 방법과 수단을 가리지 않고서라도 말입니다."

"그 권리를 누가 막았습니까?" 네모 선장이 대꾸했다.

"제가 여러분에게 명예를 걸고 탈출하지 않겠다는 맹세라도 시켰습니까?" 네모 선장은 팔짱을 끼고 나를 바라보았다.

"선장님" 나는 그에게 말했다.

"이 주제를 다시 다루는 것은 우리 둘 모두에게 불쾌한 일이겠지만, 이번에야말로 확실히 하고자 합니다. 제가 이 문제를 제기하는 것은 저만을 위한 것이 아닙니다. 연구는 저에게는 치유제와도 같고 강력한 위안이며, 모든 것을 잊게 만드는 열정입니다. 선장님처럼, 저 역시 외면 받고 잊힌 존재로서 언젠가 제 연구의 결실을 후세에 전할 희미한 희망을 품고 살아가고 있습니다. 당신은 대단한 사람입니다. 하지만 우리는 여전히 당신을 잘 모르고 이해 할 수 없습니다. 이 배 안에서 우리들만이 당신의 주요한 요소에서 배제되어 있습니다. 우리가 함께 서로를 돕고 구할 때조차 우리는 서로의 감정을 솔직히 나눌 수 없습니다. 이는 우리와 선장님의 거리를 좁힐 수 없게 만듭니다. 특히 자유를 갈망하고 억압을 싫어하는 네드 랜드 같은 성격의 사람이라면 더욱 위험할 수 있습니다. 그가 무슨 생각을 할지 어떤 시도를 행동으로 옮길지 모릅니다."

나는 말을 멈췄고, 네모 선장은 자리에서 일어났다.

"네드 랜드가 무엇을 생각하든, 시도하든, 노력하든 나와 무슨 상관이 있습니까? 내가 그를 찾은 것도 아니고, 나를 위해 그를 이 배에 머무르게 하는 것도 아닙니다. 아로낙스 교수님, 당신은 그 어떤 것이든 심지어 침묵조차 이해할 수 있는 사람입니다. 나는 더 이상 할 말이 없습니다. 이 문제를 꺼내는 것은 이번이 마지막일 겁니다. 다음번에는 이런 이야기는 듣지도 않을 테니까요."

나는 물러났다. 그날 이후 우리 사이에는 심한 긴장감이 흐르기 시작했다. 나는 이 대화를 두 동료에게 전했다.

"이제 알았습니다." 네드 랜드는 말했다.

"그 사람에게서 아무것도 기대할 수 없다는 걸. 노틸러스호는 롱 아일랜드에 가까워지고 있습니다. 날씨가 어떻든 탈출합시다."

그러나 하늘은 점점 더 험악해졌다. 허리케인이 다가오고 있다는 명백한 징조가 보였다. 대기는 하얗고 우윳빛으로 변했다. 얇은 구름층 뒤로 적운층이 수평선에 나타났다. 다른 낮은 구름들은 빠르게 흩어졌다. 바다는 거칠어지고 파도는 높아졌다. 폭풍의 친구인 몇몇 바다제비를 제외한 새들이 사라졌다. 기압계는 급격히 떨어져 주변의 공기중에는 수증기가 가득찼다. 공기중에 축적된 전기의 영향으로 우리의 스톰글래스(예전에 사용하던 폭풍 예측기구) 속 혼합물이 분해되었다. 자연의 대격전이 다가오고 있었다.

폭풍은 5월 13일 낮에 시작되었다. 그때 노틸러스호는 뉴욕항로에서 얼마 떨어지지 않은 롱 아일랜드 근처를 항해하고 있었다. 나는 이 대격전을 묘사할 수 있다. 왜냐하면, 네모 선장은 설명할 수 없는 변덕으로 심해로 피하지 않고 수면에서 이 태풍을 맞서기로 결심했기 때문이다. 바람은 남서쪽에서 불었고, 처음에는 시속 15m로 불어오다 오후 3시 무렵에는 25미터에 이르렀다. 이는 거대한 폭풍의 속도였다. 그러한 돌풍에도 네모 선장은 플랫폼에 서 있었다.

그는 허리에 밧줄을 묶고 몰아치는 바람과 괴물 같은 파도가 갑판을 넘는 것을 견디고 있었다. 나도 그의 옆에 서서 밧줄로 몸을 반쯤 묶고 서 있었다. 폭풍에 맞서고 있는 독보적인 인물에 대한 경외감 사이에서 마음이 갈라지는 듯한 기분이 들었다. 격렬하게 몰아치는 바다에는 큰 물결만이 보일뿐 작은 파도는 사라져 버렸다. 그저 검은 물결들이 솟아올라 서로를 다투는 듯했다. 노틸러스호는 때로는 옆으로 누웠다가, 때로는 돛대처럼 치솟으며 두려움을 자아내는 요동을 쳤다.

오후 5시쯤 폭우가 쏟아졌으나 바람과 바다는 잠잠해지지 않았다. 허리케인은 시속 45m로 몰아쳤다. 이는 시간당 거의 160킬로미터에 해당하는 속도였다. 이런 조건에서는 집이 쓰러지고, 기왓장이 날아가고, 철 울타리가 부러지고, 24파운드짜리 대포도 밀려난다. 이 대혼란 속에서 노틸러스호는 "잘 설계된 선체는 어떤 바다도 견딜 수 있다."는 전문가의 말을 증명해 보였다. 이 잠수함은 파도에 부서지지 않는 단단한 바위가 아니라, 충성스럽게 움직이는 둥그런 강철 통이었다. 돛이나 마스트 없이 부드럽게 유영하며 그 분노를 견뎌냈다.

나는 이러한 거친 파도를 주의 깊게 관찰했다. 파도의 높이는 최대 15m로 길이는 150에서 175m에 달했다. 그 전파 속도는 초당 15미터로 바람의 속도의 절반이었다. 이 물결의 부피와 힘은 물의 깊이에 따라 증가했다. 나는 이 물결들이 해수면에 공기를 가두어 바다의 깊은 곳에 산소를 공급하여 생명을 불어넣는 역할을 한다는 것을 이해했다. 계산에 따르면 그들이 치는 최대 압력은 파도가 부딪치는 표면의 평방피트당 3,000kg에 이를 수 있었다. 이러한 파도는 헤브리디스 제도에서 84,000파운드의 돌덩이를 이동시켰다.

1864년 12월 23일 시속 700km로 일본 도쿄의 일부를 무너뜨리고, 그날 미국 해변에 닿았던 해일과도 같은 파도의 친척이었다. 해가 지자 폭풍은 더욱 강해졌다.

1860년 레위니옹 섬의 사이클론 때처럼 기압계는 710mm까지 떨어졌다. 하루가 저물 때 나는 지평선에서 고군분투하는 큰 배를 보았다. 그 배는 파도 속에서 안정적으로 서기 위해 저속으로 머무르며 애쓰고 있었다. 아마도 뉴욕에서 리버풀이나 르아브르로 가는 여객선 중 하나였을 것이다. 그것은 곧 어둠 속으로 사라졌다.

밤 10시, 하늘은 불타오르기 시작했다. 하늘에는 강렬한 번개의 번쩍임으로 가득했다. 나는 이 빛을 견딜 수 없었다. 하지만, 네모 선장은 마치 폭풍의 영혼을 흡수하려는 듯 정면으로 바라보고 있었다. 끔찍한 소리가 공기를 채웠다. 충돌하는 파도의 포효, 바람의 울부짖음, 천둥소리로 이루어진 복잡한 소리였다. 바람은 사방으로 몰아치고 동쪽에서 시작한 사이클론은 북쪽, 서쪽, 남쪽을 거쳐 다시 동쪽으로 돌아오며 남반구의 회오리 폭풍과는 반대 방향으로 움직였다.

멕시코 만류! 그 이름처럼 폭풍의 군주다웠다. 그 해류의 흐름과 겹쳐진 공기의 온도 차로 인해 스스로 이 무시무시한 사이클론을 만들어내는 멕시코 만류였다.

비는 불의 세례로 이어졌다. 물방울은 폭발하는 덩어리로 변했다. 네모 선장은 그 자신에게 걸맞은 죽음을 구하려는 듯 번개를 맞으려 애쓰고 있는 듯했다. 정신없이 파도에 휘둘리던 노틸러스호가 마치 피뢰침처럼 강철 충각을 치켜들었다. 나는 긴 불꽃이 그것을 따라 내려가는 것을 보았다.

기진맥진한 나는 배의 해치를 향해 기어갔다. 해치를 열고 아래로 내려가 휴게실로 향했다. 그 시점에서 폭풍은 최대 강도에 이르렀다. 노틸러스호 내부에서조차 똑바로 설 수가 없었다.

자정 무렵 네모 선장이 돌아왔다. 나는 저수탱크가 조금씩 채워지는 소리를 들었다. 노틸러스호는 파도의 표면 아래로 부드럽게 가라앉았다.

휴게실의 열린 창문을 통해 불타는 물속에서 유령처럼 지나가는 커다란 겁에 질린 물고기들을 보았다. 그중 일부는 내 눈앞에서 번개에 맞았다!

노틸러스호는 계속해서 가라앉았다. 나는 15미터 아래에서 평온을 찾을 것이라고 생각했지만, 아니었다. 상층은 격렬하게 요동치고 있었다. 배는 50미터 깊이까지 내려가야 했다. 그렇게 내려온 깊은 바다 안에서 우리가 발견한 것은 놀라운 평온과 고요함이었다. 모든 것이 주변에 평화로웠다! 누가 이 바다 표면 위에서 무서운 허리케인이 몰아치고 있다는 것을 알 수 있었을까?

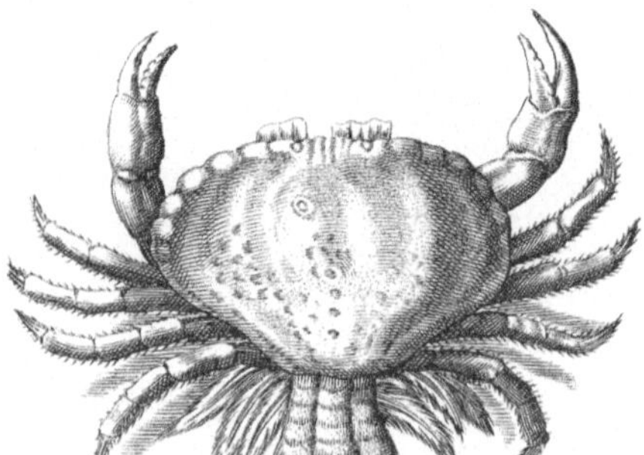

18장 대규모 처형

태풍이 지나간 뒤 우리는 동쪽으로 향해 있었다. 뉴욕이나 생로랑 근처에서 탈출을 하려던 계획은 물거품처럼 사라졌다. 불쌍한 네드 랜드는 마치 네모 선장처럼 혼자 있기를 원했다. 콩세이유와 나는 서로 떨어지지 않고 함께였다.

5월 15일 우리는 뉴펀들랜드 뱅크의 남쪽 끝에 있었다. 이곳의 사주는 해양 충적토로 생성되었고 멕시코 만류를 따라 적도 지방과 아메리카 해안을 따라 반대로 흐르는 한류를 타고 온 북극의 유기물 찌꺼기가 풍부하게 쌓이는 곳이다. 또한 빙하의 작용으로 운반되고 녹은 뒤에 그대로 남게 된 바윗돌 등이 쌓이는 곳이기도 했다.

뉴펀들랜드의 수심은 그다지 깊지 않았다. 그러나 남쪽에는 3천 미터나 되는 깊은 해구가 갑자기 나타나기도 한다. 이곳이 바로 멕시코 만류가 넓게 퍼져나가 바다가 되게 만드는 곳이다.

이곳의 대표적인 물고기로는 대구가 있다. 떼를 지어 다니는 대구는 뉴펀들랜드 뱅크에서 가장 많이 잡히는 물고기이다. 대구는 해저산에 서식하는 물고기이다. 뉴펀들랜드가 해저산으로 이루어져 있기 때문이다.

노틸러스호가 빽빽한 대구 떼 사이를 지나갈 때 콩세이유는 소리를 지르지 않을 수 없었다.

"저것은, 대구떼입니다. 저는 지금까지 대구가 가자미처럼 납작하다고 생각하고 있었습니다."

"잘 모르는군. 생선가게에서 파는 대구가 납작한 것이지, 배를 갈라 양쪽으로 펼쳐놓은 거니까! 바다 속의 대구는 보통의 물고기처럼 방추형이라네"

"주인님 말씀을 믿습니다. 마치 구름떼나 개미떼 같군요."

"음, 사람이나 대구의 천적인 쏨벵이가 없다면 아마도 훨씬 많은 개체수를 유지할걸세. 콩세이유 자네는 대구의 암컷이 알을 몇 개나 낳는지 알고 있나?"

"정확히 알고 있습니다. 50만개입니다."

"1,100만개라네."

"1,100만개! 제가 직접 세어보지 않는 이상 믿을 수 없겠는데요."

"한번 세어보게, 콩세이유. 하지만 내 말을 믿는 것이 덜 수고스러울 거네. 게다가 프랑스인, 영국인, 미국인, 덴마크인, 그리고 노르웨이인들이 대구를 수천 마리씩 잡아먹는다네. 이 물고기의 놀라운 번식력이 없다면 바다는 곧 텅 비게 될 것이네. 영국과 미국만 해도 5,000척의 배가 75,000명의 선원을 싣고 대구를 잡이에 나서고 있다네. 각 배는 평균 4,400마리를 잡아 온다면 총 2,200만 마리가 된다네. 노르웨이의 해안에서도 상황은 같지."

"좋습니다. 선생님 말씀을 믿겠습니다. 세지 않겠습니다."

"뭘 세지 않겠다는 거지?"

"그 1,100만 개의 알이요. 하지만 한 가지 말을 덧붙이고 싶습니다."

"그게 뭔가?"

"만약 그 알들이 모두 부화한다면, 네 마리의 대구만으로도 영국, 미국, 노르웨이를 먹여 살릴 수 있다는 겁니다."

우리가 뉴펀들랜드의 해저를 가로지르는 동안 나는 200여개의 갈고리가 달린 낚시줄을 정확히 보았다. 어선마다 이런 낚시 갈고리를 여러 개씩 매달아 놓았다. 낚싯줄의 아래쪽 끝은 작은 갈고리로 바닥에 끌려가고 수면의 부표에 연결되어 있었다. 노틸러스호는 이러한 수중 거미줄 속에서 신중하게 항해해야 했다. 노틸러스호는 이 혼잡한 항로에 오래 머물지 않고 위도 42도 부근까지 올라갔다. 이 지점은 뉴펀들랜드의 세인트 존스와 대서양 케이블의 종착점인 하츠콘텐츠 부근이었다.

북쪽으로 계속 가는 대신 노틸러스호는 동쪽 방향으로 향했다. 여기에는 해저 케이블이 놓여 있었고 여러 번의 측량을 통해 지형의 윤곽이 정확하게 나타났다.

5월 17일, 하츠콘텐츠에서 약 500마일 떨어진 깊이 2,800m 지점에서 나는 해저에 놓인 이 케이블을 발견했다. 나에게서 이런 정보를 듣지 못했던 콩세이유는 처음에는 케이블을 거대한 바다뱀으로 착각하고 자신의 방식으로 분류하려고 준비했다. 하지만 나는 이 젊은이를 진정시키며 케이블이 어떻게 설치되었는지 설명해주었다.

첫 번째 케이블은 1857년에서 1858년 사이에 설치되었으나, 약 400개의 전보를 전달한 후 고장 났다. 1863년, 기술자들은 새로운 케이블을 제작했다. 길이는 3,400km에 이르고 무게는 4,500t이었다. 이 케이블은 그레이트 이스턴호에 실려 갔다. 그러나 이번도 실패로 끝났다.

5월 25일, 3,836미터 깊이에서 노틸러스호는 두 번째 케이블이 끊어진 장소에 도착했다. 이는 아일랜드 해안에서 638마일 떨어진 곳이었다. 오후 2시쯤, 유럽과의 모든 연락이 두절되었다. 배에 있던 전기 기사들은 케이블을 끌어 올리기 전에 끊어버리기로 결정했고, 그날 밤 11시쯤 손상된 부분을 회수했다. 그들은 접합부를 수리하고 케이블을 다시 수중에 설치했지만 며칠 후 다시 끊어져서 회수할 수 없게 되었다.

미국인들은 포기하지 않았다. 이 대담한 케이블 사업의 주인인 미국인 은행가 사이러스 필드는 이 사업에 전 재산을 걸었고, 새로운 채권 발행을 요청했다. 채권은 즉시 매진되었다. 더 나은 조건에서 새로운 케이블이 설치되었다. 전도선은 고무 코팅으로 절연 처리되었고 섬유 재료로 감싼뒤 금속 덮개로 보호되었다. 그레이트 이스턴호는 1866년 7월 13일 다시 바다로 나갔다.

작업은 순조롭게 진행되었다. 그러나 문제가 한 가지 발생했다. 그들이 이 세 번째 케이블을 풀어내는 동안, 전기 기사들은 여러 차례 누군가가 케이블 내부를 손상시키려고 못을 박은 흔적을 발견했다. 선장 앤더슨과 장교들, 그리고 기술자들은 범인을 발견하면 재판 없이 바다에 던져 버릴 것이라고 경고했다. 이후로는 이러한 악의적인 시도가 반복되지 않았다.

7월 23일, 그레이트 이스턴호는 뉴펀들랜드에서 800킬로미터 떨어진 지점에 도착했을 때 아일랜드로부터 프로이센과 오스트리아 사이에 전쟁이 종전되었다는 소식을 전보로 받았다.

27일, 안개 속에서 하츠콘텐츠 항구가 보였다. 이 사업은 성공적으로 끝났고 첫 번째 전보에서 젊은 미국이 늙은 유럽에 드문 진심 어린 말로 인사했다.

"하늘에는 영광을 땅위의 선한 사람들에게 평화가 있기를……."

나는 이 전기 케이블이 공장에서 출발할 때의 상태로 발견될 것이라 기대하지 않았다. 이 기다란 케이블 뱀은 조개껍질과 유공충으로 빼곡히 덮여 있었다. 단단한 자갈층처럼 그것을 보호해 어떤 연체동물도 파고들지 못하게 했다. 그것은 바다의 움직임으로부터 멀리 떨어져 평온하게 전기 신호 전송하기 좋은 압력 아래 놓여 있었다. 바다 속에서 더 강화된 이 케이블은 아마도 영원히 지속될 것이다. 게다가 최적의 선택지인 이 해저 깊이에서 케이블은 끊어질 염려도 없었다.

노틸러스호는 케이블이 놓인 최하단부 깊이 4,431m까지 따라 내려갔고 그곳에서도 케이블은 아무런 압박이나 긴장 없이 고요히 놓여 있다. 그 후 우리는 1863년 사고가 일어났던 지역으로 돌아왔다. 그곳에서 해저는 120km 폭의 계곡을 이루고 있었다. 그곳에는 몽블랑 산을 넣어도 그 봉우리가 물 위로 나오지 않을 것이다. 이 계곡은 동쪽으로는 2,000m 높이의 가파른 벽에 의해 막혀 있다. 우리는 5월 28일에 그곳에 도착했고 노틸러스호는 아일랜드로부터 150킬로미터도 떨어지지 않은 곳에 위치해 있었다.

네모 선장은 북쪽으로 더 올라가서 영국에 상륙시킬 것인가? 아니었다. 놀라움과 함께 그는 남쪽으로 돌아서 유럽의 바다로 돌아갔다.

우리가 에메랄드 섬 주변을 돌아갈 때 나는 잠깐 케이프 클리어와 그곳을 떠나는 글래스고나 리버풀에서 출항하는 수천 척의 배들을 안내하는 패스트넷 락 등대를 보았다. 이때 내 머릿속에 중요한 의문이 떠올랐다. 노틸러스호는 영국 해협에 도전할 것인가?

네드 랜드는 해안으로 돌아온 이후로 끊임없이 나에게 질문했다. 나는 그에게 어떤 답을 줄 수 있을까? 네모 선장은 보이지 않았다. 그는 이 캐나다인에게 미국 해안을 보여주었고 이제는 나에게 프랑스 해안을 보여주려는 것일까? 그렇지만 노틸러스호는 계속해서 남쪽으로 이동했다.

5월 30일, 노틸러스호는 랜드엔드 곶(영국의 서쪽 끝)을 오른쪽에 남겨두고 영국의 최남단 끝과 실리제도 사이를 지나갔다.

영국 도버해협에 들어가려면 분명히 동쪽으로 방향을 바꿔야 했다. 그러나 그러지 않았다.

5월 31일 하루 종일 노틸러스호는 나에게 궁금증을 일으키며 바다에서 일련의 원을 그리고 돌아다녔다. 그것은 무언가 특정한 위치를 찾고 있는 것처럼 보였으며 그 위치를 찾는 데 어려움을 겪는 것 같았다. 정오에 네모 선장이 직접 나와서 우리 위치를 측정했다. 그는 나에게 한 마디도 하지 않았다. 이전보다 더 어두운 표정이었다. 무엇이 그를 그렇게 슬프게 만들고 있었을까? 유럽 해안이 가까이 있어서 일까? 자신이 떠나온 조국에 대한 기억을 되살리고 있었던 것일까? 그렇다면, 그는 무엇을 느끼고 있었을까? 후회나 회한이었을까? 오랫동안 이러한 생각이 내 마음속에 자리 잡았다. 나는 곧 운명이 선장의 비밀을 드러낼 것이라는 예감을 받았다.

다음 날, 6월 1일, 노틸러스호는 같은 항로를 계속 유지했다. 그것은 분명히 바다에서 무언가 특정한 지점을 찾으려고 하는 것 같았다. 전날처럼, 네모 선장은 태양의 고도를 측정하기 위해 나왔다. 바다는 고요하고 하늘은 맑았다. 8마일 동쪽 수평선에서 커다란 증기선이 보였다. 그 배의 가로돛에는 어떤 국기도 나부끼지 않아 배의 국적을 알 수 없었다. 태양이 정점을 통과하기 몇 분 전 네모 선장은 육분의를 들어 정밀하게 시야를 측정했다. 물결이 전혀 없는 고요한 바다가 이 작업을 용이하게 했다. 노틸러스호는 움직이지 않은 채 기울거나 흔들림 없이 누워 있었다. 그때 나는 플랫폼에 있었다. 우리의 위치를 확인한 후 선장은 다음의 말을 남기고 사라졌다

"바로 여기다!"

그는 항로를 바꾸어 우리 쪽으로 향하 배를 본 것일까? 알 수 없었다. 나는 휴게실로 돌아갔다. 해치가 닫히고, 나는 저수탱크에 물이 쏟아져 들어가는 소리를 들었다. 프로펠러는 조용했고 노틸러스호는 수직으로 가라앉기 시작했다. 몇 분 후, 그것

은 깊이 833m에 멈춰 해저에 안착했다. 휴게실의 천장 조명이 꺼지고 패널이 열려 창을 통해 반 마일 반경에 걸쳐 전기 불빛이 비추는 바다를 볼 수 있었다. 나는 좌현을 바라보았지만 끝없는 이 평온한 물 이외에는 아무것도 보이지 않았다. 우현에는 해저 바닥에 두드러진 불룩함이 눈에 띄었다. 그것은 마치 눈 망토 아래에 덮인, 하얗게 변색된 조개껍질로 뒤덮인 유적지처럼 보였다. 이 덩어리를 자세히 조사해보니, 앞부분이 먼저 가라앉은 채로 돛대를 잃어버린 배의 윤곽을 식별할 수 있었다. 분명 아주 오래된 사고의 흔적이었다. 물의 석회질로 배를 하얗게 덮으려면, 해저에 상당히 오랜 기간 머물렀음에 틀림없다. 이 배는 무엇이었을까? 왜 노틸러스호는 이 무덤을 방문한 것일까? 단순한 해상 사고로 난파된 것이 아니라면 그 원인이 무엇이란 말인가? 나는 어떻게 생각을 해야 할지 모르고 있을 때, 옆에서 네모 선장의 목소리가 천천히 들려왔다.

"원래 이 배의 이름은 마르세유였습니다. 74문의 대포를 장착했고 1762년에 진수했습니다. 1778년 8월 13일, 라 포이프-베르트리외의 지휘 아래 용감히 프레스턴호와 싸웠습니다. 1779년 7월 4일, 에스탱 제독의 함대 소속으로 그레나다 섬의 점령을 도왔고, 1781년 9월 5일, 드 그라스 백작 휘하에서 체서피크 만 전투에 참여했습니다. 1794년 프랑스 공화국은 이 배의 이름을 바꿨습니다. 같은 해 4월 16일, 그 배는 바스테벨 제독의 지휘 아래 미국에서 밀 수송 함대의 호위를 맡아 빌레레드 조예즈 후방제독의 함대에 합류했습니다.

1794년, 목초의 달 11일과 12일에 이 함대는 바로 이곳에서 영국 선박들과 교전했습니다. 오늘은 1868년 6월 1일, 목초의 달 13일이, 정확히 74년 전 오늘 이 위치에서 북위 47도 24분, 서경 17도 28분에서 이 배는 영웅적인 전투 끝에 가라앉았습니다. 세 개의 돛을 잃고 선체에 물이 차고 승무원의 3분의 1이 사망한 상태로 항복 대신 356명의 승무원과 함께 바다에 잠기는 것을 택했으며 깃발을 선미에 단단히 고정한 채 '공화국 만세!'라는 외침과 함께 파도 아래로 사라졌습니다."

"이건 방죄르(vengeur 복수자)입니다!" 나는 외쳤다.

"그렇습니다. 방죄르입니다! 훌륭한 이름이지요!"

네모 선장이 팔짱을 끼고 중얼거렸다.

갑작스러운 그의 목소리, 마지막 말을 외칠 때의 흥분, 애국적 함선의 연대기, 그리고 이름 '복수자'의 의미가 묵직하게 다가와 내 마음에 깊은 충격을 주었다. 나는 눈을 떼지 않고 선장을 지켜보았다. 바다를 향해 손을 뻗은 그는 타오르는 눈빛으로 자랑스러운 잔해를 바라보고 있었다. 아마도 나는 그가 누구인지, 어디서 왔는지, 어디로 향하는지 알 필요가 없을지도 모른다. 그러나 점점 그 남자와 과학자 사이의 차이를 분명하게 느낄 수 있었다. 네모 선장과 그의 동료들이 노틸러스호 내부에 틀어박혀 있는 것은 단순한 인간 혐오가 아니라, 세월이 지나도 결코, 약해지지 않을 그런 거대하거나 숭고한 증오였다.

그 증오는 복수를 갈망하고 있는 것일까? 시간이 지나면 알게 될 일이었다.

그러는 동안 노틸러스호는 천천히 수면 위로 올라갔고, 나는 '복수자'의 어두운 형체가 조금씩 사라지는 것을 지켜보았다. 곧 잔잔한 물결이 우리를 수면 위에 띄우고 있음을 느끼게 했다.

그때, 나지막히 폭발음이 들려왔다. 나는 선장을 바라보았다. 그러나 선장은 움직이지 않았다.

"선장님?" 나는 말했다.

그는 대답하지 않았다.

나는 그를 떠나 플랫폼으로 올라갔다. 콩세이유와 네드 랜드는 이미 그곳에 있었다.

"폭발 소리는 어디서 들리는 것인가?" 나는 물었다.

"대포 소리입니다." 네드 랜드가 대답했다.

나는 아까 보았던 배의 방향을 응시했다. 그 배는 노틸러스호를 향해 접근 중이었고, 속력을 높이고 있는 게 분명했다. 우리와의 거리는 6마일이었다.

"어떤 배 같은가, 네드?"

"그 돛과 낮은 선구를 보아하니, 전함인 게 분명합니다. 이 저주받은 노틸러스호를 추적해 가라앉히면 좋겠군요!" 네드 랜드가 대답했다.

'네드 씨' 콩세이유가 말했다.

"저 배가 노틸러스호에게 무슨 해가 되겠습니까? 우리가 물밑에서 공격을 받을까요? 바다 깊은 곳에서 대포로 우리를 겨누기라도 할 수 있겠습니까?"

"네드" 내가 물었다.

"저 배의 국적을 알아볼 수 있겠나?"

네드 랜드는 미간을 찌푸리고 눈을 가늘게 뜨고 배에 집중했다.

"아니요. 선생님" 그는 말했다.

"국적은 알 수 없습니다. 깃발이 없거든요. 하지만 전함인 건 확실합니다. 메인마스트 꼭대기에서 길게 펄럭이는 기가 보이거든요."

우리는 15분 동안 그 배가 접근하는 것을 지켜보았다. 그러나 나는 그 배가 그렇게 멀리서 노틸러스호를 발견한 것도, 더구나 잠수함을 알아보리라는 것은 믿기 어려웠다.

곧 네드 랜드는 그 배가 양갑판을 갖춘 대형 철갑 전함임을 알려주었다. 두 개의 굴뚝에서 짙고 짙은 연기가 뿜어져 나왔고 감아 올린 돛은 돛대와 하나처럼 보였다. 배의 선미 쪽에는 국기도 달려 있지 않았다. 그 긴 펄럭이는 기의 색깔을 구별할 수 없었지만, 그것은 마치 얇은 리본처럼 날아다녔다. 그 배는 빠르게 다가오고 있었다. 만약 네모 선장이 그 배가 더 가까이 접근하도록 둔다면, 우리에게 탈출의 기회가 있을지도 모를 일이었다.

"선생님" 네드 랜드가 나에게 말했다.

"만약 저 배가 우리에게 일 마일 이내로 접근한다면, 저는 물에 뛰어들 겁니다. 선생님도 따라오시길 권합니다."

나는 네드 랜드의 제안에 대답하지 않고 계속 그 배를 응시했다. 그 배는 점점 더 커졌다. 영국 배든, 프랑스 배든, 미국 배든, 러시아 배든 간에 우리만 도달할 수 있다면 우리를 받아줄 게 틀림없었다.

"선생님께서는 기억하실지 모르지만." 콩세이유가 그때 말했다.

"저희는 수영에 약간의 경험이 있지 않습니까? 선생님께서 네드 씨와 함께 하신다면, 제가 기꺼이 선생님을 그 배까지 이끌어드리겠습니다."

내가 대답할 틈도 없이 전함의 뱃머리에서 흰 연기가 피어올랐다. 그리고 몇 초 후 노틸러스호의 뒤편에서 물보라가 일며 커다란 물체가 떨어졌다. 곧이어 폭발음이 내 귀에 울렸다.

"이게 뭐지? 우리를 향해 포격을 하고 있어!"나는 외쳤다.

"잘하는군!" 네드 랜드가 중얼거렸다.

"이건 우리가 난파선에서 기어올라 구조를 기다리는 난민으로 보이지 않는다는 뜻인가 보군요!"

"선생님께 말씀드리자면……." 콩세이유가 물보라를 털어내며 말했다.

"저들은 일각 고래라고 생각하고 대포를 쏘고 있는 거 같습니다."

"하지만 그들은 우리가 사람인 걸 명확히 알 텐데!" 나는 외쳤다.

"아마도 그게 이유일지도 모릅니다." 네드 랜드가 나를 똑바로 쳐다보며 말했다.

나는 모든 진실을 깨달았다. 이제 사람들은 이 소위 괴물이 무엇인지 확실히 알고 있는 것이었다. 에이브러햄 링컨호와의 만남에서 네드 랜드가 그 괴물에 작살을 박았을 때, 페러거트 함장은 이 괴물을 단순한 심해 생물이 아니라 일각 고래보다 더 위험한 수중 잠수함임을 인식한게 틀림없었다.

그래, 분명했다. 이제 이 끔찍한 파괴 장비를 모든 바다에서 추적하고 있는 것이었다! 정말로 끔찍했다. 만약 네모 선장이 노틸러스호를 복수의 도구로 사용하고 있었다면, 그날 밤 인도양 한가운데서 우리를 감금한 것은 배를 공격했기 때문이 아니었을까? 산호 무덤에 묻힌 사람은 노틸러스호가 일으킨 공격의 희생자였을까? 그래, 다시 말해, 그것이 사실이었던 것이다. 네모 선장의 비밀스러운 삶의 한 부분이 드러난 것이었다.

그의 정체는 여전히 알려지지 않았지만, 적어도 모든 나라는 더 이상 신화 속 괴물을 쫓는 것이 아니라 세상을 향해 분노를 내뿜고 있는 그 수수께끼 남자를 쫓고 있는 것이었다.

무서운 진실이 눈앞에 보였다. 다가오는 함선에서 우리는 친구가 아닌 분노로 가득한 적을 만날 수도 있었다. 전함과의 거리는 3마일 정도로 좁혀져 있었다. 요란한 포격에도 네모선장은 모습을 드러내지 않았다. 그들의 포탄이 노틸러스호에 떨어진다면, 치명적인 피해를 입을 것이 분명했다.

"교수님, 우리는 이 상황에서 벗어나기 위해 할 수 있는 모든 걸 해야 합니다! 신호를 보냅시다! 제길! 우리가 정상적인 사람들이라는 걸 알게 될지도 몰라요!"

네드 랜드는 손수건을 꺼내어 흔들 준비를 했다. 하지만 손수건을 펼치기도 전에 강철 같은 주먹에 맞아 그 자리에서 쓰러졌다. 그는 강한 사람이었지만 여지없이 갑판 위로 쓰러졌다.

"이 더러운 놈!" 선장이 외쳤다.

"저 배를 향해 돌격하기 전에 노틸러스호의 뱃머리에 못 박히고 싶은 거냐?"

듣기만 해도 무서운 네모 선장의 모습은 더욱 끔찍했다. 그의 얼굴은 심장이 멎은 것처럼 하얗게 질려 굳어 있었다. 그의 동공은 끔찍하게 수축되었고 목소리는 이미 분노로 가득 차 있었다. 그는 네드 랜드의 어깨를 거칠게 흔들었다. 그런 다음 포격이 빗발치고 있는 전함을 향해 돌아서서 큰 목소리로 외쳤다.

"저주받은 나라의 배여, 내가 누구인지 알겠지! 네가 누구인지 알아보는데 깃발은 필요 없다! 자, 내 깃발을 보여주지!"

그리고 네모 선장은 플랫폼의 앞쪽에서 검은 깃발을 펼쳐 보였다.

남극에 꽂아두었던 바로 그 깃발이었다. 그때 포탄 하나가 노틸러스호의 선체를 스치고 지나갔지만, 관통하지 않고 튕겨 나가 선장 근처의 바다로 떨어졌다.

네모 선장은 어깨를 으쓱하며 나에게 말했다.

"아래로 내려가십시오!" 그는 짧게 명령했다.

"교수님과 동료들은 아래로 내려가십시오!"

"선장님" 내가 외쳤다.

"저 배를 공격할 생각이십니까?"

"난 저 배를 침몰시킬 겁니다." 네모 선장이 차갑게 대답했다.

"설마 그럴 리가……." 내가 말하자,

네모 선장은 냉정하게 답했다.

"그럴 겁니다. 제가 무슨 짓을 하든, 저를 판단하려 하지 마십시오. 보면 안 될 것을 본 교수님의 운명입니다. 공격이 가해졌고 저는 반격할 것입니다. 들어가십시오."

"저 배는 어느 나라 소속입니까?"

"모르신다니 다행이군요. 적어도 저 배의 국적은 교수님께 비밀로 남길 것입니다."

나는 네드 랜드와 콩세이유와 함께 어쩔 수 없이 아래로 내려갔다. 노틸러스호의 선원 약 열다섯 명이 선장을 둘러싸고, 공격해 오는 배를 향해 타오르는 증오로 가득 찬 표정으로 바라보았다. 그들의 영혼은 복수로 불타고 있는 듯했다. 내가 해치를 내려갈 때 또 다른 포탄이 노틸러스호의 선체를 스치고 지나가는 소리가 들렸다. 동시에 선장이 외치는 소리가 들려왔다.

'쏴라, 미친 배야! 너의 헛된 포탄을 쏟아 부어라! 하지만 너는 노틸러스호의 뱃머리를 피할 수 없을 것이다! 하지만 네가 가라앉을 곳은 이곳이 아니다. 너의 잔해가 '복수자'의 잔해와 섞이는 것을 나는 원하지 않는다!'

나는 방으로 돌아왔다. 선장과 그의 최고 항해사는 플랫폼에 남았다. 프로펠러가 회전하며 노틸러스호는 빠르게 후진했고 전함의 포격 범위를 벗어났다. 그러나 추격은 계속되었고, 네모 선장은 거리를 유지하는 것에 만족하는 듯 보였다.

오후 네 시경, 나는 참을 수 없는 초조함에 휩싸여 중앙 출입구로 나갔다. 해치는 열려 있었다. 나는 플랫폼으로 올라갔고 선장은 여전히 흥분한 걸음으로 그곳을 거닐고 있었다. 그는 전함을 주시하고 배는 바람이 불어오는 쪽에서 다섯에서 여섯 마일 정도 떨어져 있었다. 그는 포악한 야수처럼 주위를 맴돌며 전함을 동쪽으로 유인하고 있었다. 하지만 공격은 하지 않았다. 아직 결정을 내리지 못한 듯했다.

나는 마지막으로 한 번 더 개입해 보려고 했다. 그러나 내가 질문을 꺼내기도 전에 네모 선장은 나를 막았다.

"나는 법이고, 정의입니다. 나는 억압받는 자이고 저기 나를 억압한 사람들이 있습니다. 그들로 인해 나는 내가 사랑하고 소중히 여기던 모든 것을 잃었습니다. 조국, 아내, 아이들, 아버지, 어머니! 내가 증오하는 모든 것이 저기 있습니다. 더 이상 아무 말도 하지 마십시오!"

나는 네모 선장의 증오로 가득 찬 전함을 마지막으로 바라보았다. 그 배는 계속 증기를 내뿜으며 우리를 쫓고 있었다.

나는 네드 랜드와 콩세이유를 만나러 갔다.

"탈출합시다." 내가 말했다.

"좋습니다" 네드 랜드가 덧붙였다.

"그 배는 어떤 배입니까?"

"모르겠네, 하지만 어디에서 왔든 오늘 밤이 되기 전에 침몰할 거네. 어쨌든 알 수 없는 복수 행위에 동참하는 것보다 그 배와 함께 사라지는 게 더 나을지도 모르네."

"저도 같은 생각입니다." 네드 랜드가 차분하게 대답했다.

"어둠이 오기를 기다립시다."

밤이 되었다. 선상에 깊은 침묵이 깔렸다. 나침반은 노틸러스호가 방향을 바꾸지 않았음을 가리키고 있었다. 나는 프로펠러가 파도를 일정한 속도로 헤치고 나아가는 소리를 들을 수 있었다. 물 위에 떠 있는 동안 노틸러스호는 천천히 흔들리며 때로는 한쪽으로 기울기도 했다.

동료들과 나는 그 배가 우리가 지르는 소리를 들을 만큼 가까워지거나 보일 때 탈출하기로 결심했다. 사흘 뒤면 보름달이 되는 밝은 달빛은 우리를 돕기 충분했다. 그 배에 올라타면 그 배를 위협하는 공격을 막지는 못할지라도 상황이 허락하는 한 최선을 다할 수 있었다.

노틸러스호는 계속해서 전함을 유인할 뿐 공격하지는 않았다. 아무일 없이 밤이 거의 지나갔다. 우리는 탈출을 시도할 기회만 엿보고 있었다. 너무나 흥분한 우리는 거의 말을 하지 않았다. 초고로 흥분해 있던 네드 랜드는 바다로 뛰어들 자세였지만 나는 그를 말렸다. 내 생각에 노틸러스호는 분명 해상에서 공격을 할 것이었다. 그렇다면 우리에게는 탈출의 기회가 오는 것이었다.

새벽 3시경, 불안한 나는 플랫폼으로 올라갔다. 네모 선장은 아직도 플랫폼에 서 있었다. 그는 배의 선미에 서 있었다. 그는 계속해서 타오르는 분노를 내뿜는 시선으로 전함을 바라보고 있었다. 높이 떠있던 달은 기울기 시작했다. 하늘과 바다는 고요했다. 보이지 않는 노틸러스호의 분노와 고용한 바다의 대비되는 모습에 나는 전율을 느꼈다.

이제 전함은 우리와 2마일 정도 거리를 두고 있었다. 그 배는 노틸러스호의 전등빛을 보고 계속해서 따라오고 있었다. 최고 속도를 유지하기 위해 전함에서 솟아오르는 굴뚝의 연기와 불꽃이 밤하늘을 밝히고 있었다.

나는 새벽 6시까지 그 위에서 머물렀지만 네모 선장은 나를 신경 쓰지 않았다. 날이 밝아오면서 전함의 포격이 다시 시작됐다. 내가 동료들에게 내려가려는 순간 여러 명의 선원들이 플랫폼으로 올라왔다. 네모 선장은 그들을 쳐다보지도 않았다. 아니보려하지 않은 듯 했다.

마침내 네모 선장이 이성을 되찾고 침착하게 해치를 닫으며 모든 것을 끝내기로 결심한 순간이었다.

나는 휴게실로 들어왔다. 노틸러스호는 여전히 수면위에 떠 있었다. 파도 위로 떠오르는 햇빛이 물속을 붉게 비추고 있었다. 잔인한 6월 2일의 태양이 떠오른 것이었다.

5시가 되자 노틸러스호의 속도가 느려졌다. 나는 노틸러스호가 전함이 가까이 오도록 속도를 늦춘 것을 알았다. 폭발음은 점점 더 커졌다. 포탄들이 떨어지며 물보라를 일으키는 독특한 소리가 났다.

"여러분 때가 되었습니다. 신의 가호가 있기를!"

네드 랜드는 단호했고, 콩세이유는 침착했다. 나는 날카로워진 신경을 겨우 잠재우고 있었다.

우리는 서재로 갔다. 중앙 계단으로 향하는 문을 여는 순간 위쪽의 문이 닫히는 소리가 들렸다. 네드 랜드가 달려 나가려는 순간 내가 그를 붙잡았다. 익숙한 소리와 함께 노틸러스호는 잠수를 시작했다. 저수 탱크에 물이 차는 소리였다.

우리는 한발 늦은 것이다. 노틸러스호는 이미 몇미터 바다 속으로 잠수해 있었다. 노틸러스호는 해상에서 전함을 공격하려는 것이 아니었다. 수면 아래서 연약한 배의 바닥을 노리고 있었던 것이다.

다가올 끔찍한 비극의 증인이 될 우리들은 감금되었다. 무언가 생각할 시간도 없이 방으로 돌아온 우리는 서로의 얼굴을 바라보고 있을 뿐이었다. 사고가 정지된 듯 머리가 멍했다.

무서운 폭발 소리가 들리기를 기다리며 귀를 기울이고 있었다. 갑자기 노틸러스호의 속도가 빨라졌다. 선체에 진동이 느껴졌다. 충격이 느껴졌다. 선채를 관통하는 듯한 느낌의 충격과 철판을 긁는 소리, 갈라지는 소리들이 들려왔다. 나는 가만히 있을 수 없었다. 방에서 나와 휴게실로 뛰어나가자 그곳에 네모 선장이 있었다. 아무 말 없이 침울한 표정으로 패널이 열린 창을 바라보고 있었다.

운명을 다한 배가 빠르게 가라앉고 있었다. 한 장면이라도 놓치지 않겠다는 듯이 노틸러스호는 전함과 함께 수면으로 내려앉고 있었다.

돛대 머리가 희생자들로 가득 찬 채 모습을 드러냈다. 그다음엔 사람들로 가득한 몸채가 구부러지기 시작하더니, 바닷물이 밀려들어가고 있었다. 대포와 포탄 상자들이 보였다. 마침내 주돛대 꼭대기만 남게 되었다. 거대한 전함은 천천히 가라앉고 있었다. 호흡하는 법을 잊은 것처럼 숨이 막혀왔다. 공포감이 밀려와 아무소리도 낼 수 없었다. 참혹한 광경의 유리창에서 한 걸음도 뗄 수가 없었다. 나는 네모 선장을 돌아보았다. 이 무시무시한 집행자이자 진정한 증오의 대천사인 그는 여전히 그 광경을 바라보고 있었다. 결국 그 어두운 덩어리는 물살에 휘말린 시체들과 함께 사라지고 말았다. 모든 것이 끝났을 때 네모 선장은 자신의 방으로 향해 문을 열고 들어갔다. 나는 그의 뒷모습을 눈으로 쫓았다.

그의 방 안, 영웅들 초상화 아래, 젊은 여인과 두 아이의 초상화가 걸려 있었다. 네모 선장은 그들을 잠시 바라보더니, 팔을 뻗어 그들을 향해 손을 내밀고, 무릎을 꿇고 흐느끼기 시작했다.

19장 네모 선장의 마지막 말

휴게실의 패널은 이 끔찍한 광경을 뒤로하고 닫혀 있었다. 휴게실의 불은 켜지지 않았다. 노틸러스호의 내부는 어둠과 침묵에 휩싸였다. 배는 엄청난 속도로 수면 아래 100피트 깊이에서 이 황폐한 장소를 떠나고 있었다. 어디로 향하는 것인가? 북쪽인가, 남쪽인가? 이 끔찍한 복수의 행위를 저지른 후 이 사람은 어디로 도망치려는 것인가? 나는 선실로 돌아왔다. 거기에는 네드 랜드와 콩세이유가 조용히 기다리고 있었다. 네모 선장은 나에게 극복할 수 없는 공포를 안겨 주었다. 아무리 그가 인류에게 어떤 고통을 겪었든 그런 처벌을 할 권리는 없었다. 그는 나를, 동조자는 아닐지라도 그의 복수를 목격하게 만들었다! 이것은 참을 수 없는 일이었다.

열한 시에 전등이 다시 켜졌다. 나는 휴게실로 갔다. 그곳은 비어 있었다. 나는 여러 기구를 확인했다. 노틸러스호는 북쪽으로 시속 25마일 속도로 도주하고 있었으며 때로는 바다 위에서, 때로는 수면 아래 30피트 깊이에서 항해하고 있었다.

우리의 위치가 표시된 지도를 보고 나는 우리가 영국 해협 입구로 들어서고 있으며 최고 속도로 북쪽의 바다로 향할 것임을 알게 되었다.

나는 긴 코를 가진 상어, 망치상어, 그리고 이 해역에서 자주 볼 수 있는 점박이 갈색상어, 큰 독수리 가오리, 체스판 위의 기사처럼 생긴 해마 무리, 불꽃처럼 꿈틀거리는 장어, 집게발을 교차시키며 비스듬히 도망가는 게 떼, 그리고 마지막으로 노틸러스호와 속도 경쟁을 벌이는 돌고래 떼를 확인할 수 없었다. 그러나 더 이상 관찰이나 연구, 분류를 하는 것은 불가능했다. 저녁까지 우리는 대서양을 200리그 올라갔다. 어둠이 몰려오고 바다는 그림자에 덮여 달이 떠오를 때까지 어두워졌다. 나는 내 객실로 들어갔다. 잠을 이룰 수 없었고, 악몽에 시달렸다. 그 끔찍한 파괴의 장면이 내 눈앞에서 계속 반복되었다.

그날 이후로, 노틸러스호가 북대서양 분지에서 우리를 어디로 데려갔는지는 알 수 없다. 계속해서 최고 속도로 달리고 있었다. 북극해의 안개 속이었다. 스피츠베르겐 곶이나 노바야 젬랴 해안에 도착했을까? 백해나 카라해, 오비만, 랴호프 제도, 혹은 시베리아 해안의 미지의 해안에 도착했을까? 나는 알 수 없었다. 시간이 어떻게 흘러가는지도 잊었다. 배의 시계는 시간이 멈춘 듯했다. 극지방에서처럼 밤과 낮이 정상적인 순서를 따르지 않는 듯했다. 나는 에드가 앨런 포의 상상력이 펼쳐지는 이상한 영역으로 빨려 들어가는 듯한 느낌을 받았다.

내가 잘못 생각했을 수도 있지만 노틸러스호의 무작위적인 항해는 15일 또는 20일 동안 계속되었다고 추정한다. 이 여정을 끝내는 사건이 일어나지 않았다면 이런 항해가 얼마나 더 계속되었을지 확실하지 않다. 네모 선장은 더 이상 모습을 드러내지 않았다. 그의 수석 부관도 마찬가지였다. 선원들 중 누구도 모습을 드러내지 않았다. 노틸러스호는 거의 계속해서 물속을 항해했다. 선내의 공기를 환기시키기 위해 잠시 수면 위로 떠오를 때조차 해치는 자동으로 열리고 닫혔다. 휴게실의 지도에는 더 이상 위치가 표시되지 않았다. 우리가 어디에 있는지 알 수 없었다.

또한, 체력과 인내심의 끝에 다다른 네드 랜드가 더 이상 나타나지 않았다는 점도 언급해야겠다. 콩세이유는 그에게서 한 마디도 이끌어낼 수 없었다. 그는 무시무시한 향수병에 걸려 심하게 고통스러워하는 네드 랜드가 극도의 절망 속에서 스스로 목숨을 끊을까 봐 걱정했다. 그래서 매 순간 친구를 헌신적으로 지켜보았다. 우리가 더 이상 이런 상황에서 견딜 수 없었음을 이해할 것이다.

어느 아침, 정확한 날짜는 알 수 없지만, 새벽 무렵, 나는 불편하고 무기력한 잠에 빠져 있었다. 깨어나 보니 네드 랜드가 내 위로 몸을 기울이며 낮은 목소리로 말하고 있었다.

"우리는 탈출할 겁니다." 나는 자리에서 일어났다.

"언제 말인가?" 내가 물었다.

"오늘 밤입니다. 노틸러스호에 이제 더는 감시가 없는 듯합니다. 배 안은 완전한 고요가 지배하고 있는 것 같습니다. 준비가 되시겠습니까? 교수님."

"알겠네, 그런데 우리는 지금 어디에 와 있는건가?"

"오늘 아침 안개 사이로 동쪽 20마일 안팎에 육지가 보였습니다."

"어느 육지인가?"

"모르겠습니다. 하지만 그곳이 어디든 우리는 그곳으로 탈출할 겁니다."

"그래, 네드! 바다가 우리를 삼킨다고 해도 오늘 밤 탈출하세!"

"바다는 거칠고 바람도 강하게 불고 있습니다. 하지만 노틸러스호의 작은 보트로 20마일을 달리는 건 충분합니다. 선원들 모르게 보트에 식량과 물을 챙겨 두었습니다."

"자네와 함께 가겠네."

"그리고" 네드 랜드가 덧붙였다.

"만약 들킨다면 저는 끝까지 저항할 것입니다. 끝까지 싸울 겁니다.”

“우리도 끝까지 함께 하겠네!”

나는 무슨 일이라도 하겠다는 결심을 하고 갑판으로 나갔다. 강한 파도의 충격에 서 있기도 힘들었고, 비바람이 몰아칠 것 같은 하늘이었다. 멀리 안개 속에 육지가 있었다. 우리는 탈출해야 했다. 단 하루도, 단 한 시간도 더 이상 지체할 수 없었다. 나는 휴게실로 돌아가면서 네모 선장을 만날까 봐 두려워하면서도 만나고 싶었고, 보면서도 보지 않기를 원했다. 그에게 무슨 말을 할 수 있을까? 그가 나에게 불러일으키는 무의식적인 공포를 어떻게 숨길 수 있을까?

아니! 얼굴을 마주하지 않는 것이 최선이었다. 그를 잊으려고 노력하는 것이 최선이었다.

하지만! 그날 하루가 얼마나 길게 느껴졌는지 모른다. 노틸러스호에서 보낸 마지막 날이었다. 나는 혼자 시간을 보냈다. 네드 랜드와 콩세이유는 그들은 무언가 발각될까 두려워 나를 멀리하고 있었다. 여섯 시에 저녁을 먹었지만, 식욕은 없었다. 그래도 체력을 유지하기 위해 억지로 음식물을 삼켰다. 6시 30분에 네드 랜드가 내 방으로 들어왔다.

“출발하기 전까지 다시 만나지 않을 겁니다. 열 시쯤이면 달이 뜨기 전일 겁니다. 우리는 그 어둠을 이용할 겁니다. 보트로 오십시오. 콩세이유와 저는 그곳에서 기다리겠습니다.”

네드 랜드는 내가 대답할 시간도 주지 않고 떠나갔다. 나는 노틸러스호의 방향을 확인하고 싶었다. 휴게실로 갔다. 우리는 수심 50미터 아래에서 무서운 속도로 북북동으로 달리고 있었다. 나는 박물관에 가득한 자연의 경이롭고 예술적인 보물들을 마지막으로 눈에 담고자 했다.

무엇과도 비교할 수 없는 이 찬란한 소장품들은 언젠가 바닷속에서 주인과 함께 사라질 운명이었다. 나는 곳을 마음속에 깊이 새기고 싶었다. 한 시간 동안 그곳에 머물면서 천장의 불빛 아래, 유리 상자 안에서 빛나는 보물들을 바라보았다. 그리고 다시 내 방으로 돌아갔다. 그곳에서 나는 튼튼한 항해복을 입고, 내 연구 노트들을 몸에 챙겨 넣었다. 심장이 크게 고동쳤고, 그 박동을 멈출 수 없었다. 나의 불안과 흥분한 모습을 네모 선장에게 들켰다면 분명 나를 의심했을 것이다. 그는 지금 무엇을 하고 있을까? 그의 방 문 앞에서 나는 귀를 기울였다. 발자국 소리가 들렸다. 네모 선장은 방 안에 있었다. 그는 잠자리에 들지 않았다. 그가 움직일 때마다, 그가 나타나 나에게 왜 탈출하려는지 물어볼 것 같았다! 나는 완전히 경계 상태였다. 상상은 나의 감각을 더욱 부풀렸다. 그 느낌은 너무나도 강렬해서 나는 차라리 선장실에 들어가서 그와 맞서는 것이 차라리 낫지 않을까 고민할 정도였다! 미친 생각이었다. 다행히도 나는 스스로를 다스리고 침대에 누워 몸의 흥분을 가라앉히려 했다. 신경이 조금 진정되었지만, 머릿속은 여전히 흥분된 상태에서 나는 노틸러스호에서의 모든 순간을 되짚어 보았다.

에이브러햄 링컨에서 떨어져 나온 후 내 앞에 펼쳐졌던 모든 즐겁고도 불쾌한 사건들, 해저 사냥 여행, 토레스 해협, 좌초 사건, 파푸아의 야만인들, 산호 묘지, 수에즈 해협, 산토리니 섬, 크레타 잠수부, 비고 만, 아틀란티스, 얼음 장벽, 남극, 얼음 속의 감금, 괴물 오징어와의 전투, 멕시코 만류의 폭풍, 방죄르 호, 그리고 선원들과 함께 침몰하는 전함의 그 끔찍한 장면까지…….

이 모든 사건이 마치 무대 뒤에서 펼쳐지는 배경처럼 눈앞에 지나갔다. 이 기묘한 장면 속에서 네모 선장의 모습은 점점 커졌다. 그의 모습은 더 뚜렷해졌고, 초인적인 인간의 모습을 갖추게 되었다. 그는 더 이상 나와 동등한 인간이 아니었다. 그는 물의 인간, 바다의 영혼이었다.

그때가 9시 30분이었다. 나는 터질 것만 같은 머리를 양손으로 감싸며 진정시키려 했다. 눈을 감았다. 더 이상 생각하고 싶지 않았다. 아직 30분이나 남았다! 미칠 것 같은 악몽 속의 30분! 그때 희미하게 오르간 소리가 들려왔다. 가슴 아픈 멜로디가 형언할 수 없는 선율로 들려왔다. 지상과의 끈을 끊으려는 영혼의 간절한 애원 같았다. 나는 숨을 죽이고 그 소리를 온몸으로 들었다. 마치 네모 선장과 함께 이 세상을 넘어 황홀한 음악의 세계에 빠져드는 듯한 기분이었다. 순간 갑작스러운 생각이 나를 공포에 빠뜨렸다. 네모 선장이 그의 방에서 나온 것이다. 내가 탈출하려면 반드시 지나야 할 휴게실에 그가 있었다. 그곳에서 나는 마지막으로 그를 만나게 될 것이다. 그는 나를 볼 것이며, 아마도 나에게 말을 걸 것이다! 그의 한마디로 나를 이 배에 묶어둘 수도 있었다. 시계가 막 열 시를 가르키려 하고 있었다. 내 방을 떠나 동료들과 합류할 시간이 되었다. 망설일 수는 없었다. 네모 선장이 내 앞에 서 있다 해도 말이다. 나는 문을 조심스럽게 열었지만, 문이 열리면서 경첩이 끼익하는 소리가 너무 크게 들리는 듯했다. 그 소리는 아마 내 상상 속에서만 존재했을 것이다!

나는 매 순간 고동치는 심장을 부여잡고, 조심스레 노틸러스호의 어두운 복도를 따라갔다. 나는 휴게실의 모퉁이에 있는 문에 도착해 조심스럽게 열었다. 휴게실은 깊은 어둠에 잠겨 있었다. 희미한 오르간 선율이 들렸다. 네모 선장이 그곳에 있었다. 그는 나를 보지 못했다. 대낮이라 해도 그는 나를 알아보지 못했을 것이다. 그만큼 그는 완전히 황홀경에 빠져 있었다. 나는 카펫 위로 걸어갔다. 작은 소리조차 내지 않으려 조심하면서 걸음을 옮겼다. 휴게실 끝에 있는 도서관으로 이어지는 문에 도착하는 데만 5분이 걸렸다.

문을 열려던 순간, 네모 선장의 한숨 소리가 나를 그 자리에 얼어붙게 만들었다. 그가 일어나고 있다는 것을 느꼈다. 도서관에서 스며든 한 줄기의 빛 덕분에 그의 모습이 어렴풋이 보였다. 그는 팔짱을 낀 채로 나에게 다가오고 있었다. 마치 유령처럼 걷지 않고 미끄러지는 듯했다. 그의 가슴은 떨리고, 흐느낌으로 부풀어 오르고 있었다. 그리고 나는 그의 마지막 말이 내 귀에 울리는 것을 들었다.

"전능하신 하나님이여! 이제 그만! 이제 됐습니다!"

그의 양심에서 새어나온 회개의 맹세였을까? 나는 미친 듯이 도서관으로 뛰어 들어갔다. 중앙 계단을 올라 상부 통로를 따라 소형보트에 도착했다. 이미 두 동료들이 나를 기다리고 있을 보트로 들어갔다.

"어서 가세, 어서!" 내가 외쳤다.

"바로 지금이야!" 네드 랜드가 대답했다.

먼저, 네드 랜드는 준비해온 렌치를 사용해 노틸러스호의 철판에 뚫린 구멍을 닫고 잠갔다. 그 후 보트의 구멍도 닫은 다음, 보트를 배에 고정하고 있던 나사들을 풀기 시작했다.

갑자기 배 안에서 소리가 들리기 시작했다. 다급히 주고받는 목소리들이었다. 무슨 일이 일어난 것일까? 우리의 탈출이 발각된 것인가? 네드 랜드가 내 손에 단검을 슬며시 쥐여 주는 것이 느껴졌다.

"그래" 나는 중얼거렸다.

"죽음을 각오해야지!"

네드 랜드는 잠시 작업을 멈췄다. 하지만 곧바로 다급하게 반복되는 단어 하나가, 노틸러스호에 퍼져 있는 소란의 원인을 말해주고 있었다. 선원들이 당황한 것은 우리 때문이 아니었다.

"마엘스트롬(Maelstrom)[67]! 마엘스트롬!" 그들이 외치고 있었다.

마엘스트롬! 이 상황에서 이보다 더 무서운 이름이 우리 귀에 들릴 수 있었을까? 우리는 노르웨이 해안 근처의 위험한 해역에 있었던 것일까? 우리가 보트를 분리하려는 순간 노틸러스호는 그 소용돌이 근처로 끌려 온 것인가?

잘 알다시피, 썰물이 밀려올 때 페로 제도와 로포텐 제도 사이에 갇힌 물이 엄청난 힘으로 쏟아져 나온다. 그 물살은 어떤 배도 빠져나갈 수 없는 소용돌이를 형성하여 "바다의 배꼽"이라 불리며, 그 끌어당기는 힘이 15킬로미터까지 뻗쳐 있다. 그것은 배뿐만 아니라 고래, 심지어 북극에서 내려온 북극곰까지 빨아들일 수 있다.

자신의 의지로든 아니든 바로 이곳으로 네모 선장은 노틸러스호를 끌고 온 것이었다. 노틸러스호는 점점 좁아지는 반경을 그리며 나선형으로 휘감기고 있었다. 노틸러스호의 철판에 부착된 보트 역시 어지러울 정도로 빠른 속도로 회전하고 있었다. 나는 우리가 빙글빙글 빨려 들어가고 있음을 느꼈다. 이런 연속적인 회전 운동에 따라오는 메스꺼움이 나를 덮쳤다. 우리는 공포에 질려 마지막 절망의 순간 속에 있었다. 우리의 피는 얼어

67) 마엘스트롬(Maelstrom)은 노르웨이 북부 로포텐 제도 근처에서 발생하는 강력한 해류 소용돌이이다. 이 소용돌이는 거대한 회오리를 형성하여 주변의 배나 물체를 빨아들이는 힘이 강하다. 마엘스트롬은 문학과 전설에서 거대한 재난의 상징으로 자주 묘사되며, 에드거 앨런 포의 소설 *"마엘스트롬으로의 추락"에도 등장한다.

붙었고 신경은 무뎌졌으며, 마치 죽음의 고통에 젖은 것처럼 식은땀에 젖어 있었다. 우리 연약한 보트 주변에서 들리는 소리는 무엇인가! 수천 마일 떨어진 곳에서도 메아리치는 굉음, 그리고 바닥에 있는 날카로운 바위와 부딪히는 물의 충돌 소리, 나무들이 갈리고 깎여서 노르웨이 사람들이 표현하는 "거친 털"처럼 된다는 그 광경이었다. 얼마나 무서운 상황인가 우리는 이런 상황에서 어떻게 될 것인가! 보트는 격렬하게 흔들리고 있었다. 노틸러스호는 인간처럼 저항했다. 강철 근육이 갈라지는 소리가 들렸다. 때때로 노틸러스호는 마치 똑바로 서 있는 것처럼 보였고, 우리는 그와 함께 서 있었다.

"붙잡고 있어야 해" 네드 랜드가 말했다.

"그리고 나사를 조여 노틸러스호에 붙어 있으면 아직 살 가능성이 있어."

그가 말을 끝내기도 전에 부서지는 소리가 들렸고, 볼트가 풀렸다. 보트는 홈에서 찢겨져 나가듯 내던져지며 소용돌이 한가운데로 날아갔다.

나는 머리를 쇳조각에 부딪쳤고, 강력한 충격으로 의식을 잃었다.

20장 결론

이 해저 여행은 그렇게 끝이 났다. 그 밤에 무슨 일이 있었는지, 보트가 어떻게 무시무시한 바다 소용돌이에서 벗어났는지, 네드 랜드, 콩세이유와 나는 어떻게 그 소용돌이에서 빠져나올 수 있었는지, 나는 말할 수 없다. 그러나 의식을 되찾았을 때 나는 로포텐 제도의 어느 어부의 오두막에 누워 있었다. 내 두 동료는 무사히 내 곁에 있었다. 우리는 서로의 손을 꼭 잡고, 진심으로 서로를 껴안았다.

당시에 바로 프랑스로 돌아갈 생각은 할 수 없었다. 노르웨이 북부와 남부 사이의 이동 수단은 제한적이었다. 그래서 우리는 노르웨이 북단에서 한 달에 두 번 오는 증기선이 도착할 때까지 기다려야 했다. 이 선량한 사람들, 우리를 받아준 이들 사이에서 나는 이번 모험을 다시 한 번 되새기고 있다. 이 이야기는 사실이다. 단 하나도 생략하지 않았고, 어느 한 부분도 과장하지도 않았다. 이 믿기 어려운 모험에 기록된 것은 내가 경험한 그대로이다. 아직은 인류의 손길이 미치지 않는 영역이지만, 언젠가 인류는 발전한 과학과 함께 이 바다 속으로 진출하게 될 것이다.

누가 내 말을 믿어 줄까? 잘 모르겠다. 결국, 그것은 중요하지 않다. 내가 지금 확신할 수 있는 것은 이 바다에 대해 이야기할 자격을 얻었다는 것이다. 나는 10개월이 채 되지 않는 시간 동안 이 바닷속 세계 여행에서 20,000리그를 탐험하며 태평양, 인도양, 홍해, 지중해, 대서양, 남극해와 북극해를 비롯한 수많은 경이로운 광경을 보았기 때문이다.

그러나 노틸러스호는 어떻게 되었을까? 그것은 마엘스트롬의 손아귀에서 벗어났을까? 네모 선장은 살아 있을까? 그는 여전히 바닷속에서 무서운 복수의 계획을 실행하고 있는가, 아니면 그 마지막 대규모 학살 이후 멈춘 것일까? 언젠가 그의 전 생애를 담은 원고가 파도에 의해 우리에게 전해질까? 그의 이름을, 그리고 그가 공격했던 전함의 국적을 통해 그의 국적을 알게 될까? 나는 그렇게 되기를 희망한다. 또한, 그의 강력한 잠수함이 그 무시무시한 소용돌이와의 싸움에서 승리했기를 바란다. 그토록 많은 배가 사라진 곳에서 노틸러스호가 살아남기를 바란다! 만약 그렇다면, 네모 선장이 여전히 그가 선택한 바다 속에 살아 있다면, 그의 격렬한 가슴속 증오가 진정되기를 빈다! 그렇게 많은 경이로운 바다 속의 신비를 보며 불타는 복수의 마음이 비워지기를 바란다! 심판자는 사라지고 과학자로서 평화로운 탐험을 계속해 나가길 바란다! 그의 운명은 수수께끼였지만 그것 또한 숭고하다. 내가 그의 운명을 이해하지 않았던가? 나 역시 이 초현실적 삶을 10개월 동안 살지 않았던가? 따라서 6,000년 전 전도서에 쓰여진 "지금껏 누가 깊이를 헤아릴 수 없는 바다를 보았는가?"라는 질문에 이제 인류 중 단 두 명이 답할 권리를 얻었다. 바로 네모 선장과 나이다.

끝